民航信息技术丛书

Navigation Principles and Systems

导航原理与系统

倪育德　卢丹　王颖　崔铭◎编著

清华大学出版社
北京

内 容 简 介

本书阐述了航空无线电导航的基本原理及其特点,剖析了民用航空广泛使用的陆基导航系统的工作原理与过程,并对其典型系统进行了系统而深刻的论述。全书共 8 章,前两章介绍了无线电导航概论、无线电导航技术基础,第 3～7 章的内容分别为自动定向机、多普勒甚高频全向信标、测距机、无线电高度表和仪表着陆系统,第 8 章介绍区域导航。

本书可作为高等工科院校相关专业本科生的教材或参考书。同时,对于从事导航技术的科技人员和研究生也是一本很好的参考用书。

图书在版编目(CIP)数据

导航原理与系统/倪育德等编著.—北京:清华大学出版社,2015(2024.8重印)
民航信息技术丛书
ISBN 978-7-302-39272-9

Ⅰ.①导… Ⅱ.①倪… Ⅲ.①航空导航－无线电导航系统 Ⅳ.①V249.32

中国版本图书馆 CIP 数据核字(2015)第 024694 号

责任编辑:文 怡
封面设计:李召霞
责任校对:白 蕾
责任印制:刘 菲

出版发行:清华大学出版社
   网 址:https://www.tup.com.cn,https://www.wqxuetang.com
   地 址:北京清华大学学研大厦 A 座   邮 编:100084
   社 总 机:010-83470000   邮 购:010-62786544
   投稿与读者服务:010-62776969,c-service@tup.tsinghua.edu.cn
   质量反馈:010-62772015,zhiliang@tup.tsinghua.edu.cn
   课件下载:https://www.tup.com.cn,010-62795954
印 装 者:涿州市般润文化传播有限公司
经 销:全国新华书店
开 本:185mm×260mm 印 张:22   字 数:536 千字
版 次:2015 年 8 月第 1 版   印 次:2024 年 8 月第 10 次印刷
定 价:45.00 元

产品编号:059233-01

前　言

FOREWORD

　　无线电导航已广泛应用于航空、航天、航海及在陆地上有目的移动的航行体,它是多门学科和多项技术的综合结晶,具有严格的科学体系。

　　就航空无线电导航而言,它被分为陆基导航、星基导航和基于性能的导航(PBN)三类。自 20 世纪 30 年代无线电导航第一次用于航空,就开启了陆基导航时代。由于无线电导航具有其他导航手段无法比拟的优点,很快就成了飞机的必装设备。经过 80 多年的发展和技术进步,陆基导航系统的精度、完好性、连续性、可用性以及体积、重量和自动化程度等都得到极大改善,全世界设有相当完善的陆基导航台网,构成了飞行员可信赖的导航设施。

　　为了最佳利用包括时间在内的四维空域,以增强航路运行能力及提高空中交通管理效率,1988 年国际民航组织(ICAO)提出了未来航行系统(FANS)的概念,1993 年宣布正式实施 FANS 系统,并将该系统改称为"国际民航组织的通信导航监视/空中交通管理(CNS/ATM)系统",简称新航行系统,而全球导航卫星系统(GNSS)是 CNS/ATM 系统中极为重要的组成部分。按照 ICAO 原有的 GNSS 计划,GNSS 一旦建成,现有的陆基导航设施将全部拆除。但在二十几年的 GNSS 实施过程中,目前普遍认为,陆基导航与星基导航其实不存在谁取代谁的问题,只存在以谁为主、以谁为辅的问题。目前是陆基导航为主,今后是星基导航为主,从陆基导航到 GNSS 的过渡是一个渐进过程,要真正实现在所有飞行阶段以GNSS 为单一导航系统的目标还需较长时间,并且即使 GNSS 已经建成,现有的主要陆基导航系统将作为 GNSS 的备用系统而存在,一个主权国家还必须运营一个最小的陆基导航台网。这个思想在 ICAO 2012 年第 12 届航行会议上通过的第四版《全球空中航行计划》中得到了反映。新版《全球空中航行计划》纳入了"航空系统组块升级(ASBU)"方案,其中的技术路线图从技术演变发展的角度展示了实施 ASBU 所需的主要技术及其发展情况。就导航而言,ICAO 在导航技术路线图中就明确指出,传统陆基导航设施在全球已广泛应用,大多数的航空器也配备了相关的机载设备。由于 GNSS 信号的脆弱性,传统陆基导航设施在未来仍会作为 GNSS 导航的备份。

　　基于性能的导航是指对于运行在空中交通服务航路、仪表进近程序或指定空域的航空器基于规定的导航性能(精度、完好性、连续性、可用性和功能性)要求的区域导航,它是2007 年 ICAO 正式提出并实施的导航新概念。PBN 集中体现在运行概念的革命以及更多偏重在对机载导航系统的功能、性能要求上,它所依赖的导航系统仍然是目前主要的陆基导航系统、GNSS 以及惯性导航系统。目前,PBN 的相应理论和应用正在包括中国在内的世界主要国家和地区快速推进。

　　虽然国内出版了一些无线电导航方面的教材或专著,但系统而深刻阐述民用航空导航系统及其运行的书还不多见。鉴于该原因,我们编著了这本书。

本书阐述了航空无线电导航的基本原理及其特点,剖析了民用航空广泛使用的陆基导航系统的工作原理与过程,对其典型系统(包括 VRB-51D DVOR、LDB-101 DME、NM-7000B ILS 以及机载 900 系列系统)进行了系统而深刻的论述,并阐述了区域导航的基本导航计算方法以及基于性能的导航涉及的一些主要问题和性能规范。全书共分 8 章,内容包括无线电导航概论、无线电导航技术基础、自动定向机、多普勒甚高频全向信标、测距机、无线电高度表、仪表着陆系统及区域导航等,以全面深刻地展示民用航空陆基无线电导航的实质与内涵。

本书具有以下鲜明特色:

(1)考虑到民用航空是高度国际化、高度标准化的行业,本书以国际民航组织、美国联邦航空管理局(FAA)、美国航空无线电技术委员会(RTCA)等组织以及国际上主要航空产品制造商的文件为技术支撑,系统剖析了民用航空陆基导航系统的工作原理与过程,涉及的定义阐述、性能指标等均以这些文件尤其是以 ICAO 的文件为基础。

(2)全书以航空导航需要解决的三个基本问题,即确定飞机的位置、飞机的航向以及飞行(或待飞)时间为主线来组织材料,以空地协同的观点来阐述航空导航的实施过程。

(3)在介绍某一导航系统时,首先介绍其通用性原理,然后对目前民航广泛使用的陆基导航系统作了深刻分析。之所以这样做,是因为在长期的教学实践中我们发现,只有将基本原理融于具体设备之中,学生才能真正理解导航基本原理的内涵、实质,尤其是系统的设计思想和相应问题的解决方案,牢固建立起整个导航系统的框架和脉络。

(4)将某一导航系统充分纳入运行(Operation)的概念中去阐述,这样不但会避免相应导航系统成为技术孤岛,更能使读者理解该导航系统对相应运行的技术所起到的支撑作用。

(5)本书虽然重点介绍的是陆基导航系统,但充分考虑和吸纳了 ICAO 的导航新概念和新方法,展示了导航技术的发展方向,在本书涉及的技术所能支撑的范围内,对目前迅猛发展的 PBN 作了深刻阐述。

本书由中国民航大学倪育德、卢丹、王颖和崔铭编写。其中第 1 章~3 章(3.6 节除外)、第 4 章(4.6 节除外)、第 5 章(5.7 节除外)和第 8 章由倪育德编写,第 6 章以及 3.6 节、4.6 节、5.7 节和 7.8 节由王颖编写,第 7 章的 7.1 节~7.6 节由卢丹编写,7.7 节由崔铭编写。

本书在编写过程中,得到了中国民航大学韩萍教授的大力支持和帮助。王健老师在校内讲义《导航原理与系统》的编写中,撰写了"仪表着陆系统"这一章,本书借鉴了该讲义这一章的部分内容和思想,特表诚挚谢意。

本书是编者长期从事无线电导航教学与研究的总结,编者与多位民航知名导航专家和空中交通管理方面的专家,如 王世有 、王巍、孙淑光、张旗、刘瑞华、戴福青、杨新湟等的讨论使编者受益匪浅,尤其想到每次与 王世有 先生对导航技术的长时间交谈和讨论,不禁对他对导航技术的深刻理解和极其丰富的实际经验、极强的解决实际问题的能力以及正直的为人都充满了敬佩和怀念。另外,研究生李书宇、马宇申、朱金芳、刘萍等也提供了支持。在此一并表示诚挚的感谢。

本书由知名导航专家、中国民航局空中交通管理局高级工程师王巍担任主审,他对本书提出了许多中肯意见和建议,编者按照这些意见和建议对本书进行了认真修改,使本书增色不少,特表衷心感谢。

　　本书的编写参考了大量资料,对这些资料的作者深表谢意。但限于篇幅,有些资料没有在"参考文献"中列出,对此编者表示深深歉意。

　　虽然本书在出版前经过多次试用,在交付出版时又作了认真修改,但囿于编者学识水平,加上工作繁忙,对有些问题可能研究不够,书中缺点和不足之处,热忱欢迎读者批评指正,以便再版时修订。来信请寄:yudeni_cauc@sina.com。

编　者

2015 年 4 月于中国民航大学

CONTENTS

第 1 章

无线电导航概论

自古以来,人们都在经意或不经意间使用导航来完成相应行为。随着科学技术的发展,现在的导航已发展成为专门研究导航原理方法和导航技术装置的学科。在飞机、舰船、导弹和宇宙飞行器等航行体上,导航系统已成为一种极其重要且必不可少的设备。在目前众多导航方式中,无线电导航无疑是应用最广泛也是最重要的一种。无线电导航可用于航空、航天、航海及在陆地上有目的移动的航行体。这里我们只讨论航空无线电导航。

1.1 无线电导航的定义与任务

从字面上理解,"导航"就是引导航行体(飞机、舰船、车辆、导弹等)以及个人进行航行的意思,其基本任务就是引导航行体和个人安全、准确和准时地从出发点到达目的地。利用无线电技术对航行体航行的过程实施导航的方法称为无线电导航,能够完成一定无线电导航任务的技术装置称为无线电导航系统。

美国航空无线电技术委员会(RTCA)对航空导航的定义是,"导航是引导航空器从一个已知位置到另一个已知位置进行航行的技术,使用的方法包括定出航空器相对希望航线的真实位置。"该定义至少告诉我们以下信息,一是导航的基本任务是实时定位;二是起飞机场和目的机场的坐标必须精确已知,否则导航便无法实施;三是导航是针对有目的的飞行而言的,对无目的的飞行实施导航则毫无意义。

我们可以结合国际民航组织(ICAO)在新航行系统(CNS/ATM)中提出的"所需导航性能(RNP)"的概念,给航空无线电导航作如下定义:在各种气象条件下,采用无线电技术并以规定的 RNP 引导飞机从起飞机场飞往目的机场的技术称为无线电导航。

所需导航性能主要涉及精度、完好性、连续性和可用性四个指标,将在 2.3 节进行介绍。

航空导航需要解决的三个基本问题是,确定飞机的位置、飞机的航向以及飞行(或待飞)时间,而这些参数的获取都可以通过测向和测距(或测距差)来实现。理解了这一点,就不难理解为什么无线电导航系统要么是测向系统,要么是测距(或测距差)系统或测向/测距系统了。从另一方面来说,飞机之所以要配备多种导航系统,除了为了安全和提高导航性能之外，一个重要原因就是为了解决为飞机提供位置、航向和飞行时间这三个基本问题，从而引导飞机安全、准确和准时地从起飞机场飞到目的机场。

从起飞机场到目的机场，飞机的整个飞行过程可以分为起飞、离场、航路飞行（巡航）、进场、进近和着陆六个阶段，如图1.1所示。

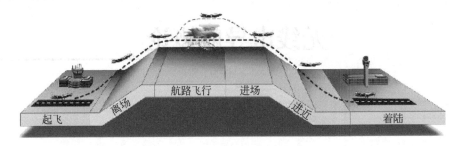

图 1.1　飞机的飞行过程

飞机在飞行和场面移动过程中都需要相应的导航为其服务，也就是说，飞机从离开起飞机场的停机位滑行开始，一直到飞机滑行至目的机场的指定机位结束，一刻都离不开导航，只是不同阶段使用的导航方式不同而已。因此，航空无线电导航的主要任务可以概括为以下四个方面：

（1）引导飞机飞离航线起点，进入并沿预定航线航行；

（2）引导飞机在各种气象条件下安全着陆；

（3）为飞机准确、安全完成飞行任务提供所需的其他导引及情报咨询服务；

（4）确定飞机当前所处的位置及其航行参数（包括航向、飞行时间或待飞时间、速度、加速度和姿态等）。

上述各项任务中，第（4）项是无线电导航的基本任务，是完成其他各项任务的基础，由此我们也可以看出导航与定位的关系。实际上，定位只是导航必须完成的三个基本要素之一，定位提供的位置参量是一个标量，只有将其与航向、飞行时间等数据联合起来成为矢量，才能服务于飞机的航行。就导航获取的位置信息而言，它跟测绘等领域的要求也是不同的，服务于导航的位置信息在满足规定的精度、完好性、连续性和可用性要求的前提下，对实时性具有更高的要求。

1.2　无线电导航的发展简史和发展趋势

导航来源于人类交通和军事活动对方位或位置识别的要求，其目的是要解决"我现在在哪里"、"我该向哪儿去"以及"我离目的地还要走多少时间"这类基本的定位和引导问题。自从人类出现最初的政治、经济和军事等活动以来，就有了对导航的基本需求。考古发现，我们的祖先早在17 000年前的古石器时代就发明了利用天上的星星进行导航的手段，特别是利用北斗星来确定方向。当时为了进行狩猎活动，人们利用了恒星进行导航，这就是早期的天文导航方法。我国古代发明的指南针是重要的导航测向设备，在航海航空应用时也称为磁罗盘。指南针的最大历史功绩是用于海上导航，经过几个世纪的不断改进而变得越来越精密。在随后的发展过程中，人们一直都在不断探索导航新技术，其用途逐步延伸和扩散到了我们身边几乎各个领域。

从 19 世纪末到 20 世纪初,无线电技术开始用于导航中的计时校准和方位测量,由此拉开了无线电导航的序幕,导航技术翻开了崭新的一页。无线电导航从发明至今,其发展过程大致可分为早期阶段、发展阶段和成熟阶段。

1. 早期阶段

从 20 世纪初到第二次世界大战前是无线电导航发展的早期阶段。这个时期主要研制的导航系统为测向系统,无线电测向的发展从理论和实践研究开始,并制成设备,最后得到广泛应用。

无线电导航首先是应用在测向方面,其最早理论要算俄国物理学家波波夫提出的根据接收信号的强弱来探测无线电台的方位这一研究成果。1902 年 J. Stone 发明了无线电测向技术,1908 年第一部实用低频无线电测向器(即无线电罗盘)问世,并首先在船舶上获得应用。这时没有专门的地面无线电导航台,装有无线电罗盘的用户,其测向是借助方向性天线(如环形天线)测量广播或通信电台的信号实现的。1926 年出现了第一个地面无线电导航台(也称信标台),它可为那些装有无线电罗盘的用户提供测向信号。与此同时,美国研制并建成了四航道系统地面导航台。20 世纪 30 年代全向和定向无线电信标得到了广泛应用。

由于测向设备的出现,提出了一些理论上的问题,因此在 1920 年前后,电波传播及其对定向的影响、夜间效应、定向的各种误差等方面被大量研究,使得定向技术向前迈进了一步。

1925 年美国人摩斯利提出了自动定向(用指零的方法)的概念,1937 年生产出设备,从而出现了现在飞机普遍采用的无线电罗盘,即自动定向机(ADF)。

无线电罗盘的可靠性和精度虽然都较低,但对于速度不高、数量不多、以前完全依靠磁罗盘、航空时钟或目视导航的飞机来说,由于克服了气象和环境造成的困难和错误,所以在 20 世纪 30~40 年代一直被用作主要的航空导航设备。

2. 发展阶段

从 1939 年第二次世界大战爆发到 20 世纪 50 年代末是无线电导航技术的发展阶段。这个时期前后大约 20 年,特点是无线电导航从无线电测向进入到以地面基准无线电导航系统进行测距、测距差和测向-测距,进而实现定位。

由于战争的刺激和战后世界处于"冷战"状态,这一时期的无线电导航出现了划时代的进步,名目繁多的无线电导航系统被发明研制出来。对于民用航空而言,目前广泛使用的陆基导航系统大多数是在这一阶段发明的。

第二次世界大战前夕,除无线电测向器外,无线电测距器和无线电高度表已相继制成,用于航空的仪表着陆系统(ILS)的雏形也基本形成。二战期间,德、英、美、苏等国都投入大量人力和物力研制新型无线电导航系统,如 1940 年德国研制成功了"桑尼(Sonne)"系统,1942 年美国研制成功了"罗兰-A(LORAN-A)"系统,1944 年英国研制成功了"台卡(DECCA)"系统。

二战以后,世界主要发达国家除了改进原有的系统外,还研制了许多新系统。例如,美国研制成功了甚高频全向信标(VOR)、测距机(DME)和塔康(TACAN);美国在罗兰-A 基础上还研制了罗兰-B 和低频罗兰系统,又在前两者的基础上研制出罗兰-C 系统。另外,美国的"奥米加(Omega)"系统也是在该期间推出的。

3. 成熟阶段

20世纪60年代初至今是无线电导航发展的成熟阶段,卫星导航的出现是这一阶段的突出标志,也是无线电导航发展的里程碑。

无线电导航在这一阶段的发展主要体现在以下五个方面。

(1) 数字化改进已有导航系统。广泛采用数字技术和计算机技术,提高已有的性能优良的导航系统的数字化程度,提高其导航性能,并使系统具备自动故障诊断能力。

(2) 研制新型陆基导航系统。对于民用航空,主要工作集中在研制新型的着陆系统方面。目前广泛使用的着陆系统为仪表着陆系统(ILS),由于该系统自身固有的缺陷导致其不能满足不断发展的航空需求,国际民航组织(ICAO)在1976年推出了新一代着陆系统——微波着陆系统(MLS),并在1985年制定了用MLS取代ILS的时间进程。虽然MLS在后续发展中遇到了非技术和非性能方面的困难,但MLS的"标准与建议措施(SARPs)"早在1981年就已载入国际民航公约"附件10",至今仍是新一代着陆系统的选项之一。

(3) 发展全球导航卫星系统。1964年建成的美国海军导航卫星系统(NNSS,又称"子午仪"系统)是人类历史上第一个卫星导航系统,从此无线电导航进入了一个崭新领域。1967年"子午仪"系统宣布解密开放民用。为了满足陆海空三军和民用用户对导航越来越高的要求,1973年美国开始研制新一代卫星导航系统——授时与测距导航系统/全球定位系统(NAVSTAR/GPS,简称GPS)。历时23年、耗资130多亿美元的GPS在1995年4月27日被宣布"已具备运营能力",由此掀起了卫星导航研究、应用和建设的浪潮。

由GPS的全称"授时与测距导航系统/全球定位系统"可知,GPS具有的基本功能是为航行体授时、测量航行体与导航卫星的距离以及确定航行体的位置,并由此衍生出测量包括航行体的速度、方位等在内的其他功能。GPS是一个全球覆盖的能提供高精度三维位置、速度和授时(PVT)的无线电导航系统,由此衍生的用途"只受限于人们的想象",其用途之广、影响之大,是任何其他无线电导航系统望尘莫及的。GPS的应用领域主要包括陆地、海洋、航空和航天,GPS已成为名符其实的跨学科、跨行业、用途广、效益高的综合性高新技术。

俄罗斯的卫星导航系统"格洛纳斯"(GLONASS)的起步晚于GPS九年,达到全星座运行也晚于GPS三年。目前,中国和欧洲正在进行各自的卫星导航系统即北斗卫星导航系统(BDS)和伽利略卫星导航系统(Galileo)的建设。

我国早在1994年就全面启动了覆盖中国及周边地区的区域卫星导航系统——北斗导航试验卫星系统(也称为北斗一号卫星导航系统或双星定位系统)的建设工作。到2000年12月,已成功发射两颗"北斗一号"卫星,至此,我国成为继美国、俄罗斯之后第三个拥有自主卫星导航系统的国家。

为了更好地服务于国家建设与发展,满足全球应用需求,2006年,中国政府发表了《中国的航天》白皮书,特别提到了完善北斗导航试验卫星系统,启动并实施北斗卫星导航系统计划。BDS的建设计划是,2012年左右BDS具备覆盖亚太地区的定位、导航、授时及短报文通信能力,2020年左右建成覆盖全球的北斗卫星导航系统。目前BDS已具备区域性导航能力。

为了最佳利用包括时间在内的四维空域,以增强航路运行能力及提高空中交通管理(ATM)的效率,1988年5月国际民航组织提出了未来航行系统(FANS)的概念,1993年宣布正式实施FANS系统,并将该系统改称为"国际民航组织的通信导航监视/空中交通管理

(CNS/ATM)系统",简称新航行系统,而全球导航卫星系统(GNSS)是该系统极其重要的组成部分。

ICAO 对 GNSS 的定义是,"GNSS 是一个全球性的定位和授时系统,它包含一个或多个星座、机载接收机以及系统完好性监视,并提供必要的增强,以支持希望运行的所需导航性能。"由此可见,GNSS 主要包括星座、增强系统和机载系统三部分。目前 ICAO"附件 10"定义的星座只有 GPS 和 GLONASS,增强系统包括陆基增强系统(GBAS)、星基增强系统(SBAS)、机载增强系统(ABAS)和陆基区域增强系统(GRAS)四种,而机载系统一般选择多模接收机(MMR)。在这四种增强系统中,GBAS 主要用于飞机的进近和着陆,而 SBAS、ABAS 和 GRAS 则主要用于飞机的航路导航。

(4) 发展组合导航。组合导航是指将航行体上的两种或两种以上的导航系统,应用卡尔曼滤波等数据处理技术,通过计算机有机组合在一起,不同导航系统互相弥补不足,提高总体性能,形成一种全新的导航系统集成体的技术。经卡尔曼滤波处理后组合系统的精度要优于任一系统单独使用时的精度。

主要组合方式有 GNSS 和惯性导航系统(INS)的组合、联合战术信息分发系统和陆军定位报告系统的组合以及地理信息系统和 INS 的组合。在航空导航中,以 GNSS 和 INS 组合应用最为广泛。

组合导航系统在 20 世纪 80 年代中期开始得到迅速发展,已成为当前导航技术重要的发展方向之一。

(5) 发展区域导航技术。区域导航(RNAV)是一种导航方法,允许飞机在非自主式导航系统的导航台(包括陆基导航台和星基导航台)覆盖范围内,或在自主导航系统能力限度内,或两者配合下按任何希望的飞行路径飞行。

区域导航从最初的基于 VOR/DME 导航传感器的区域导航,到基于所需导航性能(RNP)的区域导航,发展到 2007 年 ICAO 推出的基于性能的导航(PBN,也称为性能基导航),区域导航得到了快速发展。由于区域导航相比于传统导航具有很多优点,包括中国在内的许多国家都推出了实施 PBN 的路线图,RNAV 的研究与应用正沿着 PBN 规定的框架快速往前推进。

上面我们对无线电导航的发展简史和发展趋势作了阐述。ICAO 在 1993 年宣布正式实施 CNS/ATM 时,确定了新导航系统的要素,主要包括:

(1) 逐步引进区域导航(RNAV)能力,并使其符合所需导航性能(RNP)。全球导航卫星系统(GNSS)将提供全球覆盖的导航,为航路与精密进近服务。

(2) 微波着陆系统(MLS)或全球导航卫星系统(GNSS)将取代仪表着陆系统(ILS),用于精密进近和着陆。

(3) 自动定向机(ADF)及无方向信标(NDB)、甚高频全向信标(VOR)将逐渐退出。

(4) 奥米加(OMEGA)导航、罗兰-C(LORAN-C)导航系统将消失。

(5) 保留并发展惯性导航系统(INS),发展组合导航。

由此看来,GNSS 实现之时,就是陆基导航系统全部拆除之日。但实际上,在 20 几年的 GNSS 实施过程中,目前普遍认为,陆基导航与星基导航之间其实不存在谁取代谁的问题,只存在以谁为主、以谁为辅的问题;目前是陆基导航为主,今后将是星基导航为主。这个思想在 ICAO 2012 年第 12 届航行会议上通过的第四版《全球空中航行计划》中得到了反映。

新版《全球空中航行计划》纳入了"航空系统组块升级(ASBU)"方案,其中的技术路线图从技术演变发展的角度展示了实施 ASBU 所需的主要技术及其发展情况,所涉及的技术主要包括通信、监视、导航、信息管理、航空电子设备五个方面。ICAO 在导航技术路线图中就明确指出,传统陆基导航设施(如 VOR、DME、NDB、ILS)在全球已广泛应用,大多数的航空器也配备了相关的机载设备;由于 GNSS 信号的脆弱性,传统陆基导航设施在未来仍会作为GNSS 导航的备份。

1.3 无线电导航术语和参数

通常将与飞机的引导和定位有关的最基本参数称为导航参数,比如飞机相对导航台的方位、飞机到导航台的距离以及飞机到两个导航台的距离差等。下面介绍一些常用的无线电导航术语和重要的导航参数。

1.3.1 导航术语

1. 导航台

导航台又称无线电导航信标(简称"信标"),它是具有确定位置、辐射与导航参数有关的信号且该信号具有规定格式的发射、接收与处理系统。

无线电导航台是非自主式无线电导航系统的基准点或航路点,无线电导航台可以置于地面、船舰或已知运动轨迹的卫星上,不论置于何处,飞机应精确已知导航台每时每刻的位置坐标,并能识别接收的信号来自哪个导航台。因为机载导航系统所测量的方位、距离等信息是相对于某特定导航台的,因此,如果机载导航系统不能识别所接收的信号来自哪个导航台,则所测的方位、距离等信息就毫无意义。

涉及导航台的重要参数主要有导航台的识别码、坐标、工作频率以及工作时间等。

绝大部分无线电导航台只辐射信号,如无方向信标(NDB)、甚高频全向信标(VOR)、塔康(TACAN)信标的测向部分、仪表着陆系统(ILS)信标、全球定位系统(GPS)的星载信标等;也有极少数导航信标具有辐射与接收信号的功能,如测距机(DME)信标、塔康信标的测距部分。

2. 航路点

飞机的飞行目的地,航路上可用于飞机改变航向、高度、速度等的地理位置点,或用于向空中交通管制(ATC)部门报告飞机位置的地点,称为航路点(WPT)。根据实际情况,在从起飞机场到目的机场的航线上可以设置若干航路点。航路点的位置坐标必须精确已知,导航台可以用作航路点。

3. 航线、航迹和航路

飞机从地球表面一点(起点)到另一点(终点)的预定飞行线路叫航线,也称为预定航迹。飞机重心实际飞行轨迹在地面的投影称为航迹或航迹线。航线与航迹的主要区别是,前者是计划飞行设计的路线在地面的投影,后者是实际飞行得到的路线的投影。无线电导航的目的就是使航迹始终保持在航线上,以达到准确飞行的目的。

与航线紧密相连的概念是航段,它是指由地标或者导航设备标示的航线的一部分。空中交通服务(ATS)航线的每个航段由两个航路点连接而成。

航线或航段的方向用航线角表示,它指从航线或航段起点的经线北端顺时针到航线或航段去向的角度,范围为 0°~360°。因为经线有真经线和磁经线之分,所以航线角也包括真航线角(TC)和磁航线角(MC)两种,它们之间相差一个磁差(MV),即 MC=TC-(±MV)。图 1.2 示意了由航路点 A(WPT A)和航路点 B(WPT B)决定的航段的真航线角(TC)和磁航线角(MC),其中 N_T 和 N_M 分别表示真北和磁北。

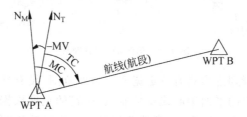

图 1.2 航线角

需要说明的是,由于经线北有地理北(称为真北)和磁北之分,因此凡是涉及以经线北为基准的角度都有真角度和磁角度两种。由于地磁南北极与地理南北极不重合,造成各地点的磁经线常常偏离真经线。磁经线北端偏离真经线北端的角度叫做磁差(MV),并且规定,磁经线北端偏在真经线以东的为正磁差,以西的为负磁差。某一点的磁差可以从航空地图(简称航图)上查出。真角度和磁角度仅仅相差一个磁差(MV)。对于民用航空导航系统,传统使用的陆基无线电导航系统常采用磁北,但用于区域导航(RNAV)的陆基无线电导航系统则采用真北,全球导航系统如全球导航卫星系统(GNSS)和惯性导航系统(INS)也采用真北。在后面的叙述中,就不再对真角度和磁角度的差别给予说明了。

民用航空理论上采用的航线主要包括大圆航线和等角航线。假定地球是一个理想球体,通过地心的任何平面与地球表面相交的圆均为最大的圆,称为大圆。地球上任意两点总是把它们所在的大圆分为两段大圆弧线,其中较短一段大圆弧线是该两点间在地球表面距离最短的连线。沿较短一段大圆弧线飞行的航线称为大圆航线,它是两点间距离最短的航线,故又称为经济航线。大圆航线上各点的真航线角不相等,以通过两个航路点间的等角线作为航线,就叫等角航线,等角航线是一条盘向两极的螺旋形曲线,等角航线上各点的航线角相等,但它的距离一般比大圆航线的长。图 1.3 示意了大圆航线和等角航线。

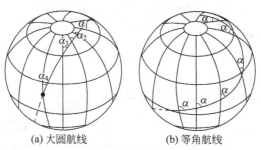

(a) 大圆航线   (b) 等角航线

图 1.3 大圆航线和等角航线

民用航空实际使用的航线为空中交通服务(ATS)航线,它是由导航台或航路点之间的连线构成的。理论上讲,从起飞机场到目的机场的航线以大圆航线的距离最短,一旦该大圆航线被划定,就应该沿航线设立若干导航台。实际上,航线的划定不但受空域条件的限制,

而且导航台要修建在易于维护、通水、通电的地区,这些影响都可能使划定的航线与大圆航
线不吻合。图 1.4 为传统的 ATS 航线,每个航段是两个导航台之间的连线,它们均为各自
的等角航线。

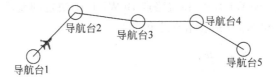

图 1.4　传统的 ATS 航线

航路是指为飞机飞行划定的具有一定宽度和高度范围、设有导航设施或者对飞机有导
航要求的空中通道。航路的平面中心线便是航线,航路的宽度根据导航、监视设备的配置、
飞机保持飞行航线的准确性和军事、地理等条件确定。我国航路宽度通常为 20km,当某一
段受到条件限制时,可以减小宽度,但不得小于 8km。航路具有明确的名称代号,由一个英
文字母和 1~999 的数字组成,如我国西部的新航行系统航路代号为 L888。

飞机在航路内应按指定的飞行高度层(FL)飞行,并保持规定的飞行间隔。空中交通管
制部门对航路内外的飞行活动实施统一管制,加入或者退出航路以及飞行中需要改变指定
的飞行高度层时,须经管制部门批准;只有在紧急情况下,机长才能自行决定改变规定的高
度层,但必须立即报告相关管制单位,且机长应对该决定的正确性负责。

在不引起混淆的情况下,本书在叙述中将航线和航路等同使用。

4. 进近和着陆

进近是指飞机从指定的起始点开始,下降并对准跑道准备着陆的飞行过程,着陆则是进
近的最后阶段。进近分为仪表进近和目视进近两类,这里只介绍在运输航空中有重要地位
的仪表进近。

仪表进近是指飞机根据飞行仪表的指示和对障碍物保持规定的超障余度所进行的一系
列预定的机动飞行。一个仪表进近程序,通常由进场航段、起始进近航段、中间进近航段、最
后进近航段和复飞航段组成,如图 1.5 所示。虽然进场航段属于进近程序,但为了便于用户
将其与离场程序进行比较,以及飞行员和管制员工作上的方便,将其单独制图。因此,在后
面的叙述中,将进近分为起始进近、中间进近、最后进近和复飞四个阶段。

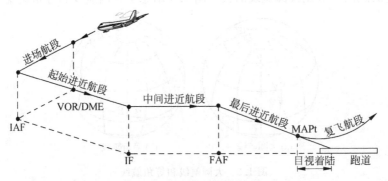

图 1.5　仪表进近程序结构

进场航段是飞机从航路飞行阶段下降过渡到起始进近定位点(IAF)的航段,主要用于
理顺航路与进近之间的关系,实现从航路到进近的过渡,以维护机场终端区的空中交通秩

序,保证空中交通流畅。

起始进近航段是从起始进近定位点(IAF)开始,到中间进近定位点(IF)或者最后进近定位点/最后进近点(FAF/FAP)终止的航段,主要用于飞机消失高度,并通过一定的机动飞行完成对准中间或最后进近。中间进近航段位于中间定位点(IF)与FAF/FAP之间,主要用于调整飞机外形、速度和位置,少量消失高度,并稳定在航迹上,完成对准最后进近航迹。最后进近航段是完成航迹对准和下降着陆的航段,是整个仪表进近程序中最关键的阶段,其仪表飞行部分从FAF/FAP开始到建立目视着陆或复飞点(MAPt)结束。复飞航段从MAPt开始,到飞机回到起始进近定位点开始另一次进近,或飞至指定的等待点等待,或爬升至航线最低安全高度、开始备降飞行为止。当飞机在最后进近航段进近到MAPt点时,飞行员判明不能确保飞机安全着陆时,应当果断中止进近而进行复飞。

根据仪表进近程序最后进近航段所使用的导航设备及其所需导航性能(RNP),仪表进近可分为精密进近和非精密进近两大类,这里的所需导航性能(RNP)由精度、完好性、连续性和可用性定量描述。

精密进近是指在最后进近航段,所使用的导航设备能够为飞机提供满足RNP要求的水平和垂直引导信息的进近。ICAO定义了Ⅰ类、Ⅱ类和Ⅲ类精密进近,对每一类精密进近,都有明确的RNP要求。目前能够提供精密进近的导航系统主要有仪表着陆系统(ILS)、微波着陆系统(MLS)和陆基增强系统(GBAS),其中ILS是目前应用最广泛的陆基精密进近系统,GBAS则是新型的进近系统(星基)。

传统意义上的非精密进近是指在最后进近航段,所使用的导航设备只能为飞机提供水平引导信息的进近。实际上,不满足Ⅰ类、Ⅱ类和Ⅲ类精密进近要求的所有其他进近都应划为非精密进近。NDB、VOR、DME以及RNP APCH进近只能提供非精密进近;ILS当下滑台不工作或机载系统接收不到下滑信号时,它所提供的服务也属于非精密进近;RNP AR APCH进近虽然能提供垂直引导信息,但这种进近的性能指标达不到精密进近的要求,因此也属于非精密进近。

当使用ILS提供精密进近服务时,图1.5中的IF必须位于ILS航向信标的工作区内,即IF至航向信标天线的距离不超过25海里(NM);FAF位于ILS的外指点标处,一般离跑道入口不超过10NM;最后进近航段与ILS提供的下滑道完全重合,MAPt就是ILS下滑道决断高度对应的点,且中间进近航段的航迹方向必须与ILS航道一致。

由此可以看出,当使用ILS进近时,着陆阶段由最后进近航段与目视着陆两部分组成。

5. 位置面

某一导航参数等于某一常数的点的集合称为位置面。如到某一导航台的距离为某一常数的点的集合,为一个以该导航台为球心、以该距离为半径的球面;到两个导航台距离差等于常数的点的集合,是以这两个导航台为焦点的双曲面。

航空导航显然涉及的是四维导航(三维位置加时间,今后简称为三维导航)问题,但对于那些只提供水平制导信息,且飞机到导航台的距离远大于飞机离地面高度(这种情况在飞行的绝大部分时间都能得到满足)的导航,就可以将三维导航简化为二维导航,即飞机与导航台在同一平面上。NDB、VOR、DME等的导航就可以看作二维导航。在二维导航情况下,位置面就变成了位置线。但是,对于同时提供水平和垂直制导信息的导航系统则不可以作这样的简化,这类导航系统大多集中在终端区为飞机提供精密进近着陆服务,如仪表着陆系统(ILS)、微波着陆系统(MLS)、陆基增强系统(GBAS)等。

在二维导航情况下,常用的位置线有圆、直线和双曲线,如图1.6所示。

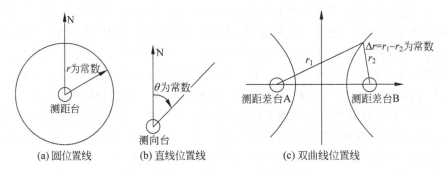

图1.6 二维导航常用的位置线

6. 非自主式导航系统和自主式导航系统

非自主式导航系统又称他备式导航系统,是指机载无线电导航系统必须利用导航台的辐射信号才能完成导航任务的导航系统。绝大部分无线电导航系统都属于非自主式的,例如,自动定向机(ADF)、罗兰(LORAN)系统、VOR、DME、TANCAN、ILS、MLS和GNSS均为非自主式导航系统。非自主式导航系统的优点是机载设备较简单,长时间工作的RNP性能稳定,缺点是易受干扰。

自主式导航系统又称自备式导航系统,是单独依靠机载导航系统就能完成导航任务的导航系统。无线电高度表(LRRA)、多普勒导航系统及惯性导航系统(INS)都属于自主式导航系统。这类导航系统的优点是隐蔽性好,缺点是机载设备较复杂,有些自主式导航系统(如多普勒导航系统、INS)存在积累误差,使用时间越长,误差越大。

1.3.2 导航参数

导航参数主要包括位置参数、角度参数、距离参数、速度参数和时间参数。

1. 实时位置

实时位置系指航行体在某一确知时刻所处的实际坐标,它是用时间和空间坐标参量的数组来表示的。

常用的时间系统包括地方时、世界时、原子时、协调世界时和系统时。由于地球的自转和公转,不同地方的子夜时刻是不同的,地球每一区域都有一地方时,如中国的北京时。零度经度线的地方时称为世界时,又叫格林时(GMT),它作为世界通用的时间基准。原子时是以原子秒作为秒单位的计时系统,也称原子钟,典型的原子钟有铯钟和铷钟,稳定度可达10^{-13}量级。协调世界时简称协调时,它利用通用原子时的秒作秒单位,利用"1整秒"的调整方法使协调时与世界时之差保持在$\pm 0.9s$之间(小于1s)。系统时指某一实用系统具体采用的(或规定的)统一时间基准。

一般来说,全球覆盖的无线电导航系统要采用世界时或协调世界时,局部地域性系统采用地方时或专门为本系统设置的专用时间基准(或专用钟)。

导航中运载体的位置可以根据使用方便采用不同的坐标系来表示,现代导航系统常具有多种坐标系转换能力,以方便用户使用。常用的坐标系有以下几种:极坐标系,采用方位角和距离值来表示位置；平面直角坐标系，采用(x,y)值来表示位置；空间直角坐标系，采用(x,y,z)值来表示位置；地理坐标系，采用经度、纬度和高度值来表示位置。

2. 角度参数

角度参数主要包括航向、方位、航线角、航迹角、偏流角和偏航角。

飞机纵轴前方的延长线叫航向线，航向线的方向称为航向（HDG），它由选定的基准方向顺时针转到该指向的夹角（即航向角）来度量，如图1.7中的θ_1，范围为$0°\sim360°$。基准方向主要有磁北和真北（后面不加区分地用N表示），由此得到的航向分别称为磁航向（MH）和真航向（TH）。

常用的方位主要包括飞机方位角、导航台方位角和相对方位角。飞机与导航台之间的连线称为相对方位线。从导航台N顺时针转至相对方位线之间的夹角为飞机方位角，如图1.7中的θ_2，范围为$0°\sim360°$；从飞机N顺时针转至相对方位线之间的夹角为导航台方位角，如图1.7中的θ_3，范围为$0°\sim360°$；从飞机的纵轴前端（即航向线方向）顺时针转到相对方位线之间的夹角称为相对方位角，如图1.7中的θ_4，范围为$0°\sim360°$。

可以很容易得到θ_1、θ_2、θ_3和θ_4之间的如下关系：$\theta_2-\theta_3=\pm180°$，$\theta_1+\theta_4=\theta_3$或$\theta_1+\theta_4=\theta_3+2\pi$。

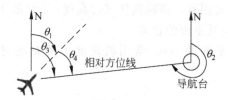

图1.7　航向和各种方位角

航线角已在前面作过介绍，也分为真航线角（TC）和磁航线角（MC）。

存在侧风时，飞机的航迹就会与其航向不一致，航迹线将偏向航向线的下风面。航迹线偏离航向线的角度称为偏流角（DA），简称偏流。当航迹线偏向航向线右侧时，规定偏流角为正值；反之，如航迹线偏向左侧，规定偏流角为负值，如图1.8所示。偏流角是飞机领航中一个很重要的参数，它直接影响飞机预定航向的选取，为了使飞机的航迹始终保持在航线上，必须使飞机的应飞航向在航段的航向线基础上向迎风方向修正一个偏流角。

飞机的航迹线与航线间的夹角叫偏航角（TKE），航迹线在航线右边时，TKE为正；航迹线偏在航线左侧时，TKE为负，如图1.8所示。

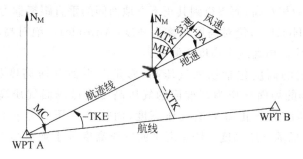

图1.8　相关导航参数的定义

3. 距离参数

距离参数主要包括待飞距离、偏航距离、斜距、距离差和高度等。

待飞距离指飞机当前位置至飞往的目的地或前方航路点之间的距离。我们知道,ATS航路是由若干航路点连成的折线航路,在不加声明时,待飞距离指飞机沿指定航路飞往目的地的沿航距离。

飞机进入航线后,虽然修正了偏流,按应飞航向和预计地速飞行,但由于导航系统的误差和空中风的变化等因素的影响,飞机仍可能偏离预计航线。飞机偏离预计航线的程度可以用偏航距离(XTK)和偏航角(TKE)来表示。偏航距离指飞机某一时刻的实际位置到飞行航段之间的垂直距离,并且规定,飞机位置在航线右侧时,XTK 为正,飞机位置在航线左侧时,XTK 为负,见图 1.8。

不在同一高度的两点之间的距离称为斜距。飞行的飞机到某一航路点(如导航台)之间的距离即为斜距。

飞机到两个航路点(如导航台)的距离之差称为距离差。

下面我们对高度(或高)进行说明。

飞机到某一基准水平面的垂直距离称为飞机的飞行高度。飞行高度是维护正常飞行秩序、保证飞行安全的一个重要因素。准确选择飞行高度,对于充分发挥飞机性能、节省油量和节约飞行时间等都具有极其重要的意义。

根据所选择的基准水平面的不同,常用的高度主要有绝对高度、相对高和真高,如图 1.9 所示。

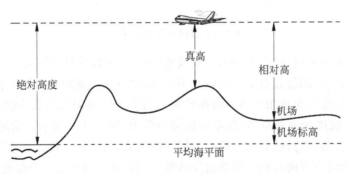

图 1.9　各种高度

飞机到纬度 45°平均海平面的垂直距离为绝对高度,到某一指定参考水平面(如机场跑道平面)的垂直距离为相对高,而飞机到其正下方地面间的垂直距离称为真高。一般把真高和相对高通称为高(Height),绝对高度则称为高度(Altitude)。绝对高度和相对高一般由气压高度表测定,真实高由无线电高度表测定。

气压高度表测定的高度包括场面气压高、修正海平面气压高度和标准气压高。以起飞机场或着陆机场的场面气压为基准面的气压高度叫做场面气压高,以修正海平面气压为基准面的气压高度为修正海平面气压高度,而标准气压高是指以标准海平面气压(760 mmHg)为基准面的气压高度。修正海平面气压高度等于绝对高度,场面气压高等于相对高。

对于民航运输飞机,航路飞行时一般采用绝对高度,起飞和最后进近阶段一般采用真实高或相对高；而通用航空飞行一般采用真实高。

4. 速度参数

飞机在风中飞行时同时存在三种相对运动，即飞机相对于空气、空气相对于地面和飞机相对于地面的运动，因此分别对应有空速(TAS)、风速(WS)和地速(GS)。

飞机相对于空气媒质的运动速度称为空速，空速的方向与飞机纵轴前端的方向一致，即与航向一致。空速可由飞机上的空速表测得。

飞机当前位置处空气相对于地面的水平运动速度称为风速。一般情况下，可以通过地面气象台获得风速和风向数据，但对高空、高速飞行的飞机来说，地面测报的数据不能满足精确导航的要求。为了确保精确导航，机上应能随时测得风速的大小和风向。

飞机相对于地面运动的速度称为地速，地速的方向与航迹角方向一致。

空速(TAS)、风速(WS)和地速(GS)之间的关系可用图1.10所示的航行速度三角形表示(这里采用磁北为例)。航行速度三角形可以准确反映空速、风速和地速这三个速度之间的关系，能够准确说明航迹角和航向、地速和空速的关系，能准确反映飞机在风中的航行规律。

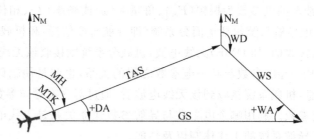

图 1.10　航行速度三角形

航行速度三角形包含八个空中领航最常用的元素，这就是磁航向(MH)、真空速(TAS)、风向(WD)、风速(WS)、磁航迹(MTK)、地速(GS)、偏流(DA)以及风角(WA)。风角指的是地速与风速之间的夹角，其正、负规定是：以航迹线为基准，左侧风时，由航迹线顺时针量到风向线，为正值；右侧风时，由航迹线逆时针量到风向线，为负值。风角的范围为$0°\sim\pm180°$，$0°$表示顺风，$180°$表示逆风，$\pm90°$表示(左或右)正侧风，$0°\sim\pm90°$之间表示(左或右)顺侧风，$\pm90°\sim180°$之间表示(左或右)逆侧风。

由图1.10可以看出，风角和偏流角的正负规律完全一致，都是由风的左、右决定的。

下面来说明飞机应飞航向的选择问题。飞机沿预订航线飞行所应保持的航向称为应飞航向，用$MH_{应}$表示。我们知道，无线电导航的目的就是使航迹始终保持在航线上，以达到准确飞行的目的。一旦航线确定，飞行员首先要解决的问题就是选择飞机的应飞航向，以保证飞机航迹线与预订(或计划)航线重合。

在无风或没有侧风情况下，飞机真空速等于地速，飞机的航迹线与航向一致，在不考虑导航系统误差前提下，机头对向哪里，飞机就能飞到哪里。因此，当飞机准确通过航段起点时，飞行员应操纵飞机使机头对正航线去向，即采取的应飞航向$MH_{应}=MC$，飞机就能沿航线飞到预订航路点。在有侧风情况下，如果飞机通过航段起点时仍然采取应飞航向等于航线角，由于侧风的影响，飞机将产生偏流，航迹线将偏到航线的下风面，飞机便不能飞到预订点上空。这时，为了使航迹线与航线重合，必须使飞机的航向线向迎风方向修正一个偏流

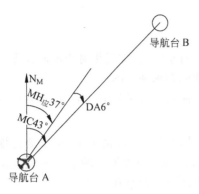

图 1.11 应飞航向的确定

角,即飞机的应飞航向 $MH_{应}=MC-DA$。例如,飞机从导航台 A 飞往导航台 B 决定的航段,该航段的航线角为 $43°$,若假设偏流角 $DA=+6°$,则飞机在该航段飞行应采用的航向 $MH_{应}=37°$,如图 1.11 所示。

5. 时间参数

常用的时间参数包括估计到达时间(ETA)与待飞时间。

估计到达时间是从飞机目前位置到飞行目的地或前方航路点之间的估计飞行时间,估计到达时间是以格林尼治时间为基准的。在飞行中,待飞时间是自飞机当前位置起,按飞机当前的地速值等计算的沿航线飞达目的地的空中飞行时间。

上面我们介绍了主要的导航参数,其中最基本的导航参数为飞机航向、飞机方位角、导航台方位角、相对方位角、斜距、距离差以及高度。无线电波电场的基本表示为 $e(t)=E_m\cos(\omega t+\varphi_0)$,其涉及的电参数为振幅($E_m$)、角频率($\omega$)或频率($f$)、相位($\omega t+\varphi_0$)和时间($t$)。绝大多数无线电导航系统包括地面分系统(即导航台或信标)和机载分系统两部分,地面分系统发射(也有接收的,如 DME)无线电波,机载分系统则接收该无线电波。因此,地面导航系统必须建立某一导航参数与某一电参数之间的关系,也就是使辐射的某一电参数蕴含某一导航参数信息,机载系统接收到该无线电波后,通过对含有导航参数的电参数进行处理,获取相应的导航参数。利用哪个电参数与导航参数建立关系是无线电导航技术的核心问题之一,它决定了导航系统的工作体制以及性能。

1.4 导航的分类和无线电导航系统的分类

航空导航技术涉及的内容非常广泛,主要有目视导航、推算导航、天文导航、无线电导航和组合导航等。一般来讲,飞机上往往不是单独使用某种导航设备,而是采用几种导航设备,达到相互配合、相互补充的目的,以圆满完成导航任务。

1.4.1 导航的分类

1. 目视导航

目视导航是在飞机上由飞行员或/和领航员依据大于或等于测量任务比例尺地形图上设计的航线,对照飞机下方实际地形地貌,对地面显著地标和检查点进行经常或连续观测,引导飞机按设计的航线飞行的导航方法。

目视导航简单、可靠,但误差较大,导航精度受飞行员/领航员技术水平、气候及环境条件的影响大,是早期航空主要的导航手段。目前,目视导航对于通用航空仍然是非常重要的导航手段,但对于现代运输航空其使用区域已非常有限,主要用于起飞与着陆的部分阶段,例如,对于 I 类着陆,飞机离地面 60m 高度后的着陆就靠飞行员目视操纵飞机着陆。在低能见度情况下,机场的助航灯光系统是保证安全着陆不可缺少的目视助航设施。助航灯光系统主要包括进近灯光系统、跑道灯光系统、滑行道灯光系统、站坪灯光系统及机场灯光系统等,图 1.12 表示的是进近灯光和跑道灯光系统。

2. 推算导航

通过测量航行体的方向和移动距离(或速度、加速度、时间),从过去已知的位置推算当前的位置,或预测将来的位置,引导航行体航行的一种导航方式。

推算导航是航空重要导航方式,属于自主式导航,只有机载设备。它不与外界发生任何光、电联系,故保密性强,特别适用于军事导航以及没有无线电导航信号覆盖的区域。但随着飞行距离和飞行时间的增加,位置累积误差越来越大。因此飞行一段时间后,需要利用其他导航手段(如无线电导航)进行校准。电罗经、磁罗经、计程仪、惯性导航系统以及多普勒导航系统等都属于推算导航系统。

3. 天文导航

图 1.12　进近灯光和跑道灯光系统

天文导航又称天体导航,它是通过观测宇宙空间星体(太阳、月亮、其他行星、恒星等)的位置参数(如仰角)以及观测时间,来确定观测者的位置和航向,从而引导航行体航行的导航方式。

天文导航所用的仪器主要有光学六分仪、无线电六分仪、伺服平台、天体跟踪器、时间标准发生器及导航计算机等。

天文导航是一种古老的导航技术,最早应用于航海,用来保持船舶的航向。在欧洲文艺复兴时期,人们发明了六分仪,更加便于在航海时观测星体的高度,使天文导航和地磁导航一样成为古代航海最重要的导航方式。今天,借助现代科学技术,天文导航进入了一个新的发展阶段,它已成为现代导航的一种基本手段,特别是对于洲际导弹和火箭更是重要的导航方式。全球航天领域的导航方法目前主要依赖的仍是惯性导航/天文导航组合导航系统。天文导航的优点是不需要地面支持设施,属于自主式导航系统,保密性强,在地球上任意一点都可以应用,无累积误差,定位精度高;但在低空时易受气象条件限制。一般来说,单纯的天文导航在飞机上很少采用,通常是将天文导航与其他导航系统如惯性导航、多普勒导航组合起来使用。自 20 世纪 60 年代以来,已陆续研制出一些高精度惯性导航/天文导航组合导航系统。美国的 SR-71 和 U-2 侦察机以及 B-2 和 B-52 轰炸机都装有惯性导航/天文导航组合导航系统。

4. 无线电导航

无线电导航是借助于航行体上的电子设备接收和处理无线电波来获得导航参数的一种导航。

无线电导航的主要优点是:不受时间、气象条件限制,基本上可以实现全天候工作,可在近、中、远距离上顺利完成各项导航工作;定位精度高,几米的定位精度也可以达到;定位时间短,甚至可以连续、实时定位;设备可靠性高,使用寿命长;在复杂气象条件下或低能见度引导飞机着陆和空中交通管制方面,无线电导航则是唯一的导航手段。正因为无线电导航具有这些优点,所以目前它是应用最广泛、最普遍的一种导航方式,是现代航空最基本、最核心的导航手段,可以说,没有无线电导航,就没有现代航空。

当然,无线电导航也存在缺点,主要是:由于设备辐射和接收无线电波,因而易被敌方发现和干扰,保密性不强,在受到自然和人为干扰时甚至无法正常工作;一般需要地面或星载导航台配合,因而对于陆基导航系统而言,限制了它的工作区域,且导航台在战时易被破坏。

5. 组合导航

组合导航已在 1.2 节进行了阐述,这里不再赘述。

1.4.2 无线电导航系统的分类

根据不同的分类标准,无线电导航系统便有不同的分类结果。下面介绍几种常见的分类。

1. 按所测量的电信号参量划分

这种分类是按照机载导航设备接收处理哪个电信号参数,从而获得相应导航参数来进行的。依照这种分类标准,导航系统可分为以下五类。

(1)振幅式导航系统。机载导航系统通过处理电信号的振幅或调制度来获得导航参数的导航系统,称为振幅式导航系统。到目前为止,这种系统被广泛用于测向,如 ADF 和 ILS 即为振幅式测向导航系统。

(2)相位式导航系统。机载导航系统通过处理电信号的相位来得到导航参数的导航系统,称为相位式导航系统。这种系统可以用于测向,也可以用来测距和测距差,如 VOR 就是相位式测向导航系统。

(3)频率式导航系统。机载导航系统通过处理电信号的频率来得到导航参数的导航系统,称为频率式导航系统。这种系统可以用于测距和测速,如无线电高度表(LRRA)就是频率式测距导航系统。

(4)时间式导航系统。机载导航系统通过处理电信号在空间的传播时间来获得导航参数的导航系统,称为时间式导航系统。这种系统主要用于测距和测距差,如 DME 就是时间式测距导航系统。

(5)复合式导航系统。机载导航系统通过处理两个电信号的电参数(如相位、传播时间)来获得两个导航参数的导航系统,称为复合式导航系统。典型的复合式导航系统为 TACAN。

2. 按所提供的导航参数划分

按照导航系统能提供的导航参数,导航系统可分为以下四类。

(1)测向导航系统。该系统提供的导航参数为方位信息。ADF、VOR、ILS 均为测向导航系统。

(2)测距导航系统。该系统提供的导航参数为距离信息。DME、LRRA 均为测距导航系统。

(3)测距差导航系统。该系统提供的导航参数为到两个导航台的距离之差信息。奥米加(Omega)和罗兰(LORAN)系统均属于测距差导航系统。

(4)测向和测距导航系统。该系统能同时提供的导航参数为方位和距离信息。TACAN 系统就属于这类导航系统。

3. 按有效作用距离划分

按有效作用距离,导航系统可分为近程导航系统和远程导航系统。

(1) 近程导航系统。有效作用距离在500km之内的导航系统为近程导航系统。大部分陆基导航系统属于这类系统,如ADF、VOR、DME、ILS、LRRA、TACAN。

(2) 远程导航系统。有效作用距离大于500km的导航系统为远程导航系统。奥米加系统属于这类系统。全球导航卫星系统(GNSS)可以为航行体提供全球飞行服务,称为全球导航系统。

4. 按系统中机载设备独立情况划分

机载导航设备测定导航参数时是否需要导航台协同工作,是这一分类方法的基本出发点。按此标准划分,导航系统可分为非自主式导航系统和自主式导航系统两种。

5. 按服务于飞行阶段划分

按照该划分标准,导航系统可分为航路导航系统和终端区导航系统两类。

(1) 航路导航系统。航路导航系统为飞机的航路飞行服务。NDB、VOR和DME都可作为航路导航系统。

(2) 终端区导航系统。该导航系统为飞机的进近着陆服务。ILS、MLS、GBAS为终端区导航系统;NDB、VOR和DME也可用作终端区导航系统,只不过比它们用作航路导航系统时的辐射功率低。

6. 按导航台的安装地点划分

若导航台置于地表面,则这种导航系统称为陆基导航系统;若置于卫星上,则称为星基导航系统。

7. 按工作方式划分

对于非自主式导航系统,按工作方式可分为无源导航系统和有源导航系统两类。

(1) 无源导航系统。是指导航台只发射信号,机载系统只接收导航台的信号,从而获得相应导航参数的导航系统。民用航空使用的无线电导航系统绝大部分属于这类系统,如ADF、VOR、ILS、GPS。

(2) 有源导航系统。这种导航系统的导航台不但发射信号,还接收来自机载系统的发射信号,而机载系统不但接收导航台的信号,其本身也发射信号。民用航空的有源导航系统常采用询问应答式工作方式,如DME。

8. 按导航能力划分

按导航能力,导航系统可分为单一导航系统、主用导航系统和辅助导航系统三类,这种划分标准是ICAO在推出新航行系统(CNS/ATM)时提出来的。

(1) 单一导航系统。对于给定的飞行阶段,能同时为飞机提供满足要求的精度、完好性、连续性和可用性服务的导航系统称为单一导航系统。精度、完好性、连续性和可用性是定量描述"所需导航性能(RNP)"的主要参数,参见2.3节。导航系统只有成为单一导航系统时才具有最大经济价值。单一导航系统不需要其他导航系统作为备份,这种系统应具备从可能故障中恢复正常的能力,但单一导航系统的上述规定并不排斥飞机上可以载有其他导航系统。单一导航系统中既可只包含一种导航传感器,如VOR,也可以包含多种不同类型的导航传感器,如GNSS/INS的组合导航系统。

(2) 主用导航系统。对于给定的飞行阶段,能为飞机提供满足要求的精度和完好性但不完全满足连续性和可用性服务的导航系统称为主用导航系统。主用导航系统不需要单一导航系统来支持其工作,飞行安全通过将飞行限制在指定时间段及限制相应飞行程序得到保证。例如,1994 年美国联邦航空局(FAA)批准,全球定位系统(GPS)可作为洋区和边远地区的主用导航系统,条件是 GPS 接收机必须满足 TSO 129 条令的要求。

(3) 辅助导航系统。对于给定的飞行阶段,能为飞机提供满足要求的精度和完好性但不满足连续性和可用性服务的导航系统称为辅助导航系统。辅助导航系统必须与单一导航系统或主用导航系统联合使用,但只要辅助导航系统在使用过程中满足规定的精度和完好性要求,便不需要与同机的主用或单一导航系统作横向校验。例如,FAA 批准,GPS 可作为本土航路、终端区及非精密进近的辅助导航系统。

1.5　无线电导航系统的布局

我们知道,无线电导航系统可分为自主式和非自主式导航系统两类,非自主式导航系统含有导航信标,而自主式导航系统只包含机载设备。为了对在实际应用中的导航系统有一个全貌性理解,我们介绍地面和机载导航系统的布局。

1.5.1　地面无线电导航系统的布局

地面无线电导航系统即为导航信标(或导航台),它们可以布置在航路上为飞机的航路飞行服务,也可以布置在终端区,用于飞机的进近着陆。

1. 航路导航系统

民用航空布置在航路上的导航台主要有 VOR、DME 和 NDB,它们布置在航路上为飞机提供导航信号。传统的 ATS 航路是导航台之间的连线,飞机从一个导航台飞向另一个导航台,导航台信号应覆盖整条航路。

图 1.13 表示由三个导航台的连线构成的 ATS 航路,每个导航台在一定高度都有相应的覆盖范围,相邻导航台的覆盖应有重叠区。

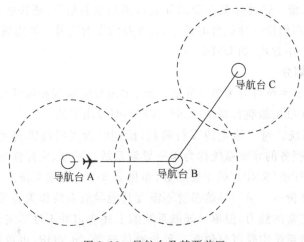

图 1.13　导航台及其覆盖区

飞机如果需要利用某一导航台的信号进行导航,必须知道导航台的关键信息,比如导航台坐标、工作频率、识别码和工作时间等。由于导航台是导航的基准点,飞机获得的距离、方位等导航参数都是以某导航台为基准的,因此,飞机必须知道导航台的精确坐标以确定自己的位置,并且飞机任何时刻接收的导航信号都必须含有能识别该导航台的台站识别码。实际上,识别码表示了台站的身份,飞机一旦获得识别码,其处理得到的导航参数才有意义。虽然识别码的产生和辐射电路很简单,但对一个信标而言,其辐射场中的识别码对飞机是最重要的信息。没有识别码,就没有导航台。

一个导航台的台站识别码一般是导航台所在地名缩写(2~3 个英文字母)的莫尔斯(Morse)电报码,例如,哈密 VOR/DME 导航台的识别码为"HMI",将其编为相应的莫尔斯码便为该台站的莫尔斯识别码。莫尔斯码由一系列的"点"和"划"按规定的编码规则组成。ICAO 规定,民用航空使用的莫尔斯码的"点"的持续时间为 0.1~0.160s,"划"的持续时间为"点"的三倍,即 0.3~0.480s;一个码字内的"传号(点或划)"之间的间隔为"点"的持续时间,码字与码字之间的间隔为"划"的持续时间。表 1.1 给出了 26 个英文字母的莫尔斯编码。

表 1.1 英文字母的莫尔斯编码

字母	莫尔斯码	字母	莫尔斯码	字母	莫尔斯码
A	点划	J	点划划划	S	点点点
B	划点点点	K	划点划	T	划
C	划点划点	L	点划点点	U	点点划
D	划点点	M	划划	V	点点点划
E	点	N	划点	W	点划划
F	点点划点	O	划划划	X	划点点划
G	划划点	P	点划划点	Y	划点划划
H	点点点点	Q	划划点划	Z	划划点点
I	点点	R	点划点		

若某一台站的识别码为 UN,则其莫尔斯编码如图 1.14 所示,其中 T 为识别码的辐射周期,而 T 的倒数即为识别码的辐射重复率。一般导航台每 30s 辐射 3~4 次识别码。

必须指出的是,不论导航台是为航路服务还是为终端区服务,所有的导航台都必须辐射指配的识别码。

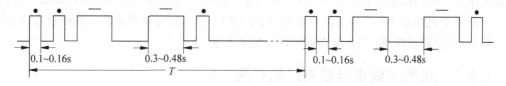

图 1.14 UN 的莫尔斯编码

2. 终端区导航系统

终端区导航系统包括进场系统和进近着陆系统,其中进场系统为进场航段和起始进近航段提供导航服务,而进近着陆系统为中间进近航段和最后进近航段服务(见图 1.5)。民用航空主要的进场系统仍为 VOR、DME 和 NDB,只不过比它们布置在航路上的辐射功率低,例如,VOR 服务于航路和终端区,其辐射功率一般分别为 100W 和 50W。飞机在这些进场系统的引导下,按规定的飞行程序飞至进近着陆系统的作用区,完成最后进近着陆。

民用航空常用的进近着陆系统为 ILS、MLS 和 GBAS,目前世界上普遍使用 ILS 引导飞机进近着陆。

仪表着陆系统是为飞机提供所需导航性能(RNP)要求的水平和垂直制导信息的精密进近着陆系统。传统的 ILS 包括下滑信标(GS)、航向信标(LOC)和指点标(MB)三个分系统,而指点标又包括外指点标(OM)、中指点标(MM)和内指点标(IM)。图 1.15 表示 ILS 在跑道的布置和作用。

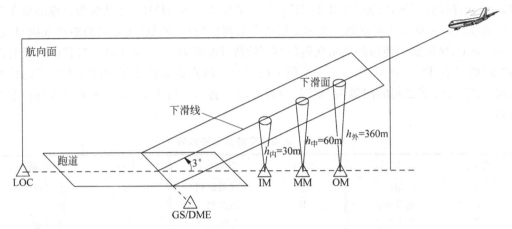

图 1.15　仪表着陆系统引导飞机进近着陆

下滑信标(GS)布置在跑道一侧,为飞机提供与跑道成标称值 3°夹角的平面,称为下滑面,为飞机提供垂直制导信息;航向信标(LOC)位于跑道末端中心延长线上,提供垂直于跑道并包含跑道中心延长线的平面,即航向面,为飞机提供水平制导信息。航向面与下滑面的交线称为下滑线,飞机在相应机载系统引导下沿该下滑线下滑,完成进近着陆。三个指点标均以 75MHz 载波发射垂直向上的倒锥形波束,飞机经过这些指点标上空时,机载系统均会发出不同频率的音响和点亮不同颜色的指示灯以提示飞行员是继续下滑还是放弃下滑(复飞)。外指点标指示下滑道截获点(也是最后进近点 FAP,参见图 1.5),中指点标指示 Ⅰ 类着陆标准的决断高度点,内指点标用来测定 Ⅱ 类着陆标准的决断高度点。此外,由于这三个指点标在某一机场的安装位置是固定的,因此它们也可为飞机提供离跑道入口处的距离。

目前不少机场将 DME 与下滑台合装,利用 DME 为飞机提供离着陆点或跑道入口处的距离信息,在这种情况下,三个指点标可以少装或不装。

1.5.2　机载无线电导航系统的布局

机载无线电导航系统包括自主式和非自主式导航系统,非自主式导航系统与相应的地面信标对应,构成一套完整的导航系统;而民用航空典型的自主式无线电导航系统则为无线电高度表(LRRA)。为了提高系统的可靠性,和导航信标一样,同一种机载导航系统往往包括两套相同的设备。由于航空对无线电导航的要求很高,为飞机提供航路和进近的导航设备也不一样,企图利用某一种导航系统来满足飞机的全部导航要求是根本不可能的,因此飞机上加装了很多不同用途的导航系统。另外,考虑到每种导航系统都存在其优缺点,即使不同的导航系统都提供同类导航参数(如 VOR 和 ADF 都是测向系统),这些系统仍在飞机中和平共处。

图 1.16 给出了 A320-200 飞机导航系统天线的安装位置,不同机型导航天线的位置可能略有不同。

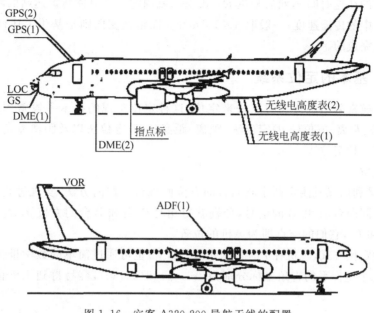

图 1.16 空客 A320-200 导航天线的配置

1.6 无线电导航的实现

民用航空使用的导航系统都是空中导出参数系统,即导航台建立导航参数与电参数之间的关系,机载系统通过接收导航台的信号来获得导航参数。由于飞机的位置是最基本的导航参数之一,我们先阐述位置线定位的原理,然后站在机载的角度来审视导航的实现过程,最后简介民用航空运输飞机都已加装的飞行管理系统(FMS)的工作过程,从而对基于 FMS 的全自动导航有一个较全面的理解。

1.6.1 无线电导航的依据

论证无线电为什么能用于导航是有重要意义的。我们知道,确定飞机位置、飞机航向和飞行(或待飞)时间是无线电导航的三个基本问题,而这些导航参数的获取都可以通过测向和测距(或测距差)来实现。因此,只要能证明无线电能完成测向和测距(或测距差)任务,就解决了无线电是否能用于导航的问题。

无线电能用于导航,是基于无线电波的下述三个基本性质:

(1) 在理想均匀媒质中,无线电波按直线(或最短路径)传播;

(2) 无线电波在传播路径中,遇到不连续媒质时将产生反射;

(3) 在理想均匀媒质中,无线电波的传播速度为常数。

很显然,无线电波的性质(1)为测向奠定了基础;而基于性质(1)、(3)或(1)、(2)、(3),便可测定电波在空间的传播时间,从而获得飞机到导航台的距离;如果测定电波由两个导航台传到飞机的时间差,则可确定飞机到这两个导航台的距离差。

雷达测距是利用无线电波的上述三个性质进行测距的典型实例。雷达站发射射频(RF)脉冲信号,遇反射体(如飞机)反射 RF 脉冲,雷达站接收机接收到反射信号后,便能确定电波在空间的往返时间 τ,然后根据 $R=0.5\tau c$,就确定了反射体与雷达站的距离 R,其中 c 为电波在真空中的传播速度,一般取 $3\times10^8\,\mathrm{m/s}$。而雷达测向则是基于上述性质(1),利用方向性天线来完成的。

1.6.2 基本的定位系统

无线电导航常采用位置线交点法来定位,这种定位实现的技术手段常用的有方位-方位(θ-θ)定位法、距离-方位(ρ-θ)定位法、距离-距离(ρ-ρ)定位法以及距离差定位法,民用航空一般采用前三种定位法。

1. θ-θ 定位

θ-θ 定位是利用飞机测定两个测向台的方位而进行定位的方法,实现过程如图 1.17 所示。飞机接收测向台 A 和 B 的信号,分别获得相对 A 台和 B 台的方位 θ_A、θ_B,便可确定两条位置线 L_A 和 L_B,它们的交点即为飞机的位置。

对于这种定位方式,飞机在 t 时刻的位置 (x_t,y_t) 也可通过简单的数学推导得到。假设 A、B 两台在地平坐标系的直角坐标分别为 (x_a,y_a) 和 (x_b,y_b),容易得到飞机在地平坐标系的坐标为

$$
\begin{cases}
x_t = \dfrac{x_b\tan(\theta_A) - x_a\tan(\theta_B) + (y_a - y_b)\tan(\theta_A)\tan(\theta_B)}{\tan(\theta_A) - \tan(\theta_B)} \\[2mm]
y_t = \dfrac{x_b - x_a + y_a\tan(\theta_A) - y_b\tan(\theta_B)}{\tan(\theta_A) - \tan(\theta_B)}
\end{cases}
\tag{1-1}
$$

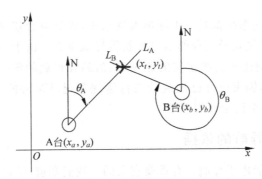

图 1.17 θ-θ 定位的实现过程

目前民航飞机除要求获得地平坐标系的坐标外,在有些应用场合(如区域导航)还必须获得世界大地坐标系 WGS-84 的坐标,这可以通过坐标转换实现。民航运输飞机都具有这种坐标转换能力,能将地平坐标系的坐标转换为 WGS-84 坐标系中的坐标。有关导航坐标系及坐标系转换的内容将在 2.2 节进行阐述。

θ-θ 定位的主要缺点是,飞机离导航台距离越远,由测向误差导致的飞机位置误差将迅速增大。在利用 ADF-NDB 实现 θ-θ 定位时,地面设施投资少(但定位误差较大),对于通用航空是一种利用陆基导航系统解决定位问题的较好方案。另外,需要特别指出的是,到目前为止无线电测向设备仍然是唯一能测定辐射体方向的一种无线电设备,对于海上遇险救助

具有重要意义。

2. $\rho\text{-}\theta$ 定位

这种定位方式是通过飞机接收同台址的测距台和测向台的信号来实现的,实现过程如图 1.18 所示。对于民用航空而言,同台址的测距和测向台一般通过将 DME 和 VOR 同址安装来实现,而军用航空的 TACAN 信标能同时提供测距和测向信号。

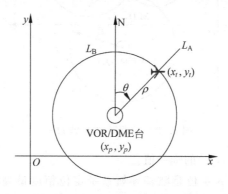

图 1.18 $\rho\text{-}\theta$ 定位的实现过程

$\rho\text{-}\theta$ 定位的实现过程是:飞机接收测向台(如 VOR)的信号,获得相对该台的方位 θ,从而确定位置线 L_A;同时,飞机接收同址安装的测距台(如 DME)的信号,得到离该台的距离 ρ,又可确定位置线 L_B。L_A 与 L_B 的交点便是飞机位置之所在。

若 VOR/DME 台在地平坐标系的坐标为 (x_p, y_p),则飞机 t 时刻在该坐标系的坐标为

$$\begin{cases} x_t = \rho\sin(\theta) + x_p \\ y_t = \rho\cos(\theta) + y_p \end{cases} \tag{1-2}$$

$\rho\text{-}\theta$ 定位的精度明显优于 $\theta\text{-}\theta$ 定位的精度,但比 $\rho\text{-}\rho$ 定位的差。然而,在一条航路上容易获得所需导航性能的 VOR/DME 覆盖,相比利用 DME/DME 实施的 $\rho\text{-}\rho$ 定位,基于 VOR/DME 实现的 $\rho\text{-}\theta$ 定位对地面设施的投资要少得多,所以 ICAO 将 $\rho\text{-}\theta$ 定位推荐为优先考虑的定位方式。

3. $\rho\text{-}\rho$ 定位

$\rho\text{-}\rho$ 定位是利用飞机测定到两个或三个测距台的距离来实现的,可以用图 1.19 表示定位过程。民用航空的测距台一般采用 DME,军用航空可以使用 TACAN 信标的测距部分。实际上,DME 信标与 TACAN 的测距部分完全是兼容的。

飞机接收两个测距台(如 DME)A、B 的信号,可以分别获得到这两个台站的距离 ρ_A、ρ_B,由此得到两条圆位置线 L_A 和 L_B,它们有两个交点 M_1 和 M_2,出现定位结果的双值性,需要采取措施消除双值性。第一种方法是增加一个测距台 C,飞机获得第三条圆位置线 L_C,这样 L_A、L_B 和 L_C 相交于公共交点 M_1,飞机位置便被唯一确定。第二种方法是借助于其他信息(如利用惯性导航系统(INS)的定位结果)来消除定位的非单值性,民用航空常采用第二种方法。

在采用三条圆位置线定位时,飞机 t 时刻在地平坐标系的坐标 (x_t, y_t) 可以如下求得

$$\begin{cases} \rho_A = \sqrt{(x_t - x_a)^2 + (y_t - y_a)^2} \\ \rho_B = \sqrt{(x_t - x_b)^2 + (y_t - y_b)^2} \\ \rho_C = \sqrt{(x_t - x_c)^2 + (y_t - y_c)^2} \end{cases} \tag{1-3}$$

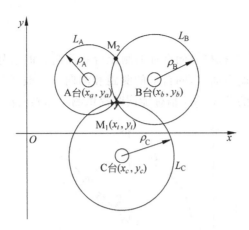

图 1.19 $\rho\text{-}\rho$ 定位的实现过程

解上述方程组,便可获得(x_t, y_t)的唯一值。

基于 DME/DME 的 $\rho\text{-}\rho$ 定位是陆基导航系统定位精度最高的定位方式,在区域导航 (RNAV)中具有重要的应用价值。目前中国民航在终端区正在推进基于性能的导航 (PBN)运行,使用的导航源主要有 GNSS 和 DME/DME,但若在大面积空域采用基于 DME/DME 的 RNAV 方式,则将付出较高昂的基础设施投资代价。

4. 距离差定位

距离差定位也称双曲线定位,它是通过飞机测量到两个导航台的距离差来实现的,定位 过程如图 1.20 所示。

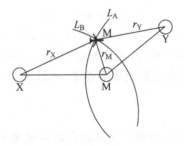

图 1.20 双曲线定位的实现过程

在某一时刻,机载接收机通过测量一条基线上的两个发射台 M、X 信号的到达时间差, 就可获得这两个地面台的距离差 $\Delta r_1 = r_X - r_M$,从而确定一条位置线 L_A,L_A 是一条以 M、X 为焦点的双曲线。若飞机还能测出来自另外两个台 M、Y 的信号到达时间差,进而获得 M、 Y 台的距离差 $\Delta r_2 = r_Y - r_M$,又能获得另一条以 M、Y 为焦点的双曲线 L_B。两条双曲线的 交点 M 就是飞机的位置。

双曲线定位系统至少需要三个地面导航台,且所有导航台必须保持时间上或相位上的 严格同步。无线电导航系统广泛应用这种定位方法,如罗兰-A、罗兰-C、奥米加系统以及台 卡系统等都采用这种体制定位,但目前在民用航空中已没有双曲线定位系统了。

在介绍的无线电导航的 $\theta\text{-}\theta$ 定位、$\rho\text{-}\theta$ 定位、$\rho\text{-}\rho$ 定位以及双曲线定位四种定位体制中, 民用航空目前只使用前三种定位方式,并且在选择定位方式上是有优先级的。国际民航组织建议，ρ-θ 定位的优先级最高，ρ-ρ 定位的次之，而 θ-θ 定位的优先级最低。美国联邦航空局(FAA)则推荐 ρ-ρ 定位的优先级最高，接下来依次是 ρ-θ 定位和 θ-θ 定位。机载飞行管理系统(FMS)在定位优先级选择上采用 FAA 的推荐，但一般不采用 θ-θ 定位方式。

到目前为止，我们已完整阐述了无线电导航系统定位的原理与实现过程，可以用图 1.21 对基本的定位系统作一个总结。

非自主式导航系统包括导航台和机载系统两部分，导航台建立导航参数(如方位 θ、距离 r、距离差 Δr)与电参数(振幅 E_m、相位 φ、角频率 ω、时间 t)之间的关系，也就是说，信标辐射的某一电参数蕴含导航信息，图 1.21 中，x 表示某一导航参数。机载接收机接收到某一信标信号后，通过对含有导航参数的电参数进行处理，取出相应导航参数。某一时刻一个导航参数的取值可以确定一条位置线，机载系统获得 N 条(N 为 2 或 3)位置线后，便可利用 θ-θ、ρ-θ、ρ-ρ 或双曲线进行定位。

最后指出，确定无线电导航的另外两个基本参数，即飞机航向和飞行(或待飞)时间是比较容易的：利用测向系统(如 VOR、ADF)便可测出飞机航向；利用测距系统(如 DME)测定的距离可以得到距离变化率(地速)，由此可获得飞行(或待飞)时间。这些问题的解决在后续章节中将会给出详细的技术描述。

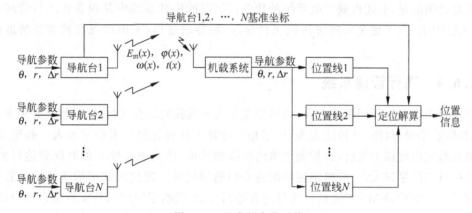

图 1.21 基本的定位系统

1.6.3 机载导航系统

机载导航系统完成的主要任务包括使飞机沿预定航路飞行以及在指示器上显示相应的导航参数，其工作框图如图 1.22 所示。

机载无线电导航系统主要包括全球导航卫星系统(GNSS)、DME、VOR、ADF、无线电高度表(LRRA)和 ILS，它们的输出均馈入导航计算机；惯性导航系统(INS)获得的飞机位置、航向、姿态等参数也输入导航计算机。导航计算机根据无线电导航系统和惯性导航系统的输入进行最佳位置估算，其采用的定位优先级是，GNSS 优先级最高，以下依次为基于 DME/DME 的 ρ-ρ 定位、基于 VOR/DME 的 ρ-θ 定位以及 INS。在获得位置的同时，也输出飞机航向、方位、离正在飞往的航路点的距离等信息，这些信息由相应的指示器给予显示。导航计算机还根据获得的飞机位置等参数计算偏航距离，并将其转化为相应控制信号送往自动驾驶仪，控制飞机返回到预定航路。在自动驾驶时，指示器显示的飞机位置、航向、方位、距离等信息主要用于飞行员对飞机飞行状态的监视，在人工驾驶时则可作为操纵飞机的

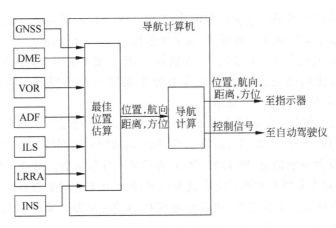

图 1.22　机载导航系统的工作

依据。在飞机的控制过程中,涉及轴线、横向和垂直面三个加速度。控制飞机的轴线加速度是为了控制飞行时间,使飞机按规定的时间到达目的地;控制横向加速度是为了改变飞机的航向;控制垂直面的加速度是为了爬高或下降。

需要说明的是,上述机载导航系统的功能在目前的机载系统中是包含在飞行管理系统(FMS)之中的。为了更全面理解现代飞机导航、制导的过程,下面对飞行管理系统进行简要介绍。

1.6.4　飞行管理系统

在没有出现飞行管理系统之前,飞机完全是人工驾驶的。在飞行时,飞行员必须参考地图、飞机性能手册、航图、各种图表等,依靠相应计算工具和各种仪表指示来人工操纵飞机,使飞机在给定的航路上飞行,并控制飞机的轴线加速度,使飞机按规定的时间到达目的地。那时飞行员工作量很大,一般机组还要配备专门的领航员。现代民航运输飞机均加装了飞行管理系统(FMS),FMS能使整个飞行过程除起飞、着陆的很短时间外实现全自动导航,不但极大地减轻了飞行员的工作负担,提高了飞机操作的自动化程度,更主要的是该系统能提供从起飞到进近着陆的最优横向和垂直飞行剖面,保证了导航制导实施的品质,以最优性能来管理飞机的飞行。

现代飞行管理系统是由早期的相关系统发展而来的,该系统的雏形可以追溯到20世纪60年代后期。早期的高级区域导航(RNAV)系统装有一台数字计算机和一个专用的控制显示组件,可以提供横向和垂直导航。20世纪70年代中期为了对付石油短缺和价格的飞涨,性能数据计算机开始在飞机上使用。当时,该系统仅计算一些可在"飞行手册"上能查到的性能数据,也提供开环最优功率、巡航高度和在当时飞行条件下的空速指示,但尚未与自动驾驶仪耦合,也不提供导航功能。

进一步发展的产物是飞机性能管理系统(PMS),它与飞机自动驾驶仪和自动油门系统耦合,根据存储的数据计算爬高、巡航和下降剖面,并且制导飞机按照这些剖面飞行。飞行员仍要负责导航工作,并要负责起飞爬高和下降的操纵。

现在的飞行管理系统是高级区域导航系统和性能管理系统的组合,它具有大容量的导航数据库,在飞机正常飞行区域内,计算机能提供从起飞到降落的闭环横向制导功能;同样它具有大容量的性能数据库,能提供节约燃料、降低直接运行成本的垂直制导能力。飞行管理系统首次安装在 1981 年 12 月试飞的波音 767 型飞机上,后来在 1982 年 2 月试飞的波音 757 型飞机以及其后的其他各型民航运输飞机上,也都安装了该系统。

典型的飞行管理系统由四个分系统组成,它们分别是飞行管理计算机系统(FMCS)、自动飞行控制系统(AFCS)、自动油门(A/T)系统和导航传感器,如图 1.23 所示,其中飞行管理计算机系统是飞行管理系统的中枢,它包括飞行管理计算机(FMC)和控制显示组件(CDU),而自动飞行控制系统和自动油门系统是飞行管理系统的执行部件。

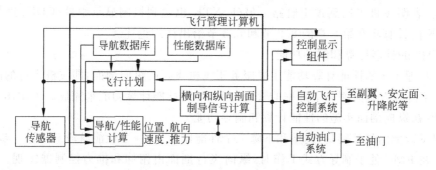

图 1.23 飞行管理系统的组成

飞行管理系统的主要功能包括导航功能、性能计算、电子飞行仪表系统(EFIS)功能和制导功能,下面主要介绍其导航制导功能和性能计算功能。

1. FMS 的导航制导功能

飞行管理系统的导航功能已把早期的无线电导航系统和惯性导航系统的功能结合在一起,由它提供一个综合导航功能,以确定飞机的位置、航向等参数,负责飞行横向剖面的管理,即横向导航(LNAV),引导飞机按预定航线在规定时间内飞向目的地。

飞行管理计算机(FMC)主要执行与导航/性能计算、横向和纵向操作引导以及控制显示组件(CDU)管理等有关的功能。FMC 的存储器内除存储各种操作程序外,还包含两个重要数据库,这就是导航数据库和性能数据库。导航数据库由涉及导航设施、机场、航路、终端区程序和 ILS 进近的资料组成,它是确定飞机位置、航向等导航参数以及进行导航制导计算和导航台自动调谐管理等不可缺少的资料。而性能数据库是性能管理的基础,用于完成性能优化计算,包含对飞机垂直导航进行性能计算所需的有关数据。性能数据库包含与飞机和发动机有关的参数,与飞机有关的参数主要包括机翼面积、发动机台数、飞行包线、升力特性曲线以及飞机各种重量等,而与发动机有关的参数主要包括燃油消耗特性曲线、飞行各阶段性能数据、飞行控制模态数据等。

基于导航数据库和性能数据库,飞行员通过控制显示组件(CDU)的操作生成飞行计划。飞行计划就是航空公司向空中交通服务单位提供的有关飞机一次或部分飞行按规定格式填写的资料,涉及的主要内容有航班号、航段、飞机类型、注册号、计划航路、计划高度、备降机场及航程所需燃油等。飞行员在作飞行计划时,其横向路径是由一串按顺序排列的航路点来确定的。这些航路点可由飞行员通过 CDU 从导航数据库内检索得来,也可由飞行员通过 CDU 的键盘输入。飞行计划可以在 CDU 中进行显示。

FMS 涉及的导航传感器有 GNSS、DME、VOR、ADF、ILS、LRRA、惯性基准系统(IRS)以及大气数据计算机(ADC)。这些导航系统的输出送至 FMS 的"导航/性能计算"部分进行导航计算(参见图 1.23),从而确定飞机位置、航向、速度等导航参数。定位的优先级这样选择:GNSS 定位的优先级最高,以下依次为基于 DME/DME 的 $\rho\rho$ 定位、基于 VOR/DME 的 $\rho\text{-}\theta$ 定位;在没有无线电导航情况下,则选择惯性基准系统(IRS)。

飞行管理计算机(FMC)对横向导航的一种实现方式就是所谓的航道截获,即飞机实时计算自己的位置,从而获得偏航距离(XTK)和偏航角(TKE)。一旦 XTK 和/或 TKE 不为零,FMC 产生操纵指令加到自动飞行控制系统(AFCS),再通过 AFCS 处理计算,产生舵面(副翼、方向舵)偏转指令,通过舵面的操纵改变飞机的横向飞行姿态,直至 XTK 和 TKE 均为零为止,表明飞机飞回到预定航路。另外,XTK 也送到控制显示组件(CDU)进行显示。有关 XTK 的计算将在第 8 章的 8.2 节和 8.3 节给出详细论述。

2. FMS 的性能计算和制导功能

飞行管理系统的性能计算功能主要服务于飞机飞行的纵向剖面,即飞机飞行的高度、速度、爬升、下降以及爬升率和下降率的管理由 FMS 的性能计算功能来完成。可用图 1.24 来表示 FMS 在纵向剖面实施的性能计算和制导功能。

纵向飞行剖面包括爬高、巡航和下降三个性能航段,每一个性能航段又可进一步分成性能分段。在 FMC 处于制导方式工作时,纵向飞行剖面由俯仰和推力控制器实现。俯仰控制器由升降舵控制,而推力控制器则由自动油门控制。

爬高阶段可有经济速度爬高、人工恒定速度爬高、最大速率爬高、最大角度爬高和单台发动机停车爬高五种性能方式。每个爬高航段在高度转换点或高度限制处开始,而前一个爬高航段也在该点结束。高度转换点是由 FMC 控制或自动飞行控制系统(AFCS)的方式控制板上的人工选择的高度变化时的转换点,高度限制是由 FMC 内航线程序规定或由人工在 CDU 上输入在某处的高度限制。

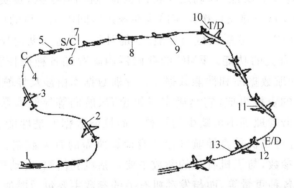

图 1.24　FMS 在纵向剖面实施的性能计算和制导功能

1—输入飞行计划和性能数据;2—实施 LNAV 和 VNAV;3—计算最省油的速度和推力指令并遵守速度、高度限制;4—计算爬高顶点;5—以最经济速度巡航;6—在 EFIS 上显示导航信息;7—计算分段爬高;8—沿计划航路连续制导;9—评价和预报燃油消耗;10—计算下降起点,由巡航自动转为下降;11—自动遵守速度和高度限制;12—计算下降端点;13—转换到自动着陆系统

纵向导航(VNAV)的巡航航段从爬高的顶点开始,在 FMC 确定的下降开始点或在 AFCS 上选择较低的高度转入下降时结束。巡航阶段共有四种性能方式,即经济速度方式、远程巡航速度方式、人工选择巡航速度方式和单发停车巡航方式。在正常巡航方式中,由升降舵控制的俯仰控制器控制飞行路线,而由油门控制的推力控制器来控制飞机飞行速度。

VNAV的下降性能航段有经济速度下降和人工速度下降两种性能方式。在大部分的下降航段中,用升降舵控制路线而用油门来控制推力。

飞行管理计算机进行性能计算涉及的输入主要有:性能数据库提供的基准数据,外部传感器(燃油系统、大气数据计算机、推力管理计算机和位置传感电子系统等)输送的数据,飞行员通过CDU输入的必要数据和参数限制值等(如飞机无燃油全重或飞机起飞全重、巡航高度、风向、风速、假定温度)。这些数据送到FMS的"导航/性能计算"部分进行性能计算(参见图1.23),以获得最佳飞行纵向剖面各点的高度、空速、地速、至航段终点的距离和预计到达的时间、飞机全重等数据。最基本的性能数据是速度和推力,目标速度值和推力限制数据除在CDU和EFIS上显示外,还通过FMC的制导功能部分发送到自动飞行控制系统和自动油门系统,以产生指令操纵飞机沿计算的纵向剖面飞行。

1.7 国际民航组织及其附件 10 简介

民用航空是一个高度国际化、高度标准化的行业,每一次圆满飞行任务的完成涉及包括驾驶员、空中交通管理人员、机场管理人员、通信导航监视气象工程师、机务维护维修工程师、灯光工程师及消防、医疗救护人员在内的有条不紊、高度协同的工作,以及他们与各自设备设施及他们之间的有机结合和互动。很难想象,如此庞大的航空运输系统,如果没有国际民航组织及其相应的标准和规范,各种航空运行程序、系统以及人员之间能做到如此精准衔接、丝丝入扣。

1. 国际民航组织

国际民用航空组织(ICAO)简称国际民航组织,是联合国的一个专门机构,成立于1947年4月4日。

1944年11月1日至12月7日,包括中国在内的52个国家在美国芝加哥举行国际民用航空会议,签订了《国际民航公约》(又称《芝加哥公约》),并按照公约规定成立了临时国际民航组织(PICAO)。1947年4月4日,《芝加哥公约》正式生效,国际民航组织正式成立,并于5月6日召开了第一次大会;同年5月13日,ICAO正式成为联合国的一个专门机构,总部设在加拿大蒙特利尔市。

国际民航组织的最高权力机构是成员国大会,常设机构为理事会,常设执行机构为秘书处,下设航行、航空运输、技术援助、法律、行政服务5个局。目前共有180多个成员国。

国际民航组织的主要工作是,制订国际民用航空技术和安全标准,收集、审查、发布航空情报;协调世界各国国际航空运输的方针政策,推动多边航空协定的制定,简化联运手续,汇编各种民航业务统计,制定航路导航设施和机场设施服务收费原则;研究国际航空公法和影响国际民航私法中的问题;向发展中国家提供民航技术援助;组织联营公海上或主权未定地区的导航设施与服务;出版月刊《国际民航组织公报》及其他一些民航技术经济和法律文件;也作为法庭解决成员国之间与国际民用航空有关的任何争端,防止不合理竞争造成的经济浪费,并增进飞行安全等。在成员国的合作下,ICAO已逐步建立气象服务、交通管制、无线电通信导航监视、搜索和营救等飞行安全所需设施模式。

2. ICAO"附件10"简介

国际民航组织的主要工作之一,就是制定和统一国际民航技术标准和国际航行规则。

截至 2013 年,ICAO 已制定了 19 个"标准与建议措施"(SARPs)作为《国际民航公约》的附件,它们分别是:附件 1《人员执照的颁发》,附件 2《空中规则》,附件 3《国际空中航行气象服务》,附件 4《航图》,附件 5《空中和地面运行中所使用的计量单位》,附件 6《航空器的运行》,附件 7《航空器国籍和登记标志》,附件 8《航空器适航性》,附件 9《简化手续》,附件 10《航空电信》,附件 11《空中交通服务》,附件 12《搜寻与援救》,附件 13《航空器事故和事故征候调查》,附件 14《机场》,附件 15《航空情报服务》,附件 16《环境保护》,附件 17《保安:保护国际民用航空免遭非法干扰行为》,附件 18《危险品的安全航空运输》以及附件 19《安全管理》。

通信、导航与监视是支撑空中交通管理(ATM)的基石,也是国际民用航空中的三个最复杂和最根本的要素,这些要素由公约的附件 10 涵盖。

附件 10 分为以下五卷:第 I 卷-无线电导航设施,第 II 卷-通信程序(包括具有 PANS 地位的程序),第 III 卷通信系统(包括第 1 部分-数字数据通信系统和第 2 部分-话音通信系统),第 IV 卷-监视雷达和避撞系统,第 V 卷-航空无线电频谱的使用。附件 10 的这五卷材料包含了与航空通信、导航和监视系统有关的标准与建议措施、航行服务程序(PANS)和指导材料。下面简述"第 I 卷-无线电导航设施"的内容以及各内容的地位。

附件 10 的第 I 卷是一个技术文件,为国际航空器运行规定了必要的导航系统,以便为航空器提供在所有飞行阶段都要使用的无线电导航设施。本卷中的 SARPs 和指导性材料列出了无线电导航设施必须具备的标准规范,包括仪表着陆系统(ILS)、精密进近雷达(PAR)、甚高频全信标(VOR)、无方向信标(NDB)、测距机(DME)、VHF 航路指点标(75MHz)、全球导航卫星系统(GNSS)、自动定向机(ADF)和微波着陆系统(MLS)。本卷中所载的资料包括所需要的动力要求、频段和工作频率分配、调制、信号性能和监视,以确保装备得当的航空器能够在世界各地收到具有所需导航性能(RNP)的导航信号。

附件 10 第 I 卷主要由三章(第 1 章,第 2 章,第 3 章)、两个附录(附录 A,附录 B)和七个附篇(附篇 A~G)构成。其中第 1 章为"定义",对航空无线电导航涉及的通用术语给出了定义;第 2 章为"无线电导航设施概述",概述了民用航空使用的无线电导航设施及其在本卷中安排的章节;第 3 章为"无线电导航设施规范",详细给出了目前民用航空允许使用的所有导航设施(ILS、PAR、VOR、NDB、DME、VHF 航路指点标(75MHz)、GNSS、ADF、MLS)的标准规范;附录 A 为"微波着陆系统(MLS)的特征",附录 B 为"全球导航卫星系统(GNSS)技术规范";附篇 A 为"服务对象的完好性和连续性定义",附篇 B 为"用于进近和着陆中的非目视助航设施的介绍和应用策略",附篇 C 为"使用 ILS、VOR、PAR、75MHz 航路指点标、NDB 和 DME 的 SARPs 的指导性材料",附篇 D 为"使用 GNSS 的 SARPs 的指导性材料",附篇 E 为"VOR 机载设备飞行前检查的指导性材料",附篇 F 为"通信和导航设施可靠性和可用性的指导性材料",附篇 G 则为"使用 MLS 的 SARPs 的指导性材料"。

前面提及,《国际民航公约》的附件也称为"标准与建议措施"(SARPs)。附件 10 包括"组成附件正文的材料"和"经 ICAO 理事会批准的与 SARPs 一起出版的材料"两部分,其中前者包括"标准与建议措施"、"附录"、"定义"、"表和图",后者则包括"前言"、"引言"、"注"和"附篇"。

附件 10"组成附件正文的材料"中的"标准(Standards)"是指有关导航系统的物理特性、布局、资料、性能、人员或程序的规范,其统一运用对国际航行安全和正常是必需的,各缔约国将按照公约予以遵守;如不能遵照执行,则必须根据公约第 38 条的规定通知理事会。

"建议措施（Recommended Practices）"同样是指有关导航系统的物理特性、布局、资料、性能、人员或程序的规范，其统一运用对国际航行安全、正常或效率是有利的，各缔约国将力求按照公约予以遵守。附件 10 中，凡属于"建议措施"的条款，均冠以"Recommendation"字样。"附录（Appendix）"是理事会通过的"标准与建议措施"的一部分，是为了方便起见而单独组成的材料，如附件 10 的"附录 A"和"附录 B"。"定义（Definition）"指对在 SARPs 中使用的术语的解释，这些术语通常与普通词典中的含义不同，但又不能自明其义。"表和图"用于补充或说明 SARPs 的某些内容，具有与 SARPs 相同的地位。

"经 ICAO 理事会批准的与 SARPs 一起出版的材料"中的"前言（Foreword）"，是根据理事会的行动所编写的历史性和解释性材料，其中包括根据公约和决议而产生的各缔约国在应用本 SARPs 方面所承担义务的解释。"引言"是解释性材料，列在各部分、章、节的开头，以帮助理解正文。"注（Note）"是在正文适当地方所加的注释，用于说明有关 SARPs 的事实情况或参考材料，但不构成 SARPs 的一部分。每个这样的语句前都会冠以"Note"字样。"附篇（Attachment）"在附件 10 中占有较大篇幅，它是对 SARPs 的补充材料，或作为使用 SARPs 而列入的指导性材料。

国际民航组织除颁布"标准与建议措施"外，也颁布通信导航监视设施和相应运行的指导性材料，有些指导性材料作为 ICAO 附件的"附篇"颁布，有些则作为单独的文件颁布，如手册、通告和地名代码/地址目录等，这些单独发布的指导性材料的编号一般以"Doc ××××"表示，如《基于性能的导航手册》的编号为"Doc 9613"。

需要说明的是，除国际民航组织外，美国联邦航空管理局（FAA）、美国航空无线电技术委员会（RTCA）、美国航空无线电通信公司（ARINC）和欧洲民航设备组织（EUROCAE）等也是制定颁布民航相关标准的重要机构，它们制定的标准和规范构成了 ICAO SARPs 的重要来源、支撑和补充。其中 RTCA 履行联邦咨询委员会的职责，它所颁布的标准和规范并不具有法律效力，但 RTCA 制定的标准常被用作政府和私人部门的基础性材料，并成为 FAA 许多技术标准指令的基础。ARINC 主要制定通信领域的规范，如民航广泛使用的机载数据总线标准 ARINC-429。同样，ARINC 规范对任何航空公司在购买设备时也没有法律约束力，但事实上，它早已被世界各航空公司和航空设备制造商共同遵守和广泛采用。而 EUROCAE 颁布的标准主要采自于 FAA 或 RTCA。

练习题

1-1 无线电导航的任务是什么？其基本任务又是什么？

1-2 航空导航需要解决的三个基本问题是什么？

1-3 什么是航线、航迹和航路？大圆航线和等角航线是如何定义的？

1-4 若某一导航系统能为飞机提供水平和垂直制导，那么该导航系统是否一定能为飞机提供精密进近？为什么？

1-5 无线电为什么能用于导航？

1-6 目视导航在现代运输航空中是否还有应用价值？为什么？

1-7 无线电导航主要存在哪几种定位方式？给出 θ-θ、ρ-θ 和 ρ-ρ 定位的示意图，并给出必要的解释。

1-8 画出基本的无线电导航定位系统的实现框图,并给出解释。

1-9 无线电导航台为什么必须辐射莫尔斯识别码?

1-10 若某一导航台的台站识别码为 TJ,画出该识别码的莫尔斯码波形。

1-11 说明 FMS 的导航制导功能的工作过程。

1-12 若有机会,请与民航技术和管理人员交流讨论,看看一次完整的飞行涉及哪些部门和人员的协同工作,以及他们为什么能协调一致、精准衔接。

第 2 章

无线电导航技术基础

在无线电导航发展的一百来年历史中,人们研制了许许多多无线电导航系统,无线电导航系统也随着无线电技术、电子技术和计算机技术等的发展而日趋完善。实际上,无线电导航是无线电技术在导航领域的应用,这就决定了无线电导航具有和其他无线电系统相同的基本技术,同时也具有其本身的技术基础。作为无线电导航的技术基础,本章重点介绍无线电导航信号的传播方式、导航坐标系及其变换、无线电导航系统的性能指标、无线电导航系统的精度、无线电导航系统的有效工作区以及机载数据总线。

2.1 无线电导航信号的传播方式

无线电导航系统是借助无线电波传输导航信息的,传输方式的选择无疑对系统的性能、成本等方面将产生重要影响,因此需要对无线电波的传播特性有所了解,并找出哪些传播方式适合传播导航信息。

2.1.1 电波传播的基本概念

频率从几十赫兹(甚至更低)到 3000GHz 左右(波长从几十毫米到 0.1m 左右)频段范围内的电磁波,称为无线电波。发射天线或自然辐射源所辐射的无线电波,通过自然条件下的媒质到达接收天线的过程,就称为无线电波的传播。在传播过程中,无线电波有可能受到反射、折射、绕射、散射和吸收,并可能引起无线电波的畸变。

按照无线电波频率(简称射频,RF)范围的不同以及它们的特点,可将无线电波划分为若干频段或波段,如表 2.1 所示。不同波段的无线电波,其传播特性有很大差别。

表 2.1　无线电频段划分

序号	频段名称	频率范围	波段名称
1	极低频	3～30Hz	极长波
2	超低频	30～300Hz	超长波
3	特低频	300～3000Hz	特长波
4	甚低频(VLF)	3～30kHz	甚长波

序号	频段名称	频率范围	波段名称	
5	低频(LF)	30～300kHz	长波	
6	中频(MF)	300～3000kHz	中波	
7	高频(HF)	3～30MHz	短波	
8	甚高频(VHF)	30～300MHz	米波	
9	超高频(UHF)	300～3000MHz	分米波	微波波段
10	特高频(SHF)	3～30GHz	厘米波	
11	极高频(EHF)	30～300GHz	毫米波	
12	超极高频	300～3000GHz	亚毫米波	

1. 无线电波在自由空间内的传播

所谓自由空间,通常是指充满均匀、无耗媒质的无限空间,这种空间具有各向同性、电导率为零、相对介电系数和相对磁导率均恒为 1 的特点。

设一点源天线(无方向性天线)置于自由空间中,若天线辐射功率为 $P_r(\text{W})$,它均匀分布在以点源天线为中心的球面上。离开天线 r 处的球面上的功率流密度(即坡印挺矢量值)为

$$\omega = \frac{P_r}{4\pi r^2}(\text{W/m}^2) \tag{2-1}$$

离开天线 r 处的电场强度 E_0 的值可由电磁场的基本方程(即麦克斯韦方程组)解得为

$$|E_0| = \frac{\sqrt{30P_r}}{r}(\text{V/m}) \tag{2-2}$$

对于方向性天线,若以 D_T 表示天线的方向系数,其作用相当于在天线的最大辐射方向上把辐射功率提高到 D_T 倍,则离天线 r 处的最大辐射方向上的场强值为

$$|E_0| = \frac{\sqrt{30P_r D_T}}{r}(\text{V/m}) \tag{2-3}$$

式中,$P_r D_T$ 就称为发射天线的等效辐射功率。

若以发射天线的输入功率 P_T 和发射天线的增益 G_T 表示,则 $P_r D_T = P_T G_T$,代入式(2-3)即得

$$|E_0| = \frac{\sqrt{30P_T G_T}}{r}(\text{V/m}) \tag{2-4}$$

式中,场强为有效值。

对于无线电导航,有时需要计算导航接收机的输入功率。在天线理论中,接收天线接收空间电磁波功率的效能可用天线的有效面积 A_e 来表示。设想有一天线面积,凡投射到这一面积上的无线电波功率全部被天线的负载所吸收,这一面积就称为天线的有效面积。可以证明,有效面积 A_e 与接收天线的增益 G_R、工作波长 λ 之间存在以下关系

$$A_e = \frac{\lambda^2}{4\pi}G_R \tag{2-5}$$

则接收天线的功率 P_R 为

$$P_R = \omega A_e = \left(\frac{\lambda}{4\pi r}\right)^2 P_T G_T G_R \tag{2-6}$$

此外,还可以用传输损耗来表示电波通过传输媒介时功率的损耗情况。自由空间基本传输损耗表示在自由空间中,增益系数 $G_T=1$ 的发射天线的输入功率 P_T 与增益系数 $G_R=1$ 的接收天线的输出功率 P_R 之比,即自由空间基本传输损耗 L_{bf} 为

$$L_{bf} = \frac{P_T}{P_R} (G_T = G_R = 1 \text{时}) \tag{2-7}$$

由式(2-7)并以 dB 表示可得

$$L_{bf} = 10\lg(P_T/P_R) = 20\lg(4\pi r/\lambda)(\text{dB}) \tag{2-8}$$

或

$$L_{bf} = 32.45 + 20\lg(f) + 20\lg(r)(\text{dB}) \tag{2-9}$$

式中,工作频率 f 的单位为 MHz,距离 r 的单位为 km。

2. 传播媒质对电波传播的影响

在电波传播空间中存在的各种传输媒质将对所传输的信号产生各种影响。某些媒质(例如电离层)的电参数具有明显的随机性,使得通过它传输的电信号也随之产生附加的随机变化,因此必须考虑实际媒质对电波传播的影响。

1) 传输损耗

电波传播过程中,由于媒质对电波的吸收式散射,或是存在障碍物时造成的绕射影响,都会使接收点场强小于自由空间传播时的场强。在传播距离、工作频率、发射天线和发射功率相同的情况下,定义衰减因子 A_k 为接收点的实际场强 E 和自由空间场强 E_0 之比,即

$$A_k = \frac{E}{E_0} = |A_k| e^{j\varphi_A} \tag{2-10}$$

式中, $|A_k| = |E|/|E_0|$ 是衰减因子的模, φ_A 是它的相位。

衰减因子与工作频率、传播距离、地球电参数、地形起伏、大气分布、传播方式以及时间等因素有关。

引入衰减因子后,实际空间的基本传输损耗 L_b 和接收功率 P_R 分别为

$$L_b = L_{bf} - |A_k|(\text{dB}) \tag{2-11}$$

$$P_R = \left(\frac{\lambda}{4\pi r}\right)^2 |A_k^2| P_T G_T G_R (\text{W}) \tag{2-12}$$

式中, $|A_k|(\text{dB}) = 20\lg(|A_k|)$ 是 dB 表示的衰减因子。

2) 衰落现象

所谓衰落,一般是指信号电平(或传输损耗)由于传输媒质的随机变化所造成的随时间的随机起伏。造成衰落的原因可以是由于传输媒质电参数的变化使之对电波能量的吸收作用不同而产生的吸收型衰落,也可以是由于收发两点之间信号有若干条传播路径产生的随机多径干涉现象造成的。在此情况下,在同一接收点,可以有多个从不同路径到达的来自同一信号源的无线电波。这些无线电波之间由于路径的随机性,使其振幅和相位的相对关系也存在随机性,从而使合成无线电波的幅度和相位有随机的起伏变化,这种衰落现象称为干涉型衰落。吸收型衰落的变化较慢,变化周期可从几十分钟或几小时至几天或几个月;干涉型衰落的变化周期较短,通常在几分之一秒到几分钟内。

信号的衰落现象对导航系统获取信息的可靠性会产生严重影响。

3) 传输失真

无线电波通过媒质传输时,由于媒质的等效相对介电系数 ε_r 可以是频率的函数,因此不

同频率无线电波的传播速度将不相同。无线电导航信号具有一定频带时,接收点所接收到的信号中,各频率成分因传播速度不同,将不能保持发射时的相位关系,从而引起波形失真。这种失真称为色散效应。地球大气中,对流层对 20GHz 以上的无线电波以及电离层对 30MHz 以下的无线电波均存在色散效应。

此外,当存在多径传输时,到达接收天线的信号是几个不同路径传来的电波场强之和。由于路径长度不同,它们到达接收点的时间延迟也不相同,最大的传输时延与最小的传输时延的差值称为多径时延,以 τ' 表示。τ' 过大会引起明显的信号失真。以存在两条路径的传输情况为例,此时接收点场强是由两条路径传来的、相位差 $\Delta\varphi = \omega\tau'$ 的两个电场的矢量和。对所传输信号中的每一个频率成分而言,相同的 τ' 值时对应不同的相位差。例如对频率为 f_1 的分量,若 $\Delta\varphi_1 = \omega_1\tau' = \pi$ 时,则因两矢量反相抵消,此分量的合成场强呈现最小值;对频率为 f_2 的分量,若 $\Delta\varphi_2 = \omega_2\tau' = 2\pi$ 时,则此分量的合成场强呈现最大值;其余各频率成分的情况以此类推。显然,由于多径效应,信道(即传输媒质)对不同的频率成分有不同的响应。当传输信号带宽与 $1/\tau'$ 可比拟时,信号波形将产生较明显的畸变。

4) 传播方向的变化

电波在自由空间内传播时,射线是沿直线传播的。但在实际传播路径中,电波可能通过不同的媒质,即使在同一媒质中传播,媒质也可能是不均匀的。因此由于电波的折射、散射和绕射,将使接收点的电波传播方向发生变化,并将对某些通过测量来波方向来确定航行体方位的测向无线电导航系统的精度产生影响。

5) 干扰与噪声的影响

任何一个接收系统的最小可用信号电平是由系统的噪声电平决定的。在某些远程无线电导航系统和卫星导航系统中,由于传输损耗很大,信号很弱,此时噪声对信号接收有非常重要的影响。

噪声可分为热噪声、串噪声和干扰噪声三大类。热噪声是由导体中带电粒子在一定温度下的随机运动引起的,串噪声是由调制信号通过失真元件所引起的,而干扰噪声则是由本系统或其他系统在空间传播的信号或干扰引起的。当载有信息的无线电波在信道中传播时,由于信道内可能同时存在许多电磁波源,对某一系统而言,其他电磁波源所辐射的电磁波就称为环境噪声干扰或外部干扰。从研究电波传播的角度考虑,主要应研究环境噪声干扰的影响。对此本书由于篇幅限制,不再进行详细叙述,读者可参考电波传播方面的文献。

2.1.2 电波传播的基本方式

无线电波的传播方式主要有五种,即地波传播、天波传播、视距传播、磁层传播和散射传播。下面分析前三种传播方式的特点,从而确定适合无线电导航信号的传播方式。

1. 地波传播

电波沿地球表面的传播称为地波传播,如图 2.1 所示,这种传播方式主要发生在甚低频(VLF)、低频(LF)和中频(MF)频段。当天线采用直立形式低架于地面上,架设高度远小于波长,且电波的最大辐射方向为沿着地球表面的方向时,这时主要是地波传播,并且通常为垂直极化的方式。与在均匀媒质中以一定速度直线传播的方式不同,电波沿地球表面传播时,在地表面两侧(一侧为空气,一侧为半导电地面)的电场、磁场满足一定的电磁传播边界条件,电磁波能量被紧密束缚在地球表面上,并引导电磁波沿该表面行进。

图 2.1　地波传播

电波在地面上传播时,由于电波能量的球面扩散以及地面的吸收,使得电场强度近似随距离的平方反比例地减小。地波传播受地表面传播路径上的电导率和介电常数的影响很大,关系也很复杂。但地表面的电参数随时间的变化一般不大,也很慢;同时地波传播特性与昼夜、季节、气象变化等条件和太阳的辐射性关系不大。因此,地波传播的信号质量较好,传播比较稳定可靠,且没有多径效应;但随着电波频率的增大(一般大于 2MHz 时),地面对地波的吸收就趋于严重,其传播(绕射)损耗迅速增大,因此只适宜于频率较低的中波、长波或超长波信号的传输。

另外,地波传播由于信号频率较低,导致天线辐射效率较低;世界上大部分地区以及在一年中的很多时间内,由雷电产生的大气噪声比接收机内部的噪声要大得多,且在赤道附近,大气噪声功率比中纬度地区又要大 10~25 倍。

综合地波传播的优点和缺点可以看出,地波传播是适合传播导航信号的,但对于要求苛刻的航空用户而言,相比于视距传播,地波传播并不是一种优秀的传播方式。采用地波传播的导航系统主要有奥米加导航系统、罗兰-A 和罗兰-C 以及 ADF-NDB,但对于民用航空使用的奥米加导航系统和 ADF-NDB 来讲,ICAO 已在 20 世纪 90 年代停止使用奥米加导航系统,ADF-NDB 尽管还在使用,但只能作为辅助导航系统。

2. 天波传播

天波传播是指电波由发射天线向高空辐射,在高空被电离层连续折射或散射而返回地面接收点的传播方式,有时也称为电离层电波传播,如图 2.2 所示。长、中、短波都可以利用电离层反射传播,但以短波为主。

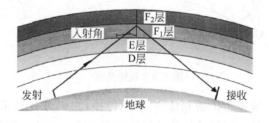

图 2.2　电离层反射的多路径天波传播

电离层是地球高空大气层的一部分,高度从 60km 一直延伸到 1000km 左右。在此范围内,主要由于太阳的紫外辐射和高能微粒辐射,也受其他星体紫外辐射的影响,使大气分子部分游离,形成了自由电子、正负离子和中性分子、原子等组成的等离子体。

电离层中电子浓度的高度分布有几个峰值区域,与之相应,整个电离层由低到高可分为 D 层、E 层、F_1 层和 F_2 层。

电离层反射电波的能力与工作频率有关。在入射角一定时,频率越高,反射条件所要求的电子浓度越大,则电波需要在电离层的深处才能折回。长波波段的电波由于频率较低,所需反射点的电子浓度较低,故白天在 D 层反射,夜间由于 D 层消失,则在 E 层底部反射。中波则需在较大的电子浓度处反射,但由于白天 D 层对电波吸收较大,故中波仅能在夜间反射回来。短波波段的电波将穿过 D 层和 E 层,而在 F 层反射。通常当电波频率高于 30MHz 以上时,由于反射点所需要的电子浓度超过了客观存在的电离层的电子浓度最大值,电波将穿透电离层进入星际空间而不再返回地面。一般来说,超短波不能利用天波传播。

天波传播的主要特点是传输损耗小和超视距传播,可用较小功率实现信号的远距离传输,如果经过电离层折射与地面反射的多次跳跃传播,信号则可被传播数千千米甚至几万千米。但电离层实际是一种随机、色散、各向异性的媒质,电波在其中传播时会产生各种效应,例如多径传播、多普勒频移、极化面旋转、非相干散射等,都会对传输信号产生较大影响。另外,既然电离层的形成主要是由于太阳的辐射,因此各区的电子浓度、高度等参数就和地理位置、季节、时间以及太阳活动情况等有密切关系,会出现各种规则和不规则的变化。由此可见,天波只能提供某种极不稳定的电波传播手段,它的传输性能与作用距离、使用频率及一天中的时间等诸多因素关系极大,而且难以精确预测,因此作为高精度的航空导航系统,其信号传播方式显然是不能采用天波传播的。相反,天波对导航系统而言是一种污染,应采取相应措施将其影响减到最低程度。

我们还可以从另一个方面来论证天波不能用于导航。前面已说明,无线电导航基本任务的实现是基于测距和/或测向的,但由图 2.2 可以明显看出,以目前的技术情况,天波既不能完成测距也不能完成测向任务,因此天波不适合传播无线电导航信号。

3. 视距传播

视距传播是指在发射天线和接收天线之间能相互"看见"的距离内,电波直接从发射点传播到接收点的一种传播方式,也常称为直达波传播,如图 2.3 所示。这种传播方式主要发生在甚高频(VHF)以及 VHF 以上各频段信号的传播。

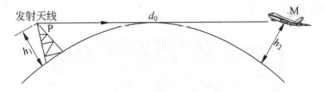

图 2.3　视距传播

视距传播可分为地-地视距传播和地-空视距传播,它们可分别用于陆基导航和星基导航系统的信号传播。地-地视距传播的传播距离会受到地球曲率的限制,发射和接收天线的高度基本决定了视距传播的最大通信距离,该距离称为视线距离。

设发射天线的高度为 h_1,接收点天线(飞机)的高度为 h_2(参见图 2.3),则发射天线与飞机之间的视线距离 d_0 为

$$d_0 = 3.57(\sqrt{h_1} + \sqrt{h_2})(\text{km}) \tag{2-13}$$

式中,h_1 和 h_2 的单位均为 m。

由于大气的不均匀性而造成的折射会使电波向地面方向稍微弯曲,因此实际视线距离要大于不考虑折射时的视线距离,即

$$d_0 = 4.12(\sqrt{h_1} + \sqrt{h_2})(\text{km}) \tag{2-14}$$

相比于其他传播方式,视距传播具有许多独特的优点:视距传播的信号质量好,传播稳定可靠;由于这种传播方式的路径在视线距离范围之内,因而传播特性更能预测;在 VHF 及以上工作的系统,受到的干扰要少得多;由于频率高,发射天线尺寸大为减小,且容易产生很窄的脉冲以及尖锐的方向性图,因而测向和测距的精度可以做得很高。当然,视距传播也有明显的缺点,即存在多径干扰,不能提供地平线以下的覆盖。但若采取相应措施,可以将多径干扰的影响降到最低,我们在后续章节介绍具体导航系统时,将会看到采取的具体技术;至于不能提供地平线以下覆盖问题的解决,只能在规定的台站间隔内建台补盲,付出相应的经济代价。

综上所述,视距传播对于导航信号而言是一种优秀的传播方式,获得了非常广泛的应用。目前,民用航空所使用的绝大部分导航系统,如 VOR、DME、ILS、MLS、LRRA 以及 GNSS 等,均采用了这种传播方式。

2.2 导航坐标系及其变换

无线电导航的基本任务是确定包括飞机位置、飞机航向和飞行(或待飞)时间这三个基本导航参数在内的导航参数,而这些参数只有在一定坐标系内才得以定义和确定,因此建立合适的参考坐标系是无线电导航极其重要的任务。参考坐标系的选择应考虑两方面的因素,一是作为用户的飞机在使用上要方便、直观,二是对所使用的无线电导航系统便于建立起导航参数与电参数之间的关系,并便于导航参数的数学描述和导航解算。

飞机的导航参数是与特定的空间坐标系相关联的,坐标系不同则将导致导航参数发生变化,在某些应用场合,需要对导航参数进行空间坐标系的变换。

目前民用航空无线电导航系统常用的坐标系主要包括世界大地坐标系 WGS-84 和地平坐标系,WGS-84 是一种地心地固坐标系,因此本节对这两种坐标系及其之间的变换进行介绍。

2.2.1 地球的几何形状及其参数

由于地球是人类活动的中心,在选择导航空间坐标系时,总是以地球为考虑的出发点。因此在给出导航常用空间坐标系之前,有必要介绍一下地球的几何形状及其参数,以便认识和理解介绍的空间坐标系。

1. 基准椭球体

人们对地球形状和大小的认识经历了一个相当长的历史过程。由于地球围绕太阳公转的同时也在绕其本身地轴自转,按照自旋的物理特性,地球应该是一个旋转椭球。但实际上地球不是一个理想的旋转椭球体,其表面起伏不平,有陆地、海洋、高山和峡谷。

地球的形状通常可由物理表面和数学表面来表示。物理表面指的是客观存在的地球与外层大气之间的分界面。数学表面则是地球表面重力的等位面,也叫大地水准面。大地水准面能更好地描述地球的几何特性,并且可以通过大地测量来确定。

但是,由于地球形状的不规则和质量分布的不均匀,地球重力场的变化并不规则,造成真实的大地水准面是一个不规则的球面,无法用一个简单的数学方程来表达。为了描述方便,通常将大地水准面假想成理想海面,这种海面无潮汐、无温差、无盐分,密度均匀,并且延伸至大陆形成一个闭合曲面。

在实际应用中,人们采用一个旋转椭球体按照一定的期望指标(如椭球面与真实大地水准面之间的高度差的平方和为最小)来近似大地水准面,并称之为参考椭球体。

参考椭球体的大小和形状可以用两个几何参数来描述,即长半轴 a 和扁率 c,其具体数值由大地测量确定。在不同历史时期,依据的测量结果不同,所推算出的参考椭球体的参数也不同。目前应用中两个比较重要的参考椭球体是 WGS-84 椭球体和克拉索夫斯基椭球体。我国使用了 40 多年的新 1954 北京坐标系(简称"北京新 54 系")采用的参考椭球体就是克拉索夫斯基椭球体。

世界大地坐标系 WGS-84 是一种非常重要的全球坐标系,它所采用的参考椭球体称为 WGS-84 椭球体。该椭球体采用国际大地测量学与地球物理学联合会(IUGG)大地测量的推荐值,亦即 WGS-84 椭球体采用了下述四个所推荐的基本参数:

(1) 椭球长半轴(a)=6378137±2m;

(2) 地球(含大气层)引力常数(GM)=3986005×10^8m³/s²±0.6×10^8m³/s²;

(3) 地球自转角速度(ω)=7292115×10^{-11}rad/s±0.1500×10^{-11}rad/s;

(4) 正常化二阶带球系数$\bar{C}_{2.0}$=-484.166 85×10^{-6}±1.30×10^{-9}。

2. 参考椭球体的法截面、法截线及其曲率半径

参考椭球如图 2.4 所示,O 为椭球中心。

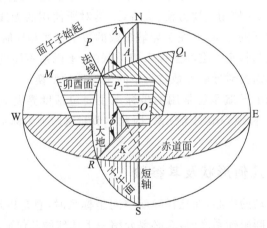

图 2.4　参考椭球

过地面点 P 作椭球面的垂线 PK,称之为法线。包含过 P 点的法线的平面叫法截面,因此 P 点的法截面有无穷多个。法截面与椭球面的交线叫做法截线,P 点的法线与椭球的短轴构成的平面叫做 P 点的大地子午面,它与椭球面的交线叫做 P 点的大地子午圈。P 点的大地子午面与起始子午面的夹角称之为 P 点的地理(心)经度 λ。过 P 点与大地子午面正交的法截面叫做 P 点的卯酉面,它与椭球面的交线叫做 P 点的卯酉圈。P 点的卯酉面与赤道面的夹角称之为地理纬度 φ,而 PO 与赤道面的夹角称之为地心纬度 Ψ,它们之间的关系为

$$\tan(\psi) = \frac{b^2}{a^2}\tan(\varphi) = (1-c)^2 \tan(\varphi) \tag{2-15}$$

式中,a、b、c分别为参考椭球的长半轴、短半轴和扁率。

椭球面上除两极之外的任一P点上,其沿不同方向的法截线的曲率半径各不相同。任意方向的法截线的曲率半径R_A为

$$R_A = \frac{a}{(1 + e'^2\cos^2(A)\cos^2(\varphi))\sqrt{1 - e^2\sin^2(\varphi)}} \tag{2-16}$$

式中,A为法截面的大地方位角,即该法截面与当地子午面的夹角;e和e'分别为椭球的第一、第二偏向率;φ为大地纬度。这些参数之间的具体关系如下

$$\begin{cases} c = \dfrac{a-b}{a} \\ e = \dfrac{\sqrt{a^2-b^2}}{a} = \sqrt{1-(1-c)^2} \\ e' = \dfrac{\sqrt{a^2-b^2}}{b} = \dfrac{e}{\sqrt{1-e^2}} = \dfrac{e}{1-c} \end{cases} \tag{2-17}$$

由此可以得到P点卯酉圈和子午圈的曲率半径R_N和R_M分别为

$$\begin{cases} R_N = R_{A=90°} = \dfrac{a}{\sqrt{1-e^2\sin^2(\varphi)}} \\ R_M = R_{A=0°} = \dfrac{a(1-e^2)}{(1-e^2\sin^2(\varphi))^{3/2}} \end{cases} \tag{2-18}$$

P点的卯酉圈、子午圈的曲率半径是该点的主曲率半径,由它也可以得到各个方向上法截线的曲率半径R_A

$$R_A = \frac{R_N R_M}{R_N\cos^2(A) + R_M\sin^2(A)} \tag{2-19}$$

在实际计算中,为了方便往往在某一范围内把椭球面当作球面来处理,并且也是能够满足精度的。一般取该点所有方向的法截面曲率半径的平均值作为近似球面半径,称为平均曲率半径R,可推导出它的计算公式为

$$R = \sqrt{R_N R_M} \tag{2-20}$$

上述几种曲率半径有时可以直接应用,如已知某航行体的东、北向速度为v_e、v_n,则可以求得航行体的经度和纬度为

$$\begin{cases} \lambda = \lambda_0 + \int_0^t \dfrac{v_e}{R_N + h}\mathrm{d}t \\ \varphi = \varphi_0 + \int_0^t \dfrac{v_n}{R_M + h}\mathrm{d}t \end{cases} \tag{2-21}$$

式中,λ_0、φ_0分别为航行体的初始经度和纬度,h为航行体的海拔高度,并且假设航行体为等高度运动。

2.2.2 地心地固坐标系

地心地固坐标系是一个相对于地球自转静止的坐标系,即固联在地球上的坐标系,具体定义是:原点在地球的质心,XOY平面与地球赤道平面重合,X轴的指向穿过格林尼治子午线和赤道的交点,Z轴与地球平极轴重合。该坐标系在大地测量和导航领域应用广泛,其中世界大地坐标系 WGS-84 就是该坐标系的近似描述。

WGS-84 坐标系是美国国防部研制的全球大地坐标系统,1987 年 1 月 10 日开始使用。开发 WGS-84 坐标系的最初目的是为美国军方导航和武器系统提供更精密的大地测量数据和引力数据,以及把世界各国的局部大地系纳入美国的唯一地心地固坐标系中。后来被广泛应用于航空导航和大地测量等领域。

自 20 世纪 60 年代以来,为建立全球统一的大地坐标系统,美国国防部就曾建立了 WGS-60,随后又提出了改进的 WGS-66 和 WGS-72。WGS-84 坐标系是目前精度最高的全球大地测量参考系统。

WGS-84 坐标系的原点选在地球质心 O,三个坐标轴指向与国际时间局(BIH)于 1984 年定义的地球参考系完全一致,即 Z 轴指向 BIH1984.0 时元定义的协议地极(CTP),X 轴指向 BIH1984.0 时元定义的零子午面与 CTP 相应赤道的交点,Y 轴在 CTP 赤道平面内向东转 $90°$ 而构成右手系,如图 2.5 所示。WGS-84 坐标系采用 WGS-84 椭球,坐标系的原点和坐标轴同时也是 WGS-84 椭球的几何中心和椭球的 X、Y、Z 轴。因此,WGS-84 坐标系的 Z 轴是 WGS-84 椭球的旋转轴。

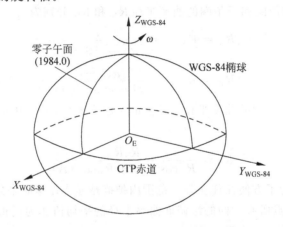

图 2.5 WGS-84 坐标系

在 WGS-84 坐标系中,地球表层上任何一点 P 的坐标既可以用直角坐标表示为 (x_e, y_e, z_e),也可以用球坐标形式表示为 (λ, φ, h),其中 λ、φ、h 分别为 P 点的地理纬度、经度和海拔高度。

直角坐标和球坐标这两种坐标表示形式之间可以相互转化。若已知 P 点在 WGS-84 坐标系的球坐标为 (λ, φ, h),则可通过下式获得 P 点的直角坐标 (x_e, y_e, z_e)

$$\begin{bmatrix} x_e \\ y_e \\ z_e \end{bmatrix} = \begin{bmatrix} (R_N + h)\cos(\lambda)\cos(\varphi) \\ (R_N + h)\sin(\lambda)\cos(\varphi) \\ (R_N(1 - e^2) + h)\sin(\varphi) \end{bmatrix} \tag{2-22}$$

由直角坐标 (x_e, y_e, z_e) 转换为球坐标 (λ, φ, h) 可按下式进行

$$\lambda = \arctan\left(\frac{y_e}{x_e}\right)$$

$$\varphi = \psi + \frac{D_0}{(1 - 2k\cos(2\psi) - 2k^2\sin^2(\psi))}$$

$$h = \frac{\sqrt{x_e^2 + y_e^2}}{\cos(\varphi)} - R_N$$

式中

$$\psi = \arcsin\left(\frac{z_e}{\sqrt{x_e^2 + y_e^2 + z_e^2}}\right)$$

$$D_0 = \arcsin\left(\frac{k\sin(2\psi)}{\sqrt{1 - e^2\sin^2(\psi)}}\right)$$

$$k = \frac{ae^2}{2\sqrt{x_e^2 + y_e^2 + z_e^2}}$$

2.2.3　地平坐标系

对于在地球表面运动且运动范围不大的航行体来说,其运动区域接近一个平面,这时利用位于地球表面的坐标系就可以方便地描述该航行体的运动。这种坐标系称为地平坐标系,具体定义是:原点 O_L 位于当地参考椭球的球面上,X_L 轴沿参考椭球卯酉圈方向并指向东,Y_L 轴沿参考椭球子午圈方向指向地球北极,Z_L 轴沿椭球面外法线方向指向天顶,如图 2.6 所示。

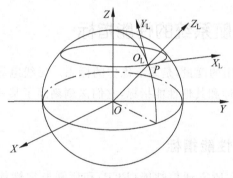

图 2.6　地平坐标系

该坐标系对处于地表及平流层内运动的用户来说比较直观,因此适用于包括民用航空在内的大多数导航应用。

2.2.4　坐标系转换

坐标系的转换包括两个基本环节,即坐标平移和坐标旋转。坐标平移比较简单,因此着重阐述坐标旋转。平面直角坐标系 XOY 绕 O 点逆时针旋转角度 α 后得到坐标系 $X'OY'$,如图 2.7 所示。

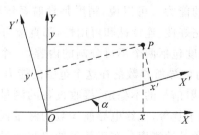

图 2.7　平面直角坐标系的旋转

假设 P 点在 XOY 坐标系的坐标为 (x,y)，不难得到 P 点在 $X'OY'$ 中的坐标 (x',y') 为

$$
\begin{bmatrix} x' \\ y' \end{bmatrix} = \begin{bmatrix} \cos(\alpha) & \sin(\alpha) \\ -\sin(\alpha) & \cos(\alpha) \end{bmatrix} \begin{bmatrix} x \\ y \end{bmatrix}
\tag{2-23}
$$

空间三维坐标系的旋转通常可分解为多次平面坐标系的旋转，如地平坐标系绕 X 轴顺时针旋转纬度角，然后绕 Y 轴旋转经度角，就可以转换到 WGS-84 坐标系。此外不难证明，直角坐标系之间的旋转变换矩阵为单位正交矩阵，其逆变换为它本身的转置，因此坐标系间的反向转换可以据此求得。

地平坐标系与 WGS-84 坐标系是目前民用航空最常用的两种坐标系。地平坐标 (X_L, Y_L, Z_L) 转换为 WGS-84 坐标 (X_e, Y_e, Z_e) 可以如下进行

$$
\begin{bmatrix} X_e \\ Y_e \\ Z_e \end{bmatrix} = \begin{bmatrix} -\sin(\lambda) & -\cos(\lambda)\sin(\varphi) & \cos(\lambda)\cos(\varphi) \\ \cos(\lambda) & -\sin(\lambda)\sin(\varphi) & \sin(\lambda)\cos(\varphi) \\ 0 & \cos(\varphi) & \sin(\varphi) \end{bmatrix} \begin{bmatrix} X_L \\ Y_L \\ Z_L \end{bmatrix} + \begin{bmatrix} X_{oe} \\ Y_{oe} \\ Z_{oe} \end{bmatrix}
\tag{2-24}
$$

式中，(X_{oe}, Y_{oe}, Z_{oe}) 为飞机所在地平坐标系原点的 WGS-84 坐标，λ, φ 分别为飞机的经度和纬度。

2.3 无线电导航系统的性能指标

性能是系统性质与效用的度量，是系统优劣的标志。无线电导航系统的性能指标可分为所需导航性能（RNP）指标和其他性能指标，它们深刻刻画了某一导航系统在某一导航应用时的技术要求。

2.3.1 所需导航性能指标

所需导航性能（RNP）、所需通信性能（RCP）和所需监视性能（RSP）是国际民航组织（ICAO）在发展新航行系统时提出的概念。在这三个"所需性能"之中，RNP 是目前发展最完善、应用最广泛的技术。RNP 主要由精度、完好性、连续性和可用性四个参数来定量描述。虽然 ICAO 对这四个参数的定义以及在不同运行阶段对它们提出的不同要求是针对全球导航卫星系统（GNSS）的，但目前也将这种定义和要求用于所有的导航系统，也就是说，要评判某一导航系统是否能支持某一具体的运行，就必须论证这四个参数是否满足这一运行的指标要求。

1. 精度

导航系统的精度也称为准确度，它是指在规定的使用条件下，系统为航行体所提供的导航参数的误差不超过给定值的能力。可以说，精度是导航系统最重要的性能指标，RNP 涉及的其他三个性能指标——完好性、连续性和可用性，都直接与精度有关。

可以看出，导航系统的精度包括两个不可分割的内容，一个是给定的误差范围，即误差的上下限；另一个是系统获得的导航参数落在这个范围的能力，通常用概率表示。

受各种因素的影响，如发射信号的不稳定、接收设备的测量误差、系统存在的各种噪声和干扰、信号在传播过程中的干扰等，无线电导航参数的测量误差可能会不断变化，即误差是一个随机变量。这一随机变量的概率分布函数虽然很难通过理论分析精确描述，但在方差不大的情况下，可以近似把它看成是一个高斯分布的随机变量。根据这一假设推导得出

的结论,在一般情况下能够与实际情况很好符合。

既然测量误差可以看成是高斯分布的随机变量,则这一随机变量的概率分布就完全取决于它的前两阶矩——均值和方差。测量误差的均值称为系统误差,它是一个常量,可以通过系统校正得以消除,因此在分析中,我们通常把导航参数误差看成是零均值、均方差为 σ 的高斯随机变量,这样 σ 表示测量值偏离零均值的程度,$\pm\sigma$ 即为误差的上下限。

假设导航参数的误差为 δ,则根据高斯分布的特性,$P(-\sigma \leqslant \delta \leqslant \sigma)=0.68$,$P(-2\sigma \leqslant \delta \leqslant 2\sigma)=0.95$,$P(-3\sigma \leqslant \delta \leqslant 3\sigma)=0.99$。也就是说,若某一测距系统的测距精度为100m$(1\sigma)$,则表明利用该系统测量距离的误差不超过 $\pm$100m 的概率为68%;若给出测距精度为100m(2σ)和100m(3σ),则分别表示该系统的测距误差不超过 $\pm$100m 的概率可达 95% 和 99%。

2. 完好性

导航系统的完好性也称完善性或完整性,它是指系统一旦发生故障而在规定时间内提供及时且有效告警的能力。这里的"能力"以概率的形式表示。

就直接影响飞行员或自动驾驶仪操纵飞机而言,导航系统的完好性是涉及飞行安全最重要的指标。因为不论是人工驾驶还是自动驾驶,飞机的操纵都是依赖导航系统输出的导航信息的,如果导航系统发生故障而输出错误的导航信息,但没有给出及时的告警,显然对飞行就有可能造成安全事故。

描述完好性的指标主要有告警时间、完好性风险、保护级和告警门限。告警时间是指导航系统发生故障到给出告警的时间延迟;完好性风险是指导航系统发生故障而没有在规定的告警时间内给出告警的概率;保护级是指以规定的完好性概率计算出的一个球的半径,导航系统误差以该完好性概率落在该球体之内;告警门限是指为某一导航参数误差(如位置误差)设定的一个固定值,当该导航参数误差超过该固定值时,系统将向用户发出告警。每一个导航系统都必须具有完好性监视,目前某一导航系统最终的完好性监视都是在机载部分进行的:机载接收机实时计算保护级,然后与告警门限比较,若保护级大于告警门限,则说明该导航系统不能以规定的完好性指标输出导航信息,系统便被停止服务。

3. 连续性

导航系统的连续性是指总系统在计划运行期间完成其功能而不发生意外中断的能力,或者更具体地说,导航系统的连续性是系统在给定的使用条件下,在规定的运行时间内(预定的时间段内)提供满足规定的精度和完好性要求的导航参数的概率,并且假定在该运行开始时,导航系统满足规定的精度和完好性要求。造成运行中断的系统硬件故障和发出告警信息等都将影响到连续性的概率值。

导航系统的连续性是一个非常重要的技术指标,尤其对于飞机的进近着陆,该指标更显示了其重要性。

对陆基无线电导航系统而言,往往是导航系统某一或某些部件发生了故障而造成系统服务的中断,因此,连续性实际上是可靠性的另一种表述,或者说服务连续性就是设备可靠性,它标志的是系统发生故障的频度。

但对星基无线电导航系统,连续性与可靠性则是两个不同的概念,可靠性蕴含在连续性和完好性之中。因为卫星导航造成服务中断的原因除了设备故障外,还有其他原因,例如星地空间几何精度因子(GDOP)一时变大,或空间信号传输的物理空间环境变坏,或空间信号受到遮挡等,都会造成系统服务的中断。

4. 可用性

导航系统的可用性是指在规定的运行时间内,系统为航行体提供满足规定精度、完好性和连续性要求的导航参数的时间与该规定的运行时间的百分比。

可用性是为了反映维修效率和是否停航施工而提出的。我们知道,包括民用航空在内的交通运输是昼夜不间断进行的,这就要求导航系统提供不间断的导航服务。但实际上导航系统受各种因素的影响可能要停止工作,例如,导航系统发生故障后需要一定的维修时间,有些导航台每年要有几天定期检修,太阳黑子活动有时要影响低频电波的传播,供电系统的突发故障有可能造成导航台不能发射信号。很显然,应想方设法减少这些因素对导航服务的影响,为此对导航系统提出了可用性这一指标。

影响可用性数值大小的主要因素包括可靠性、维修时间及计划的停机时间等。对于民用航空导航系统而言,导航系统的可用性直接反映了系统出现故障后的维修效率,也就是说,维修时间越短,将导致系统的可用性提高。可以看出,高可靠性的导航系统,如果不配备高度专业和非常熟练的维修工程师队伍,其可用性可能会变得很低。

定量描述 RNP 的精度、完好性、连续性和可用性四个指标之间的关系可用图 2.8 表示。

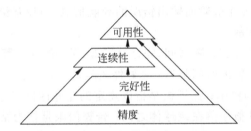

图 2.8 精度、完好性、连续性和可用性之间的关系

所需导航性能涉及的精度、完好性、连续性和可用性要求在不同的运行阶段是不同的。表 2.2 给出了 ICAO 对 GNSS 空间信号(SIS)在典型运行阶段的要求,其中 APV 表示具有垂直引导的进近,CAT Ⅰ 表示 Ⅰ 类精密进近着陆,而 SIS 指到达机载天线的引导信号的总和。

表 2.2 GNSS SIS 性能要求

典型运行阶段	水平精度 (2σ)	垂直精度 (2σ)	完好性	告警时间	连续性	可用性
航路	3.7km	不适用	$1-1\times10^{-7}$/h	5 min	$1-1\times10^{-4}$/h~ $1-1\times10^{-8}$/h	0.99~ 0.999 099
终端区	0.74km	不适用	$1-1\times10^{-7}$/h	15s	$1-1\times10^{-4}$/h~ $1-1\times10^{-8}$/h	0.99~ 0.999 099
起始进近, 中间进近, 非精密进近, 离场	220m	不适用	$1-1\times10^{-7}$/h	10s	$1-1\times10^{-4}$/h~ $1-1\times10^{-8}$/h	0.99~ 0.999 099
APV-Ⅰ	16.0m	20.0m	$1-2\times10^{-7}$/进近	10s	任意 15s 内为 $1-8\times10^{-6}$	0.99~ 0.999 099

续表

典型运行阶段	水平精度 (2σ)	垂直精度 (2σ)	完好性	告警时间	连续性	可用性
APV-Ⅱ	16.0m	8.0m	$1-2\times10^{-7}$/进近	6s	任意 15s 内为 $1-8\times10^{-6}$	$0.99\sim$ $0.999\,99$
CAT Ⅰ	16.0m	4.0m$\sim$ 6.0m	$1-2\times10^{-7}$/进近	6s	任意 15s 内为 $1-8\times10^{-6}$	$0.99\sim$ $0.999\,99$

2.3.2 其他性能指标

导航系统的其他性能指标主要包括可靠性和可维修性、工作距离、覆盖范围、导航信息更新率以及系统容量等。

1. 可靠性和可维修性

虽然 GNSS 采用的 RNP 指标中,用连续性取代了可靠性,可靠性指标蕴含在连续性和完好性之中,但由于本书阐述的内容主要是陆基无线电导航,因此很有必要介绍可靠性和可维修性这两个重要性能指标。

导航系统的可靠性是指导航系统在规定使用条件下,在规定时间内以规定性能完成规定功能的概率,它标志的是系统发生故障的频度。

可靠性的度量通常用可靠度 $R(t)$ 和平均故障间隔时间(MTBF)来表示。可靠度指系统在规定使用条件时,在规定时间内无故障工作的概率;而平均故障间隔时间指系统在长期工作中(理论上应在无限长时间内),所有两次相邻故障间隔时间的平均值。

大部分电子系统的故障满足泊松分布,这时可靠度 $R(t)$ 可以表示为

$$R(t) = 100\mathrm{e}^{-t/m} \tag{2-25}$$

式中,t 为运行时间,m 为平均故障间隔时间(MTBF)。

可以看出,$R(t)$ 随 m 的增大而增大。因此,MTBF 提供了度量可靠性更加方便的方法。为了统计方便,导航系统常采用 MTBF 来表示其可靠性。

可维修性是指导航系统按照预先规定的程序和方法进行维护和维修时,在一定时间内,使之满足规定的技术指标而正常工作的概率。

由可维修性的定义可知,修复时间是可维修性的最重要因素。可维修性的度量通常用平均修复时间(MTTR)来表示,它是系统在长期工作中,对各次发生的故障进行修复所需时间的平均值。

人们常把可靠性和可维修性联合起来考虑,这时最常用的一个指标就是稳态可用性,用稳态可用度表示,它指系统长期工作时,在工作期间任意时刻系统正常工作的概率。稳态可用度 A 与 MTBF、MTTR 之间的关系为

$$A = \frac{\mathrm{MTBF}}{\mathrm{MTBF} + \mathrm{MTTR}} \tag{2-26}$$

2. 工作距离

工作距离也称作用距离,是指在保证导航系统指定导航参数精度的前提下,飞机和导航台之间的最大距离。

很多无线电导航系统的精度与方向有关,为了完整反映最大作用距离对方向的依赖性,

常用工作区的概念。在工作区内,最大作用距离的方向称为无线电导航系统的主方向。

3. 覆盖范围

覆盖范围指的是一个面积或立体空间,那里的导航信号能够使导航用户以规定的精度获得相应的导航参数。

影响导航台覆盖范围的主要原因包括发射信号功率电平、天线的方向性、地理环境、大气噪声条件、接收机灵敏度以及其他影响信号可用性的因素。

4. 导航信息更新率

导航信息更新率是指导航系统在单位时间内可为航行体提供导航参数的次数,对更新率的要求与航行体的航行速度和飞行阶段有关。相对而言,航空航天用户和军事应用对更新率的要求更高,即使是同一用户,在不同的飞行阶段对更新率的要求也不一样,例如对于民用航空,航路飞行导航信息的更新率就比进近着陆阶段的要小,飞机精密进近着陆时需要提供几十次每秒的高精度定位信息。

导航信息的更新率是航行体获得实时导航参数的重要保证。很显然,对于航空这样的高动态用户,如果导航信息更新率不够,在两次为飞机提供导航参数数据的时间间隔内,飞机的当前位置与上一次的指示位置有可能相差很远,这就会使导航服务的实际精度大打折扣。飞行管理系统(FMS)对于作为传感器的导航设备输出的导航参数都有相应的更新率要求,这样才能保证飞机精确和平稳的驾驶。

5. 系统容量

系统的容量是指在导航系统覆盖范围内,系统可同时提供导航服务的用户的最大数量。系统容量主要取决于导航系统的工作方式。对于无源导航系统,由于飞机只接收导航台的信号,因此对飞机的数量并没有一个确定的限制;但对于采用询问应答式的有源导航系统,其系统容量与系统本身的结构体系、通道数量、通信速度、数据处理能力等性能密切相关,这种导航系统的容量是一个有限值,例如,DME 的容量为 100。

2.4 无线电导航系统的定位精度

我们知道,无线电导航系统的性能可用精度、完好性、连续性和可用性深刻刻画,而在这四个指标中,精度是核心和基础,也就是说,完好性、连续性和可用性都与精度密切相关。因此,可以说无线电导航的定位精度是衡量无线电导航系统性能最主要的战术技术指标。

第 1 章我们已系统阐述了无线电导航的定位过程:通过测量电参数获取导航参数,由一个导航参数可以确定一条位置线,两条或两条以上位置线的交点即为飞机位置。由于定位的每一步都可能产生误差,因此,对无线电导航定位误差的分析将遵循"电参数测量误差→导航参数误差→位置线误差→定位误差"的思路展开。

2.4.1 无线电导航系统测量误差

1. 测量误差产生的原因

对某一个量进行多次重复观测,例如重复观测某一水平角或往返丈量某段距离等,其多次测量的结果总存在着差异,这说明观测值中含有测量误差。产生测量误差的原因很多,概括起来有以下三个方面。

（1）设备误差。测量工作是测量仪器完成的，测量仪器的构造不可能十分完善，从而使测量结果受到一定影响。例如，测量设备灵敏度不够、测量设备惰性引起的误差；由于设备电源不稳定引起的指示误差；由于计算精度限制不能准确实现测量算法等。

（2）人为误差。由于观测者感觉器官的鉴别能力存在局限性，所以对仪器的各项操作会产生误差；观测者的技术熟练程度和工作态度也会对观测成果带来不同程度的影响。另外，由于测量方法的不完善，或者作为这种测量方法所依据的理论不完善，算法不完善也会产生误差。

（3）环境误差。测量所处的外界环境（包括温度、风力、日光、大气折光等）时刻在变化，使测量结果产生误差。例如，温度变化会使钢尺产生伸缩，风吹和日光照射会使仪器的安置不稳定，大气折光会使瞄准产生偏差等。

人、仪器和外界环境是测量工作的观测条件，由于受到这些条件的影响，测量中的误差是不可避免的。观测条件相同的各次观测称为等精度观测，观测条件不相同的各次观测称为不等精度观测。

2. 测量误差的分类

测量误差按其对观测结果影响性质的不同分为系统误差和偶然误差两类。

（1）系统误差。在相同的观测条件下对某一量进行一系列观测，若误差的出现在符号和数值上均相同，或按一定的规律变化，这种误差称为系统误差。例如，用标称长度为 30.000m，而实际鉴定后长度为 30.006m 的钢卷尺量距，每量一尺段就有 0.006m 的误差，其量距误差的影响符号不变，且与所量距离的长度成正比。所以，系统误差具有积累性，对测量结果的影响较大；另外，系统误差对观测值的影响具有一定的规律性，且这种规律性总能想办法找到，因此系统误差对观测值的影响可用计算公式加以改正，或采用一定的测量措施加以消除或削弱。

（2）偶然误差。在相同的观测条件下对某一量进行一系列观测，若误差出现的符号和数值大小均不一致，表面上没有规律，这种误差称为偶然误差（又称真误差）。偶然误差是由人力所不能控制的因素（例如人眼的分辨能力、仪器因素、气象因素等）共同引起的测量误差，其数值的正负、大小纯属偶然。例如在厘米分划的钢尺上读数，估读毫米数时，有时估读过大，有时估读过小；瞄准目标有时偏左，有时偏右。但多次观测取其平均，可以抵消一些偶然误差，因此偶然误差具有抵偿性，对测量结果影响不大；另外，偶然误差是不可避免的，且无法消除，但应加以限制。

除了上述两种误差以外，在测量工作中还可能发生错误，即观测值含有错误，例如瞄错目标、读错读数等，通常称这类异常误差为粗差。粗差的产生既有主观的原因，也有客观的原因。含有粗差的观测成果是不合格的，应采取一定的措施剔除粗差或重新进行观测。

为防止错误的产生和提高观测成果的质量，在测量工作中一般要进行多于必要的观测，称为多余观测。例如一段距离采用往返丈量，如果往测属于必要观测，则返测就属于多余观测；对一个水平角观测了三个测回，如果第一个测回属于必要观测，则其余两个测回就属于多余观测。有了多余观测，就可以检验和发现观测值中的粗差，以便将其剔除或重测。由于观测值中的偶然误差不可避免，有了多余观测，观测值之间必然产生差值（不符值、闭合差），因此可根据差值的大小评定测量的精度（精确程度）。若差值大到一定的程度，就认为观测值中有粗差（不属于偶然误差），称为误差超限。若差值不超限，则按偶然误差的规律加以处理,称为闭合差的调整,以求得最可靠的数值。

3. 偶然误差的特性

设某一量的真值为 X,对此量进行 n 次观测,得到的观测值为 $l_1, l_2, \cdots, l_n$,在每次观测中发生的偶然误差为 $\Delta_1, \Delta_2, \cdots, \Delta_n$,则定义

$$\Delta_i = X - l_i \quad i = 1, 2, \cdots, n \tag{2-27}$$

测量误差理论主要讨论在具有偶然误差的一系列观测值中,如何求得最可靠的结果和评定观测成果的精度。为此,需要对偶然误差的性质作进一步讨论。

就某个偶然误差而言,其符号的正负和数值的大小没有任何规律性。但是,若观测的次数很多,观察其大量的偶然误差,就能发现隐藏在偶然性下面的必然性规律。进行统计的数量越大,规律性就越明显。下面结合某观测实例,用统计方法进行分析。在相同的观测条件下在某一测区共观测了 365 个三角形的全部内角。由于每个三角形内角之和的真值(180°)已知,因此可以按式(2-27)计算三角形内角之和的偶然误差 Δ_i(三角形闭合差),再将正误差、负误差分开,并按其绝对值由小到大进行排列。以误差区间 $d\Delta = 2''$ 进行误差个数 k 的统计,并计算其相对个数 $k/n (n=365)$,k/n 称为误差出现的频率,结果见表 2.3。

表 2.3 偶然误差的统计

误差区间	负误差		正误差	
	K	k/n	k	k/n
$0'' \sim 2''$	47	0.129	46	0.126
$2'' \sim 4''$	42	0.115	41	0.112
$4'' \sim 6''$	32	0.088	34	0.093
$6'' \sim 8''$	22	0.060	22	0.060
$8'' \sim 10''$	16	0.044	18	0.050
$10'' \sim 12''$	12	0.033	14	0.039
$12'' \sim 14''$	6	0.016	7	0.019
$14'' \sim 16''$	3	0.008	3	0.008
$16''$ 以上	0	0	0	0
Σ	180	0.493	185	0.507

按表 2.3 的数据作图 2.9,可以直观地看出偶然误差的分布情况。

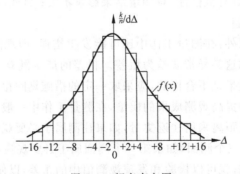

图 2.9 频率直方图

图 2.9 中以横坐标表示误差的正负与大小,以纵坐标表示误差出现在各区间的频率(相对个数)除以区间的间隔 $d\Delta$,每一区间按纵坐标作成矩形小条,则小条的面积代表误差出现

在该区间的频率,而各小条的面积总和等于1。该图称为频率直方图。

从表2.3的统计中可以归纳出偶然误差的四个特性:

(1) 在一定观测条件下的有限次观测中,绝对值超过一定限值的误差出现的频率为零;

(2) 绝对值较小的误差出现的频率大,绝对值较大的误差出现的频率小;

(3) 绝对值相等的正、负误差出现的频率大致相等;

(4) 当观测次数无限增大时,偶然误差的算术平均值趋近于零,即偶然误差具有抵偿性。用公式表示为

$$\lim_{n\to\infty}\frac{[\Delta]}{n}=0 \tag{2-28}$$

式中,[ ]表示取括号中数值的代数和,即$[\Delta_i]=\Delta_1+\Delta_2+\cdots+\Delta_n$;$n$为$\Delta$的个数。

以上根据365个三角形角度闭合差作出的误差出现频率直方图的基本图形(中间高、两边低并向横轴逐渐逼近的对称图形),并不是一种特例,而是统计偶然误差出现的普通规律,并且可以用数学公式表示。

当误差的个数$n\to\infty$,同时又无限缩小误差的区间$d\Delta$,则图2.9中各小长条的顶边的折线就逐渐成为一条光滑的曲线。该曲线在概率论中称为正态分布曲线,它完整地表示了偶然误差出现的概率P(当$n\to\infty$时,上述误差区间内误差出现的频率趋于稳定,成为概率)。

正态分布的数学表达式为

$$y=f(\Delta)=\frac{1}{\sqrt{2\pi}\sigma}e^{-\frac{\Delta^2}{2\sigma^2}} \tag{2-29}$$

式中,e=2.7183为自然对数的底,σ为标准差,标准差的平方σ^2称为方差。方差为偶然误差平方的理论平均值

$$\sigma^2=\lim_{n\to\infty}\frac{\Delta_1^2+\Delta_2^2+\cdots+\Delta_n^2}{n}=\lim_{n\to\infty}\frac{[\Delta\Delta]}{n} \tag{2-30}$$

标准差为

$$\sigma=\pm\lim_{n\to\infty}\sqrt{\frac{[\Delta\Delta]}{n}} \tag{2-31}$$

由式(2-31)可知,标准差的大小取决于在一定条件下偶然误差出现的绝对值的大小。由于在计算时取各个偶然误差的平方和,当出现有较大绝对值的偶然误差时,在标准差σ中会得到明显的反映。

式(2-29)称为正态分布的密度函数,以偶然误差Δ为自变量,标准差σ为密度函数的唯一参数。

4. 评定精度的标准

(1) 中误差及均方误差。在一定观测条件下观测结果的精度,一般用标准差σ表示。但是,在实际测量工作中,不可能对某一量作无穷多次观测,因此定义按有限次观测的偶然误差(真误差)求得的标准差近似值(估值)为中误差m(也称为均方根差),即

$$m=\pm\sqrt{\frac{\Delta_1^2+\Delta_2^2+\cdots+\Delta_n^2}{n}}=\pm\sqrt{\frac{[\Delta\Delta]}{n}} \tag{2-32}$$

例2.1　对三角形的内角进行两组观测(各测10次),根据两组观测值中的偶然误差(真误差),分别计算其中误差列于表2.4。

表 2.4　按观测值的真误差计算中误差

序号	第一组观测			第二组观测		
	观测值 l_i	真误差 Δ_i	Δ_i^2	观测值 l_i	真误差 Δ_i	Δ_i^2
1	179°59′59″	+1″	1	180°00′08″	−8″	64
2	179°59′58″	+2″	4	179°59′54″	+6″	36
3	180°00′02″	−2″	4	180°00′03″	−3″	9
4	179°59′57″	+3″	9	180°00′00″	0″	0
5	180°00′03″	−3″	9	179°59′53″	+7″	49
6	180°00′00″	0″	0	179°59′51″	+9″	81
7	179°59′56″	+4″	16	180°00′08″	−8″	64
8	180°00′03″	−3″	9	180°00′07″	−7″	49
9	179°59′58″	+2″	4	179°59′54″	+6″	36
10	180°00′02″	−2″	4	180°00′04″	−4″	16
Σ		−2″	60		−2″	404
中误差	$[\Delta\Delta]=60, n=10$			$[\Delta\Delta]=404, n=10$		
	$m_1 = \pm\sqrt{\dfrac{[\Delta\Delta]}{n}} = \pm 2.5''$			$m_2 = \pm\sqrt{\dfrac{[\Delta\Delta]}{n}} = \pm 6.4''$		

　　从表 2.4 中可见,第二组观测值的中误差大于第一组观测值的中误差,虽然这两组观测值的真误差之和 $[\Delta]$ 是相等的,但是在第二组观测值中出现了较大的误差($-8''$、$+9''$),因此其精度相对而言较低。

　　在一组观测值中,当中误差 m 确定以后,就可以画出它所对应的误差正态分布曲线。根据式(2-29),当 $\Delta = 0$ 时,$f(\Delta)$ 有最大值。当以中误差 m 代替标准差 σ 时,最大值为 $1/\sqrt{2\pi}m$。

　　因此,当 m 较小时,曲线在纵轴方向的顶峰较高,表示小误差比较集中;当 m 较大时,曲线在纵轴方向的顶峰较低,曲线形状平缓,表示误差分布比较离散,如图 2.10 所示($m_1 < m_2$)。

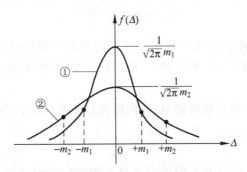

图 2.10　不同中误差的正态分布曲线

　　由于随机误差方向的不确定性,我们对随机误差的期望的关注总是多余对其方向的关注,因此引入均方误差(或称均方根误差或标准误差)的概念,均方误差被定义为中误差的模,即

$$\sigma = \sqrt{\frac{\sum_{i=1}^{n}\Delta_i^2}{n}} = \sqrt{\frac{[\Delta\Delta]}{n}} \qquad (2\text{-}33)$$

（2）相对误差。在某些测量工作中，用中误差这个标准还不能反映出观测的质量，例如用钢尺丈量 200m 及 80m 两段距离，观测值的中误差都是 ±20mm，但不能认为两者的精度一样；因为量距误差与其长度有关，为此，用观测值的中误差绝对值与其观测值之比化为分子为 1 的分数的形式，称为相对中误差。上例中，前者的相对中误差为 $K_1 = 0.02/200 = 1/10000$，而后者的相对中误差则为 $K_2 = 0.02/80 = 1/4000$，前者精度高于后者。

（3）极限误差。由频率直方图（图 2.9）知道，各矩形小条的面积代表误差出现在该区间中的频率；当统计误差的个数无限增加、误差区间无限减小时，频率逐渐稳定而成概率，直方图的顶边即形成正态分布曲线。因此根据正态分布曲线可以求得出现在小区间 $d\Delta$ 中的概率

$$P(\Delta) = f(\Delta)\mathrm{d}\Delta = \frac{1}{\sqrt{2\pi}m}e^{-\frac{\Delta^2}{2m^2}} \cdot \mathrm{d}\Delta \qquad (2\text{-}34)$$

根据式（2-34）的积分可以得到偶然误差在任意区间出现的概率。设以 k 倍中误差作为区间，则在此区间中误差出现的概率

$$P(|\Delta| < k \cdot m) = \int_{-km}^{+km} \frac{1}{\sqrt{2\pi}m}e^{-\frac{\Delta^2}{2m^2}} \cdot \mathrm{d}\Delta \qquad (2\text{-}35)$$

式（2-35）经积分后，以 $k=1、2、3$ 代入，可得到偶然误差的绝对值不大于 1 倍中误差、2 倍中误差和 3 倍中误差的概率

$$P(|\Delta| < m) = 0.683 = 68.3\%$$
$$P(|\Delta| < 2m) = 0.954 = 95.4\%$$
$$P(|\Delta| < 3m) = 0.997 = 99.7\%$$

由此可见，绝对值大于 2 倍中误差的偶然误差约占误差总数的 5%，而大于 3 倍中误差的仅占误差总数的 0.3%。由于一般进行测量的次数有限，上述情况很少遇到，因此以 2 倍或 3 倍中误差作为容许误差的极限，称为容许误差或称极限误差，即

$$\Delta_容 = 2m \quad 或 \quad \Delta_容 = 3m \qquad (2\text{-}36)$$

前者要求较严，而后者要求较宽。若测量中出现的误差大于容许值，是不正常的，即认为观测值中存在粗差或错误，应剔除粗差，或放弃该观测值或重测。

5. 观测值的精度评定

（1）算术平均值。对某未知量进行 n 次等精度观测，其观测值分别为 $l_1, l_2, \cdots, l_n$，将这些观测值取算术平均值 x 作为该未知量的最可靠的数值，又称最或然值（也称最或是值），即

$$x = \frac{l_1 + l_2 + \cdots + l_n}{n} = \frac{[l]}{n} \qquad (2\text{-}37)$$

下面以偶然误差的特性来探讨算术平均值 x 作为某量的最或然值的合理性和可靠性。

设某量的真值为 X，各观测值为 $l_1, l_2, \cdots, l_n$，其相应的真误差为 $\Delta_1, \Delta_2, \cdots, \Delta_n$，则

$$\Delta_1 = X - l_1$$

$$\Delta_2 = X - l_2$$
$$\vdots$$
$$\Delta_n = X - l_n$$

将等式两端分别相加并除以 n，则

$$\frac{[\Delta]}{n} = X - \frac{[l]}{n} = X - x$$

根据偶然误差第四个特性，当观测次数 n 无限增大时，$[\Delta]/n$ 就趋近于零，即

$$\lim_{n \to \infty} \frac{[\Delta]}{n} = 0$$

由此看出，当观测次数无限大时，算术平均值 x 趋近于该量的真值 X。但在实际工作中不可能进行无限次的观测，这样，算术平均值就不等于真值，因此，我们就把有限个观测值的算术平均值认为是该量的最或然值。

（2）观测值的改正值。观测值的改正值（以 v 表示），是算术平均值与观测值之差，即

$$v_1 = x - l_1$$
$$v_2 = x - l_2$$
$$\vdots$$
$$v_n = x - l_n \tag{2-38}$$

将等式两端分别相加，得 $[v] = nx - [l]$。

将 $x = \dfrac{[l]}{n}$ 代入式（2-37），得

$$[v] = n\frac{[l]}{n} - [l] = 0 \tag{2-39}$$

因此一组等精度观测值的改正值之和恒等于零，这一结论可作为计算工作的校核。

另外，设在式（2-39）中以 x 为自变量（待定值），则改正值 v_i 为自变量 x 的函数。如果使改正值的平方和为最小值，即

$$[vv]_{\min} = (x - l_1)^2 + (x - l_2)^2 + \cdots + (x - l_n)^2 \tag{2-40}$$

以此作为条件（称为"最小二乘原则"）来求解，这就是求条件极值的问题。令

$$\frac{\mathrm{d}[vv]}{\mathrm{d}x} = 2[(x - l)] = 0 \tag{2-41}$$

可得到

$$nx - [l] = 0 \tag{2-42}$$

即

$$x = \frac{[l]}{n} \tag{2-43}$$

此式即式（2-37）。由此可知，取一组等精度观测值的算术平均值 x 作为最或然值，据此得到的各观测值改正值是符合最小二乘原则的。

（3）按观测值的改正值计算中误差。一组等精度观测值在真值已知的情况下（例如三角形的三内角之和），可以按式（2-27）计算观测值的真误差，按式（2-32）计算观测值的中误差。

在一般情况下，观测值的真值 X 往往是不知道的，真误差 Δ 也就无法求得，因此就不能用式（2-32）求中误差。由上面的介绍可知，在相同观测条件下对某量进行多次观测，可以

计算其最或然值——算术平均值 X 及各观测值的改正值 v_i；并且也知道，最或然值 x 在观测次数无限增多时，将逐渐趋近于真值 X。在观测次数有限时，以 x 代替 X，就相当于以改正值 v_i 代替真误差 Δ_i。由此得到按观测值的改正值计算观测值的中误差的实用公式

$$m = \pm\sqrt{\frac{[vv]}{n-1}} \qquad (2\text{-}44)$$

式(2-44)与式(2-32)不同之处为，分子以 $[vv]$ 代替 $[\Delta\Delta]$，分母以 $[n-1]$ 代替 n。实际上，n 和 $[n-1]$ 是代表两种不同情况下的多余观测数。因为在真值已知的情况下，所有 n 次观测均为多余观测，而在真值未知情况下，则其中一个观测值是必要的，其余 $[n-1]$ 个观测值是多余的。

式(2-44)也可以根据偶然误差的特性来证明。根据式(2-27)和式(2-38)有

$$
\begin{array}{ll}
\Delta_1 = X - l_1 & v_1 = x - l_1 \\
\Delta_2 = X - l_2 & v_2 = x - l_2 \\
\quad\vdots & \quad\vdots \\
\Delta_n = X - l_n & v_n = x - l_n
\end{array}
$$

上列左、右两式分别相减，得到

$$
\begin{array}{l}
\Delta_1 = v_1 + (X - x) \\
\Delta_2 = v_2 + (X - x) \\
\quad\vdots \\
\Delta_n = v_n + (X - x)
\end{array} \qquad (2\text{-}45)
$$

上列各式取其总和，并顾及 $[v]=0$，得到

$$[\Delta] = nX - nx$$

$$X - x = \frac{[\Delta]}{n} \qquad (2\text{-}46)$$

为了求得 $[\Delta\Delta]$ 与 $[vv]$ 的关系，将式(2-45)等号两端平方，取其总和，并顾及 $[v]=0$，得到

$$[\Delta\Delta] = [vv] + n(X-x)^2 \qquad (2\text{-}47)$$

式中 $(X-x)^2 = \dfrac{[\Delta]^2}{n^2} = \dfrac{\Delta_1^2 + \Delta_2^2 + \cdots + \Delta_n^2}{n^2} + \dfrac{2(\Delta_1\Delta_2 + \Delta_1\Delta_3 + \cdots + \Delta_{n-1}\Delta_n)}{n^2}$，式中右端第二项中 $\Delta_i\Delta_j (j \neq i)$ 为两个偶然误差的乘积，仍具有偶然误差的特性，根据其第四个特性

$$\lim_{n\to\infty} \frac{\Delta_1\Delta_2 + \Delta_1\Delta_3 + \cdots + \Delta_{n-1}\Delta_n}{n} = 0$$

当 n 为有限数值时，上式的值为一微小量，再除以 n 后更可以忽略不计，因此

$$(X-x)^2 = \frac{[\Delta\Delta]}{n^2} \qquad (2\text{-}48)$$

将上式代入式(2-47)，得到

$$[\Delta\Delta] = [vv] + \frac{[\Delta\Delta]}{n} \quad 或 \quad \frac{[\Delta\Delta]}{n} = \frac{[vv]}{n-1} \qquad (2\text{-}49)$$

由此证明式(2-44)成立，式(2-44)为对某一量进行多次观测而评定观测值精度的实用公式。对于算术平均值 x 的中误差 m_x 可用下式计算

$$m_x = \frac{m}{\sqrt{n}} = \pm\sqrt{\frac{[vv]}{n(n-1)}} \qquad (2\text{-}50)$$

式(2-50)即为等精度观测算术平均值的中误差的计算公式。

根据以上结果,也可得到算数平均值 x 的均方误差公式(贝塞尔公式)

$$\sigma_x = \sqrt{\frac{\sum_{i=1}^{n} v_i^2}{n}} = \sqrt{\frac{[vv]}{n(n-1)}} \qquad (2\text{-}51)$$

例 2.2 对于某一水平角,在相同观测条件下用光学经纬仪进行 6 次观测,求其算术平均值 x、观测值的中误差 m 以及算术平均值中误差 m_x。计算在表 2.5 中进行。

表 2.5 按观测值的改正值计算中误差

序号	观测值 l_i	Δl_i	改正值 v_i	V_i^2	计算 x, m 及 m_x
1	$78°26'42''$	$42''$	$-7''$	42	$x = l_0 + \frac{[\Delta l]}{n} = 78°26'35''$
2	$78°26'36''$	$36''$	$-1''$	1	
3	$78°26'24''$	$24''$	$+11''$	121	$[vv] = 300, n = 6$
4	$78°26'45''$	$45''$	$-10''$	100	
5	$78°26'30''$	$30''$	$+5''$	25	$m = \pm\sqrt{\frac{[vv]}{n-1}} = \pm7.8''$
6	$78°26'33''$	$33''$	$+2''$	4	$m_x = \frac{m}{\sqrt{n}} = \pm3.2''$
Σ	$78°26'00''$	$210''$	$0''$	300	

在计算算术平均值时,由于各个观测值相互比较接近,因此,令各观测值共同部分为 l_0,差异部分为 Δl_i,即

$$l_i = l_0 + \Delta l_i \qquad (2\text{-}52)$$

则算术平均值的实用计算公式可写为

$$x = l_0 + \frac{[\Delta l]}{n} \qquad (2\text{-}53)$$

2.4.2 位置线误差

1. 梯度的概念

由于观测信号的电参量和导航参数之间存在一定的对应关系,因此电参量的测量误差将引起对应的导航参数误差,相应地也产生位置线误差。

对于观测信号的电参量来说,它具有偶然误差的性质,因此为了方便讨论,在下面的分析中我们把信号电参量的测量误差看成是零均值、方差为 σ 的正态随机变量。

根据各种导航系统的工作原理,很容易确定信号电参量的测量误差与对应导航参数误差之间的关系。在变化很小的范围内,这一关系可以看成一个线性关系,所以我们把导航参数误差也看成是零均值、方差为 σ 的正态随机变量。

导航参数误差与位置线(或位置面)误差之间的对应关系可以用标量场理论确定,根据标量场理论,在导航系统的工作区域内,每一点都对应一个导航参数值。所谓的位置面,就是导航参数等于某一常数的点的集合形成的等位面。这一等位面与地球表面的交线就是被称为位置线的等位线。

如图 2.11 所示,设导航量为 μ,相应的位置线为 n。当导航量为 $\mu + \Delta\mu$ 时,就得到

另一条位置线 $n+\Delta n$。n_0 为沿等位线法线方向的单位矢量,且指向 μ 增加的方向,在该方向上的 μ 增长最快。μ 在 n_0 方向上的变化用梯度 g 来表示

$$g = \mathrm{grad}\mu = \frac{\mathrm{d}\mu}{\mathrm{d}n}n_0 \qquad (2\text{-}54)$$

在法线方向上,函数 μ 的变化率为

$$|g| = \frac{\mathrm{d}\mu}{\mathrm{d}n} \qquad (2\text{-}55)$$

如果用有限增量来代替微分,则有

$$\Delta n = \frac{\Delta \mu}{|g|} \qquad (2\text{-}56)$$

式中,$|g|$ 为梯度的模。

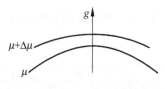

图 2.11　位置线梯度

由式(2-56)可以看出,当观测误差 $\Delta \mu$ 一定时,梯度的模 $|g|$ 越大,则位置线误差 Δn 越小。同时也可以看出,位置线误差 Δn 与观测误差 $\Delta \mu$ 成正比关系,故位置线误差的分布律与导航参量测量误差的分布律相同。如前所述,导航参量误差服从正态分布,其分布特性完全可以用均方误差来描述,因此,位置线的分布特性同样可以用位置线的均方误差来表示,即

$$\sigma_n = \frac{\sigma_\mu}{|g|} \qquad (2\text{-}57)$$

式中,σ_n 为位置线的均方误差,σ_μ 为导航参量的均方误差。因此,根据位置线的均方误差,可以得到位置线的精确度。

$|g|$ 可以根据场论公式得出。在三维平面上,位置线 $\mu(x, y, z)$ 的梯度的模为

$$|g| = \sqrt{\frac{\partial \mu}{\partial x} + \frac{\partial \mu}{\partial y} + \frac{\partial \mu}{\partial z}} \qquad (2\text{-}58)$$

换做平面导航的二维平面,位置线 $\mu(x, y)$ 的梯度的模因 $\frac{\partial \mu}{\partial z}=0$ 变为

$$|g| = \sqrt{\frac{\partial \mu}{\partial x} + \frac{\partial \mu}{\partial y}} \qquad (2\text{-}59)$$

将式(2-59)代入式(2-57)可得

$$\sigma_n = \frac{\sigma_\mu}{\sqrt{\dfrac{\partial \mu}{\partial x} + \dfrac{\partial \mu}{\partial y}}} \qquad (2\text{-}60)$$

由式(2-57)可知,位置线误差与导航参数误差成正比,同时也与位置线(或位置面)的梯度有关。换个说法,位置线误差不仅与导航参数误差有关,同时也与位置线的形状有关,或者说与无线电导航系统的几何特征有关。下面以二维平面为例,求出两种航空类无线电导航系统的位置线梯度及其对应的位置线误差。

2. 无线电测向系统的位置线误差

如图 2.12 所示,在无线电测向系统中,导航参数为

$$\theta = \arctan \frac{x}{y} \tag{2-61}$$

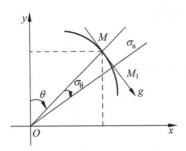

图 2.12　测向系统位置线梯度

根据式(2-59)可得

$$|g| = \sqrt{\frac{\partial \theta}{\partial x} + \frac{\partial \theta}{\partial y}} = \sqrt{\frac{y^2}{(x^2 + y^2)^2} + \frac{x^2}{(x^2 + y^2)^2}} = \sqrt{\frac{1}{(x^2 + y^2)}} = \frac{1}{R} (\text{rad/m}) \tag{2-62}$$

所以无线电测向系统的位置线误差为

$$\sigma_n = \frac{\sigma_\theta}{|g|} = R \sigma_\theta \tag{2-63}$$

式中,σ_θ 为测向系统的测向均方误差。可以看出,无线电测向系统的位置线精度随着距离的增加越来越差,所以只适合于近程导航。

3. 无线电测距系统的位置线误差

如图 2.13 所示,在无线电测距系统中,导航参数为

$$R = \sqrt{x^2 + y^2} \tag{2-64}$$

根据式(2-59)可得

$$|g| - \sqrt{\frac{\partial R}{\partial x} + \frac{\partial R}{\partial y}} = \sqrt{\frac{y^2}{(x^2 + y^2)} | \frac{x^2}{(x^2 + y^2)}} = 1 \tag{2-65}$$

所以无线电测距系统的位置线误差为

$$\sigma_n = \frac{\sigma_R}{|g|} = \sigma_R \tag{2-66}$$

式中,σ_R 为测距系统的测距均方误差。可以看出,无线电测距系统的位置线精度只与测距系统的测距误差有关,从位置线的角度来讲,是一种非常优秀的系统。

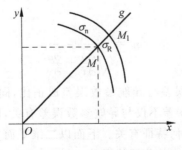

图 2.13　测距系统位置线梯度

2.4.3 二维定位精度

对于定位系统而言,系统的定位精度不仅与距离、角度等位置线参量有关系,还与定位点和导航台站的相对几何有关。此时系统的工作性能的分析比较复杂,可以结合位置面方程进行分析。

对于二维空间的定位来说,由于定位需要解出两个方向的参数,因此至少要有两个位置线方程。

如图 2.14 所示,航行体的位置可以通过两条位置线的交点来确定。设 u、v 为航行体所在的位置的真实位置线,航行体的真实位置为 M。由于测量存在误差,实际测量的位置线为 $u+\Delta u$ 和 $v+\Delta v$,这时确定的航行体的位置为 M_1。定位误差为测量所得位置与真实位置之间的距离,图 2.14 中 MM_1 就是定位误差。如前所述,位置线误差是正态分布的随机变量,因此定位误差也将是一个随机变量,对这一随机变量的描述,一般采用等概率误差椭圆的方法。

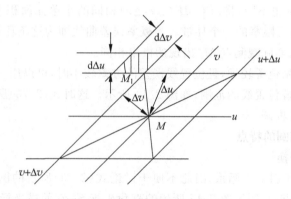

图 2.14 位置线误差与定位误差

1. 等概率误差椭圆

对于图 2.14,假定位置线 u、v 的随机误差 Δu、Δv 均服从正态分布,且位置线均方误差分别为 σ_u 和 σ_v,则其概率密度函数分别为

$$f(\Delta u) = \frac{1}{\sqrt{2\pi}\,\sigma_u}\exp\left(-\frac{\Delta u^2}{2\sigma_u^2}\right) \tag{2-67}$$

和

$$f(\Delta v) = \frac{1}{\sqrt{2\pi}\,\sigma_v}\exp\left(-\frac{\Delta v^2}{2\sigma_v^2}\right) \tag{2-68}$$

则测量所得位置 M_1 的概率分布取决于二维概率密度函数

$$f(\Delta u, \Delta v) = \frac{1}{2\pi\,\sqrt{1-\rho^2}\,\sigma_u\sigma_v}\exp\left(-\frac{1}{2(1-\rho^2)}\left(\frac{\Delta u^2}{\sigma_u^2}+\frac{\Delta v^2}{\sigma_v^2}-\frac{2\rho\Delta u\Delta v}{\sigma_u\sigma_v}\right)\right) \tag{2-69}$$

式中,ρ 为位置线误差 Δu 和 Δv 的相关系数,它的值由下式确定

$$\rho = \frac{1}{\sigma_u\sigma_v}\iint \Delta u\Delta v f(\Delta u, \Delta v)\mathrm{d}\Delta u\mathrm{d}\Delta v \tag{2-70}$$

如果 Δu 和 Δv 相互独立,则相关系数 $\rho=0$。一般民用航空所使用的导航系统都属于独立基线系统,各个基站彼此互不影响。此时二维概率密度函数为

$$f(\Delta u, \Delta v) = \frac{1}{2\pi\sigma_u\sigma_v}\exp\left(-\frac{1}{2}\left(\frac{\Delta u^2}{\sigma_u^2} + \frac{\Delta v^2}{\sigma_v^2}\right)\right) \tag{2-71}$$

利用式(2-69)求出实际观测点 M_1 落在图 2.14 中的大平行四边形的单元面积中的概率为

$$
\begin{aligned}
\mathrm{d}P(\Delta u, \Delta v) &= f(\Delta u, \Delta v)\mathrm{d}s \\
&= \frac{1}{2\pi\sqrt{1-\rho^2}\,\sigma_u\sigma_v}\exp\left(-\frac{1}{2\sqrt{1-\rho^2}}\left(\frac{\Delta u^2}{\sigma_u^2} + \frac{\Delta v^2}{\sigma_v^2} - \frac{2\rho\Delta u\Delta v}{\sigma_u\sigma_v}\right)\right)\mathrm{d}\Delta u\mathrm{d}\Delta v
\end{aligned}
\tag{2-72}
$$

令

$$\frac{1}{2\sqrt{1-\rho^2}}\left(\frac{\Delta u^2}{\sigma_u^2} + \frac{\Delta v^2}{\sigma_v^2} - \frac{2\rho\Delta u\Delta v}{\sigma_u\sigma_v}\right) = \lambda^2 \tag{2-73}$$

式中, λ 为一个常数,这时 $\mathrm{d}P(\Delta u, \Delta v)=$ 常数。

满足式(2-73)的方程曲线叫做等概率误差曲线,它与位置线的形状及相对关系有关。由于 $\mathrm{d}\Delta u$ 和 $\mathrm{d}\Delta v$ 无限小,平行四边形的单元面积也无限小。在这些小的单元面积中,实际观测点 M_1 出现的概率也不同,将所有 $\mathrm{d}P(\Delta u, \Delta v)$ 相同的小单元面积连接起来,就得到了围绕真实观测点 M 的无限窄的一个环带。等概率误差曲线即为这条环带,因为在这条环带的任意小单元面积内,实际观测点 M_1 出现的概率相同。

当飞机距离地面站位置较远,且位置线误差的方差较小时,可以用一些与位置线形状无关的平行直线对来代替位置线的范围,如图 2.14 所示。这时式(2-73)所对应的曲线呈椭圆状,被称作等概率误差椭圆。

2. 等概率误差椭圆的特点

1) 误差的坐标转换

由于 $(\Delta u, \Delta v)$ 属于斜交坐标系,因此不便于讨论式(2-73)所示的图形。为了便于分析等概率误差椭圆的特点,采用了图 2.15 所示的直角坐标系,它的横坐标 x 轴与两条位置线交角 α 的角平分线重合。

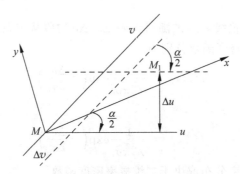

图 2.15 位置线误差与定位误差

在这一坐标系中,变量 Δu、Δv 的表示式为

$$
\begin{cases}
\Delta u = x\sin\dfrac{\alpha}{2} + y\cos\dfrac{\alpha}{2} \\
\Delta v = x\sin\dfrac{\alpha}{2} - y\cos\dfrac{\alpha}{2}
\end{cases}
\tag{2-74}
$$

经坐标变换后,二元概率密度函数 $f(x,y)$ 与原来的二元概率密度函数 $f(\Delta u, \Delta v)$ 之间

的关系为

$$f(x,y) = f(\Delta u(x,y), \Delta v(x,y)) \begin{vmatrix} \dfrac{\partial u}{\partial x} & \dfrac{\partial u}{\partial y} \\[2mm] \dfrac{\partial v}{\partial x} & \dfrac{\partial v}{\partial y} \end{vmatrix} \qquad (2\text{-}75)$$

将式(2-74)代入式(2-73)可得新坐标系下的等概率曲线方程

$$x^2 \sin^2 \frac{\alpha}{2}\left(\frac{1}{\sigma_u^2} + \frac{1}{\sigma_v^2} - \frac{2\rho}{\sigma_u\sigma_v}\right) + xy\sin\alpha\left(\frac{1}{\sigma_u^2} - \frac{1}{\sigma_v^2}\right) + y^2\cos^2\frac{\alpha}{2}\left(\frac{1}{\sigma_u^2} + \frac{1}{\sigma_v^2} + \frac{2\rho}{\sigma_u\sigma_v}\right) = 2(1-\rho^2)\lambda^2$$

$$(2\text{-}76)$$

令

$$A = \sin^2\frac{\alpha}{2}\left(\frac{1}{\sigma_u^2} + \frac{1}{\sigma_v^2} - \frac{2\rho}{\sigma_u\sigma_v}\right)$$

$$B = \sin\alpha\left(\frac{1}{\sigma_u^2} - \frac{1}{\sigma_v^2}\right)$$

$$C = \cos^2\frac{\alpha}{2}\left(\frac{1}{\sigma_u^2} + \frac{1}{\sigma_v^2} + \frac{2\rho}{\sigma_u\sigma_v}\right)$$

$$D = 2(1-\rho^2)\lambda^2$$

则式(2-76)变为如下形式

$$Ax^2 + 2Bxy + Cy^2 = D \qquad (2\text{-}77)$$

因为

$$0 \leqslant \rho \leqslant 1$$

所以

$$AC - B^2 = \frac{\sin^2\alpha(1-\rho)}{\sigma_u^4\sigma_v^4} > 0 \qquad (2\text{-}78)$$

因此可以判定式(2-77)为椭圆方程。

2) 等概率误差椭圆的长半轴和短半轴

误差椭圆的大小反映出定位的准确度,因此需要求出与椭圆大小有关的长半轴和短半轴的大小。

根据几何知识,椭圆的长半轴和短半轴为

$$\begin{cases} a = \dfrac{-2D}{A + C - \sqrt{(A+C)^2 - 4(AC - B^2)}} \\[4mm] b = \dfrac{-2D}{A + C + \sqrt{(A+C)^2 - 4(AC - B^2)}} \end{cases} \qquad (2\text{-}79)$$

将 A、B、C、D 值代入式(2-79),得

$$\begin{cases} a = \sqrt{\dfrac{\dfrac{4\sigma_u^2\sigma_v^2(1-\rho^2)\lambda^2}{\sigma_u^2 + \sigma_v^2 + 2\rho\sigma_u\sigma_v\cos\alpha}}{1 - \sqrt{1 - \dfrac{4\sigma_u^2\sigma_v^2(1-\rho^2)\sin^2\alpha}{(\sigma_u^2 + \sigma_v^2 + 2\rho\sigma_u\sigma_v\cos\alpha)^2}}}} \\[12mm] b = \sqrt{\dfrac{\dfrac{4\sigma_u^2\sigma_v^2(1-\rho^2)\lambda^2}{\sigma_u^2 + \sigma_v^2 + 2\rho\sigma_u\sigma_v\cos\alpha}}{1 + \sqrt{1 - \dfrac{4\sigma_u^2\sigma_v^2(1-\rho^2)\sin^2\alpha}{(\sigma_u^2 + \sigma_v^2 + 2\rho\sigma_u\sigma_v\cos\alpha)^2}}}} \end{cases} \qquad (2\text{-}80)$$

椭圆长轴与 x 轴之间的夹角 θ 为

$$\tan 2\theta = \frac{2B}{A-C} = -\frac{(\sigma_u^2 - \sigma_v^2)\sin\alpha}{(\sigma_u^2 + \sigma_v^2)\cos\alpha + 2\rho\sigma_u\sigma_v}$$

$$\theta = \frac{1}{2}\arctan\frac{(\sigma_u^2 - \sigma_v^2)\sin\alpha}{(\sigma_u^2 + \sigma_v^2)\cos\alpha + 2\rho\sigma_u\sigma_v} \tag{2-81}$$

3) 等概率误差椭圆的计算

在实际应用中,我们最关心的是测量位置 M_1 落入具有一定尺寸的误差椭圆内的概率,或是测量所得位置以给定的概率落入误差椭圆的尺寸。为此必须求出 M_1 出现在误差椭圆内的总概率。

假设 Δu、Δv 相互独立,则相关系数 $\rho = 0$。由式(2-72)和式(2-73)可得

$$dP(\Delta u, \Delta v) = \frac{1}{2\pi\sigma_u\sigma_v}e^{(-\lambda^2)}d\Delta u d\Delta v \tag{2-82}$$

根据式(2-73)和式(2-74)可计算出 M_1 出现在误差椭圆内的总概率为

$$P = \frac{1}{2\pi\sigma_u\sigma_v}\iint e^{(-\lambda^2)}d\Delta u d\Delta v = 1 - e^{(-\lambda^2)}$$

$$\lambda = \sqrt{-\ln(1-P)} \tag{2-83}$$

利用式(2-82)可以按给定的误差椭圆数值(给定的 λ),求出实际观测点落在误差椭圆内的概率。反之,也可以按给定的积分概率,求出椭圆的大小数值,并利用式(2-81)求出椭圆的取向角。

不同 λ 值下椭圆对应的落入概率 P 如表 2.6 所示。

表 2.6 不同 λ 值下椭圆对应的落入概率 P

P	0	0.393	0.5	0.632	0.865	0.9	0.95	0.982	0.989	1
λ	0	0.707	0.832	1	1.414	0.517	1.73	2	2.121	∞

如果两条位置线误差的相关系数不为零,则可以用式(2-80)、式(2-81)、式(2-82)和式(2-73)来计算。

2.5 无线电导航系统的有效工作区

定位精度是导航参数的测量精度和多条位置线的组合特征联合作用的结果,随着飞机位置的变化,定位精度也在发生变化。通常用无线电导航系统工作区的概念来说明这种定位精度与飞机位置之间的关系。

导航系统的工作区,是指导航系统能够向航行体提供既定精度要求的导航定位服务的空间区域。这一空间区域的大小,取决于所选用的工作频段、辐射功率、天线的方向性、导航点在地面或空中的布置、接收机性能、大气噪声、地理环境等。一般情况下如无特殊说明,通常都是指狭义的工作区,即在给定的概率下,定位误差不超过给定值的空间区域。对于给定的无线电导航系统和落入概率,在导航台位置和测量精度已知的条件下,根据前节给出的方法,可以求出任意点的等概率误差椭圆的长半轴,若该长半轴长度不超过系统要求的定位误差值,则以该长半轴长度为半径,椭圆的中心点为圆心确定的圆域,就是该系统的工作区,这

时整个椭圆被包容于工作区圆内。

民用航空用于飞机导航的陆基导航系统除 ILS 外均属于平面导航系统,因此下面的分析中,我们只考虑在平面内确定飞机位置的无线电系统工作区,对应的工作区形状和尺寸也只在二维平面内讨论。至于三维空间内无线电导航系统的工作区也可以用类似方法加以确定。

2.5.1　无线电 $\theta\text{-}\theta$ 导航系统工作区

无线电 $\theta\text{-}\theta$ 导航系统的两组位置线都是以地面导航台为中心的辐射线,由式(2-63)可知,位置线误差为

$$\begin{cases} \sigma_u = R_1 \sigma_{\theta_1} \\ \sigma_v = R_2 \sigma_{\theta_2} \end{cases} \tag{2-84}$$

式中,R_1、R_2 分别为定位点到两个导航台的距离;σ_{θ_1}、σ_{θ_2} 分别为两个测向台的测向均方误差。

当采用测向法来定位时,两个测向观测值之间的相关系数实际上等于零,则定位点处等概率误差椭圆的长半轴为

$$a_{\theta\text{-}\theta} = \sqrt{\frac{\dfrac{4\sigma_u^2 \sigma_v^2 \lambda^2}{\sigma_u^2 + \sigma_v^2}}{1 - \sqrt{1 - \dfrac{4\sigma_u^2 \sigma_v^2 \sin^2 \alpha}{(\sigma_u^2 + \sigma_v^2)^2}}}} \tag{2-85}$$

式中,α 为两条位置线的交角。通常在同一个系统中,两个导航台的测向均方误差相等,即

$$\sigma_{\theta_1} = \sigma_{\theta_2} = \sigma_\theta \tag{2-86}$$

将式(2-84)和式(2-86)代入式(2-85)可得

$$a_{\theta\text{-}\theta} = 2\sigma_\theta R_1 R_2 \lambda \sqrt{\frac{\dfrac{1}{R_1^2 + R_2^2}}{1 - \sqrt{1 - \dfrac{4R_1^2 R_2^2 \sin^2 \alpha}{(R_1^2 + R_2^2)^2}}}} \tag{2-87}$$

求得无线电 $\theta\text{-}\theta$ 导航系统工作区是以飞机真实位置为圆心、$\alpha_{\theta\text{-}\theta}$ 为半径的圆域。

2.5.2　无线电 $\rho\text{-}\rho$ 导航系统工作区

无线电 $\rho\text{-}\rho$ 导航系统的两组位置线都是以地面导航台为中心的圆周簇,由式(2-66)可知,位置线误差为

$$\begin{cases} \sigma_u = \sigma_1 \\ \sigma_v = \sigma_2 \end{cases} \tag{2-88}$$

式中,σ_1、σ_2 分别为两个测向台的测距均方误差。

当采用测距法来定位时,一般两条位置线之间的相关系数等于零,并且在同一个系统中,认为两条距离的测量误差一样,即 $\sigma_1 = \sigma_2 = \sigma$,则在定位点处等概率误差椭圆的长半轴为

$$a_{\rho\text{-}\rho} = 2\sigma\lambda \sqrt{\frac{1}{1 - |\cos\alpha|}} \tag{2-89}$$

式中,α 为两条位置线的交角。从式(2-89)可以求出无线电 $\rho\text{-}\rho$ 导航系统工作区是以飞机真

实位置为圆心，$\alpha_{\rho\text{-}\rho}$ 为半径的圆域。

2.5.3 无线电 $\rho\text{-}\theta$ 导航系统工作区

无线电 $\rho\text{-}\theta$ 导航系统只需要一个导航点，对于所有方向，位置线的交角 α 都是 $90°$。两组位置线误差为

$$\begin{cases} \sigma_{\mathrm{u}} = R\sigma_{\theta} \\ \sigma_{\mathrm{v}} = \sigma \end{cases} \tag{2-90}$$

式中，σ_{θ} 为测向台的测向均方误差，σ 为测距台的测距均方误差。两台通常合装在一起进行工作，导航台距飞机的距离为 R。这类系统的两条位置线之间的相关系数等于零，可求得

$$a_{\rho\text{-}\theta} = \sqrt{\dfrac{4\sigma_{\mathrm{u}}^2\sigma_{\mathrm{v}}^2\lambda^2}{\sigma_{\mathrm{u}}^2 + \sigma_{\mathrm{v}}^2 - |\sigma_{\mathrm{u}}^2 - \sigma_{\mathrm{v}}^2|}} = 2R\sigma_{\theta}\sigma\lambda\sqrt{\dfrac{1}{R^2\sigma_{\theta}^2 + \sigma^2 - |R^2\sigma_{\theta}^2 - \sigma^2|}} \tag{2-91}$$

从式(2-91)可以求出无线电 $\rho\text{-}\theta$ 导航系统工作区是以飞机真实位置为圆心、$\alpha_{\rho\text{-}\theta}$ 为半径的圆域。

2.5.4 实际导航性能

国际民航组织(ICAO)在整合各国的区域导航(RNAV)和所需导航性能(RNP)运行实践和技术标准的基础上提出了基于性能的导航(PBN)概念，PBN 运行能否确保飞行安全，很大程度上取决于导航系统的实际导航性能(ANP)是否满足所需导航性能要求。

ANP 是飞行管理计算机(FMC)确定其位置的质量，ANP 的值显示为海里，其指明了与 FMC 位置有关的精确度。以图 2.16 为例，飞机本应沿预定航迹完成航路点间的飞行，但由于各种因素造成了飞机的实际位置相对于预定航迹发生了偏离，而导航系统对飞机位置的测量计算又存在误差，图中的估计位置即为 FMC 的计算位置输出，小圆的范围即为实际位置的可能范围即估计位置的误差范围，如果实际位置有 95% 的概率落入小圆范围内，那么这个小圆的半径长度即为 ANP。

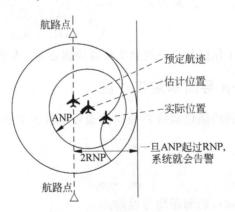

图 2.16　实际导航性能示意图

根据上述 ANP 定义及前面的内容，不难推出，ANP 即为 95% 的概率下的导航系统工作区。查表 2-6 可得，当 $P = 0.95$ 时，$\lambda = 1.73$。因此，各导航系统的 ANP 计算只需将 $\lambda = 1.73$ 分别代入式(2-87)、式(2-89)和式(2-91)可得。

2.6 三维导航定位精度

2.6.1 确定飞机在空间中的位置

在更高的精度要求下,需要用到至少三个导航台来进行导航,这时飞机的高度必须在考虑范围内。在三维空间内确定飞机的位置至少需要测定三个导航参数,假设这三个参数分别为飞机到导航台的距离 R_1、R_2 和 R_3(ρ-ρ-ρ 导航系统),所对应测量误差分别为 ΔR_1、ΔR_2 和 ΔR_3。为讨论方便起见,选择坐标原点位于飞机真实位置处的直角坐标系 x、y、z,此时可得到测量误差与定位误差的关系为

$$\begin{cases} \Delta R_1 = \dfrac{\partial R_1}{\partial x}\sigma_x + \dfrac{\partial R_1}{\partial y}\sigma_y + \dfrac{\partial R_1}{\partial z}\sigma_z \\[2mm] \Delta R_2 = \dfrac{\partial R_2}{\partial x}\sigma_x + \dfrac{\partial R_2}{\partial y}\sigma_y + \dfrac{\partial R_2}{\partial z}\sigma_z \\[2mm] \Delta R_3 = \dfrac{\partial R_3}{\partial x}\sigma_x + \dfrac{\partial R_3}{\partial y}\sigma_y + \dfrac{\partial R_3}{\partial z}\sigma_z \end{cases} \tag{2-92}$$

式中,σ_x、σ_y、σ_z 分别为 x、y、z 方向上的定位均方差。

令

$$\Delta R = \begin{bmatrix} \Delta R_1 \\ \Delta R_2 \\ \Delta R_3 \end{bmatrix}, \sigma = \begin{bmatrix} \sigma_x \\ \sigma_y \\ \sigma_z \end{bmatrix}$$

则有

$$\Delta R = \begin{bmatrix} \Delta R_1 \\ \Delta R_2 \\ \Delta R_3 \end{bmatrix} = G\sigma = \begin{bmatrix} \dfrac{\partial R_1}{\partial x}, \dfrac{\partial R_1}{\partial y}, \dfrac{\partial R_1}{\partial z} \\[2mm] \dfrac{\partial R_2}{\partial x}, \dfrac{\partial R_2}{\partial y}, \dfrac{\partial R_2}{\partial z} \\[2mm] \dfrac{\partial R_3}{\partial x}, \dfrac{\partial R_3}{\partial y}, \dfrac{\partial R_3}{\partial z} \end{bmatrix} \begin{bmatrix} \sigma_x \\ \sigma_y \\ \sigma_z \end{bmatrix} \tag{2-93}$$

假设 σ_x、σ_y、σ_z 是互不相关的,则测量所得位置的概率分布符合三维概率密度函数

$$f(x,y,z) = \frac{1}{(\sqrt{2\pi})^3 \sigma_x \sigma_y \sigma_z} \exp\left(-\frac{1}{2}\left(\frac{x^2}{\sigma_x^2} + \frac{y^2}{\sigma_y^2} + \frac{z^2}{\sigma_z^2}\right)\right) \tag{2-94}$$

在前面解决飞机二维定位精度的问题中,我们得到等概率误差曲线,并且证明了方程所对应的曲线是中心位于飞机真实位置处的椭圆。在三维空间的情况下,求出空间中所有满足 $f(x,y,z)$ 等于常数的点的轨迹,形成的将是一个等概率误差曲面。这一曲面的方程可以令式(2-94)中的指数函数的幂等于常数可得,即

$$\frac{x^2}{\sigma_x^2} + \frac{y^2}{\sigma_y^2} + \frac{z^2}{\sigma_z^2} = K \tag{2-95}$$

式(2-95)两边都除以 K 可得

$$\frac{x^2}{a^2} + \frac{y^2}{b^2} + \frac{z^2}{c^2} = 1 \tag{2-96}$$

式(2-96)是一个椭球方程。椭球的中心与飞机的真实位置一致,椭球的半轴分别为

$$\begin{cases} a = K\sigma_x \\ b = K\sigma_y \\ c = K\sigma_z \end{cases} \tag{2-97}$$

当 K 和 σ_x、σ_y、σ_z 都确定的情况下,可求得飞机落入既定尺寸椭球内的概率为

$$P(K) = \iiint\limits_V f(x,y,z)\mathrm{d}x\mathrm{d}y\mathrm{d}z \tag{2-98}$$

上式可改写为

$$\mathrm{d}P(K) = \frac{1}{(\sqrt{2\pi})^3 \sigma_x\sigma_y\sigma_z} \mathrm{e}^{-\frac{1}{2}K^2} \mathrm{d}V \tag{2-99}$$

式中,$\mathrm{d}V = \mathrm{d}x\mathrm{d}y\mathrm{d}z$。

椭球的体积等于

$$V = \frac{4\pi}{3}abc = \frac{4\pi}{3}\sigma_x\sigma_y\sigma_z K^3 \tag{2-100}$$

将式(2-100)代入式(2-99)可得

$$\mathrm{d}P(K) = \frac{K^2}{\sqrt{2\pi}} \mathrm{e}^{-\frac{1}{2}K^2} \mathrm{d}K \tag{2-101}$$

利用积分可得

$$P(K) = \frac{1}{\sqrt{2\pi}} \int K^2 \mathrm{e}^{-\frac{1}{2}K^2} \mathrm{d}K \tag{2-102}$$

给定数值 $P(K)$,就可以根据式(2-102)确定出数值 K,进而求出飞机以给定概率 $P(K)$ 处于其内的椭球的各半轴的长度 a、b、c。

2.6.2 精度因子

由式(2-93)可知,$\sigma = G^{-1}\Delta R$,其中 G 是一个只与导航台位置和飞机位置有关的量。因此可以推知,目标位置的定位精度不仅与测距精度有关,而且还和定位点的位置与导航台的相互位置有关。为了描述这种关系,引入精度因子(DOP)的概念。

测距精度与定位精度的关系如下

$$\sigma_p = \mathrm{DOP} \times \sigma_R \tag{2-103}$$

式中,σ_p 和 σ_R 分别为定位误差和测距误差的均方差。

在三维空间,设各个方向的定位误差的均方差分别为 σ_x、σ_y、σ_z,则有

$$\sigma_p = \sqrt{\sigma_x^2 + \sigma_y^2 + \sigma_z^2} \tag{2-104}$$

DOP 是一个无量纲的纯几何量,反映了测距精度对定位精度的放大程度,通过上述关系影响了系统实际的定位精度。精度因子最初是作为衡量双曲线导航系统位置线几何定位精度优劣的一个参数,现在不仅用于对各种无线电导航系统进行评价,还用于计算 GPS 卫星导航系统的覆盖区域、卫星配置方案的选择以及陆基导航中导航台的选址,应用范围不断扩大。因此,日益引起人们的重视,已发展成为各国航空、航海界所关注的定位精度理论的一个研究领域。

常用的精度因子有几何精度因子(GDOP)、三维位置精度因子(PDOP)、水平精度因子(HDOP)、垂直精度因子(VDOP)和时间精度因子(TDOP),它们之间的关系为

$$\text{GDOP} = \sqrt{\text{PDOP}^2 + \text{TDOP}^2} = \sqrt{\text{HDOP}^2 + \text{VDOP}^2 + \text{TDOP}^2} \qquad (2\text{-}105)$$

GDOP 一般用于伪距定位,伪距定位的定位精度与定位点和导航台的时间同步质量有很大的关系,以 GPS 定位系统为代表。对于 DME 导航系统,系统对导航参数的测量和解算均在飞机上进行,DME 导航台只作为信标配合飞机上的测量设备测量导航参数,所以导航台的时间误差不影响整个定位系统的定位精度。因此,PDOP 即是 $\rho\text{-}\rho\text{-}\rho$ 导航系统的精度因子,而 HDOP 是 $\rho\text{-}\rho$ 导航系统的精度因子。下面以 $\rho\text{-}\rho\text{-}\rho$ 导航系统为例,说明 DME 导航系统中与定位精度密切相关的精度因子的定义。

设三个 DME 导航台坐标分别为 (x_1, y_1, z_1)、(x_2, y_2, z_2)、(x_3, y_3, z_3),飞机的测量位置为 (x, y, z),飞机的真实位置为 (x_0, y_0, z_0),σ_x、σ_y、σ_z 分别为 x、y、z 方向上的定位误差均方差的投影。飞机位置处接收观测到的离三个导航台的距离分别为 R_1、R_2 和 R_3,所对应测量误差分别为 ΔR_1、ΔR_2 和 ΔR_3,则

$$\begin{cases} R_1 = \sqrt{(x-x_1)^2 + (y-y_1)^2 + (z-z_1)^2} \\ R_2 = \sqrt{(x-x_2)^2 + (y-y_2)^2 + (z-z_2)^2} \\ R_3 = \sqrt{(x-x_3)^2 + (y-y_3)^2 + (z-z_3)^2} \end{cases} \qquad (2\text{-}106)$$

将上式在 (x_0, y_0, z_0) 处进行泰勒展开,并舍去二次以上各项,得

$$\begin{cases} R_1 = r_1 + \dfrac{(x_0-x_1)}{r_1}\sigma_x + \dfrac{(y_0-y_1)}{r_1}\sigma_y + \dfrac{(z_0-z_1)}{r_1}\sigma_z \\[2mm] R_2 = r_1 + \dfrac{(x_0-x_2)}{r_2}\sigma_x + \dfrac{(y_0-y_2)}{r_2}\sigma_y + \dfrac{(z_0-z_2)}{r_2}\sigma_z \\[2mm] R_3 = r_1 + \dfrac{(x_0-x_3)}{r_3}\sigma_x + \dfrac{(y_0-y_3)}{r_3}\sigma_y + \dfrac{(z_0-z_3)}{r_3}\sigma_z \end{cases} \qquad (2\text{-}107)$$

式(2-107)中

$$\begin{cases} r_1 = R_1 - \Delta R_1 \\ r_2 = R_2 - \Delta R_2 \\ r_3 = R_3 - \Delta R_3 \end{cases} \qquad (2\text{-}108)$$

因此

$$\begin{cases} \Delta R_1 = \dfrac{(x_0-x_1)}{r_1}\sigma_x + \dfrac{(y_0-y_1)}{r_1}\sigma_y + \dfrac{(z_0-z_1)}{r_1}\sigma_z \\[2mm] \Delta R_2 = \dfrac{(x_0-x_2)}{r_2}\sigma_x + \dfrac{(y_0-y_2)}{r_2}\sigma_y + \dfrac{(z_0-z_2)}{r_2}\sigma_z \\[2mm] \Delta R_3 = \dfrac{(x_0-x_3)}{r_3}\sigma_x + \dfrac{(y_0-y_3)}{r_3}\sigma_y + \dfrac{(z_0-z_3)}{r_3}\sigma_z \end{cases} \qquad (2\text{-}109)$$

令

$$\Delta \boldsymbol{R} = \begin{bmatrix} \Delta R_1 \\ \Delta R_2 \\ \Delta R_3 \end{bmatrix}, \quad \boldsymbol{\sigma} = \begin{bmatrix} \sigma_x \\ \sigma_y \\ \sigma_z \end{bmatrix}$$

则有

$$\Delta \boldsymbol{R} = \begin{bmatrix} \Delta R_1 \\ \Delta R_2 \\ \Delta R_3 \end{bmatrix} = \boldsymbol{G\sigma} = \begin{bmatrix} \dfrac{(x_0 - x_1)}{r_1} & \dfrac{(y_0 - y_1)}{r_1} & \dfrac{(z_0 - z_1)}{r_1} \\ \dfrac{(x_0 - x_2)}{r_2} & \dfrac{(y_0 - y_2)}{r_2} & \dfrac{(z_0 - z_2)}{r_2} \\ \dfrac{(x_0 - x_3)}{r_3} & \dfrac{(y_0 - y_3)}{r_3} & \dfrac{(z_0 - z_3)}{r_3} \end{bmatrix} \begin{bmatrix} \sigma_x \\ \sigma_y \\ \sigma_z \end{bmatrix} \tag{2-110}$$

对 $\Delta \boldsymbol{R} = \boldsymbol{G\sigma}$ 两边取协方差有

$$\mathrm{COV}(\Delta \boldsymbol{R}) = \mathrm{COV}(\boldsymbol{G\sigma}) \tag{2-111}$$

对于式(2-111)的左边,根据三维随机变量的协方差矩阵的定义有

$$\mathrm{COV}(\boldsymbol{R}) = \begin{bmatrix} \mathrm{COV}(R_1, R_1) & \mathrm{COV}(R_1, R_2) & \mathrm{COV}(R_1, R_3) \\ \mathrm{COV}(R_2, R_1) & \mathrm{COV}(R_2, R_2) & \mathrm{COV}(R_2, R_3) \\ \mathrm{COV}(R_3, R_1) & \mathrm{COV}(R_3, R_2) & \mathrm{COV}(R_3, R_3) \end{bmatrix} \tag{2-112}$$

由于三个导航台的位置线相互独立,因此 $\mathrm{COV}(R_i, R_j) = 0 (i \neq j)$。同时,同一系统内可以认为每个导航台的测量误差相同,即 $\Delta R_1 = \Delta R_2 = \Delta R_3 = \Delta R_0$,代入式(2-111)得

$$\mathrm{COV}(\boldsymbol{R}) = \begin{bmatrix} \mathrm{COV}(\Delta R_1, \Delta R_1) & 0 & 0 \\ 0 & \mathrm{COV}(\Delta R_2, \Delta R_2) & 0 \\ 0 & 0 & \mathrm{COV}(\Delta R_3, \Delta R_3) \end{bmatrix} = (\Delta R_0)^2 \begin{bmatrix} 1 & 0 & 0 \\ 0 & 1 & 0 \\ 0 & 0 & 1 \end{bmatrix} \tag{2-113}$$

对于式(2-111)的右边有

$$\mathrm{COV}(\boldsymbol{G\sigma}) = \boldsymbol{G} \begin{bmatrix} 1 \times \sigma_x \times \sigma_x & 0 \times \sigma_x \times \sigma_y & 0 \times \sigma_x \times \sigma_z \\ 0 \times \sigma_y \times \sigma_z & 1 \times \sigma_y \times \sigma_y & 0 \times \sigma_y \times \sigma_z \\ 0 \times \sigma_z \times \sigma_x & 0 \times \sigma_z \times \sigma_y & 1 \times \sigma_z \times \sigma_z \end{bmatrix} \boldsymbol{G}^{\mathrm{T}}$$

$$= \boldsymbol{G} \begin{bmatrix} \sigma_x^2 & 0 & 0 \\ 0 & \sigma_y^2 & 0 \\ 0 & 0 & \sigma_z^2 \end{bmatrix} \boldsymbol{G}^{\mathrm{T}} \tag{2-114}$$

又因为式(2-111)左右相等,所以有

$$(\Delta R_0)^2 \begin{bmatrix} 1 & 0 & 0 \\ 0 & 1 & 0 \\ 0 & 0 & 1 \end{bmatrix} = \boldsymbol{G} \begin{bmatrix} \sigma_x^2 & 0 & 0 \\ 0 & \sigma_y^2 & 0 \\ 0 & 0 & \sigma_z^2 \end{bmatrix} \boldsymbol{G}^{\mathrm{T}} \tag{2-115}$$

得到

$$\begin{bmatrix} \dfrac{\sigma_x^2}{(\Delta R_0)^2} & 0 & 0 \\ 0 & \dfrac{\sigma_y^2}{(\Delta R_0)^2} & 0 \\ 0 & 0 & \dfrac{\sigma_z^2}{(\Delta R_0)^2} \end{bmatrix} = (\boldsymbol{G}^{\mathrm{T}} \boldsymbol{G})^{-1} \tag{2-116}$$

从而可以得到 PDOP 的表达式

$$\mathrm{PDOP} = \mathrm{trace}((\boldsymbol{G}^{\mathrm{T}} \boldsymbol{G})^{-1}) = \sqrt{\dfrac{\sigma_x^2}{(\Delta R_0)^2} + \dfrac{\sigma_y^2}{(\Delta R_0)^2} + \dfrac{\sigma_z^2}{(\Delta R_0)^2}} \tag{2-117}$$

2.7 机载数据总线

机载数据总线技术是航空电子综合化和现代先进飞机电传操纵系统最重要的关键技术之一,目前已成为整个航空电子系统和电传操纵系统的"骨架"和"神经"。通过机载数据总线,各个航空电子系统单元之间以及电传操纵系统中各个传感器与各个执行功能单元之间,按照规定的总线协议进行数据通信,实现信息共享和功能综合。

机载数据总线包括民用机载数据总线和军用机载数据总线两大类,民用机载数据总线主要有 ARINC-429、ARINC-629 和航空电子全双工交换式以太网(AFDX);军用机载数据总线主要包括 MIL-STD-1553B 和它的光纤版 MIL-STD-1773、线性令牌传递数据总线(LTPB)以及光纤分布式数据接口(FDDI)等。由于 ARINC-629 总线只用于 B777 等少数机型,因此本节只介绍民用航空目前广泛使用的数据总线 ARINC-429 以及在 A380 和 B787 飞机上使用的新型数据总线 AFDX。

2.7.1 ARINC-429 总线

ARINC-429 总线是美国航空无线电公司(ARINC)1977 年制定的航空数字总线规范,它也被称为"Mark33 数字信息传输系统(Mark 33 DITS)"。ARINC-429 总线建立了航空电子系统组件之间进行数字信息传输的工业标准,总线结构简单,性能稳定,抗干扰性强,数据资源丰富,数据精度高,最大优势在于可靠性高,因此目前大多数民用飞机(如 A310、A300、A320、A340、B737、B747、B757、B767)上数字信息的传输都采用此标准,在军用飞机中也得到广泛应用。

1. 总线拓扑结构

ARINC-429 总线是一种单向广播式串行数据总线,传输介质为双绞屏蔽线(一股为红色,一股为蓝色),由两路差分信号组成。该总线面向接口型数据传输结构,总线上定义了发送器和接收器,在一条总线上只允许有一个发送器,但可以有多达 20 个的接收器,其拓扑结构如图 2.17 所示。

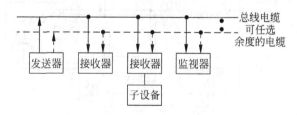

图 2.17 ARINC-429 总线拓扑结构

数据信息只能从通信设备的发送口输出,经总线传输至与它相连的需要该信息的其他设备的接收口,信息不能反向传输至发送端。当两个通信设备间进行双向数据传输时,则需要在每个传输方向使用一根独立的传输总线。ARINC-429 通信采用带奇偶校验的 32 位信息字,采用双极性归零制的三态码调制方式。数据传输中,由数据发送端以足够高的速率提供传输的数据,按开环方式控制传输,这样不需要接收器通知发送源已收到信息。奇偶校验位作为每个数据字的一部分进行传输,允许接收器完成校验。该总线使用的双绞屏蔽线要求电缆线的两端和所有断开点都应该屏蔽接地,以提高传输过程的抗干扰能力。发送器输出阻抗为 $75\pm5\Omega$,在两导线间均分,使输出阻抗平衡,同时保证发送器的输出电平状态以及这些数据脉冲电平间的瞬变过程期间均满足输出阻抗的要求。对接收器其输入阻抗大于 $12\text{k}\Omega$,差动输入电容和对地电容都应小于 50pF。ARINC-429 的信息传输分为高速和低速两种,高速工作状态位速率为 100Kb/s,低速状态位速率为 $12\sim14.5$Kb/s。

ARINC-429 总线还可以构建复杂的拓扑结构,图 2.18 为双总线拓扑结构系统,其中总线 1 的发送设备为 LRU 1,接收设备为 RX 1、RX 2 和 LRU 2;总线 2 的发送设备为 LRU 2,接收设备有 RX 3、RX 4、RX 5、RX 6 和 LRU 1。LRU 1 与 LRU 2 有两条总线,可以实现相互间的信息交换。

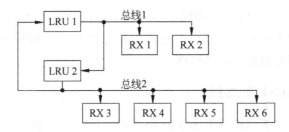

图 2.18   双 ARINC-429 总线拓扑结构

图 2.19 给出了以数字大气数据计算机(DADC)作数据源,典型的 ARINC-429 总线系统的连接,其中 TX 和 RX 分别表示发送器和接收器,三个接收系统分别是飞行管理计算机(FMC)、高度表(ALT)和马赫/空速指示器(M/ASI)。实线部分表示 DADC 可以在一条总线上向三个不同接收系统提供数字信息。DADC 的另一个发送端也可同时向其他接收系统输出其他信息。另外,如果一个系统(如 FMC)需要来自更多的数据源的输入数据,这个系统必须有相应接收端连到其他数据源的发送部分。

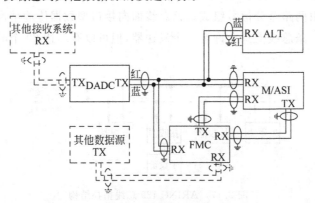

图 2.19   机载系统通过 ARINC-429 总线相连

ARINC-429 总线采用具有自身定时能力的双极性归零制的三态码调制,调制信号由"高(HI)"、"零(NULL)"和"低(LO)"状态组成的三电平状态调制,发送端的高电平为$+10\pm1.0$V,零电平为 0 ± 0.5V,低电平为 -10 ± 1.0V;接收端高电平为 $+6.5\sim+13$V,零电平为 $+2.5\sim-2.5$V,低电平为 $-6.5\sim-13$V。调制信号如图 2.20 所示。

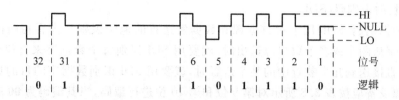

图 2.20　ARINC-429 信号调制形式

2. 基本信息单元

ARINC-429 总线的基本信息单元是由 32 位构成的一个数据字,字与字之间插入至少 4 个位时零电平的时间间隔(也称寂静时间),用作字同步。这类字有 5 个应用组,即二-十进制(BCD)数据字、二进制(BNR)数据字、离散数据字、维护数据字和 AIM 数据字。在实际使用中,以 BCD 数据和 BNR 数据用得最多,约占整个数据字的 90%,很多参数如航向、高度、油量等都用 BNR 数据,而其他很多参数如 DME 距离、真实空速、总气温等则使用 BCD 数据。下面对 BNR 和 BCD 这两种主要数据字所含各项加以说明。

BNR 和 BCD 数据字的结构类似,都包括标号(Label)、源/目的识别码(SDI)、数据区(Data)、符号/状态矩阵(SSM)以及奇偶校验位(P)共 5 部分,唯一的区别在于 BNR 数据字的数据区为第 11 位至第 28 位,而 BCD 的则为第 11 位至第 29 位,如图 2.21 所示。

P	SSM			Data			SDI		Label							
32	31	30	29	28	27	26~14	13	12	11	10	9	8	7	6	5	4	3	2	1

(a) 通用BNR字格式

P	SSM		Data				SDI		Label							
32	31	30	29	28	27	26~14	13	12	11	10	9	8	7	6	5	4	3	2	1

(b) 通用BCD字格式

图 2.21　ARINC-429 数据字结构

1) 标号(Label)

标号的作用一是识别 BNR 和 BCD 数字内包含的信息,二是识别离散、维护和 AIM 数据用的字。ARINC-429 对所传输的每一个参数都规定了唯一的八进制标号,用以识别信息类型,比如对于 DME 距离,给定的八进制标号为 201,八进制标号 205 则表示马赫数。

标号采用八进制编码,可标识 256 种参数。表示标号的 8 比特分为 3 组,每一组都是最高有效位(MSB)在前,最低有效位(LSB)在后,并且在这三个八进制数中,也是先传最高位,后传最低位。表 2.7 给出了标号的一个例子,该例中,参数的标号为八进制的 206,代表计算空速。

表 2.7　数据字的标号

位号	8(LSB)	7	6(MSB)	5(LSB)	4	3(MSB)	2(LSB)	1(MSB)
逻辑值	**0**	**1**	**1**	**0**	**0**	**0**	**0**	**1**
权值	1	2	4	1	2	4	1	2
八进制数		6			0			2
组号		第 3 组			第 2 组			第 1 组

2）源/目的识别码（SDI）

源/目的识别码（SDI）用于对数据源和数据发送目的地的识别。当有相同标号的两个或多个数据字从两个或多个数据源送出时，就要用 SDI 识别每个数据字来自何处；而当需要把数据字直接送到几个装置中的某个装置时，就要用 SDI 识别数据字的目的地。当使用该功能时，源设备应按表 2.8 所示对第 9 位和第 10 位进行编码，当其编码为 **00** 时，执行"全呼叫（ALL CALL）"功能，表示可以把数据字送到所有装置。

表 2.8　源/目的识别码（SDI）编码

位号或者位对应的逻辑值		装　置　号
10	9	
0	**0**	ALL CALL
0	**1**	1
1	**0**	2
1	**1**	3

3）数据区（Data）

ARINC-429 传送的数据字在数据区以 BNR 或 BCD 方式编码，若可用位没有被位逻辑全部占用，则剩下的位应该用填充位填满。填充位是逻辑 **0**（书写中常写作 P），在传送数据过程中没有意义。

BNR 数据字的数据区从第 11 位到第 28 位，共 18 位，其中第 11 位是 LSB，第 28 位是 MSB。数据区用 BNR 码表示的值，最终应该用十进制数读出，相应位对应的权值为 2^{n-29}，其中 n 为位号，$n=11\sim28$，即第 n 位表示某参数最大值的 2^{n-29}，而某参数的最大值由 ARINC-429 规定，例如，ARINC-429 规定飞机最大马赫数是 4.096。对于正数，数据区的编码为原码，同时数据字"符号/状态矩阵（SSM）"的第 29 位为 **0**；若是负数，则数据区的编码为补码，同时 SSM 的第 29 位 **1**。例如，若某一数据字的标号为八进制的 205，则对应的参数为马赫数，若该字数据区的编码如表 2.9 所示，且第 29 位为 **0**，则数据区表示的马赫数为 $4.096\times(1/8+1/16+1/64+1/8192)=0.8325$。

表 2.9　BNR 数据区的数据（正数）

位号	28	27	26	25	24	23	22	21	20	19	18	17	16	15	14	13	12	11
逻辑	**0**	**0**	**1**	**1**	**0**	**1**	**0**	**0**	**0**	**0**	**0**	**0**	**1**	**0**	**0**	**0**	P	P
权值	$\frac{1}{2}$	$\frac{1}{4}$	$\frac{1}{8}$	$\frac{1}{32}$				...										$\frac{1}{262\,144}$

下面结合角度参量的 BNR 编码来说明负数的编码方式。

ARINC-429 传输的数据字中，有一类是角度参数（比如航向）。对角度参数的 BNR 编码规定是：角度分为正角度和负角度，正负角度的范围分别是 $0°\sim179.\times\times\times°$ 和 $0°\sim-179.\times\times\times°$，其中正角度的 BNR 编码用原码，负角度的 BNR 编码用补码，且 ARINC-429 规定，角度的最大值为 180°。若某一数据字的标号为八进制的 114，则表示传输的参数为预定航线，如果该字数据区的编码如表 2.10 所示，且第 29 位为 **1**，则表示该航线角为负值，BNR 编码的原码应通过对补码逐位求反再在末位加 **1** 求得，即原码为 **011110001110**（不考虑第 11 位到第 16 位的填充位），所以航线角为 $-180°\times(1/4+1/8+1/16+1/32+1/512+1/1024+1/2048)=-84.99°$，取整数为 $-85°$，也就是说，预定航线为 $-85°$ 或 $+275°$。

表 2.10 负角度的 BNR 编码

位号	28	27	26	25	24	23	22	21	20	19	18	17	16	15	14	13	12	11
逻辑	1	0	0	0	0	1	1	1	0	0	1	0	P	P	P	P	P	P

BCD 数据字的数据区与 BNR 的是不同的,BCD 数据字的数据区从第 11 位到第 29 位, 共 19 位,其中第 11 位是 LSB,第 29 位是 MSB。这 29 比特的数据被分成 5 组,如表 2.11 所示,其中第 1 组称为最低有效字符(LSC),第 5 组为最高有效字符(MSC)。MSC 只有 3 位, 可以表示十进制数 0~7,而其他四个组都含有 4 位,可以表示十进制数 0~9,因此 BCD 数据的有效字符可以高达 5 个,但不一定总有 5 个,这要根据填充的位数来定。如果要表示带小数点的数,则小数点的位置由分辨率决定,分辨率是 ARINC-429 对相应参数分别给定的。

表 2.11 BCD 数据字数据区的编码

位号	29	28	27	26	25	24	23	22	21	20	19	18	17	16	15	14	13	12	11
逻辑	0	1	0	0	1	0	1	0	1	1	1	1	0	0	0	0	1	1	0
组号	第5组(MSC)			第4组				第3组				第2组				第1组(LSC)			
权值	4	2	1	8	4	2	1	8	4	2	1	8	4	2	1	8	4	2	1
十进制数	2			5				7				8				6			

若某一 BCD 数据字的标号为八进制的 201,则表示传输的参数为 DME 距离,规定其分辨率为 0.01,若其 BCD 编码如表 2.11 所示,19 位 BCD 编码对应的十进制数为 25786,则表示的 DME 距离为 257.86 海里(NM)。

4) 符号/状态矩阵(SSM)

BNR 数据字的符号/状态矩阵(SSM)由第 29 位、第 30 位和第 31 位组成,这三位又分成两部分,第 29 位是一部分,第 30 位和第 31 位组成另一部分,它们的功能分别如表 2.12 和表 2.13 所示。

表 2.12 BNR 数据字 SSM 第 29 位的功能

逻辑	功　能
0	正,北,东,右,去往,上
1	负,南,西,左,来自,下

表 2.13 BNR 数据字 SSM 第 30 位和第 31 位的功能

位号	31	30	功　能
逻辑	0	0	故障警告
	0	1	无计算数据
	1	0	功能测试
	1	1	正常运行

BCD 数据字的符号/状态矩阵(SSM)由第 30 位和第 31 位构成,其功能参见表 2.14。

表 2.14　BCD 数据字 SSM 第 30 位和第 31 位的功能

位号	31	30	功　　能
逻辑	0	0	正,北,东,右,去往,上
	0	1	无计算数据
	1	0	功能测试
	1	1	负,南,西,左,来自,下

5) 奇偶校验位(P)

第 32 位为奇偶校验位,为接收端提供简单的误码检查。该位的逻辑是根据前 31 位中 **1** 的总数以及是采用奇校验还是偶校验来确定的。ARINC-429 一般采用奇校验,这时,若前 31 位中 **1** 的总数为奇数时,则第 32 位置 **0**,否则置 **1**。

2.7.2　AFDX 总线

ARINC-429 总线具有抗干扰能力强、连线简单、可靠性高、数据资源丰富、数据精度高等优点,缺点是飞机电缆数量多、传输速率低、互联复杂,这也导致了其维护性较差。面对航空电子系统对机载数据总线提出的高速数据传输、时间确定性传输、高可靠性和低重量的要求,出现了先进的机载数据总线——航空电子全双工交换式以太网(AFDX)。

航空电子全双工交换式以太网(AFDX)为航空电子设备之间的数据交换提供了电气和协议的规范,它是建立在空中客车公司最早提出的 AFDX 概念之上的满足 IEEE-803.2 以太网技术的航空数据总线,也是 ARINC-664(航空电子数据网络)规范中定义的“确定性网络”。AFDX 作为航空电子系统的主干连接网,用来实现系统的核心处理机或主要分系统之间的信息交换,而在某些分系统内部仍然采用成熟的 ARINC-429 等总线标准。AFDX 总线具有数据传输的确定性、能提供高达 100Mb/s 的数据传输率以及大幅度减轻飞机上电缆重量等特点。空中客车公司在 A380 飞机上率先采用了 AFDX,目前 B787、A400M 等飞机也都采用了该总线。AFDX 总线将成为构筑新一代大型民航飞机和空中作战飞机航空电子系统的基础。

有关 AFDX 总线的内容很丰富,限于篇幅,这里只介绍该总线的组成和功能、总线的消息传输以及总线的消息结构。

1. AFDX 总线的组成和功能

AFDX 系统主要由航空电子系统、端系统和交换机三部分组成,如图 2.22 所示。

航空电子计算机系统为航空电子系统提供计算环境,由端系统实现航空电子系统与 AFDX 的连接。端系统是需要植入各实现网络连接的航空电子设备内部的子系统,其主要功能是完成 AFDX 系统数据的流量整形。端系统首先按照定义好的配置表将 AFDX 系统数据流整形后形成各个虚拟链路中定义的参数(最小包间隙和最大帧长),再经过调度混合器叠合后发送到 AFDX 交换机中。AFDX 交换机是一个全双工交换式以太网互联装置,它包含网络切换开关,主要功能是完成 AFDX 系统数据帧的接收和转发,切换技术基于传统的 ARINC-429 单向消息传输、点到点以及 MIL-STD-1553B 总线技术。按照 ARINC-664 PART7 的要求,交换机应该具有配置表、交换功能、监控功能和仲裁过滤等功能,其虚拟链

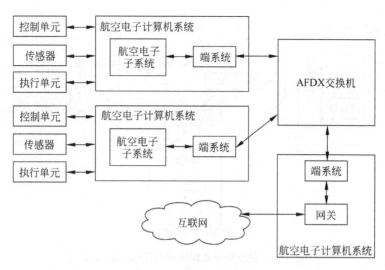

图 2.22 AFDX 网络系统

路允许一个发送端和多个接收端之间建立相互独立的数据传输链接,应用层的数据在端系统里通过流量整形后形成虚拟链接上的数据。每一个虚拟链接的数据通过端系统传输到交换机网络,再由网关传输到对应的目的端系统。实际上,图 2.22 的第三个端系统为网关应用提供接口,它为航空电子系统与外部的 IP 网络节点提供了通信路径,外部的 IP 网络节点可以是数据传输或采集设备。

AFDX 系统定义的虚拟链路为逻辑上的单向连接,即从一个源终端向一个或多个确定的目的终端的传输连接。每个虚拟链路都设计了一个最大带宽,而每个虚拟链接的带宽分配间隔(BAG)和最大帧长(Lmax)参数决定了该虚拟链路的最大带宽。

2. AFDX 总线的消息传输

AFDX 中的信息包传输路径是通过虚拟链路来实现的,虚拟链路使用 16 位标识符。在 AFDX 网络中,由交换机分配路径,发送到 AFDX 的以太网帧通过虚拟链路传输到一个或多个端系统。AFDX 网络规定,与虚拟链路标识相关的以太网帧必须一开始就明确定义,并且与端系统是唯一对应的。该规定保证了虚拟链路起源于某个端系统,并通过虚拟链路将信息包传递到一组固定的端系统,这类似于 ARINC-429 中的多总线。

当应用程序发送消息到通信端口,需要对 AFDX 网络中的源端系统、目的端系统进行配置,以便将消息传递到合适的接收端口。

图 2.23 给出了 AFDX 总线消息传输的例子。航空电子系统发送消息 M 到端口 1,端系统 1 将该消息打包成以太网帧,并通过虚拟链路 100(以太网的目的地址 VLID 为 100)发送以太网帧到 AFDX 网络交换机中,通过配置网络交换机中的指针表以传递以太网帧到端系统 2 和端系统 3 接收。对接收以太网帧的端系统的配置是为了保证该端系统能确定消息的目的端口,如图 2.23 所示,通过端系统 2 的端口 5 和端系统 3 的端口 6 接收消息。

端系统所使用的用于确定消息目的端口的信息包含在所传输的以太网信息包体的头部,如图 2.24 所示。

以太网包体含有 IP 包(头部和包体),IP 包体包含 UDP 包(头部和包体),该包含有由航空电子子系统所发送的消息。在 UDP 包体小于 18 个字节(B)时,就需要填充域将 UDP

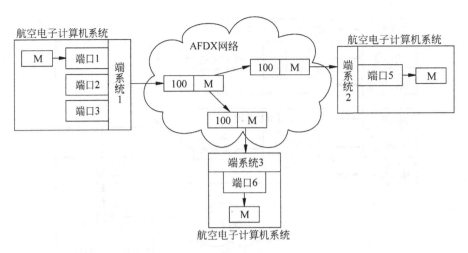

图 2.23 航空电子系统中端口 1 的消息发送

包体扩展为 18 个字节; 当 UDP 包体大于或等于 18 个字节时, 则不需要填充域。

IP 头含有目的端系统标识、分割标识或者是多点传输地址。在多点传输地址情况下, IP 目的地址包含着虚拟链路标识, UDP 头含有源和目的 UDP 端口号。一般情况下, 在端系统的这些头中包含有足够的信息以便决定消息的目的端口。类似地, 当构建包含有消息的以太网帧时, 需要有足够的与 AFDX 通信端口传输有关的信息, 以便为源端系统构建相关的头部。

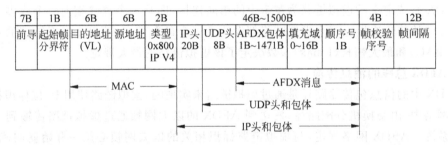

7B	1B	6B	6B	2B	46B~1500B					4B	12B
前导	起始帧分界符	目的地址(VL)	源地址	类型0x800IP V4	IP头20B	UDP头8B	AFDX包体1B~1471B	填充域0~16B	顺序号1B	帧校验序号	帧间隔

图 2.24 包含 IP 和 UDP 头部以及包体的以太网帧

3. AFDX 总线的消息结构

为了满足航空电子设计人员自由选择那些最能适合航空电子应用的消息结构, AFDX 包体实际就是功能数据集, 其含有功能状态集和数据集, 如图 2.25 所示。这些消息包含在 UDP 信息包的包体中, 一般而言, 对消息的解释取决于航空电子与应用之间所约定的协议关系。

在 ARINC-664 中, 有直接和隐含两类消息结构。直接消息结构具有格式信息, 能保证接收器对数据的正确解释; 隐含消息结构没有任何辅助接收器解释数据的描述信息, 但这种信息充分利用了网络带宽。

由于在隐含消息结构中没有直接的格式描述信息, 航空电子应用程序需要一种识别所接收数据的消息格式方法, 它是通过分析隐含在 AFDX 接收端口的消息结构来实现的, 接收消息的 UDP 端口的消息结构往往与应用程序有关。

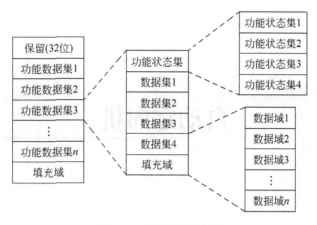

图 2.25　AFDX 消息结构

练习题

2-1　无线电导航为什么不采用天波传播导航信息？

2-2　近程导航系统测距机(DME)为什么采用 1000MHz 左右的载频？

2-3　ADF-NDB、罗兰-A、VOR 和 ILS 这几种导航系统应分别采用何种电波传播方式？

2-4　什么是无线电导航系统的"精度"和"完好性"？简述这两个指标在导航系统中的重要性。

2-5　什么是单一导航系统、主用导航系统和辅助导航系统？

2-6　导航参数的测量误差、位置线误差及定位误差三者之间的关系如何？

2-7　什么是等概率误差椭圆？椭圆长、短半轴的尺寸及椭圆长半轴的取向与哪些因素有关？

2-8　实际中如何求得某一导航参数的真实值？又如何获得衡量精度的标准差 σ？

2-9　分别求 θ-θ、ρ-θ 和 ρ-ρ 定位的精度，并给出这三种定位方式的工作区。

2-10　什么是精度因子(DOP)？其物理含义如何？

2-11　说明 ARINC-429 和 AFDX 数据总线的拓扑结构和基本工作过程。

第 3 章

自动定向机

自动定向机(ADF)是一种非自主式的振幅测向近程导航系统,其对应的地面无线电导航台为无方向信标(NDB)。ADF-NDB 是第一个用于航空的无线电导航系统,由于它具有结构简单、使用维护方便、价格低廉等优点,至今仍广泛用于飞机导航,并成为目前包括直升机在内的各种飞机的一种常备导航设备。

3.1 概述

自动定向机(ADF)也称无线电罗盘,早在 1937 年就开始装备在飞机上。ADF 形成的导航信号电参数中包含飞机的相对方位角信息,借助于电磁指示器(RMI)等指示仪表,可为飞机提供相对方位角、飞机航向、飞机方位角和 NDB 台方位角。

ADF 的发展大致可分为三个阶段。20 世纪 40~50 年代采用电子管电路,对地面导航台频率采用机械软轴进行调谐,定向天线为单个的旋转式环形天线。20 世纪 60~70 年代采用晶体管电路,频率选择采用粗、细同步器调谐,有些设备使用晶体频率网采用"五中取一"方法调谐,定向天线采用两个正交的旋转式或固定式环形天线。到 20 世纪 80 年代左右,ADF 基本采用大规模或超大规模集成电路,并使用频率合成器、BCD 码数字选频及微处理器,天线系统有了较大改进,采用旋转测角器中的搜索线圈来代替单个环形天线的旋转。对于 700 型和 900 型 ADF 则采用组合式环形垂直天线,并通过相应的信号处理技术获取方位信息,从而在天线系统中取消了任何机械传动部件。

ADF-NDB 系统的工作频段为 190~1750kHz,频道间隔为 0.5kHz。航空 ADF-NDB 一般使用 190~535kHz 频段,频道间隔为 0.5kHz,但如果两个 NDB 台服务于飞机的进近着陆,ICAO 则建议这两个台的频率间隔应不小于 15kHz,但不超过 25kHz。该导航系统的 RF 信号采用地波传播,波的极化方式为垂直的。ICAO 规定,ADF-NDB 系统的测角误差不能超过 $\pm 5°$(95%),因此精度不高,一般情况下只能用于辅助导航系统。

ADF-NDB 系统的应用主要包括定位和导航两个方面。理论上讲,ADF 接收两个 NDB 台的信号,通过 θ-θ 定位方式便可确定飞机的位置,但实际使用时,由于 ADF 的测角精度不高,除通用航空飞机外,现代民航运输飞机(包括通用航空的公务机)都不采用这种定位方式。该导航系统在导航方面的应用主要包括：利用 ADF 测量的相对方位角的变化判断飞机飞越 NDB 台的时刻；当飞机飞越 NDB 台后,可利用 ADF 的方位指示保持飞机沿预定航线背台飞行,在向台或背台飞行时,还可以求出偏流修正航迹；驾驶员利用向台或背台飞行,可操作飞机切入预定航线,同时,可进行穿云着陆和在机场上空做等待飞行。另外,ADF 可接收中波民用广播电台的信号,用于定向或收听广播,还可收听 500kHz 的海岸遇险信号(ADF-700/900 还可收听 2182kHz 的另一海岸遇险信号),以确定遇险方位。

ADF-NDB 系统采用地波传播,信号易受大气噪声尤其是天波干扰,测角精度不高,只能用作辅助导航系统。但该导航系统除具有设备简单、体积小、重量轻、价格低廉、使用方便等特点外,还具有其独特优点,这就是 ADF 除能接收 NDB 台的信号外,还能接收中波民用广播电台的信号进行定位和导航,这个特点可使 ADF 在一些灾难性事件(如地震)中发挥作用。另外,ADF 可接收 500kHz 和 2182kHz 的海岸遇险信号,这是陆基导航系统中唯一具有该功能的导航系统。因此,ICAO 附件 10 至今仍载有 ADF-NDB 的性能规范,它仍然是 ICAO 的标准系统,目前最先进的飞机仍然加装了两套 ADF。同时,世界上仍然有大量的 NDB 信标,例如,中国民航装有 NDB 台 400 多套,美国仍然有 1000 多个 NDB 台在工作,这些 NDB 台不但为民航运输飞机提供所需的导航服务,还为通用航空和军用航空飞机提供可靠的飞行保证。从导航技术的发展来看,ADF-NDB 今后将更多地服务于通用航空。

由于环形天线在自动定向机内占有重要地位,加上第 4 章介绍的甚高频全向信标(VOR)也需要用到这种天线,因此下面先讨论环形天线的特性。

3.2 环形天线

环形天线是无线电导航的重要天线,一般工作于中、短波的测向系统中。环形天线主要包括矩形天线和圆形天线,其中矩形天线在机载 ADF 和 VOR 地面信标中获得了广泛应用。在 ADF 中,矩形天线垂直放置,其水平面的方向性图为 8 字形,用于接收 NDB 信标辐射的垂直极化波；在 VOR 信标中,矩形天线水平放置,水平面为无方向性的,用于辐射水平极化波。

对于如图 3.1 所示垂直放置的单匝矩形天线 $ABCD$,其高为 a,宽为 b。以矩形天线中心 O 为原点建立直角坐标系,天线平面与 XOZ 平面重合,天线平面的法线与 Y 轴一致。

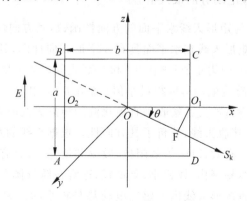

图 3.1 单匝矩形天线感应电动势的计算

设沿地球表面传播的垂直极化波的波印廷矢量 S_k 与天线平面的夹角为 θ,O_1F 为等相面,电场矢量 E 与 Z 轴平行,因此 AB 边和 CD 边将产生感应电动势,而 AD、BC 边不产生感应电动势。设 O 点的电场 $e_0(t)$ 为

$$e_0(t) = E_{0m}\sin(\omega_c t) \tag{3-1}$$

式中,ω_c 为电场的角频率。

电波从 O 点传到 F 点的行程差为 $\dfrac{b}{2}\cos(\theta)$,其中 O_1F 与传播方向 S_k 垂直,因此 CD 边和 AB 边产生的感应电动势 $u_{CD}(t)$、$u_{AB}(t)$ 分别为

$$u_{CD}(t) = -hE_{0m}\sin\left[\omega_c t - \frac{\pi b}{\lambda_c}\cos(\theta)\right]$$

$$u_{AB}(t) = hE_{0m}\sin\left[\omega_c t + \frac{\pi b}{\lambda_c}\cos(\theta)\right] \tag{3-2}$$

式中,h 为矩形天线的有效高度,λ_c 为电场的波长。

整个环形天线的感应电动势 $u(t)$ 为 AB 和 CD 边产生的感应电动势之和,即

$$u(t) = u_{AB}(t) + u_{CD}(t) = 2hE_{0m}\sin\left[\frac{\pi b}{\lambda_c}\cos(\theta)\right]\cos(\omega_c t) \tag{3-3}$$

对于 ADF 和 VOR 的使用频段,都能满足 $\dfrac{a}{\lambda_c} \ll 1$ 和 $\dfrac{b}{\lambda_c} \ll 1$,即电波波长远大于天线尺寸,因此天线垂直边的有效高度 h 等于 a,且对于式(3-3)中的 $\sin\left[\dfrac{\pi b}{\lambda_c}\cos(\theta)\right] \approx \dfrac{\pi b}{\lambda_c}\cos(\theta)$,所以式(3-3)可以写为

$$u(t) = \frac{2\pi E_{0m}ab}{\lambda_c}\cos(\theta)\cos(\omega_c t) \tag{3-4}$$

这就是矩形天线产生的感应电动势。可以看出,电动势的 RF 相位与 O 点的电场 $e_0(t)$ 相差 $90°$,这是矩形天线一个不可忽视的重要特性。由式(3-4)还可以看出,矩形天线产生的感应电动势的大小与 a、b 的乘积即矩形天线的面积成正比。

令

$$F(\theta) = \frac{2\pi E_{0m}ab}{\lambda_c}\cos(\theta) = F_m\cos(\theta) \tag{3-5}$$

式中,$F_m = \dfrac{2\pi E_{0m}ab}{\lambda_c}$ 为感应电动势的最大值。

式(3-5)定义的 $F(\theta)$ 为矩形天线水平面的方向性函数,其方向性图如图 3.2 所示。

由图 3.2 可以看出,矩形天线在水平面具有 8 字形方向性图,其中当 θ 在 $0°$ 和 $90°$ 之间以及 $270°$ 和 $360°$ 之间时,$F(\theta)$ 为正值;θ 在 $90°$ 和 $270°$ 之间时,$F(\theta)$ 则为负值。在 $\theta = 90°$ 和 $\theta = 270°$ 方向,矩形天线的感应电动势取得最小值;而在 $\theta = 0°$ 和 $\theta = 180°$ 时,感应电动势的绝对值取得最大值。另外,垂直放置并接收垂直极化波的矩形天线的垂直面为无方向性的。

上面将矩形天线作为接收天线,分析了其方向性。根据天线的互易性,同一天线作发射天线时,天线参数(方向性、有效长度、等效阻抗、效率和增益等)具有相同的特性。

矩形天线结构简单、容易制作、体积小、重量轻,适宜在航行体上安放。一般机载矩形天线几何尺寸很小,所以单匝矩形天线内的感应电动势是很小的。为了增大天线的感应电动势,通常在高磁导率的铁氧体磁心上绕若干线匝构成矩形天线。

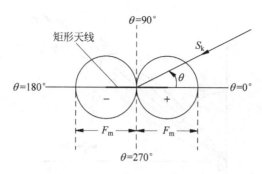

图 3.2　$b/\lambda_c \ll 1$ 时矩形天线水平面的方向性图

3.3　振幅测向系统的信号特征及其形成

ADF-NDB 系统属于振幅测向导航系统,虽然 ADF-700/900 系列的方位信息蕴含在调制信号的方位之中,属于相位测向系统,但从历史角度考虑,仍然把 ADF-NDB 归类为振幅测向系统。

3.3.1　振幅测向系统的一般特性

振幅测向系统是指将电信号的振幅(或调制度)与方位信息建立对应关系,通过对振幅(或调制度)的处理获取方位信息,从而完成对方位角测量的一种导航系统。

振幅测角又分为 E 型和 M 型。所谓 E 型是指将电信号的振幅与所测角度建立一一对应关系的测角方法,M 型则是指将电信号的调制度与所测角度建立一一对应关系的测角方法,而振幅或调制度与方位关系的建立一般都要利用方向性天线(如环形天线)来完成。E型和 M 型测角系统的信号格式分别为

$$e_E(t) = E_{Em}(\theta)[1 + m\cos(\Omega t)]\cos(\omega_c t)$$
$$e_M(t) = E_{Mm}[1 + m(\theta)\cos(\Omega t)]\cos(\omega_c t) \tag{3-6}$$

式中,$e_E(t)$ 和 $e_M(t)$ 分别表示 E 型和 M 型信号,Ω 和 ω_c 分别为调制信号和载波的角频率,m 或 $m(\theta)$ 为调制度,θ 为方位。

振幅测向系统的测角方法主要包括最大值法、最小值法和等信号法(或称比较信号法)。

1. 最大值法

最大值法测向的实现过程见图 3.3,它利用航行体装备的方向性天线的最大值进行测向。开始时刻天线的最大值指向磁北(N),然后顺时针旋转,一直转到方向性图的最大值对准导航台,此时接收信号最大,天线所转过的角度即为导航台的方位 θ_0。

最大值法在测量信号幅值过程中,由于接收机输入端存在干扰和噪声,测量和指示设备也存在误差和分辨率,使信号在方向性图的最大值处有一个测向器无法分辨的幅值范围 ΔU,所对应的角度区域称为不灵敏区,用 φ_N 表示。为了减小 φ_N 值,要求方向性图足够尖锐,并且输入信噪比尽可能高。

最大值测角法的主要优点是信噪比大,抗干扰性好。缺点是测角精度不如最小值法和等信号法,并且由于只有一个波束,测向器在不灵敏区无法分辨出导航台偏离最大值轴线的方向。

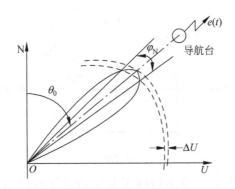

图 3.3　最大值法测定方位

利用最大值测向法测向的典型系统是一次监视雷达(PSR)和二次监视雷达(SSR)。

2. 最小值法

顾名思义,这种测角方法利用方向性图的最小值进行测向,如图 3.4 所示。将方向性图的最小值从磁北开始顺时针转到导航台方向,这时接收信号最小,天线所转过的角度即为导航台的方位 θ_0。

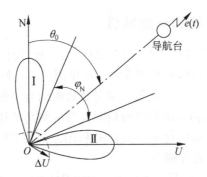

图 3.4　最小值法测定方位

最小值测向法在方向性图的零值点附近也存在一个无法识别信号微小变化的幅值范围 ΔU,由此形成不灵敏区 φ_N,但不灵敏区相对最大值法和等信号法的要小,测角精度也比最大值法和等信号法的高,并且当方向性图的两个波束(波束 I 和 II)采用不同频率的调制信号时,可以比较容易判断出导航台偏离最小值点轴线的方向;缺点是信噪比小。自动定向机(ADF)就是利用最小值法测向的。

3. 等信号法

将天线的两个方向性图部分重合,可得到一个等值面,利用该等值面方向可测定导航台的方位,如图 3.5 所示。

等值面起始时刻对准磁北,然后顺时针转至导航台方向,此时两个波束(波束 I 和 II)接收的信号相等,即可确定导航台方位 θ_0。这种测角方法的不灵敏区 φ_N、测角精度和信噪比均介于最大值法和最小值法的之间,并且也能判断出被测导航台偏离等信号面的方向。

等信号法测向的典型导航系统是仪表着陆系统(ILS)。

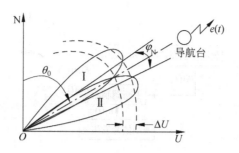

图 3.5 等值法测定方位

3.3.2 E 型和 M 型测向信号的特征及其形成

式(3-6)给出了 E 型测向系统的信号 $e_E(t)$。可以看出,对于辐射信号的导航台而言,要形成该信号,只要将发射机输出的调幅波馈入矩形天线,天线的辐射场就是 E 型测向信号,如图 3.6 所示。

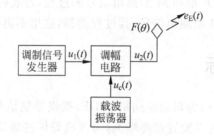

图 3.6 E 型信标原理框图

对于图 3.6,调制信号发生器输出的调制信号为 $u_1(t) = U_{1m}\cos(\Omega t)$,载波振荡器输出的载波 $u_c(t) = U_{cm}\sin(\omega_c t)$,则调幅电路输出的调幅波为 $u_2(t) = U_{cm}[1 + m\cos(\Omega t)]\sin(\omega_c t)$。假设矩形天线水平面的方向性函数为 $F(\theta)$,则该天线的辐射场 $e_E(t)$ 为标准的 E 型测角信号,即

$$e_E(t) = E_{cm}F(\theta)[1 + m\cos(\Omega t)]\cos(\omega_c t)$$
$$= E_m(\theta)[1 + m\cos(\Omega t)]\cos(\omega_c t) \tag{3-7}$$

式中,$E_m(\theta) = E_{cm}F(\theta)$。

对于式(3-6)给出的 M 型测向系统的信号 $e_M(t)$,将其进一步表达为

$$e_M(t) = E_{Mm}\cos(\omega_c t) + E_{Mm}m(\theta)\cos(\Omega t)\cos(\omega_c t) \tag{3-8}$$

可以看出,对于导航台要形成该辐射场,必须利用两个天线,其中一个为水平面无方向性的天线,另一个则需要方向性天线。图 3.7 是利用无方向性天线和矩形天线形成 M 型测角信号的信标框图,设矩形天线水平面的方向性函数为 $F(\theta)$。

载波振荡器输出的载波 $u_c(t) = U_{cm}\sin(\omega_c t)$ 同时加到 $90°$ 移相器和平衡调制器。移相之后的载波直接馈入无方向性天线辐射,其辐射场 $e_1(t)$ 为

$$e_1(t) = E_{1m}\cos(\omega_c t)$$

调制信号发生器产生的调制信号 $u_1(t) = U_{1m}\cos(\Omega t)$,它和载波同时加到平衡调制器,得到双边带信号 $u_2(t) = U_{2m}\cos(\Omega t)\sin(\omega_c t)$,则矩形天线的辐射场 $e_2(t)$ 为

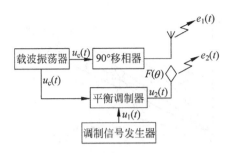

图 3.7　M 型信标原理框图

$$e_2(t) = E_{2m} F(\theta) \cos(\Omega t) \cos(\omega_c t)$$

则 M 型信标的空间辐射场 $e_M(t)$ 为

$$e_M(t) = e_1(t) + e_2(t) = E_{1m}\left[1 + \frac{E_{2m}}{E_{1m}} F(\theta) \cos(\Omega t)\right] \cos(\omega_c t) \qquad (3\text{-}9)$$

若令 $E_{1m} = E_{Mm}$，$m(\theta) = E_{2m} F(\theta)/E_{1m}$，则式(3-9)就是标准的 M 型测角信号。

上面只说明了信标实现 E 型和 M 型测角信号的过程，若航行体上的测向器接收某信标的辐射场而要形成 E 型和 M 型测角信号，其过程类似，这里不再阐述。

3.4　无方向信标

无方向信标(NDB)是专门为自动定向机(ADF)提供导航信号的导航台，它可以布置在航路上为飞机导航服务，也可以配置在终端区，为飞机提供进场及非精密进近着陆。

航路 NDB 和终端 NDB 的主要区别体现在辐射的功率不同。航路 NDB 辐射功率为 $400\sim1000\text{W}$(我国一般用 500W)，有效作用距离为 200 海里(NM)左右；终端 NDB 的发射功率一般为 100W 左右，有效作用距离大约为 50NM。

终端 NDB 安装在飞机着陆方向的跑道延长线上，有两个 NDB 台，所以称为双归航台，一个为近台，另一个为远台，它们分别与仪表着陆系统(ILS)的中指点标和外指点标同台安装，因此近台离跑道入口处的距离为 $900\sim1200\text{m}$，远台则为 $6.5\sim12\text{km}$。远台一般都兼作航路 NDB 台，故发射功率与航路 NDB 的相同。双归航台的作用主要是为飞机提供非精密进近，在夜间或气象条件不好的白天，引导飞机对准跑道，安全下降到一定高度(一般为 50m)穿出云层，然后目视着陆；或配合 ILS 工作。

NDB 的工作方式有等幅报和调幅报两种，另外，NDB 还可提供单工的地-空通信，但中国民航禁止使用这种功能，因此在下面的叙述中不考虑 NDB 的单工话音通信功能。

1. 等幅报工作方式

NDB 主要由天线系统、发射机、监控设备和电源等组成。辐射的信号包括两部分，一个是供 ADF 定向的导航信号，另一个则为莫尔斯(Morse)台站识别码。ICAO 规定，NDB 的台站识别码为两个或三个字母的莫尔斯电报码，发射速率为每分钟大约 7 个字。

图 3.8 给出了 NDB 发射机部分的工作框图，图 3.9 则为 NDB 导航台。

NDB 常采用"T"型或"伞"型天线，其顶端加载提高了天线辐射效率，图 3.9 为一种伞型天线。NDB 天线在水平面内无方向性辐射垂直极化波，而垂直面内的方向性图则为 8 字形，因此存在顶空盲区。

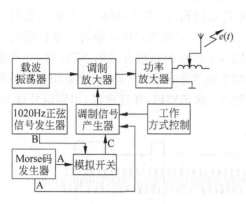

图 3.8　NDB 发射机的工作框图　　　　　图 3.9　NDB 信标

当 NDB 工作在等幅报方式时,若发射识别码,Morse 码发生器产生的莫尔斯码控制发射机的调制放大器,使发射机在传号持续期间辐射等幅 RF 载波,在空号期间则不辐射信号,而在不发射识别码期间仍然发射等幅载波,工作波形如图 3.10 所示。

图 3.10　NDB 在等幅报方式时的工作波形

由图 3.10 可以看出,等幅报 NDB 在空号持续期间不辐射信号,ADF 接收不到定向信号,这会使方位指示器指针出现随机摆动,对稳定的测向不利。因此,工作在等幅报的 NDB 识别信号的发射周期应该比调幅报的 NDB 的大,也比其他的导航信标如 VOR、DME 和 ILS 的大,ICAO 规定约为 1 分钟。这种工作方式的 NDB 主要优点是,对于同一个 NDB 台,发射等幅报比发射调幅报时的效率高,比调幅报工作方式更抗干扰,作用距离更远。

ICAO 规定,等幅报工作方式的 NDB 只有碰到下述情况时才使用(但不包括用于等待、进近和着陆的 NDB,或者其额定覆盖平均半径小于 50NM 的 NDB):该 NDB 处在 NDB 高密度区域,或者该 NDB 由于受到来自无线电台的干扰、高大气噪声的干扰以及本地条件的限制而导致该 NDB 达不到其额定覆盖。

2. 调幅报工作方式

NDB 工作在调幅报方式时,同样要辐射供 ADF 定向的导航信号和台站识别码,这时的识别音频频率为 1020Hz±50Hz 或 400Hz±25Hz,大部分 NDB 采用 1020Hz 的识别音频。

调幅报工作方式时,Morse 码以及 1020Hz 正弦信号发生器产生的连续 1020Hz 正弦波均被送到模拟开关,Morse 码控制模拟开关的导通和截止。在 Morse 码传号持续期间,1020Hz 正弦信号通过模拟开关,而在空号以及不发射识别码时,模拟开关截止,这样模拟开关输出的是受 Morse 码控制的 1020Hz 识别音频,称为键控的 1020Hz 识别音频。该信号以及 Morse 码送到调制信号发生器,使发射机在传号期间发射被 1020Hz 信号调幅的调幅波(调制度应尽量接近95%),而在其他时间则发射等幅的 RF 载波,如图 3.11 所示。

可以看出,工作在调幅报方式的 NDB 始终辐射信号,所以 ADF 一直能够获得稳定的定向信号(ADF 接收调幅波也可以进行定向)。正因为如此,NDB 辐射台站识别码的周期就比工作在等幅报时的要小得多。ICAO 规定,工作在调幅报方式的 NDB 每 30 秒至少应发射一次完整的识别码,而对于额定覆盖平均半径等于或小于 50NM 主要用作机场附近进近和等待的 NDB,每 30 秒至少应等间隔地发送三次识别码,并且建议,识别信号每 30 秒至少应等间隔地发送三次。

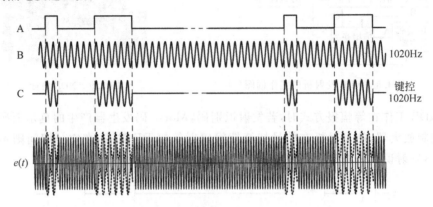

图 3.11　NDB 在调幅报方式时的工作波形

从上面的分析我们知道,NDB 不论是工作在等幅报方式还是调幅报方式,其辐射场中不含任何方位信息,电参数与方位之间关系的建立是在机载 ADF 中实现的,这种设计思想跟后面出现的无线电导航系统(如 VOR、ILS)是不同的,这是 ADF-NDB 系统设计思想上的缺陷。之后的无线电导航系统一般都遵循"把简单留给机载,把复杂留给地面"的设计原则。

另外,受当时理论和技术的限制,ADF-NDB 系统采用地波传播且采用垂直极化,这是影响该系统测向精度的重要原因。同样是测角系统,VOR 和 ILS 则采用了视距传播和水平极化。

3.5　自动定向机

自动定向机(ADF)接收 NDB 或民用调幅广播的信号,可以获得相对方位角、飞机航向、飞机方位和电台方位,从而引导飞机沿预定航路飞行或定位,也可引导飞机完成非精密进近,或者作为仪表着陆系统(ILS)的进场系统,配合 ILS 实施飞机精密进近和着陆。

ADF 的发展大致经历了旋转单个环形天线、旋转测角器的搜索线圈以及不旋转任何部件三个发展阶段,下面只讨论后两种 ADF 的工作过程。

3.5.1　旋转测角器的 ADF

旋转测角器的 ADF 属于 M 型测角系统,主要包括接收机、控制盒、方位指示器、环形天线和垂直天线或组合式环形/垂直天线以及测角器,ADF-700/900 系列都采用组合式环形/垂直天线。图 3.12 给出了带有测角器的 ADF 的工作框图(不包括控制盒)。

ADF 接收机是一个二次变频的超外差接收机,主要用来接收环形天线和垂直天线收到

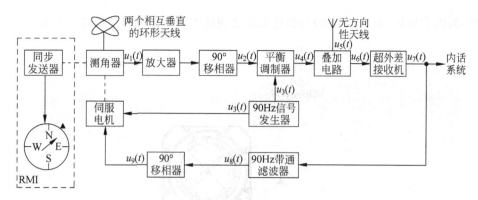

图 3.12 带有测角器的 ADF 的工作框图

的 NDB 信号,形成 M 型调幅信号,并对该调幅信号进行处理,获取飞机相对方位角信息,送至指示器加以显示。ADF 接收机还可获得 NDB 台的识别信号,送至飞机内话系统,驾驶员可对 NDB 台的识别信号实施监听。由于 ADF 还可接收中波民用调幅台信号,因此除接收这些信号用于定向外,还可将 ADF 做普通收音机使用。

控制盒用来对接收机进行调谐,并控制接收机的工作方式。目前民用航空运输飞机的 ADF 接收机都采用数字式调谐,可设置飞行中所需的各导航台频率,输入到飞行管理计算机(FMC),飞行中由 FMC 控制自动转换到所需的频率上。

ADF 所用的指示器有电磁指示器(RMI)、无线电方位距离磁指示器(RDDMI)、电子飞行仪表系统(EFIS)、导航显示器(ND)等,这些显示器有关方位的显示界面是类似的,RDDMI 与 RMI 相比,只是增加了两个 DME 距离显示窗口,如图 3.13 所示。在下面的论述中,有关 ADF 的方位指示我们均以 RMI 为例进行说明。

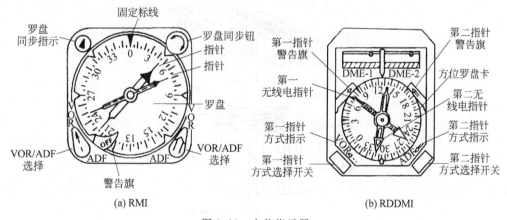

(a) RMI

(b) RDDMI

图 3.13 方位指示器

RMI 中,顶端固定不动的固定标线(如黑三角形)与机头方向一致,指针受 ADF 或 VOR 接收机输出的相关信号驱动,而罗盘则受地球磁场或惯性基准组件(IRU)驱动而转动,这时罗盘上的"N"分别表示磁北或真北。共有两个指针,可分别指示机载两部 ADF 所测方位,进而可完成 θ-θ 定位。RMI 的指针在 ADF 或 VOR 接收机输出信号驱动下,总是指向 NDB 台或 VOR 台,如图 3.14 所示。因此,固定标线(如黑三角形)对应的读数为飞机磁航向,指针头部指示的读数为 NDB 或 VOR 台的磁方位角,指针尾部所指的为飞机的磁方位角,而固定标线(如黑三角形)与指针头部之间的顺时针夹角则为相对方位角。

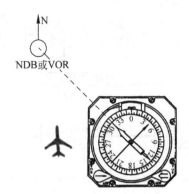

图 3.14　RMI 对方位的指示

ADF 的天线系统包括垂直天线、环形天线和测角器。ADF-700/900 系列则将垂直天线与环形天线组合在一起构成组合天线,其外形见图 3.19。

下面我们对图 3.12 所示的 ADF 系统的工作过程进行说明。

1. 天线系统

正如上所述,ADF 的天线系统包括垂直天线、环形天线和测角器,其中环形天线包括两个相互垂直的矩形天线。图 3.15 给出了环形天线和测角器以及它们之间相互连接的示意图。为了增大环形天线的感应电动势,将多匝线圈绕在一个高磁导率的铁氧磁芯上,形成两个相互垂直的环形天线 A 和 B。在安装时,一个环形天线平面与飞机纵轴垂直,称作正弦环形天线;另一个环面与飞机横轴垂直,称作余弦环形天线。对于图 3.15 的环形天线,假设天线 A 和 B 分别为余弦环形天线和正弦环形天线。

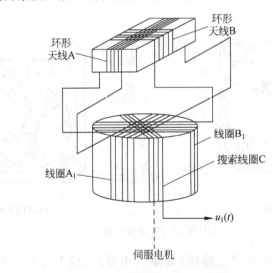

图 3.15　环形天线和测角器

测角器分为电感式和电容式两大类。对于图 3.15 所示的电感式测角器,它主要由绕在一个公用轴上的三个线圈构成,其中线圈 A_1 和 B_1 是两个相互垂直的固定线圈,它们分别与对应的环形天线 A 和 B 相连;第三个线圈是可以绕轴转动的线圈,称为搜索线圈或转子线圈,图 3.12 中的伺服电机带动该线圈转动,它的感应信号 $u_1(t)$ 就作为测角器的输出而馈入接收机的后续部分。由后面的分析我们知道,搜索线圈实际上相当于一个普通旋转式的单个环形天线,正是搜索线圈的转动代替了单个环形天线的转动,这样两个垂直的环形天线可以制成与飞机蒙皮齐平的扁平形状,不但避免了使用单个旋转环形天线时天线必须露出更多部分在机体之外,从而减少了飞行阻力,而且可以减少大量的机械传动部分,提高了ADF的测角精度和工作可靠性,维护更为简便。

下面推导搜索线圈输出的感应信号 $u_1(t)$,参见图 3.16。

图 3.16 是图 3.15 的俯视示意图,其中 AA_1 代表环形天线 A 和线圈 A_1 所在的直线位置,BB_1 代表环形天线 B 和线圈 B_1 所在的直线位置,CC_1 则表示搜索线圈 C 所在的直线位置,它与线圈 B_1(或环形天线 B)的夹角为 α。假设飞机的相对方位角为 θ。

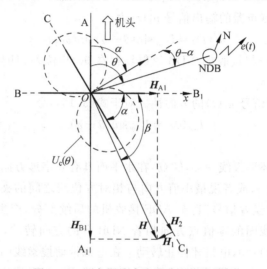

图 3.16 测角器搜索线圈感应信号推导

假设 NDB 台辐射高频等幅波,传至环形天线中心位置 O 的辐射场 $e_0(t)$ 为

$$e_0(t) = E_{0m}\cos(\omega_c t)$$

式中,ω_c 为载波角频率。

则环形天线 A 和 B 产生的感应电动势 $u_A(t)$ 和 $u_B(t)$ 分别为

$$u_A(t) = U_{Am}\cos(\theta)\sin(\omega_c t)$$
$$u_B(t) = U_{Bm}\sin(\theta)\sin(\omega_c t) \tag{3-10}$$

假设环形天线 A 和 B 具有很好的一致性,则令 $U_{Am}=U_{Bm}=U_m$,式(3-10)变为

$$u_A(t) = U_m\cos(\theta)\sin(\omega_c t)$$
$$u_B(t) = U_m\sin(\theta)\sin(\omega_c t) \tag{3-11}$$

则线圈 A_1 和 B_1 流过的电流 $i_{A1}(t)$ 和 $i_{B1}(t)$ 分别为

$$i_{A1}(t) = I_m\cos(\theta)\sin(\omega_c t)$$
$$u_B(t) = I_m\sin(\theta)\sin(\omega_c t) \tag{3-12}$$

假设某一时刻电流 $i_{A1}(t)$ 和 $i_{B1}(t)$ 均为逆时针方向,则线圈 A_1 和 B_1 产生的磁场大小 $H_{A1}(t)$ 和 $H_{B1}(t)$ 分别为

$$H_{A1}(t) = H_m\cos(\theta)\sin(\omega_c t)$$
$$H_{B1}(t) = H_m\sin(\theta)\sin(\omega_c t) \tag{3-13}$$

$H_{A1}(t)$ 和 $H_{B1}(t)$ 对应的磁场矢量 $\boldsymbol{H}_{A1}$、$\boldsymbol{H}_{B1}$ 如图 3.16 所示,它们与参考方向 x 轴的夹角分别为 0° 和 90°。

$H_{A1}(t)$ 和 $H_{B1}(t)$ 的合成磁场 $\boldsymbol{H}(t)$ 为

$$\boldsymbol{H}(t) = \boldsymbol{H}_{A1}(t) + \boldsymbol{H}_{B1}(t) = H_m \sin(\omega_c t) \angle \beta \tag{3-14}$$

$H(t)$ 对应的磁场矢量为 $\boldsymbol{H}$,它与 x 轴的夹角为 β,$\beta = \arctan\left[\dfrac{H_m \sin(\theta)}{H_m \cos(\theta)}\right] = \theta$。

将 $\boldsymbol{H}$ 分解为两个正交分量 $\boldsymbol{H}_1$ 和 $\boldsymbol{H}_2$,它们分别与搜索线圈平面垂直和平行。显然,只有分量 $\boldsymbol{H}_1$ 会在搜索线圈内产生感应信号 $u_c(t)$,该信号为

$$u_c(t) = U_{cm} \sin(\theta - \alpha) \sin(\omega_c t) \tag{3-15}$$

将该信号引出,便得到测角器的输出信号 $u_1(t)$ 为

$$u_1(t) = U_{1m} \sin(\theta - \alpha) \sin(\omega_c t) \tag{3-16}$$

可以看出,$u_c(t)$ 或 $u_1(t)$ 与接收的 NDB 辐射场存在 90° 相位差,且与飞机的相对方位角 θ 有关。

下面我们分析感应信号 $u_c(t)$ 的方向性。对于式(3-15),令

$$U_c(\theta) = U_{cm} \sin(\theta - \alpha) \tag{3-17}$$

其图形参见图 3.16。

可以看出,跟单个环形天线一样,$U_c(\theta)$ 在水平面具有 8 字形方向性图,其最小值方向与飞机机头方向的夹角为 α,或者说最小值方向与相对方位线之间的夹角为 $\theta - \alpha$。搜索线圈的输出信号 $u_1(t)$ 作为"误差信号"送至 ADF 接收机的后续部分,产生的驱动信号驱动伺服电机,电机再带动搜索线圈的零值点方向朝着 NDB 台的方向转动,直到零值点对准 NDB 台时,$\theta - \alpha$ 变为零,$u_1(t) = 0$,电机才停止转动。在电机带动搜索线圈转动的同时,搜索线圈的转动通过 RMI 的同步发送器,同步转动 RMI 指针。因此,当搜索线圈的零值点对准了 NDB 台时,RMI 指针也就对准了 NDB 台。由此可见,搜索线圈就相当于一个环形天线,搜索线圈的转动代替了单个环形天线的转动。

2. M 型测角信号的形成

搜索线圈的输出 $u_1(t)$ 经放大后,加入 90° 移相器,输出 $u_2(t)$ 为

$$u_2(t) = U_{2m} \sin(\theta - \alpha) \cos(\omega_c t) \tag{3-18}$$

90Hz 信号发生器产生的调制信号 $u_3(t) = U_{3m}\cos(\Omega t)$,其中 $\Omega = 2\pi F$,F 一般为 100Hz 左右,这里取 $F = 90$Hz。$u_3(t)$ 用于对 $u_2(t)$ 进行平衡调制,得到 $u_4(t)$ 为

$$u_4(t) = U_{4m} \sin(\theta - \alpha) \cos(\Omega t) \cos(\omega_c t) \tag{3-19}$$

无方向性天线接收 NDB 台辐射场,获得接收信号 $u_5(t) = U_{5m}\cos(\omega_c t)$,它与平衡调制器的输出 $u_4(t)$ 叠加,得到和信号 $u_6(t)$ 为

$$\begin{aligned} u_6(t) &= u_4(t) + u_5(t) \\ &= U_{5m}\left[1 + \frac{U_{4m}}{U_{5m}}\sin(\theta - \alpha)\cos(\Omega t)\right]\cos(\omega_c t) \end{aligned} \tag{3-20}$$

这是一个标准的 M 型测角信号,这样,M 型测角信号就形成了,其中调制度为

$$m(\theta) = \frac{U_{4m}}{U_{5m}}\sin(\theta - \alpha) \tag{3-21}$$

可见,调制度与相对方位角 θ 建立了关系,α 则为搜索线圈零值点方向与机头的夹角。

3. 搜索线圈的转动

叠加电路输出的调幅波 $u_6(t)$ 加入超外差接收机,经高放、混频、中放和检波后,输出调制信号 $u_7(t)$ 为

$$u_7(t) = U_{7m}\sin(\theta - \alpha)\cos(\Omega t) \tag{3-22}$$

应该说明的是,式(3-22)还应包括识别信号,它被送入飞机内话系统,驾驶员可监听NDB台的识别。

超外差接收机的输出经过中心频率90Hz的带通滤波器,从混有识别的信号中提取出90Hz调制音频 $u_8(t)$,即

$$u_8(t) = U_{8m}\sin(\theta - \alpha)\cos(\Omega t)$$

它经90°移相器后得到

$$u_9(t) = U_{9m}\sin(\theta - \alpha)\cos\left(\Omega t - \frac{\pi}{2}\right) \tag{3-23}$$

该信号被加到伺服电机的控制线圈,而90Hz信号发生器产生的90Hz音频 $u_3(t)$ 加到伺服电机的激磁线圈,这两个信号控制电机的转动。

搜索线圈的转动情况参见图3.17。当 $\theta - \alpha > 0$ 时,$u_9(t)$ 的相位滞后 $u_3(t)$ $\pi/2$,电机带动搜索线圈顺时针转动;而当 $\theta - \alpha < 0$ 时,$u_9(t)$ 的相位超前 $u_3(t)$ $\pi/2$,则电机带动搜索线圈逆时针转动。在这两种情况时,电机带动搜索线圈一直转到搜索线圈的零值点对准NDB台为止,这时 $\theta - \alpha = 0$,$u_9(t) = 0$。搜索线圈零值点对准NDB台的情况用RMI的指针来指示。

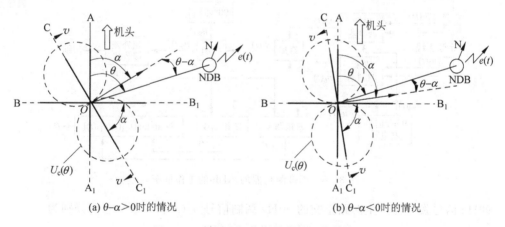

(a) $\theta - \alpha > 0$ 时的情况　　　　　　(b) $\theta - \alpha < 0$ 时的情况

图 3.17　伺服电机控制搜索线圈的转动

4. 单值定向的保证

测角器搜索线圈感应信号的方向性函数 $U_c(\theta)$ 具有两个零值点,二者相差180°,如果两个零值点都是稳定的,则会造成测向的双值性。为此,将一个零值点做成稳定零值点,另一个则为非稳定零值点。稳定零值点对准NDB台的情况如上所述,而当非稳定零值点对准了NDB台时,由于飞机一直处在飞行中,经过很短暂时间,$\theta - \alpha$ 将不等于零,"误差信号" $u_1(t)$ 也就不等于零,这时电机将带动搜索线圈转动,使非稳定零值点不对准NDB台,而使稳定零值点对准NDB台,从而保证定向的单值性。

3.5.2　无测角器的 ADF

旋转测角器的 ADF 虽然利用测角器中的搜索线圈的转动代替了单个环形天线的转动,从而大幅度减小了测角的惯性误差,并带来了其他优点,但仍然存在机械转动部件。目前不论是地面信标还是机载系统,设计的基本原则是尽量不存在任何的机械转动部分,这不但可以降低导航参数测量的误差,对系统可靠性的提高无疑也是很有帮助的。

由式(3-10)可以看出,不论是正弦天线还是余弦天线,其接收信号中均含有相对方位角 θ 的信息,因此,从理论上来讲,采用信号处理技术是完全可以从正弦天线和余弦天线接收的信号中获取 θ 的,从而取消测角器。

图 3.18 给出了不带测角器的 ADF 工作框图,相比于带测角器的 ADF 的天线系统,不带测角器的 ADF 不含测角器,但仍然采用正弦天线和余弦天线。

假设 NDB 台辐射高频等幅波,传至环形天线中心的辐射场 $e_0(t)$ 为

$$e_0(t) = E_{0m}\cos(\omega_c t)$$

式中,ω_c 为载波角频率。

正弦天线和余弦天线产生的感应信号 $u_1(t)$ 和 $u_2(t)$ 分别为

$$u_1(t) = U_{1m}\sin(\theta)\sin(\omega_c t)$$
$$u_2(t) = U_{1m}\cos(\theta)\sin(\omega_c t) \tag{3-24}$$

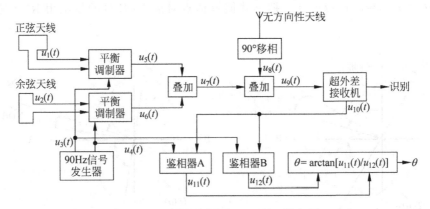

图 3.18　不带测角器的 ADF 的工作框图

90Hz 信号发生器产生两路正交的 90Hz 调制信号 $u_3(t)$ 和 $u_4(t)$,它们分别为

$$u_3(t) = U_{3m}\sin(\Omega t)$$
$$u_4(t) = U_{3m}\cos(\Omega t) \tag{3-25}$$

式中,$\Omega = 2\pi F$,$F = 90\text{Hz}$。

这两路信号送到两个平衡调制器,分别完成对 $u_1(t)$ 和 $u_2(t)$ 的调制,输出的调制信号 $u_5(t)$ 和 $u_6(t)$ 分别为

$$u_5(t) = U_{5m}\sin(\theta)\sin(\Omega t)\sin(\omega_c t)$$
$$u_6(t) = U_{5m}\cos(\theta)\cos(\Omega t)\sin(\omega_c t) \tag{3-26}$$

它们在叠加电路中相加后的输出 $u_7(t)$ 为

$$u_7(t) = u_5(t) + u_6(t) = U_{5m}\cos(\Omega t - \theta)\sin(\omega_c t) \tag{3-27}$$

无方向性天线接收 NDB 辐射场,得到的信号经 90°移相后为 $u_8(t) = U_{8m}\sin(\omega_c t)$,它与

$u_7(t)$相加,便得到和信号 $u_9(t)$。

$$u_9(t) = u_7(t) + u_8(t) = U_{8m}\left[1 + \frac{U_{5m}}{U_{8m}}\cos(\Omega t - \theta)\right]\sin(\omega_c t) \qquad (3-28)$$

这便是无测角器的 ADF 最后形成的调幅信号。与带测角器的 ADF 形成的 M 型测角信号即式(3-20)不同,无测角器的 ADF 形成的调幅信号中,方位信息是蕴含在调制信号相位之中的,因此,这种 ADF 的工作体制当属相位测角系统之列。

$u_9(t)$经超外差接收机处理,识别信息($u_9(t)$的调制信号还应包括 NDB 台的识别信号,式中没有写出)送至飞机内话系统,以供驾驶员监听。超外差接收机输出的导航信号 $u_{10}(t)$为

$$u_{10}(t) = U_{10m}\cos(\Omega t - \theta)$$

它在鉴相器 A 和 B 中分别与 $u_4(t)$、$u_3(t)$鉴相。鉴相器 A 和 B 均为正弦型鉴相器,它们的输出 $u_{11}(t)$和 $u_{12}(t)$分别为

$$u_{11}(t) = k\sin(\theta)$$
$$u_{12}(t) = k\cos(\theta) \qquad (3-29)$$

则飞机的相对方位角为

$$\theta = \arctan\left[\frac{u_{11}(t)}{u_{12}(t)}\right] \qquad (3-30)$$

3.6 ADF-900 自动定向机

在现代飞机上,机载 ADF 系统只是属于无线电辅助导航系统,它并不受机载飞行管理计算机的调谐管理,相比于其他机载无线电导航系统相对独立。民航飞机上一般都装有两部自动定向机系统,它们在使用管理中分别调在两个不同方位的 NDB 导航台上,两个定向机的输出驱动同一个仪表内的两个指针,分别指出各自相应电台的相对方位角。常用的仪表有分立式飞行仪表-无线电方位距离磁指示器(RDDMI);电子综合显示系统中的导航显示器(ND),它把飞机的磁航向(磁罗盘)综合在同一个仪表中,以罗牌的形式指示。定向机方位指针相对于罗牌的读数,即为电台的磁方位角,从而更加方便地测定飞机在地理上的位置。

3.6.1 机载 ADF 系统工作过程

1. 机载 ADF 系统组成

ADF900 是数字式固态自动定向机,它符合 ARINC-712 规范。机载 ADF 系统主要由 ADF-900 接收机、ADF 控制板和天线组件组成,如图 3.19 所示。

因为机载飞行管理计算机系统并不对机载 ADF 系统进行调谐管理,所以由 ADF 控制面板向 ADF 接收机提供人工调谐输入。ADF 天线组件包括一个环形天线和垂直天线,用于接收地面 NDB 台的导航信号和台识别信号。ADF 接收机计算相对于 ADF 地面站的方位并将它发送到机载综合显示系统的导航显示器(ND)用于显示,ADF 方位同时送到无线电磁方位距离指示器(RDDMI),ADF 接收机还处理来自地面台的音频信号并把它送到音频综合系统的遥控电子组件(REU)。

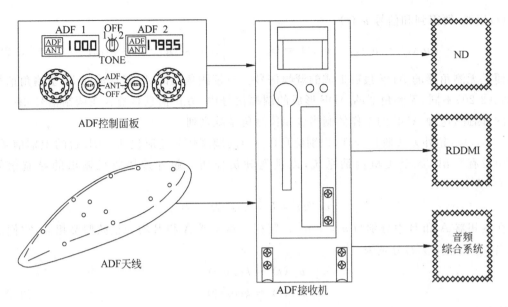

图 3.19 机载 ADF 系统组成

接收机通常包括有信号接收线路、环形天线线路、方位信息处理电路和监控电路,监控电路用来监视接收信号的有效性和监控接收机本身的工作状态。

ADF 接收机计算相对于发射信号频率范围为 $190\sim1750\text{kHz}$ 的地面站的方位,该接收机同时接收地面站识别码和 AM 广播。接收机除了能够计算输出导航信号和台识别信号外,接收机本身还有内置的机内测试设备(BITE),在接收机内有一个非易失性飞行故障存储器,只有车间维修工程师才能使用这一功能进行排故,但航线维护工程师可以通过 BITE 与机载维护系统的配合进行排故。

ADF 天线接收来自地面站的电磁信号,它是由垂直天线和环形天线组成的固定的组合型天线,天线用 12 个螺栓连接到飞机上。ADF 天线电子组件包含每个天线组件的放大器,放大器接收来自 ADF 接收机的 12V 直流电源,由电气接头将天线组件连接到 ADF 接收机。

ADF 控制面板向 ADF 接收机提供调谐频率和系统模式选择,ADF 控制面板上有两个频率显示窗,显示由频率选择器选择的频率,显示窗上用于显示系统是处于 ADF 模式或天线(ANT)模式,话音选择器打开 ADF 接收机内的差拍振荡器(BFO)。因为 NDB 导航台有两种工作方式,即等幅报和调幅报工作方式,有些 ADF 地面站通过等幅报发射相应的莫尔斯台站识别码,要处理这类信号,接收机必须处在 BFO 模式。话音选择器电门有三个位置分别用于接收机 1、接收机 2 和关断。控制面板有两个频率选择器,每个选择器为它正上方的显示窗设定频率,每个选择器有三个控制钮,分别是外、中和内控制钮,内控制钮设定十分位和个位数字,中间控制钮设定十位数字,外控制钮设定百位数字。模式选择器选择 ADF 或 ANT 模式,在 ADF 位,接收方位数据和台站音频;在 ANT 模式,接收台站音频。检测电门在 ADF 模式选择器上,快速按压该按钮可启动系统自检。此 ADF 机载系统的接收机是数字式固定环型天线无测角器的接收机。

安装在飞机上的 ADF 系统多种多样,本节仅以某型飞机的常用配置为例进行说明。

2. ADF 系统的功能

图 3.20 给出了 ADF-900 系统的接收机和天线系统的工作框图。

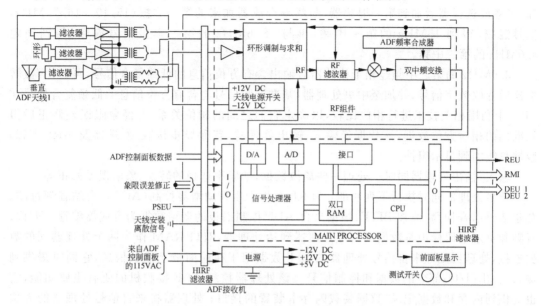

图 3.20　ADF-900 接收机和天线系统框图

1) 输入信号

天线输入环形天线含有两个相同的天线环(正弦和余弦),天线环机械地彼此成 90°放在一起,并共享一个铁氧体磁芯。垂直天线和环形天线的正弦和余弦输出通过 L 波段滤波和静保护电路耦合在一起。信号然后到达彼此分离、但相同的低噪音、宽动态范围的输入放大器,天线输出到达 ADF 接收机内的天线调制器。

ADF 控制面板输入:ADF 接收机系统处理器在一条 ARINC 429 数据总线上接收来自 ADF 控制面板的人工调谐输入和控制面板模式选项。

空/地离散信号输入:接近电门电子组件(PSEU)向系统处理器发一个空/地离散信号,该离散信号为故障存储器设置飞行阶段计数,用于 BITE。此内容将在 3.6.2 小节阐述。

程序销钉输入:ADF 接收机从一个插座电门接收程序销钉离散信号,方位计算机电路使用象限误差修正(QEC)程序销钉输入来调整由飞机结构引起的信号失真,也就是用于校正罗差引起的定向误差,这部分内容在 3.6.3 小节详述。

2) 接收机的工作

ADF 接收机含有两个主要组件,这就是射频(RF)组件和主处理器。RF 组件含有环形调制与求和部分、接收机部分和合成器部分,环形调制与求和部分接收来自天线的输入信号,环形天线输入被来自信号处理器的 95Hz 信号调制,然后环形天线输入与垂直天线输入混合,信号到达一个 RF 波段滤波器。RF 波段滤波器是一个覆盖 ADF RF 频率范围的 7 波段滤波器,它的选择由来自信号处理器的调谐数据决定。来自 RF 波段滤波器的信号与来自合成器的本地振荡器信号混合并由双 IF(中频)转换部分滤波,以产生一个可由信号处理器处理的中频信号。合成器部分接收来自信号处理器的调谐数据的本地振荡器注入频率,RF 信号从 RF 组件到达一个可为信号处理器将信号转换成数字格式的模/数(A/D)转换电路,信号处理器获得该信号并与本地信号进行比较来计算方位数据。

正弦和余弦环形天线接收的信号分别经平衡调制器合并后与垂直天线接收的信号叠加,经频段选择器后加到第一混频器,与频率合成器加来的第一本振(15.19～16.75MHz)信号混频,得到 15MHz 的第一中频,再与 18.6MHz 的第二本振信号混频,得到固定3.6MHz 的第二中频。

3.6MHz 的第二中频经相干检波器后输出含有方位信息的低频复合信号,再经模/数转换器后变成数字信号,并加至中央处理器,基准低频信号与含有方位信息的低频复合信号在CPU 中利用相关技术进行相位比较,以确定它们之间的相位关系,并经象限误差修正后得到准确的相对方位数据,该数据经输入/输出处理器、普通异步接收/发送器及 ARINC429数据总线加到显示组件。

输入/输出处理器同时也处理一些离散数据,如频率选择的转换、象限误差修正等。

信号处理器同时执行下列功能:为 RF 组件产生自动增益控制(AGC)、台站音频过滤、莫尔斯码语音探测、监控 BITE、根据来自 ADF 控制面板的调谐数据为合成器编程。方位、音频和莫尔斯码标识符数据从信号处理器到达处理器,双口 RAM 作为两个处理器间的数据连接,处理器处理来自信号处理器的 BIT 数据用于在前面板上显示信息,它同时提供到输入/输出(I/O)部分的数据和控制信号。该处理器控制 ADF 接收机的所有主要功能,它也提供到内存和数据记录/数据装载闪存卡装置的接口;处理器将来自信号处理器的方位数据输出到外部系统之前执行 QEC 和上/下补偿,所有进出 I/O 部分的数据首先要经过处理器。I/O 部分将音频部分发送到 REU,它同时在两条 ARINC429 数据总线上发送数据,输出 1 到达无线电磁指示器(RDDMI),输出 2 到显示电子组件(DEU)。

3) 电源

ADF 接收机电源供应部分接收来自 ADF 控制面板的 115V 交流 400Hz 电源,电源电路提供−12V 直流,+12V 直流和+5V 直流用于内部使用,在 RF 组件内的天线电源电门将 12V 直流电源输出到 ADF 天线。

4) 检测

检测电门发送检测指令到处理器,该信号命令信号处理器开始 RF 组件和主处理器的内部电路检测,信号处理器同时检查 ADF 控制面板数据字输入。天线电源电门移除天线组件放大器的电源,这导致没有 RF 信号输入到环形调制和求和部分。一个用于检测的 RF信号替代天线的 RF 输入,接收机通过它的内部电路传送该信号供机内测试使用。检测结束时在接收机前面板显示屏上显示检测结果。

5) ADF 系统的控制与显示

ADF 的显示信息可以显示在综合显示系统的电子飞行仪表(EFIS)的导航显示器的某些页面上,可使用 EFIS 控制面板上的模式选择器为导航显示器选择显示模式,ADF 方位数据可在 EFIS 控制面板的 VOR(甚高频全向信标)、APP(近进)和 MAP(航图)模式选择下显示在导航显示器上。

VOR/ADF 电门选择 VOR 系统或 ADF 系统作为显示在导航显示器上方位指针数据的来源。要显示 ADF 方位,将 EFIS 控制面板上的 VOR1/ADF1 电门设定到 ADF1 位。

音频控制面板(ACP)使机组人员收听 ADF 台站音频或莫尔斯码台站识别码,机组人员使用 ACP ADF1 接收机电门来收听 ADF 接收机音频。语音/范围选择电门在语音(V)位使机组人员只能收听语音音频,范围(R)位允许机组收听台站莫尔斯码标识符,当选择器在(B)位,机组可通过内话系统收听语音音频和莫尔斯码标识符。

无线电磁方位距离指示器(RDDMI)显示 VOR 或 NDB 地面站相对于飞机的磁方位,RDDMI 如图 3.13(b)所示,RDDMI 有两个方位指针显示 ADF 或 VOR 数据,机组人员可使用 RDDMI 选择器选择 VOR 或 ADF 作为数据来源。RDDMI 有两个琥珀色指示旗分别用于每个方位指针,当数据源输入故障时,指示旗出现。

图 3.21 给出了 ADF 系统在 ND 上的指示,在罗盘刻度周围的方位指针给出 VOR 或 ADF 方位数据,为显示 ADF 方位,将 EFIS 控制面板 VOR/ADF 电门设置到 ADF 位并将 EFIS 模式选择器设定到 VOR、APP 或 MAP 显示模式。因为 VOR 和 ADF 在飞机上共用相同的显示系统,所以在 ND 上,当方位指针显示 ADF 源数据时,它们是青色的,ADF 数据和频率或标识符以青色显示在显示器下角。

方位指针1

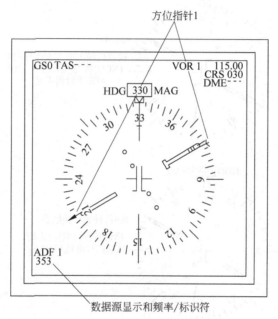

数据源显示和频率/标识符

图 3.21　ADF 系统在 ND 上的指示

3.6.2　机载 ADF 系统的 BITE 自测试

ADF 机载接收机的供应商还会根据飞机制造商的要求,针对安装的机型不同,设计与相关机型相匹配的自检程序,BITE 的功能是对于航线机载系统的维护和内场机载电子设备的修理提供故障诊断的有效手段,这里以安装在波音公司的某型飞机的 ADF 系统自检为例介绍,参见图 3.22。

按压 ADF 接收机前面板的任一检测电门可开始自检,接收机执行内部接收机工作和与控制面板的接口的检测,检测结果显示在接收机前面的 LCD 上。当按压检测电门时,"检测在进行中"页面显示且接收机执行自检持续大约 10s,一个 10s 刻度显示在该页底部,可通过显示在刻度下的一行监控检测时间。

TEST COMPLETE NO FAILURES 信息用于显示故障通过状态,TEST COMPLETE FAILURES 信息用于显示检测失败状态。

通过控制板同样可以启动测试并通过驾驶舱显示器指示出测试结果,为查看 ADF 检

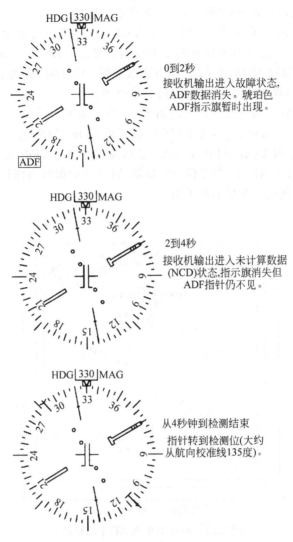

图 3.22　ADF 系统自检的驾驶舱效应

测结果,在 EFIS 控制面板模式选择器上选择 VOR 或 APP,按压 ADF 控制面板模式选择器旋钮上的检测电门。在检测的前两秒,接收机输出一个故障状态。指针不见并暂显示琥珀色 ADF 指示旗。接下来两秒,接收机输出进入 NCD 状态,在这段时间内,琥珀 ADF 指示旗消失且指针仍保持不见。接下来,检测显示器显示指针且指针从航向校准线到 130°检测位直到检测结束。

3.6.3　ADF 的定向误差

无线电波在传播过程中,由于受大气条件、地表面性质、地理环境和人为干扰等原因,自动定向机存有一定的误差,概括有以下几种干扰和误差。

1. 静电干扰

大气放电时,会辐射多种频率的电波,其中影响最大的是中波和长波。在这种情况下,利用中波和长波进行定向是比较困难的,因为大气中的杂波会同时被接收机接收,使定向机指针摆动或缓慢旋转,难以辨别准确的方位。在雷暴云附近飞行时,由于雷暴云大量放电也会使方位指针突然偏向雷暴云方向。空中的雨、雪、冰晶和较浓的浮尘微粒也都可能带有电荷,飞机碰到这种微粒就会把电荷接收过来,聚积多了,在飞机同空气之间往往发生放电(高速飞行时,可以在机翼、安定面和螺旋桨的尖端上出现电晕放电),这种放电会影响自动定向机的接收和定向,严重干扰时可使方位指针在 $20°\sim40°$ 范围内摆动。遇到这种干扰时,应仔细辨听信号,读取方位角的平均值,选择距离近、功率大的导航台。

2. 夜间效应

ADF 系统采用地波传播,但存在天波的干扰。在夜间,因为天波大大增强,定向机有可能同时接收到地波和空间波。天波一般是非正常极化波,它会使环形天线的水平部分产生感应电势。这样,环形天线在正对电台时合成电势不等于零,所以测得的方位角会有误差,这种误差也称为夜间效应。

夜间效应引起的误差,通常在 $10°\sim15°$ 之间;在日出前和日落后 $1\sim2$ 小时内因电离层变化最大,天波反射最紊乱,干扰也最强,所以测得的误差也最大。

减小夜间效应的根本方法是避免接收天波,由于波长越长,电离层反射越强,所以应尽量选择波长较长、距离较近的导航台,并在测定方位时注意读取平均值。

3. 山区效应

电波在传播过程中,遇到山峰、丘陵和大建筑物时会发生绕射和反射。所以,在山区低空飞行时,自动定向机方位指针将会出现偏离准确位置或摆动,这种现象叫山区效应。山区效应只存在于靠近山区 $30\sim40$km 范围内,在这个范围内,山区效应的大小主要取决于飞行高度和离山的距离。高度越低、离山越近,山区效应越大。为避免和减小山区效应的影响,应尽可能在目视条件下飞行,熟悉地形或在上述干扰范围以外测定方位;适当地升高飞行高度和选择合适的导航台。

4. 海岸效应

电波从陆地进入海面,或从海面进入陆地时,由于电波传播的导电系数改变,从而使方位指针偏离电台的方位,这种现象叫海岸效应。海岸效应是由于电波在传播过程中,波面倾斜发生变化引起偏转产生的。陆地的导电系数比海洋小,波面在陆地的倾斜程度比海洋大,电波从陆地进入海洋,波面倾斜程度将逐渐减小,传播速度将增大,如果波面上的各点不一样,波面方向就会发生偏转。电波传播的方向同海岸线的夹角有关,夹角越小,波面偏转越大,引起的误差也越大;传播方向同海岸线垂直,波面偏转程度最小,不产生误差。

海岸效应只在飞机接近地面或海面时发生,随着高度升高,误差逐渐减小,高度 3000m 以上,海岸效应可以忽略不计。

5. 象限误差

由地面电台传播到飞机的电波,碰到飞机的金属部件会使金属部件产生感应电势,并向空间辐射微弱电波,这种现象称为二次辐射,二次辐射电波也能使环形天线产生感应电势。在这种情况下,环形天线平面同原电波磁场波面平行时产生的感应电势并不等于零,而必须再转一个角度同二次辐射磁场的合成电势平面平行时,感应电势才等于零。因此,环形天线平面对正的不是电台来波方向,而是有二次辐射误差,或者叫无线电罗差。对准的是原来导航台的磁场和二次辐射磁场的合成磁场。

指示的相对方位角小于电台的相对方位角,称为正罗差;指示的相对方位角大于电台的相对方位角,称为负罗差。

二次辐射误差同飞机的形状(主要是机体)和来波的方向有关,所以二次辐射误差将随来波的方向而变化。解出 $0°\sim360°$ 之间各电台相对方位上的二次辐射误差,可以发现,45°,135°,225° 和 315° 四个方位上二次辐射误差的绝对值最大,具有象限误差特性,所以叫象限误差,如图 3.23 所示。

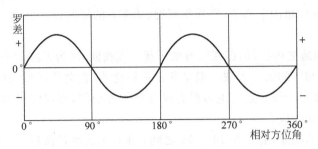

图 3.23 由机身二次辐射引起的象限误差(罗差)

可采用象限误差修正器来修正,也称为罗差补偿器。目前使用的 ADF 定向机不用专门的象限误差修正器,而是通过接收机尾部中间插头 J302 的 5 个插钉跨接线的不同组合来实现。

练习题

3-1 ADF-NDB 系统有哪些导航应用?

3-2 矩形天线具有哪些重要特性?

3-3 一个半径为 R 的圆形天线垂直放置,如题图 3.3 所示。该天线接收垂直极化波,设圆心 O 处的电场为 $e_0(t)=E_{0m}\sin(\omega_c t)$,其中 ω_c 为载波角频率,求该圆形天线水平面的方向性函数。

3-4 A、B 为两个相距 b 并垂直于地面的天线,它们在水平面均为无方向性的,现将它们用于题图 3.4 的接收系统中接收垂直极化波,求该分集天线系统水平面的方向性函数。

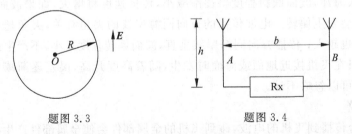

题图 3.3   题图 3.4

3-5 振幅测向系统有哪些测向方法?简要给出各测向方法的实现过程及特点。

3-6 分别给出 E 型和 M 型测向系统的标准信号格式及其对应的实现框图。

3-7 结合 NDB 的工作框图和关键点波形,阐述 NDB 工作于"等幅报"和"调幅报"的工作过程,并说明 NDB 的这两种工作方式分别用于什么场合,以及为什么用于这些场合。

3-8 ADF 形成的信号中,调制度 $m(\theta)$ 或调制信号 $\cos(\Omega t-\theta)$ 中的 θ 表示什么角度?并图示 θ。

3-9 结合旋转测角器的 ADF 和无测角器的 ADF 的工作框图和关键点信号的推导,阐述 ADF 的工作过程。

3-10 阐述 ADF-900 的工作过程。

3-11 请分析无线电导航系统遵循"把简单留给机载,把复杂留给地面"的设计原则,对导航系统的工作会带来什么好处。

3-12 ADF 测向存在哪些误差? 这些误差对 ADF 测向分别有哪些影响?

3-13 ADF-NDB 最大的干扰源是天波,请查阅相关资料并利用你学过的知识,对天波给该导航系统测向误差造成的影响进行专题研究。

3-14 在题图 3.14 中,画出飞机处在 NDB 台覆盖范围内的 A、B、C、D 四个位置时的 RMI 指示,其中位置 B 表示飞机处于 NDB 台的正上空。

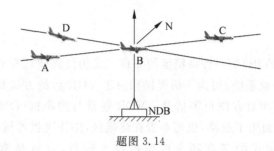

题图 3.14

第 4 章

多普勒甚高频全向信标

甚高频全向信标(VOR)是一种高精度的非自主式相位测向近程导航系统,是目前民用航空主用的陆基测向导航系统,可为飞机提供相对于 VOR 台的方位角(即飞机方位角)、飞机航向、VOR 方位角和相对方位角等信息。VOR 通常与测距机(DME)同台安装,可为飞机提供 ρ-θ 极坐标定位而用于航路,也可布置在终端区,用作飞机进场导航系统。

目前有两种不同制式的甚高频全向信标投入运行,这就是常规甚高频全向信标(CVOR)和多普勒甚高频全向信标(DVOR)。由于我国民航早在 20 世纪 90 年代中期就已全部采用 DVOR,故本章的 VOR 信标只介绍 DVOR。

4.1 概述

甚高频全向信标是第二次世界大战末期由美国研制成功的,1946 年美国将其作为本国航空标准导航系统,1947 年国际民航组织(ICAO)将其定为标准测向导航系统,而国际上大范围介绍 VOR 则始于 20 世纪 50 年代早期。

目前应用的 VOR 分为 CVOR 和 DVOR 两种。CVOR 就是最初出现的 VOR,它于 20 世纪 50 年代开始生产装备,为航空导航作出了巨大贡献。但是 CVOR 对周围场地的要求很严格,当 CVOR 周围环境较差时,由于山脉和周围建筑物的反射,会造成不能接受的误差,而传播误差又是决定 CVOR 精度的一个重要因素,因此 CVOR 比较适合在开阔平坦的地势使用。为了克服周围场地对 CVOR 的影响,德国科学家和工程师发明了 DVOR。顾名思义,DVOR 是采用多普勒效应而工作的。由于 DVOR 采用了宽孔径天线,因此能够大大减弱传播误差的影响,对周围场地的要求远没有 CVOR 的那么高,并且机载 VOR 系统不需要更换,因此 DVOR 所占比例越来越高。

我国民航于 20 世纪 60 年代开始使用甚高频全向信标。1964 年我国首次引进四套 THOMSON 公司的 1615/2 型电子管式 CVOR,分别安装在大王庄、无锡、昆明和英德四地;1973 年又引进 10 套 THOMSON 公司的 TAH510 型全晶体管化 CVOR。由于 1965 年 DVOR 的出现,并得到迅速发展,我国于 1987 年引进 13 套英国 RACAL 公司的 MK Ⅱ 型全固态 DVOR;1988 年从 THOMSON 公司又引进 12 套 512D 型全固态 DVOR。从

1993 年开始我国民航进行大规模的航路改造,从澳大利亚 AWA 公司(现属西班牙 Indra 公司)引进 VRB-51D 型 DVOR 150 多套,之后又引进为数不少的 ALCATEL 公司(现属欧洲Thales 公司)生产的 DVOR。目前,中国民航装有 DVOR 台 250 多套,DME 台 350 多套,不仅提高了终端区和航路的所需导航性能(RNP),使国际航路、国内干线航路及其交叉点和转弯点具备了一定的 VOR/DME 系统导航能力,也为增加空域容量、优化空域及航路结构奠定了坚实的基础。

　　虽然 VOR 受国际民航组织推出的 GNSS 影响较大,但 VOR 在短期内还不可能退出历史舞台,美国目前仍然布设了 1000 个左右的 VOR 台(单独的 VOR、VOR/DME 和VORTAC)。即使全球或局部区域实现了新航行系统,DVOR 和 DME 一样,仍将作为GNSS 的备用导航系统而存在。

　　VOR 使用甚高频频段的 108.00～117.95MHz,频道间隔为 0.05 MHz,共有 200 个频道,但 VOR 只占其中的 160 个频道。对于航路 VOR,其分配的频段为 112.00～117.95MHz,共有 120 个频道;而对于 108.00～111.95MHz 中的 80 个频道,40 个分配给终端VOR,另外 40 个分配给 ILS 的航向台(LOC),具体分配规则是:VOR 只使用在 108.00～111.95MHz 中,以 MHz 为单位的小数点后面第一位为偶数的那些频率,例如 108.00MHz(该频率只用作机载 VOR 系统的自检频率)、108.05 MHz、108.20 MHz、…、111.85MHz,共 40 个频率;ILS 的航向台只使用在 108.00～111.95MHz 中,以 MHz 为单位的小数点后面第一位为奇数的那些频率,例如 108.10MHz、108.15MHz、…、111.95MHz,共 40 个频率点。

　　国际民航组织建议,对于航路 VOR,应优先选用 112～117.95MHz 范围内小数点后面第一位为奇数的频率,然后考虑该频率范围内小数点后面第一位为偶数的频率。

　　实际使用中,VOR、DME 和 ILS 的频率是统调的,当选定了 VOR 或 LOC 的一个频率后,就有一个 DME 频率和 ILS 下滑台(GS)频率与之对应,也就是说,DME 与 GS 的频率便被自动配对调谐。表 4.1 中给出了 ICAO 规定的 DME 与 VOR/ILS 联用的频率配对关系。

表 4.1　VOR/DME 频率配对关系

VHF 导航频率(MHz)	波 道 分 配	DME 频率
108.00	VOR	17X
108.05	VOR	17Y
108.10	ILS	18X
108.15	ILS	18Y
108.20	VOR	19X
…	…	…
111.95	ILS	56Y
112.00	VOR	57X
112.05	VOR	57Y
112.10	VOR	58X
…	…	…
112.25	VOR	59Y
112.30	VOR	70X
…	…	…
117.95	VOR	126Y

VOR 的 RF 信号采用直达波传播方式,波的极化为水平的,辐射的垂直极化分量应尽可能小。VOR 信标提供的信号必须在直至 40°仰角范围内,使机载 VOR 接收机在飞行区域所要求的高度和距离上满意地工作。显然,VOR 系统的覆盖范围与 VOR 信标的辐射功率和飞机的飞行高度有关,对于航路 VOR,其辐射功率为 100W 左右,在 10000m 高度的有效作用距离约为 185 海里(NM)左右;而终端 VOR 的辐射功率为 50W 左右,在 10000m 高度的有效作用距离约为 162NM。

VOR 是高精度的测角系统。对于 CVOR,ICAO 推荐的整个系统的测角精度为±5°(95%)以内(包括 CVOR 径向信号误差、VOR 机载设备误差和 VOR 驾驶误差,见 4.7 节),其中 CVOR 台对精度的贡献为,以 CVOR 天线系统为中心,在 0°～40°仰角范围内,只辐射水平极化波的 CVOR 地面台的精度在±2°(95%)以内。DVOR 地面台的测角精度一般在±1°(95%)以内。

4.2 VOR 系统在导航中的应用

VOR 是目前民用航空最为普及的陆基导航系统之一,也是本土航路飞行的主要导航系统,全世界设有相当完善的 VOR/DME 台网,构成了飞行员可信赖的导航设施。目前所有民航运输机都装备了 VOR 机载设备,69%的通用飞机有一部以上的 VOR 设备,VOR 的用户在 20 万以上,VOR 系统在民用航空中的应用极为普遍。

1. 定位

利用 VOR 或 VOR 与其他导航系统组合可以进行 $\theta\text{-}\theta$ 定位或 $\rho\text{-}\theta$ 定位。飞机接收布置在不同台站的两个 VOR 台信号,可实施 $\theta\text{-}\theta$ 定位;飞机接收同址安装的 VOR 与 DME 台的信号,利用 VOR 系统提供的方位信息以及 DME 系统提供的距离信息,则可实现 $\rho\text{-}\theta$ 定位。VOR/DME 组合给出的 $\rho\text{-}\theta$ 定位是 ICAO 优先推荐的民用航空标准近程定位方式。

VOR 台还可以与塔康(TACAN)台安装在一起,构成伏塔克(VORTAC)极坐标定位系统。塔康(TACAN)是军用的测角和测距系统,其功能相当于民用 DME 信标台和 VOR 信标台的组合,而塔康的测距部分与民用 DME 是兼容的,因此,伏塔克系统可以为军用和民用飞机提供 $\rho\text{-}\theta$ 定位,扩展了塔康的服务用户。图 4.1 是 VORTAC 信标台,其中在一个圆周上布置的若干天线单元是 DVOR 信标的边带天线系统。

图 4.1　伏塔克(VORTAC)信标台

2. 导航

在一条空中航路上,根据航路的长短,可以设置多个 VOR 台。利用 VOR 台形成的航路,可以使飞机沿着预定的 VOR 航路从一个 VOR 台飞向另一个 VOR 台。机载 VOR 系统接收 VOR 台信号,能指示出飞机是否飞跃了某个 VOR 台,也能指示飞机是否偏离预定航线,若飞机不在预定航线上,驾驶员或飞行管理系统将根据相关指示或误差信号将飞机操纵到预定航线上。

将 VOR/DME 系统配置在终端区,可以为飞机的离场和进场服务。VOR/DME 系统可以用作飞机进场系统,将飞机引导至 ILS 提供的下滑道,再由 ILS 为飞机提供精密进近和着陆。

利用 VOR/DME 系统可以有效进行区域导航(RNAV),引导飞机飞往 VOR/DME 台作用范围内的任意地点。虽然利用 VOR/DME 实施的 RNAV 级别不太高,在 ICAO 颁布的《基于性能的导航手册》中,这种区域导航只用于 RNAV 5 规范,但相比利用 DME/DME 实施的 RNAV,基于 VOR/DME 区域导航的主要优点是布台成本较低,适用于在大面积空域实施 RNAV 技术。

4.3　DVOR 地面信标

DVOR 信标为对应的机载系统提供辐射场,辐射场中主要包括两个 30Hz 的正弦信号和台站识别信息,其中一个 30Hz 信号的相位中含有飞机磁方位信息,我们称之为 30Hz 可变相位信号,简称 30Hz FM 信号,而该信号是通过多普勒效应产生的,这是该信标被称为多普勒 VOR 的唯一原因。

图 4.2 为 DVOR/DME 信标台。图中在圆周上布置的为 DVOR 的边带天线,圆心则放置载波天线,边带天线和载波天线安装在离地面 5m 左右的地网上。旁边直立的两个天线中,一个是 DVOR 信标的监视天线,另一个则是 DME 信标的天线。

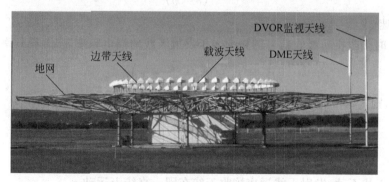

图 4.2　同台安装的 DVOR 和 DME 信标台

4.3.1　多普勒效应

当发射天线与接收天线之间存在相对运动时,接收天线感应的电动势的频率就不再等于发射天线馈电的频率,这种现象就称作多普勒效应。

多普勒效应是奥地利物理学家和数学家 C. J. Doppler(1803—1853)在 1842 年首先提出的。他发现同一星体向着我们和远离我们运动时,所观察的星体的颜色不一样。1845 年

Buys Ballot 通过实验证明,向着观察者运动的声源,听起来声音的频率比远离观察者时的更高,这样就更进一步证明了这种现象的存在。

我们常常为说明多普勒效应而举的典型例子是:当一列鸣笛的火车从远处向你驶近时,你听到的汽笛声调是由低到高逐渐变化的;而当火车远离你驶去时,汽笛声调又是由高到低逐渐变化的。火车速度越快,汽笛声调的变化就越明显。实际上声调的变化,就是声波频率的变化。

同样,在无线电通信中也存在多普勒效应。若发射机馈入天线固定频率 f_T 的信号,但发射天线与接收天线之间存在相对运动,那么接收机接收到的信号频率 f_R 将不再等于发射机的馈电频率 f_T,而是在 f_T 之上附加了一个多普勒频率 f_d。f_d 定义为 f_T 与 f_R 之差,即 $f_d = f_R - f_T$。

那么如何定量描述 f_d 呢? 发射天线与接收天线之间存在多种相对运动方式,下面只考虑其中的三种情况。

1. 接收天线不动,发射天线向着接收天线在同一直线上运动

设发射天线的馈电频率为 f_T,接收机接收的信号频率为 f_R,接收天线静止不动,而发射天线以速度 v 向着接收天线在同一直线上运动,如图 4.3 所示,其中 T 和 R 分别代表发射机和接收机。

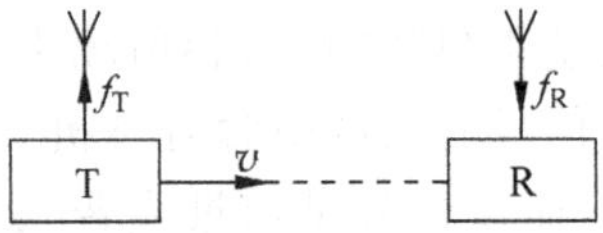

图 4.3 收、发天线之间靠近运动时的多普勒效应

在这种情况下,接收信号频率 f_R 为

$$f_R = \left(\frac{c}{c-v}\right)f_T \tag{4-1}$$

式中,c 为光速。

可见,这时接收机所接收信号的频率大于发射天线的馈电频率,多普勒频率 f_d 为

$$f_d = f_R - f_T = \left(\frac{v}{c-v}\right)f_T \tag{4-2}$$

考虑到 $v \ll c$,则式(4-2)可写为

$$f_d = \left(\frac{v}{c}\right)f_T \tag{4-3}$$

可以看出,f_d 与发射天线的运动速度 v 成正比,v 越大,f_d 就越大。

2. 接收天线不动,发射天线远离接收天线在同一直线上运动

同样设发射天线馈电频率为 f_T,接收信号的频率 f_R,接收机静止不动,但发射机以速度 v 远离接收机在同一直线上运动,如图 4.4 所示。

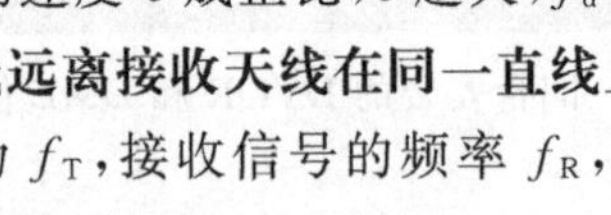

图 4.4 收、发天线之间远离运动时的多普勒效应

在这种情况下,接收信号的频率 f_R 为

$$f_R = \left(\frac{c}{c+v}\right)f_T \tag{4-4}$$

可见,这时接收机所接收信号的频率小于发射天线的馈电频率,多普勒频率 f_d 为

$$f_d = f_R - f_T = -\left(\frac{v}{c+v}\right)f_T \approx -\left(\frac{v}{c}\right)f_T \tag{4-5}$$

同样可以看出,f_d 与发射天线的运动速度 v 成正比,v 越大,$|f_d|$ 就越大。

由上面的分析可以看出,不论发射天线是接近接收天线还是远离接收天线而运动,多普勒频率 f_d 均与发射机的运动速度成正比,运动速度越大,多普勒频率的绝对值就越大。

下面我们讨论一种较复杂情况下的多普勒频率,它实际上是以上两种情况下的多普勒效应的扩展,而 DVOR 信标 30Hz 可变相位信号正是通过这种情况下的多普勒效应而产生的。

3. 接收天线不动,发射天线绕圆周运动

为分析简单起见,设接收天线置于磁北方向而静止不动,而发射天线绕着以 O 为圆心、R 为半径的圆逆时针运动,运动的线速度为 v_R,角频率为 Ω,频率为 F,$\Omega=2\pi F$,即发射天线 1s 绕圆逆时针旋转 F 圈,如图 4.5 所示。

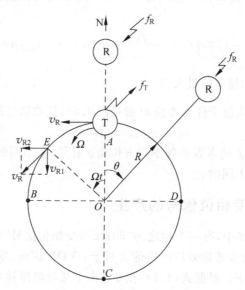

图 4.5　发射天线作圆周运动时的多普勒效应

设发射天线的馈电频率为 f_T,接收天线所产生信号的频率为 f_R。在零时刻,发射天线从磁北开始逆时针旋转,经过任意时间 t,发射天线处在位置 E。这时,将 v_R 进行正交分解,分量 v_{R1} 平行于 OA,而 v_{R2} 垂直于 OA。显然,只有 v_{R1} 才会对接收信号的多普勒频率 f_d 作出贡献。

我们首先定性分析磁北方向多普勒频率 f_d 的变化情况。

在发射天线从 A 到 B 的运动中,v_{R1} 逐渐变大,到达 B 点时 $v_{R1}=v_R$,达到最大,而在 A 点时 $v_{R1}=0$。在这种情况下,发射天线远离接收天线而运动,因此 $f_d<0$,在 A 点,$f_d=0$,随着发射天线从 A 到 B 的运动,$|f_d|$ 逐渐变大,在 B 点时,$|f_d|$ 达到最大值 f_{dm}。在发射天线

从 B 到 C 的运动中,发射天线仍然是远离接收天线而运动,只不过 v_{R1} 逐渐变小,因此 $|f_d|$ 逐渐变小,到达 C 点时,$v_{R1} = 0$,$f_d = 0$;在发射天线从 C 到 D 的运动中,发射天线相当于是接近接收天线运动,因此 $f_d > 0$,并且随着发射天线从 C 到 D 运动,f_d 逐渐变大,在 D 点,f_d 达到最大值 f_{dm};在发射天线从 D 到 A 的运动中,f_d 逐渐变小,在 A 点,$f_d = 0$,从而完成了一周。图 4.6 表示了磁北方向 f_d 的变化规律。

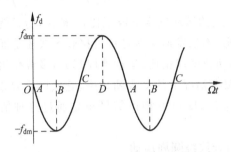

图 4.6 磁北方向的多普勒频率 f_d

下面我们定量分析磁北方向多普勒频率 f_d 的变化。

发射天线处在任意位置 E 时,$v_{R1} = v_R \sin(\Omega t)$,并且这时发射天线为远离接收天线运动,则

$$f_d = -\left(\frac{v_{R1}}{c}\right) f_T = -\frac{f_T v_R}{c} \sin(\Omega t) = -f_{dm} \sin(\Omega t) \tag{4-6}$$

式中,$f_{dm} = \frac{f_T v_R}{c}$ 为多普勒频率的最大值。

可以证明,若接收天线位于任意方位 θ(参见图 4.5),接收信号的多普勒频率 f_d 为

$$f_d = -f_{dm} \sin(\Omega t + \theta) \tag{4-7}$$

式(4-7)表明,θ 方位上的多普勒频率与方位角 θ 有关,在不同的方位上,f_d 的变化均呈现正弦特性,但其初相是不同的。

4.3.2　30Hz 可变相位信号的产生

在 DVOR 信标辐射场中,有一个称之为"30Hz 可变相位信号"的信号,就是通过逆时针旋转无方向性发射天线由多普勒效应产生的。对于 DVOR 信标,发射天线旋转的频率 $F = 30\text{Hz}$,旋转角频率 $\Omega = 2\pi F$。根据式(4-7),在 θ 方向上接收机所接收信号频率 f_R 为

$$f_R = f_T + f_d = f_T - f_{dm} \sin(\Omega t + \theta) \tag{4-8}$$

可以看出,接收信号的频率以发射频率 f_T 为中心频率而变化,因此,接收信号为一调频波,调制信号为 $-\sin(\Omega t + \theta)$。利用中心频率为 f_T 的鉴频器,便可取出调制信号 $-\sin(\Omega t + \theta)$。由于信号 $\sin(\Omega t + \theta)$ 的相位随着方位 θ 的变化而变化,即调制信号的相位蕴含了方位信息,因此称 $\sin(\Omega t + \theta)$ 为"30Hz 可变相位信号",简写为 30Hz FM 信号。由此可见,DVOR 中 30Hz 可变相位信号是通过多普勒效应产生的,这也是多普勒效应对 DVOR 信标的唯一贡献。

下面依据接收信号的频率写出接收信号的时域表达式。

设发射天线的馈电为 $i(t) = I_m \cos(\omega_T t)$,$\omega_T = 2\pi f_T$,在 θ 方位上接收的信号为 $e(t) = E_m \cos\varphi(t)$,则

$$\varphi(t) = \int_0^t 2\pi f_R \mathrm{d}\tau = \int_0^t 2\pi[f_T - f_{\mathrm{dm}}\sin(\Omega\tau + \theta)]\mathrm{d}\tau$$

$$= \omega_T t + \frac{2\pi f_{\mathrm{dm}}}{\Omega}\cos(\Omega t + \theta) - \frac{2\pi f_{\mathrm{dm}}}{\Omega}\cos(\theta) \tag{4-9}$$

式中,$f_{\mathrm{dm}} = \dfrac{f_T \upsilon_R}{c}$,为多普勒频率的最大值。

考虑到式(4-9)中,$\dfrac{2\pi f_{\mathrm{dm}}}{\Omega}\cos(\theta)$ 不随时间而变化,它的存在不会影响到 $\varphi(t)$ 的变化规律,因而 $\varphi(t)$ 可写成如下形式

$$\varphi(t) = \omega_T t + \frac{2\pi f_{\mathrm{dm}}}{\Omega}\cos(\Omega t + \theta) = \omega_T t + \frac{2\pi R}{\lambda_T}\cos(\Omega t + \theta) \tag{4-10}$$

式中,R 为圆的半径,λ_T 为发射信号的波长。

这样,便得到逆时针旋转发射天线而在 θ 方向的辐射场 $e(t)$

$$e(t) = E_{\mathrm{m}}\cos\left[\omega_T t + \frac{2\pi R}{\lambda_T}\cos(\Omega t + \theta)\right] \tag{4-11}$$

可见,这是一个被 $-\sin(\Omega t + \theta)$ 调制的调频波。

4.3.3 DVOR 信标的工作原理

1. DVOR 信标的辐射场

前面我们已经得到,若逆时针以 $F = 30\mathrm{Hz}$ 的转速旋转天线,天线的馈电 $i(t) = I_{\mathrm{m}}\cos(\omega_T t)$,$\omega_T = 2\pi f_T$,则在 θ 方向 DVOR 信标的辐射场如式(4-11)所示。若飞机处在 θ 方位,其 VOR 机载接收机接收到该辐射场(参见图 4.5),通过鉴频器得到 30Hz 可变相位信号 $\sin(\Omega t + \theta)$。很显然,尽管 $\sin(\Omega t + \theta)$ 相位中含有方位信息,但机载 VOR 接收机是不可能只从该信号中提取出方位 θ 的,还必须为机载接收机提供一个"相位基准"信息。为此,DVOR 信标除了辐射可变相位信号之外,还必须辐射"基准相位信号"。基准相位信号必须同时满足以下三个条件:

(1)基准相位信号的频率必须与可变相位信号的相同;

(2)基准相位信号的相位不随方位 θ 而变化,即与 θ 无关;

(3)在磁北方向,基准相位信号必须与可变相位信号同相。

显然,满足上面三个条件的基准相位信号为 $\sin(\Omega t)$,$\Omega = 2\pi F$,$F = 30\mathrm{Hz}$。基准相位信号简称为 30Hz AM 信号。

图 4.7 给出了东、南、西、北四个方向上 30Hz AM 信号与 30Hz FM 信号的波形,它们之间的相位差 $\Delta\varphi$ 即为 θ,它代表 DVOR 台的径向角,也就是飞机的磁方位。机载 VOR 接收机正是从 DVOR 信标的辐射场中解调出 30Hz AM 信号和 30Hz FM 信号,然后比较它们之间的相位差,从而获得自己相对 DVOR 台的磁方位的。

DVOR 信标除了辐射 30Hz AM 信号和 30Hz FM 信号这两个导航信号之外,还应辐射识别信号与话音信号。这四个信号的调制方式为,30Hz AM 信号、识别信号和话音信号对载波调幅,30Hz FM 信号对一个副载波调频,得到的调频波再对载波调幅。标准的 DVOR 空间辐射场 $e(t)$ 为

$$e(t) = E_{\mathrm{m}}\{1 + m_A\sin(\Omega t) + m_B\cos[\Omega_s t - m_f\cos(\Omega t + \theta)] + m_C g_{\mathrm{m}}(t) + m_D g_0(t)\}\cos(\omega_c t)$$

$$\tag{4-12}$$

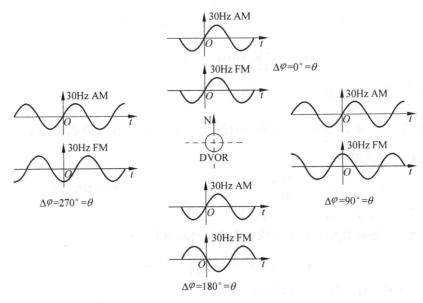

图 4.7 DVOR 东、南、西、北 30Hz AM 与 30Hz FM 信号波形

式中，$g_m(t)$ 表示键控的 1020Hz 识别音频信号，$g_0(t)$ 表示话音信号，m_C、m_D 分别为识别音频信号和话音信号对载波的调制度；$\cos(\Omega_s t)$ 称为副载波，它被 30Hz FM 信号 $\sin(\Omega t + \theta)$ 调频，该调频信号称为调频副载波，m_f 为调频指数；m_A 和 m_B 分别为 30Hz AM 信号和调频副载波对载波的调制度；ω_c 为载波的角频率。

式(4-12)表明，DVOR 空间辐射场为调幅波，调制信号有四个，它们分别是 30Hz 基准相位信号、调频副载波、键控的 1020Hz 识别音频以及话音信号。

ICAO"附件 10"要求，式(4-12)中各参数的取值为：载波频率 $f_c = 108.00 \sim 117.95\text{MHz} \pm 0.002\%$；副载波频率 $F_S = 9960\text{Hz} \pm 1\%$；基准相位信号和可变相位信号的频率 $F = 30\text{Hz} \pm 1\% (\Omega = 2\pi F)$；在 5°仰角以下范围内，调频指数 $m_f = 16 \pm 1$（即最大频偏 $\Delta F_m = 480\text{Hz} \pm 30\text{Hz}$），而在 5°到 40°仰角范围内，调频指数 m_f 最小应为 11；30Hz AM 信号对载波的调制度 $m_A = 30\% \pm 2\%$，并且在 5°以下任何仰角上观察，m_A 应在 $25\% \sim 35\%$ 之内；调频副载波对载波的调制度 $m_B = 30\% \pm 2\%$，并且在 5°以下任何仰角上观察，在没有话语调制的情况下，m_B 应在 $20\% \sim 55\%$ 之内；识别音频的频率为 1020Hz± 50Hz，识别音频对载波的调制度 m_C 应尽量接近（但不要超过）10%，但如果不提供地空通信功能，m_C 允许增加到不超过 20%；话音信号对载波的调制度 m_D 最大不超过 30%。

需要指出的是，中国民航禁止使用 DVOR 的话音功能，因此，在下面的讨论中将不考虑话音信号。

图 4.8 表示不包括话音和识别音频信号的 DVOR 信标空间辐射场的波形，图 4.9 为该辐射场傅里叶级数形式的单边幅度谱，其中 C_n 表示 n 次谐波的幅度，$B = 2(\Delta F_m + F) = 1020\text{Hz}$ 为调频副载波的带宽。

2. DVOR 信标的工作过程

通过前面的讨论我们知道，DVOR 信标辐射场中的 30Hz 可变相位信号是通过逆时针旋转一个无方向性发射天线而由多普勒效应产生的，但实际的信标并不是通过机械旋转单

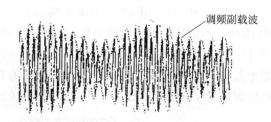

图 4.8　DVOR 的 RF 辐射场（不包括识别和话音）

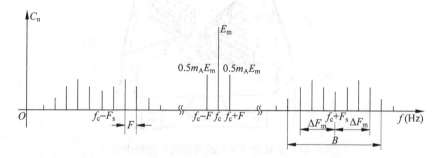

图 4.9　DVOR 辐射场的单边幅度谱（不包括识别和话音）

个天线来产生 30 Hz FM 信号的，而是将若干个天线元均匀布置在半径为 R 的圆周上，通过对这些天线元的顺序馈电，来模拟单个天线的旋转，并获得单个天线旋转同样的结果，这样做的目的主要是为了提高天线的可靠性和使用寿命，并减小导航的惯性误差。

图 4.10 给出了 DVOR 信标发射机部分的工作框图，发射机包括载波发射机和边带发射机两部分，其中上边带振荡器、下边带振荡器、两个功放以及开关网络组成了边带发射机，而其他单元则构成了载波发射机。

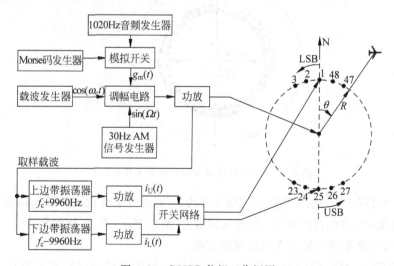

图 4.10　DVOR 信标工作框图

1）天线系统

DVOR 信标的天线部分包括载波天线、边带天线和监视天线三部分。载波天线也称为中央天线，它置于圆的中心；边带天线均匀布置在圆周上，其数目有 48、50、52 之分，例如

AWA 公司和 RACAL 公司的 DVOR 均采用 48 个边带天线,而 THALES 公司的 DVOR 有 48 个和 50 个边带天线两种。不论采用多少边带天线,最终效果都是模拟两个天线在电机带动下的同步旋转。所有边带天线和载波天线均为水平放置的阿尔福特(Alford)天线。阿尔福特天线实质就是矩形天线,当它水平放置时,水平面和垂直面的方向性图分别为圆形和倒"8"字形,也即天线在水平面是无方向性的。图 4.11 为去掉天线罩的改进型阿尔福特天线。

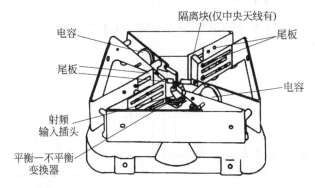

图 4.11　去掉天线罩的改进型阿尔福特天线

在下面的讨论中,我们假设边带天线的数目为 48。在这种情况下,1 号边带天线布置在磁北方向,25 号边带天线则布置在磁南方向,并且相邻两个边带天线相隔 7.5°。这 48 个边带天线以及中央天线安装在距离地面大约 5m、直径约 30.5m 的金属反射地网上,如图 4.12 所示。

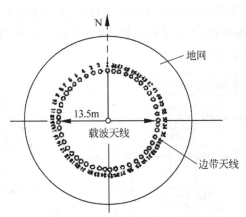

图 4.12　DVOR 边带天线和载波天线的布设

DVOR 的监视天线一般采用折叠偶极子天线,它通常置于离载波天线 80m 左右的任意方位,也可将监视天线安装在离中央天线较远的地方,例如 150m 左右,这时常采用八木天线。

下面我们计算布设边带天线的圆周的直径。

由于 DVOR 信标辐射场中的 30Hz 可变相位信号是通过逆时针旋转发射天线而获得的,由式(4-11)可知,调频指数 m_f 为

$$m_f = \frac{2\pi R}{\lambda_T} \tag{4-13}$$

式中,λ_T 为载波波长。

则圆的直径 D 为

$$D = 2R = \frac{m_f \lambda_T}{\pi} \tag{4-14}$$

取 VOR 工作频率范围的中间值 $f_T = 113\text{MHz}$,则 $\lambda_T = 2.65\text{m}$,m_f 取其标称值 16,则得到圆的直径 $D = 13.5\text{m}$。

在实际安装 DVOR 信标时,不论其工作频率是否为 113MHz,我们一般都可将边带天线阵的直径设置为 13.5m 左右,由式(4-13)可知,这将导致不同的台站具有不同的调频指数值,但 ICAO 规定,$m_f = 16 \pm 1$,即 m_f 在 15～17 中取值都是合理的。

2)辐射场的形成

由图 4.10 可知,DVOR 载波发射机的输出馈入中央天线辐射,而边带发射机的输出则馈入边带天线。

30Hz 基准相位信号 $\sin(\Omega t)$ 及键控的 1020 Hz 识别信号 $g_m(t)$ 均对载波 $\cos(\omega_c t)$ 调幅,经放大到所需功率后,馈入中央天线辐射。因此,中央天线的辐射场 $e_0(t)$ 为

$$e_0(t) = E_{m0}[1 + m_A \sin(\Omega t) + m_C g_m(t)]\cos(\omega_c t) \tag{4-15}$$

式中,m_A 为 30Hz AM 信号对载波的调制度,m_C 为键控的 1020Hz 识别信号对载波的调制度,$\omega_c = 2\pi f_c$,ω_c 与 f_c 分别为载波的角频率和频率。

键控的 1020Hz 识别信号 $g_m(t)$ 是这样产生的:1020Hz 音频信号产生器产生连续的 1020Hz 正弦信号,而 Morse 码发生器产生的 Morse 码则控制模拟开关的导通和截止。当存在"传号"时,模拟开关导通,1020Hz 音频信号则通过模拟开关输出;而在"传号"之间及不存在 Morse 码时,模拟开关截止,1020Hz 音频信号自然就无法通过模拟开关。这样,$g_m(t)$ 便是受 Morse 码控制的 1020Hz 音频信号,一般称其为键控的 1020Hz 识别音频信号。ICAO 要求,DVOR 台的识别码由台站的 2～3 个英文字母构成的识别码的 Morse 编码组成,Morse 码的发射速率约为每分钟 7 个字,DVOR 信标每 30s 至少发射一次识别码,并且建议,每 30s 至少等间隔发射三次识别码。

下面讨论边带天线的辐射场。

边带发射机主要包括上边带(USB)振荡器、下边带(LSB)振荡器、功放及开关网络。上、下边带振荡器分别产生频率为 $f_c + 9960\text{Hz}$ 和 $f_c - 9960\text{Hz}$ 的上、下边带信号,这两个边带信号均为等幅的。经过开关网络,上、下边带信号 $i_U(t)$、$i_L(t)$ 被有序馈往边带天线。在开关网络控制下,边带天线的接通馈电规律是:相对圆心对称的两个边带天线是同时接通的,例如天线 1、25 同时接通,天线 2、26 同时接通,天线 3、27 同时接通,等等。在接通的一对天线中,一个馈入 LSB,另一个则馈入 USB。由于天线旋转一圈所需时间为 1/30s,因此每个边带天线接通辐射场的时间为 1/1440s。具体工作过程是:在 $t = 0$ 时刻,天线 1 和 25 同时接通,1 号天线馈入 LSB,25 号天线馈入 USB,它们接通并辐射信号的时间均为 1/1440s;经过 1/1440s 之后,天线 1、25 同时关闭,而 2、26 号天线同时接通,2 号天线馈入 LSB,26 号天线馈入 USB;再经过 1/1440s 之后,2、26 号天线同时关闭,而 3、27 号天线同时接通,它们分别被馈入 LSB 和 USB。依此类推,可以看出,LSB 便从磁北开始,以 30Hz 的转速逆时针旋转;同步地,USB 便从磁南开始,以 30Hz 的转速逆时针旋转。由此可见,在开关网络的控制下,边带天线阵中,存在两个同步旋转的上、下边带信号。

令下边带信号 $i_L(t) = I_m \cos(\omega_c - \Omega_s)t$,$\Omega_s$ 为副载波的角频率,则旋转下边带信号 $i_L(t)$

在 θ 方向的辐射场 $e_L(t)$ 为

$$e_L(t) = E_{Lm}\cos\left[(\omega_c - \Omega_s)t + \frac{2\pi R}{\lambda_L}\cos(\Omega t + \theta)\right] \tag{4-16}$$

式中,λ_L 为 LSB 信号的波长。

同样,上边带信号 $i_U(t) = I_m\cos(\omega_c + \Omega_s)t$,旋转 $i_U(t)$ 在 θ 方向的辐射场 $e_U(t)$ 为

$$e_U(t) = E_{Um}\cos\left[(\omega_c + \Omega_s)t - \frac{2\pi R}{\lambda_U}\cos(\Omega t + \theta)\right] \tag{4-17}$$

式中,λ_U 为 USB 信号的波长。

这样,同步旋转 USB、LSB 信号在 θ 方向的辐射场便为 $e_{UL}(t)$

$$
\begin{aligned}
e_{UL}(t) &= e_U(t) + e_L(t) \\
&= E_{Um}\cos\left[(\omega_c + \Omega_s)t - \frac{2\pi R}{\lambda_U}\cos(\Omega t + \theta)\right] \\
&\quad + E_{Lm}\cos\left[(\omega_c - \Omega_s)t + \frac{2\pi R}{\lambda_L}\cos(\Omega t + \theta)\right] \\
&= 2E_{m1}\cos\left[\Omega_s t - \frac{2\pi R}{\lambda_c}\cos(\Omega t + \theta)\right]\cos(\omega_c t) \tag{4-18}
\end{aligned}
$$

式(4-18)的计算利用了 $\lambda_U \approx \lambda_L \approx \lambda_c$,$\lambda_c$ 为载波波长,且假设 $E_{Um} = E_{Lm} = E_{m1}$。

可以看出,同步旋转 USB、LSB 的结果是产生出了 30Hz 可变相位信号,这是多普勒效应的贡献,而 30Hz FM 信号是对副载波调频的,调频指数为 $2\pi R/\lambda_c$。

最后,我们便得到 DVOR 信标在 θ 方向的辐射场 $e(t)$ 为

$$
\begin{aligned}
e(t) &= e_0(t) + e_{UL}(t) \\
&= E_m\{1 + m_A\sin(\Omega t) + m_B\cos[\Omega_s t - m_f\cos(\Omega t + \theta)] + m_C g_m(t)\}\cos(\omega_c t) \tag{4-19}
\end{aligned}
$$

式中,$E_m = E_{m0}$,$m_B = 2E_{m1}/E_{m0}$,$m_f = 2\pi R/\lambda_c$。

3) 边带天线的馈电

对于图 4.10 所示的边带天线馈电,我们知道,某一天线接通辐射信号的时间是 1/1440s,在该时间内,天线馈入的是等幅的上边带或下边带,这时天线的辐射场必然会出现这样的现象,即在天线接通和关闭瞬间,必然会出现辐射场的过冲(或能量跳变),这就有可能产生新的频率分量,出现寄生调制,使辐射的边带信号失真。解决这一问题可采用的方法是,在天线接通瞬间,馈入天线的信号为零,然后在天线接通期间,馈电逐渐增大,在天线接通时间的一半时刻,馈电达到最大,然后又逐渐减小,在天线关闭瞬间,馈电为零。显然,这时在天线接通和关闭瞬间,由于天线的馈电均为零,就不会出现辐射场的过冲。因此,馈入边带天线的上边带或下边带就不能是等幅的,而必须将混合函数对上边带和下边带进行调制,然后再馈入天线。

混合函数是频率为 720Hz 的周期信号,它包括奇混合函数和偶混合函数,这两种混合函数的表达式为

$$
\begin{aligned}
f_o(t) &= \sin^2(1440\pi t) \\
f_e(t) &= \cos^2(1440\pi t) \tag{4-20}
\end{aligned}
$$

式中,$f_o(t)$、$f_e(t)$ 分别表示奇混合函数和偶混合函数。

图 4.13 给出了奇、偶混合函数的波形。可以看出,它们在时间上错开 1/1440s。当奇混合函数逐渐增大时,偶混合函数逐渐减小,一旦奇混合函数增大到最大值,偶混合函数就

变为零;当奇混合函数逐渐变小时,偶混合函数逐渐增大,一旦奇混合函数为零,偶混合函数则取最大值。另外,我们注意到 $f_o(t) + f_e(t) = 1$,通过后面的分析知道,这样便能使边带天线在空间辐射场的叠加结果保持幅度恒定。

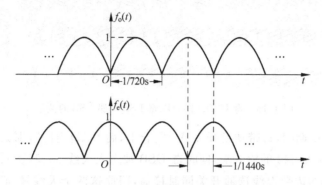

图 4.13　奇、偶混合函数的波形

图 4.14 给出了 DVOR 边带发射机的框图及边带天线的馈电方式。对应图 4.10 中的"开关网络",它包括图 4.14 中的八个边带切换开关 A_1、B_1、C_1、D_1、A_2、B_2、C_2、D_2 及 48 个边带天线选通开关。

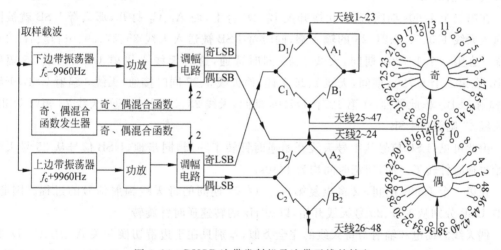

图 4.14　DVOR 边带发射机及边带天线的馈电

我们将 48 个边带天线分为两组,即奇数天线组和偶数天线组。奇天线包括天线 1、3、5、…、45、47,共 24 个,偶天线包括 2、4、6、…、46、48,共 24 个。这里必须注意的是,每一个边带天线接通辐射场的时间是 $1/720$s,而不是 $1/1440$s。

奇混合函数送入调幅电路对下边带调幅,得到的调幅信号称为奇 LSB,同样,偶混合函数对 LSB 的调幅波称为偶 LSB,奇、偶混合函数对 USB 的调幅波分别称为奇 USB 和偶 USB。这里的调制度均为 1。奇 USB 和奇 LSB 被馈入奇数天线,而偶 USB 和偶 LSB 则被馈入偶数天线。单个天线被接通的时间为 $1/720$ s,而偶天线比它前面相邻的奇天线接通的时刻落后 $1/1440$s。

图 4.15 给出了奇 USB、偶 USB、奇 LSB 和偶 LSB 的波形。

下面以奇数天线为例来说明边带天线的馈电过程。

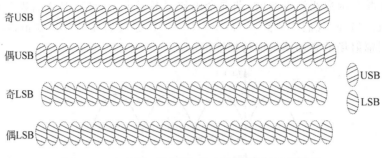

图 4.15　奇 USB、偶 USB、奇 LSB 及偶 LSB 的波形

在第一个 1/60s 期间,边带切换开关 A_1、C_1 合上,而 B_1、D_1 打开,那么奇 LSB 就被同时送入天线 1、3、5、…、21、23 的输入端,同时奇 USB 被送入天线 25、27、29、…、45、47 的输入端。相对圆心对称的边带天线选通开关同时接通,因此这两个天线被同时选通辐射信号。这样,在第一个 1/720s 期间,天线 1、25 同时选通,但天线 1 辐射 LSB,天线 25 辐射 USB;在第二个 1/720s 期间,天线 1、25 同时断开,而天线 3、27 同时接通,天线 3 辐射 LSB,天线 27 辐射 USB。依此类推,在第 12 个 1/720s 期间,天线 23、47 同时接通,天线 23 辐射 LSB,而天线 47 辐射 USB。

在第二个 1/60s 期间,边带切换开关 B_1、D_1 合上,而 A_1、C_1 打开,那么奇 USB 就被同时送入天线 1、3、5、…、21、23 的输入端,同时奇 LSB 被送入天线 25、27、29、…、45、47 的输入端。在第一个 1/720s 期间,天线 1、25 同时选通,这时天线 1 辐射 USB,天线 25 辐射 LSB;在第二个 1/720s 期间,天线 1、25 关闭,而天线 3、27 同时接通,天线 3 辐射 USB,天线 27 辐射 LSB。依此类推,在第 12 个 1/720s 期间,天线 23、47 同时接通,天线 23 辐射 USB,而天线 47 则辐射 LSB。

由此可见,LSB 信号从 1 号天线开始逆时针转了一周,同步地,USB 信号从 25 号天线开始也逆时针转了一周,所花时间均为 1/30s。

在第二个 1/30s 期间,又将重复第一个 1/30s 期间的奇天线辐射信号的过程。因此,LSB、USB 分别从 1 号、25 号天线开始,以 30Hz 的转速逆时针旋转。

偶天线的馈电和辐射与奇天线的完全类似,差别只在于边带切换开关 A_2、B_2、C_2、D_2 以及偶天线的选通时刻上:A_2、C_2 比 A_1、C_1 合上的时刻延迟 1/1440s,偶天线的选通时刻比它前面相邻的奇天线的选通时刻落后 1/1440s,例如,2 号天线比 1 号天线的选通时刻落后 1/1440s,4 号天线比 3 号天线的选通时刻落后 1/1440s。这样,LSB 就从 1 号天线开始,以 30Hz 的转速逆时针旋转,USB 同步地从 25 号天线开始,以 30Hz 的转速逆时针旋转。

图 4.16 给出了边带天线辐射场的情况。可以看出,单个天线辐射场的时间为 1/720s,而偶天线比它前面相邻的奇天线接通辐射的时刻落后 1/1440s,两个相邻的天线辐射存在 1/1440s 的重叠期,因此,尽管单个天线辐射的是被混合函数调制的边带信号,但相邻两个天线辐射场的叠加结果与单个天线辐射等幅的边带信号是完全一致的。

4) 载波、上边带与下边带之间的关系

我们知道,DVOR 信标的辐射场是调幅波,其中 30Hz AM 信号对载波的调幅是在机内实现的,而调频副载波对载波的调幅是在空间叠加而成的。如果我们只考虑边带天线馈入

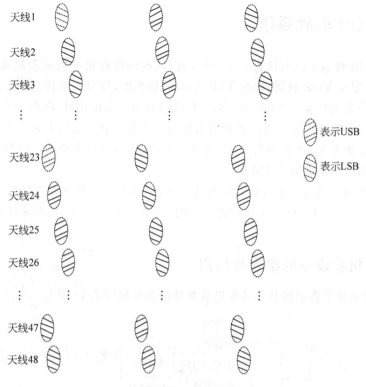

图 4.16 边带天线的辐射场

的是等幅边带信号,那么在某一瞬间,DVOR 信标有 3 个天线在同时辐射场:中央天线辐射调幅载波,相对圆心对称的天线一个辐射 LSB 信号,另一个辐射 USB 信号。我们要求这三个通过不同天线辐射的信号在空间叠加的结果是调频副载波对载波的调幅波,显然,上、下边带和载波之间一定要满足合成调幅波的条件,这就是:

(1) 频率关系:载波天线辐射的含有载波分量的载波频率为 f_c,一对边带天线辐射的上、下边带信号的频率一定分别是 $f_c + F_S$ Hz 或 $f_c - F_S$ Hz,其中 F_S 为副载波的频率,其标称值为 9960Hz。

(2) 幅度关系:首先上、下两个边带信号的幅度应该完全相等,其次二个边带信号的幅度与载波的幅度之间也应满足一定的关系,边带幅度与载波幅度的大小反映了式(4-12)中调制度 m_B 的大小。设边带信号的幅度为 V_{sm},则 $m_B = 2V_{sm}/V_{cm} = 30\%$,其中 V_{cm} 是载波的振幅。

(3) 相位关系:USB 超前(或滞后)载波的相位必须等于 LSB 滞后(或超前)载波的相位。

我们一般采用锁相环使辐射的载波、上边带、下边带之间满足所需要的频率和相位关系,图 4.10 和图 4.14 中从载波发射机取样的"取样载波",就是作为边带发射机锁相环路的基准信号的。载波、上边带与下边带之间的关系是 DVOR 信标一个非常重要的内容,有关这个问题我们将在 4.5 节介绍 VRB-51D DVOR 信标的边带信号产生器(SGN)时再作深入讨论。

4.4 VOR 机载系统

典型的 VOR 机载系统由接收天线、控制盒、甚高频接收机和指示器组成,其主要作用有三个,其一是定义 VOR 航道,接收 VOR 信标的辐射场,给出飞机偏离预定航道情况;其二是指示飞机是否飞越某一 VOR 台;第三是获得并指示飞机相对 VOR 台的磁方位(飞机磁方位)、飞机磁航向、VOR 台方位和相对方位角等方位信息。飞机上通常安装两套完全相同的 VOR,分别称为左 VOR 和右 VOR 系统。当然,作为飞行管理系统(FMS)的传感器之一,VOR 接收机的输出也馈往 FMS。

目前民航运输飞机装备的 VOR 接收机主要是 VOR-700 系列和 VOR-900 系列,其中 900 系列为新一代接收机,将在 4.6 节进行介绍,本节只介绍 VOR 机载系统的通用工作原理和过程。

4.4.1 机载设备的组成与功用

VOR 机载系统工作框图及与其他机载系统的关系如图 4.17 所示。

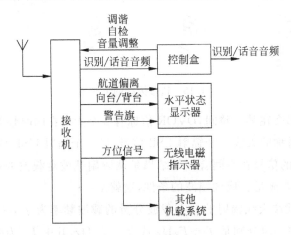

图 4.17 VOR 机载系统工作框图

VOR 接收天线与 ILS 的航向信标(LOC)机载天线是共用的,它是一种具有 50Ω 特性阻抗的全向水平极化天线,通常安装在飞机垂直安定面的顶部(见图 1.16)。VOR/LOC 接收天线如图 4.18 所示。

目前飞机上 VOR 控制盒是与 ILS、DME 共用的,其主要功能一是对机载 VOR 接收机调谐,可人工选择 108~117.95MHz 内间隔为 50kHz 的任一工作频率。当选定 LOC 频率时,与之配对的下滑信标(GS)接收频率即被自动选定;当选定 VOR 或 LOC 频率时,与之配对的 DME 接收频率也被自动选定。若 VOR 接收机用作 FMS 的传感器,则飞行管理计算机系统(FMCS)可根据存储的 VOR 台信息完成 VOR 接收机的自动调谐。控制盒的第二个作用是可分别对 VOR、ILS 和 DME 机载系统进行测试检查(自检),第三个作用是可对识别和话音信号音量进行控制。VOR 接收机输出的识别和话音送至飞机内话系统,驾驶员可选择监听键控的 1020Hz 识别音频,以确定所接收的信号来自哪个 VOR 台。

机载 VOR 接收机输出的航道偏离信号、向台/背台信号、警告旗信号以及方位信号送

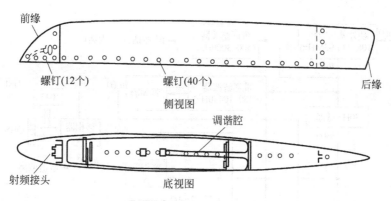

图 4.18　VOR/LOC 天线

入指示器。航道偏离信号表示飞机是否在预定的 VOR 航道上,向台/背台信号表示飞机是否飞越了某个 VOR 台,而警告旗信号实际上就是对 VOR 接收机进行完好性监视的结果。通常使用的指示器有无线电磁指示器(RMI)或无线电方位距离磁指示器(RDDMI)、水平状态指示器(HSI)或电子飞行仪表系统(EFIS)的电子水平状态指示器(EHSI)、导航显示器(ND),其中 HSI 和 EHSI 的主要显示界面和内容相同,因此这里讨论 VOR 信息显示时,有关航道偏离指示、向/背台指示以及警告旗指示以 HSI 为例进行说明,而方位指示以 RMI 加以说明。

VOR 接收机输出的方位信息还加入其他机载系统如飞行管理计算机(FMC)进行导航计算。

4.4.2　接收机的工作过程

VOR 接收机是 VOR 机载系统的主要组成部分,其工作框图如图 4.19 所示。

1. 工作过程与关键点信号

机载 VOR 天线接收 DVOR 信标的信号,获得的感应信号 $u(t)$ 为

$$u(t) = U_m\{1 + m_A\sin(\Omega t) + m_B\cos[\Omega_s t - m_f\cos(\Omega t + \theta)] + m_C g_m(t)\}\cos(\omega_c t)$$

$$(4\text{-}21)$$

该信号被馈入 VOR 超外差接收机。

超外差接收机通常是二次变频的外差式接收机,图 4.20 给出了典型的超外差接收机工作框图。

控制盒选择频率的五中取二码信号加到频率合成器,合成器输出与选择频率相对应的调谐电压和注入频率。调谐电压使调谐预选器的调谐范围为 $107.95 \sim 117.95\text{MHz}$,而注入频率作为第一混频器的本振频率,第一混频器输出 21.4MHz 的第一中频信号。

接收机的第一中放含有带宽 $\pm 15\text{kHz}$ 的晶体滤波器,滤除第一混频器产生的谐波和干扰信号。第二本振为频率固定的 21.5685MHz 晶体振荡器,混频后的第二中频为 168.5kHz。第二中频信号经放大后加到包络检波器。这样,包络检波器的输出 $u_1(t)$ 为

$$u_1(t) = U_{m1}\{1 + m_A\sin(\Omega t) + m_B\cos[\Omega_s t - m_f\cos(\Omega t + \theta)] + m_C g_m(t)\} \quad (4\text{-}22)$$

由于 VOR 台发射的信号可能存在 $\pm 10\text{kHz}$ 的变化,使第一中频和第二中频均发生变化,这样将使第一中频和第二中频信号分别不处在第一中放和第二中放的中心频率处,可能

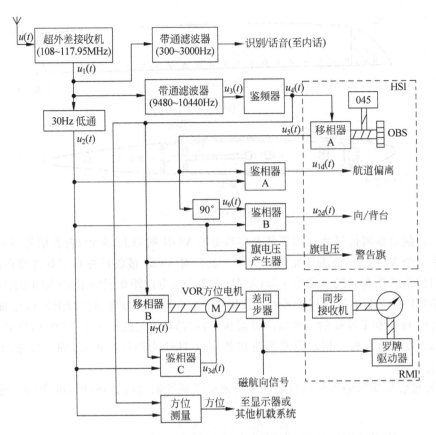

图 4.19　VOR 接收机工作框图

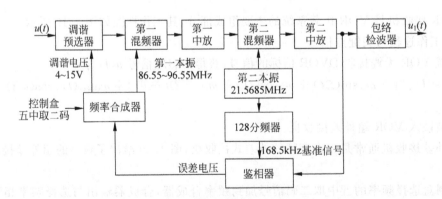

图 4.20　典型 VOR 超外差接收机

使这两个中放的输出严重衰减。为此,第二中频信号还加到鉴相器,鉴相器的基准信号来自第二本振经 128 分频之后的信号,鉴相器输出与这两个信号相位差成比例的误差电压。如接收信号频率比额定频率偏离 ±10kHz,误差电压便从 13V 下降到 4.4V。误差电压改变频率合成器的调谐电压,并控制频率合成器的压控振荡器(VCO),使调谐预选器的调谐频率和第一本振频率跟踪接收信号频率变化,这样可保证所接收的 VOR 载波频率处在接收机通频带的中心,并保持第二中频基本不变。

　　超外差接收机包络检波器的输出 $u_1(t)$ 通过 $300 \sim 3000\text{Hz}$ 带通滤波器取出键控的

1020Hz 识别音频(若使用音频功能,则该带通滤波器还含有音频输出信号),它被加入飞机内话系统。

包络检波器的输出 $u_1(t)$ 还加入截止频率 30Hz 的低通滤波器,该滤波器的输出便是 30Hz 基准相位信号 $u_2(t)$

$$u_2(t) = U_{m2}\sin(\Omega t) \tag{4-23}$$

中心频率为 9960Hz 的带通滤波器用于从 $u_1(t)$ 中取出调频副载波 $u_3(t)$

$$u_3(t) = U_{m3}\cos[\Omega_s t - m_f\cos(\Omega t + \theta)]$$

该调频信号经鉴频器后便输出 30Hz 可变相位信号 $u_4(t)$

$$u_4(t) = U_{m4}\sin(\Omega t + \theta) \tag{4-24}$$

这样,两个 30Hz 的导航信号就已经得到了。

2. 航道偏离指示

航道偏离指示用于告诉飞机是否在预定航道上,它由水平状态指示器(HSI)的航道偏离杆指示,而该偏离杆受鉴相器 A 输出的误差电压 $u_{1d}(t)$ 驱动。

30Hz FM 信号经移相器 A 后的输出 $u_5(t)$ 为

$$u_5(t) = U_{m5}\sin(\Omega t + \theta - \theta_{OBS}) \tag{4-25}$$

式中,θ_{OBS} 为移相器 A 的移相量,它受 HSI 中的全向方位选择器(OBS)控制。

鉴相器 A 对 30Hz AM 信号和 $u_5(t)$ 进行鉴相。假设为正弦型鉴相器,则鉴相器 A 输出的误差电压 $u_{1d}(t)$ 为

$$u_{1d}(t) = k_{1d}\sin(\theta - \theta_{OBS}) \tag{4-26}$$

式中,$k_{1d}>0$,θ 为飞机磁方位。

$u_{1d}(t)$ 就是 HSI 航道偏离杆的驱动电压。只有当 $u_{1d}(t)=0$ 时,航道偏离杆才处在中央位置,表示飞机处在预选航道上;一旦 $u_{1d}(t)\neq0$,则该偏离杆就要偏离,表示飞机不在预选航道上。

为了清楚阐明航道偏离杆对飞机是否在预定航道的指示,下面对 HSI 的功能及全向方位选择器(OBS)对预定航道的选定进行说明。

水平状态指示器(HSI)是一个组合仪表,它指示飞机在水平面内的姿态。HSI 的功能较多,我们将结合具体系统的应用分别介绍 HSI 涉及的功能。

HSI 指示器见图 4.21,它是一个 VOR 和 ILS 共用仪表。安装时,上标线对准机头方向。罗牌受地球磁场控制而转动。在 VOR 方式,航道偏离杆受鉴相器 A 输出的误差电压 $u_{1d}(t)$ 驱动(见图 4.19),指示飞机偏离预选航道的角度,每点 5°。航道选择钮用于选择 VOR 预选航道,航道(线)角用 θ_{OBS} 表示,该角度可以显示在航道数字窗口内,也可以由预选航道指针给予指示。向/背台指示器由鉴相器 B 输出的误差电压 $u_{2d}(t)$ 驱动,飞机在向台区飞行时,三角形向/背台指针指向机头方向,在背台区飞行时,则指向机尾方向。警告旗只有在相应输入信号无效时才升起,遮挡 HSI 的大部分显示画面。

我们知道,传统的 ATS 航路是由导航台和航路点之间的连线构成的。一个由 VOR 定义的航路可能设置了多个 VOR 台,如图 4.22 所示的航路,由四个 DVOR 台之间的连线构成。两个 VOR 台的连线构成一个航段,该航段的方向用一个航线角表示,如图 4.22 中,DVOR 1 和 DVOR 2 以及 DVOR 2 和 DVOR 3 构成的航段的航线角均为 θ_{OBS1},而 DVOR 3 与 DVOR 4 构成的航段的航线角为 θ_{OBS2}。HSI 中的全向方位选择器(OBS)实际上就是选

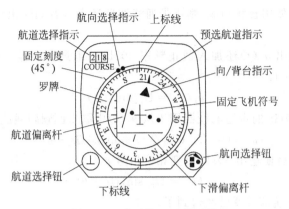

图 4.21 典型的 HSI 指示器

择计划飞行航段的航线角。在图 4.22 中，A、B 两点均为距离（频率）转换点。飞机在飞行 DVOR 1～DVOR 2 航段时，OBS 应设置为 θ_{OBS1}，在飞越频率转换点 A 后，DVOR 2 台为飞机服务，但航线角仍为 θ_{OBS1}，飞机保持该航线角飞向 DVOR 2 台。飞机飞行 DVOR 2～DVOR 3 航段的情况类似。在飞越 DVOR 3 台后，飞行 DVOR 3～DVOR 4 航段时，OBS 应设置为 θ_{OBS2}。这样，飞机一段接一段飞行，直到目的机场。

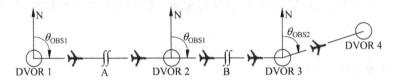

图 4.22 飞机沿 VOR 航路飞行

下面讨论航道偏离指示，参见图 4.23。假设通过 HSI 的全向方位选择器（OBS）选择了一个 VOR 航道 L_1，航线角 $\theta_{OBS}=\alpha$，且 L_1 与 L_2 垂直。现飞机处在 A～G 这七个位置，我们看看 HSI 的航道偏离杆将如何给出偏离航道的信息。

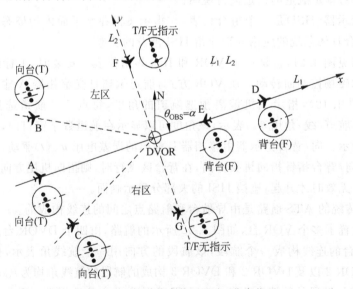

图 4.23 航道偏离指示和向/背台指示

飞机处在 A、E 和 D 这三个位置时,根据式(4-26),航道偏离杆的驱动电压 $u_{1d}(t)$ 均为零,因此航道偏离杆不偏,处在中央位置,也就是说,只要飞机处在计划航道上,航道偏离杆就不偏。

若飞机偏离了计划航道而在 B 点,由式(4-26)可得 $u_{1d}(t)<0$,航道偏离杆则要偏离,偏离的设计原则是,航道偏离杆总是往计划航道的所在位置偏离。为了说明问题的方便,以 DVOR 台为圆心建立直角坐标系,如图 4.23 所示。计划航道 L_1 将 DVOR 台所在的区域分成了左区和右区,其中第一、第二象限构成了左区,第三、第四象限则构成了右区。当飞机处在 B 点时,$u_{1d}(t)<0$,设计时使航道偏离杆往右区偏。如果是人工驾驶飞机,飞行员则按照航道偏离杆的偏离方向操纵飞机,使飞机切入到计划航道,直至航道偏离杆处在中间位置。当飞机处在位置 C 时,$u_{1d}(t)>0$,这时航道偏离杆则会偏向左区,为驾驶员操纵飞机给出相应的指示。

飞机处在 F 点和 G 点时,航道偏离杆的偏离分别与飞机处在 B 点和 C 点时的完全相同,只是偏离计划航道的度数不同而已。

由此可见,航道偏离杆表明了飞机是否在计划航道上。若飞机处在计划航道上,则偏离杆不偏而处在中间位置;若飞机偏离了计划航道,则航道偏离杆将给出相应的偏离指示。驾驶员根据航道偏离杆的指示操纵飞机,使飞机回到计划航道上,从而保证飞机沿计划航道飞行。

必须指出的是,航道偏离指示是与飞机的磁航向无关的,这可以从式(4-26)很容易看出。

3. 向/背台指示

向/背台指示表示飞机是否飞越了某个 DVOR 台,由 HSI 的向/背台指示器给出,而该指示器由图 4.19 的鉴相器 B 输出的误差电压 $u_{2d}(t)$ 驱动。

图 4.19 中,$u_5(t)$ 经 90°固定移相器后的输出 $u_6(t)$ 为

$$u_6(t) = U_{m6} \sin\left(\Omega t + \theta - \theta_{OBS} - \frac{\pi}{2}\right) \tag{4-27}$$

同样,假设鉴相器 B 为正弦型鉴相器,则其输出的误差电压 $u_{2d}(t)$ 为

$$u_{2d}(t) = k_{2d} \sin\left(\theta - \theta_{OBS} - \frac{\pi}{2}\right) \tag{4-28}$$

式中,$k_{2d}>0$。

仍以图 4.23 来说明向/背台指示。为了说明该指示的方便,定义向台区(To 区,简称 T区)和背台区(From 区,简称 F 区)。L_2 将 DVOR 台所在的区域分成向台区和背台区,其中直角坐标系的第二、第三象限构成了向台区,而第一、第四象限则构成了背台区。

若飞机处在向台区的 A、B、C 位置,根据式(4-28)可以得到 $u_{2d}(t)>0$,使 HSI 中的三角形向/背台指针指向机头方向,表示飞机在 T 区飞行。为了作图方便,在相应飞机符号旁边用字母"T"表示这种情况。飞机在 E 和 D 位置时,向/背台指针的驱动电压 $u_{2d}(t)<0$,则向/背台指针指向机尾方向,表示飞机在 F 区飞行,用字母"F"表示这种情况。

若飞机在位置 F、G,可以得到 $u_{2d}(t)=0$,这时向/背台指针无指示,也就是说既不指向 T,也不指向 F。可见,L_2 是 T 区和 F 区的分界线。

可以看出,向/背台指示给驾驶员提供了飞机是在向台区飞行还是在背台区飞行的信

息,也就是指示了飞机是否飞越了某个 DVOR 台。飞机朝着 DVOR 台飞行时,向/背台指针并不一定指向"T"(例如图 4.23 的 E 点),也就是说,向/背台指示的含义并不是表示飞机是朝着 DVOR 台飞还是背离 DVOR 台飞。同样,这种指示与飞机磁航向无关。

为了进一步说明 HSI 的向/背台指示,图 4.24 给出了一个例子。假设 VOR 的计划航道为 60°或 240°,图中给出了飞机 A、B、C 和 D 的飞行轨迹,它们通过 HSI 设置的计划航道分别为 240°、60°、240°和 60°,则向/背台指针的指示如图 4.24 所示,其中向/背台分界线与VOR 计划航道垂直。

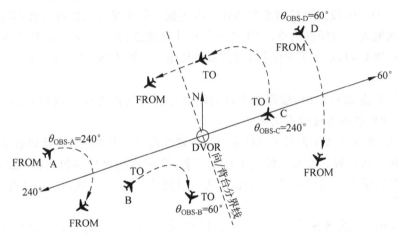

图 4.24　向/背台指示

4. 方位测量

我们知道,不论是航道偏离指示还是向/背台指示,它们都与飞机的磁航向无关。但是,确定飞机的航向是导航需要解决的三个基本问题之一。除航向外,还需获取其他角度信息。关于方位的测量,我们先阐述如何利用电磁指示器(RMI)来获得飞机的有关角度,然后再说明送至其他机载系统如飞行管理计算机(FMC)和数字显示器的方位的获取问题。

图 4.19 中,鉴频器输出的 30Hz FM 信号 $u_4(t)$ 加入移相器 B,其输出 $u_7(t)$ 为

$$u_7(t) = -U_{m7}\sin(\Omega t + \theta - \beta) = U_{m7}\sin(\Omega t + \theta - \beta + \pi) \tag{4-29}$$

式中,θ 为飞机磁方位,β 为移相器 B 的移相量,它受 VOR 方位电机 M 控制。

30Hz AM 信号和 $u_7(t)$ 送入鉴相器 C 进行鉴相,输出的误差电压 $u_{3d}(t)$ 为

$$u_{3d}(t) = k_{3d}\sin(\theta - \beta + \pi) \tag{4-30}$$

式中,$k_{3d} > 0$。

$u_{3d}(t)$ 控制 VOR 方位电机 M,而电机又控制移相器 B 的移相 β。当 $u_{3d}(t) = 0$ 时,电机停止转动,这时 $\beta = \theta + \pi$,显然 β 为 VOR 台方位。

电机 M 在控制移相器 B 的移相 β 的同时,也同步控制差同步器。差同步器还接收代表飞机磁航向的磁航向信号,这样,差同步器输出的信号便与相对方位角有关,该信号驱动RMI 指针,从而获得 RMI 接收 ADF 信号同样的指示,只是精度不同而已。因此,RMI 接收VOR 的信号,其指针与接收 ADF 信号产生的效果一样,将总是指向 VOR 台,这样,通过RMI,便可获取飞机磁航向、飞机方位角、VOR 方位角和相对方位角。

送到飞行管理计算机(FMC)和数字显示器的方位应该是数字信号,因此方位的测量应

该采用数字方式。

数字方位测量的基本原理是将 30Hz AM 信号和 30Hz FM 信号之间的相位差转换为一定频率的脉冲个数,通过计数器对这些脉冲计数,就可得到方位信息。图 4.25 给出了数字方位测量原理的实现框图和相应波形。

30Hz FM 信号和 30Hz AM 信号分别送入正弦-方波变换器,将正弦信号变成相应的方波。两个 30Hz 正弦信号之间的相位差为 θ(θ 为飞机磁方位),则变换之后两个方波之间的相位差也为 θ。30Hz FM 方波信号经 RC 微分电路和二极管限幅器,在每个 30Hz FM 方波信号的前沿产生起始计数脉冲,它加入 R-S 触发器的置位端(S)。同样,由 30Hz AM 方波信号上升沿产生的停止计数脉冲加到 R-S 触发器的复位端(R),这样,该触发器的 Q 端输出一个方波脉冲,其宽度直接与 θ 有关。

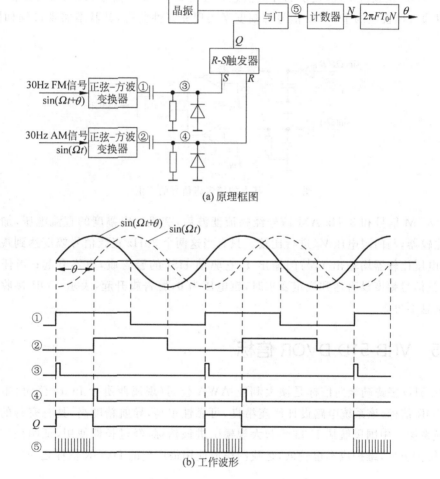

(a) 原理框图

(b) 工作波形

图 4.25 数字方位测量原理实现框图和相应波形

晶振电路产生频率为 F_0(周期为 T_0)的计数脉冲,它与 R-S 触发器输出的方波一起加到与门电路,与门便输出受该方波控制的计数脉冲,它被送入计数器进行计数。计数值 N 与方位 θ 的关系为

$$\theta = 2\pi F T_0 N \tag{4-31}$$

式中，F 为 30Hz，T_0 为晶振产生的计数脉冲的周期，N 为计数器的计数值，θ 为以弧度为单位的飞机磁方位。

图 4.25 测量的 θ 是飞机磁方位，通过相应处理还可获得 VOR 方位角。若 $0°\leqslant\theta\leqslant$ $180°$，则 VOR 方位角为 $\theta+180°$；若 $180°<\theta<360°$，VOR 方位角则为 $\theta-180°$。

5. 警告旗信号

警告旗信号实际上是对 VOR 接收机进行完好性监视的结果，而对 VOR 系统而言，机载接收机的完好性应该是涉及飞行安全最重要的指标，因为不论是人工还是自动驾驶，VOR 接收机的输出是操纵飞机的依据，一旦接收机输出信号的质量不满足规定要求，就必须在规定时间内给出相应的告警。在 VOR 机载系统中，HSI 中的警告旗是否升起则可以标志 VOR 接收机输出的相应信号是否满足要求。

对于 VOR 接收机来说，提供的导航信息直接与 30Hz FM 信号和 30Hz AM 信号有关，因此可以通过监视这两个 30Hz 信号的幅度来实现完好性监视，其基本实现过程如图 4.26 所示。

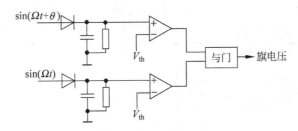

图 4.26　基本的警告旗信号的产生

30Hz FM 信号和 30Hz AM 信号经整流滤波后，变成一定幅度的直流电压，加到各自的幅度比较器，与门限电压 V_{th} 进行比较。只有当这两个 30Hz 正弦信号幅度达到规定要求时，两个电压比较器均输出 1，与门输出 1，它驱动 HSI 的警告旗，旗不升起；当任何一个 30Hz 正弦信号幅度没有达到规定要求时，旗电压为 0，警告旗升起，表示 VOR 接收机输出的导航信息不可靠。

4.5　VRB-51D DVOR 信标

VRB-51D 多普勒全向信标是澳大利亚 AWA 公司（现属西班牙 Indra 公司）生产的全固态 DVOR 信标，该系统电路设计严谨精良，可靠性很高，导航精度高，具有完善的监控告警和交换系统。中国民航从 1993 年起大规模引进该信标，经过长期使用，证明该信标可靠性很高，维护方便，维护成本也较低，是我国民航使用最广泛的 DVOR 信标之一。

4.5.1　系统组成

VRB-51D 单机系统主要包括一个机柜和 DVOR 天线系统。机柜主要包括载波发射机、边带发射机、监视器、控制器和电源；天线系统包括 49 个改进型的阿尔福特（Alford）天线（1 个载波天线，48 个边带天线）和一个折叠式偶极子天线。48 个边带天线以 7.5°的间距均匀布置在直径为 13.5m 的圆周上，载波天线置于圆周的圆心。所有的载波天线和边带天线置于直径 30.5m、离地面 3～5m 的地网上,而监视天线为偶极子天线,置于离中央天线 60～100m(常采用 80m)且相对 DVOR 台任意方位的地方。图 4.27 示意了机房、地网及天线系统的安装情况。

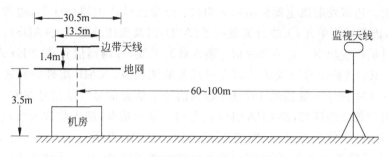

图 4.27　VRB-51D 信标安装示意图

VRB-51D 的机柜部分主要包括以下组件:数字万用表,测试单元(TSU),射频放大器监视器(MRF),副载波监视器(MSC),滤波器和识别信号监视器(MFI),方位计数器监视器(MBC),控制器和遥控单元接口电路(CLT),定时序列产生器(TSD),基准相位信号产生器(RPG),天线开关驱动器(ASD,共两个),边带信号产生器(SGN),边带切换单元(SCU),载波调制信号产生器与载波发射机保护电路(CMP),载波产生器和驱动器(CGD),边带调制器和放大器(SMA,共两个),电源控制开关(CCB),直流变换器(DCC),载波功率放大器(CPA)以及主电源。

另外,VRB-51D 系统还包括两个天线分配开关(ADS),它们一般安装在机柜正上方左右的天花板上,以及载波定向耦合器(CDC),监控信号分配器(MSD)和继电器单元(RLU)等。

4.5.2　VRB-51D 发射机

VRB-51D 多普勒全向信标的发射机包括载波发射机和边带发射机,其工作框图如图 4.28 所示。

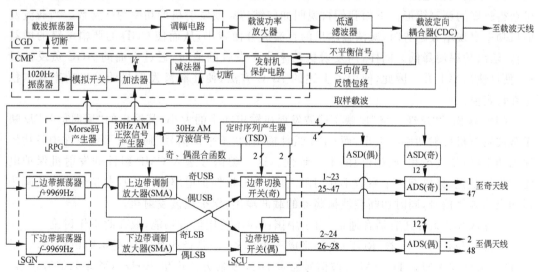

图 4.28　VRB-51D 系统发射机工作框图

载波发射机主要包括以下组件：载波产生器与驱动器(CGD)，载波功率放大器(CPA)，低通滤波器，载波定向耦合器(CDC)。另外，我们将载波调制信号产生器与载波保护电路(CMP)、基准相位信号产生器(RPG)和定时序列产生器(TSD)这三个组件也放在载波发射机范畴内讨论。边带发射机主要包括以下组件：边带信号产生器(SGN)，边带调制器和放大器(SMA)，边带切换单元，天线开关驱动器(ASD)以及天线分配开关(ADS)。

载波发射机产生功率一定的调幅信号馈入载波天线，该调幅信号是 30 Hz AM 信号、键控的 1020 Hz 识别音频信号以及话音信号对载波的调幅波。CMP 组件的减法器输出的是"直流＋30 Hz AM 信号＋键控的 1020 Hz 音频信号＋话音信号"，该信号在 CGD 组件的调幅电路中完成对载波的调幅，经 CPA 组件放大到一定的功率，馈入载波天线辐射。载波发射机输出功率的标称值为 54W(50W 机型)或 108w(100W 机型)。

CMP 组件的功能主要有两个，其一是产生载波调制信号，其二是对载波发射机的三个参数进行监视(这三个参数分别是，载波发射机的正向功率和反向功率，以及 CPA 组件的"不平衡"信号)，监视的结果用于控制载波发射机是否继续向载波天线馈电。

CMP 组件的 1020 Hz 振荡器产生连续的 1020 Hz 音频信号(正弦信号)，而基准相位信号产生器(RPG)组件产生的 Morse 码控制 CMP 组件中的模拟开关的导通或截止，当存在"点"或"划"时，模拟开关导通，而在传号之间、Morse 码的字母之间以及不存在 Morse 码时，模拟开关截止，显然模拟开关输出的便是键控的 1020 Hz 音频信号，它被送入加法器。加法器的另外两路输入是直流电压 V_r 以及 RGP 组件产生的 30 Hz AM 信号，这样加法器便输出"直流＋30 Hz AM 信号＋键控的 1020 Hz 音频信号"。CDC 组件输出的"反馈包络"，是 CDC 组件正向耦合的调幅波经检波的输出，显然它也包括"直流＋30 Hz AM 信号＋键控的 1020 Hz 音频信号"，这样 CMP 组件的减法器输出的就是载波的调制信号，它包括"直流＋30 Hz AM 信号＋键控的 1020 Hz 音频信号"。

CMP 组件为什么要采用两个信号之差来作为载波的调制信号呢？主要有两个原因，一是为了得到良好的调制线形，二是通过 AGC 反馈，使载波发射机的输出功率维持稳定。因为 CGD 中的调幅电路采用的是集电极调幅，而集电极调制特性只有在调制信号较小时才可获得较好的调制线形。下面我们再说明如何维持载波发射机的功率为一常数。当载波发射机功率出现增大趋势时，减法器输出的直流成分便减小，从而使 CGD 的调幅电路的增益降低，输出功率便降低。同样，当发射机功率小于设置的值时，通过上面的 AGC 负反馈过程，便可使功率上升。因此，使用了上述的 AGC 方法，便使载波发射机的输出功率基本稳定在设定值。

CDC 输出的"反馈包络"反映了载波发射机输出功率的大小，其输出的"反向信号"反映了载波发射机反射功率的大小，而 CPA 组件输出的"不平衡信号"则反映了该组件中各功放输出功率(包括大小和/或相位)的不一致性。这三类信号送入 CMP 组件的发射机保护电路中进行监视，只要有一个参数不在门限之内，发射机保护电路输出的控制信号将切断减法器输出的调制信号，同时切断载波振荡器的载波输出，保护载波发射机。

另外，CMP 组件还有话音通道，由于中国民航不使用话音功能，故在此不作讨论。

基准相位信号产生器(RGP)主要完成三个任务，一是产生所需的莫尔斯识别码，二是将 TSD 组件馈入的 30 Hz AM 方波信号通过 D/A 变换方式产生 30 Hz AM 正弦信号，三是在 VOR 与 DME 之间进行莫尔斯码的分配(图 4.28 中没有画出该功能)。

定时序列产生器(TSD)组件产生载波发射机和边带发射机所需要的所有时钟和功能信号。除时钟外,功能信号主要包括:30Hz AM 方波信号,奇、偶混合函数,两路反相的 30Hz 奇边带切换信号,两路反相的 30Hz 偶边带切换信号,4 路奇天线选通信号,4 路偶天线选通信号。

边带发射机的工作过程与图 4.14 所描述的 DVOR 边带发射机的工作是一样的,其主要功能是产生与载波之间满足一定幅度和相位关系的上、下边带信号,并将它们有序馈入边带天线。图 4.28 中的边带调制放大器(SMA)组件对应图 4.14 中的功放和调幅电路,SCU 组件中的奇边带切换开关、偶边带切换开关分别对应图 4.14 中的开关 A_1、B_1、C_1、D_1 和 A_2、B_2、C_2、D_2,奇 ADS、偶 ADS 分别对应图 4.14 中的 24 个奇天线选通开关和 24 个偶天线选通开关,而图 4.28 中的奇 ASD、偶 ASD 则产生选通这些开关的控制脉冲。

1. 载波发射机

1) 载波产生器与驱动器(CGD)

载波产生器与驱动器组件主要完成载波信号的产生、调制信号对载波的调幅以及对该调幅波进行初步放大等任务,该组件的工作框图如图 4.29 所示,主要包括载波振荡器、驱动放大器和功放等单元电路。

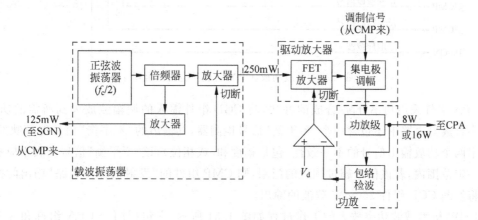

图 4.29 CGD 组件工作框图

正弦波振荡器采用的是皮尔斯振荡电路,其振荡频率为 $f_c/2$,f_c 为载波频率,它通过倍频器倍频后便得到载波信号。倍频器的输出分为两路,分别送至各自的放大器,其中 125mW 载波送入边带信号产生器(SGN)组件,用作 SGN 组件测试时的载波;另一路 250mW 的载波送入驱动放大器,这路载波受 CMP 组件的"发射机保护电路"产生的控制信号控制,一旦出现发射机正向功率过大或过小、发射机反向功率过大、CPA 组件产生的"不平衡"信号过大,该控制信号将切断放大器的电源,切断 250mW 载波,从而保护载波发射机。

驱动放大器包括 FET 放大器和集电极调幅电路两级。FET 放大器仍属于线性放大器。从 CMP 组件送来的调制信号(它包括"直流+30HZ AM 信号+键控的 1020Hz 识别音频")在调幅电路中完成对载波的调幅。调幅波被送入功放电路放大至 8W(50W 机型)或 16W(100W 机型),然后馈入载波功率放大器(CPA)组件。

功放单元电路中还包括一个包络检波器,其输出能反映 CGD 组件输出功率的大小。

为此,将该信号加至电压比较器,与门限电压 V_d 进行比较,一旦 CGD 组件输出的功率超过门限(20W),则电压比较器的输出将切断 FET 放大器的供电,使 CGD 组件无调幅波输出,从而保护载波通道。

可以看到,电路的设计充分考虑了对载波发射机的保护,这对于载波发射机安全可靠运行是非常必要的。

2) 载波功率放大器(CPA)、低通滤波器及载波定向耦合器(CDC)

载波通道的 CPA、低通滤波器以及 CDC 组件的工作框图如图 4.30 所示,图中所标的功率数值是针对 50W 机型而言的。

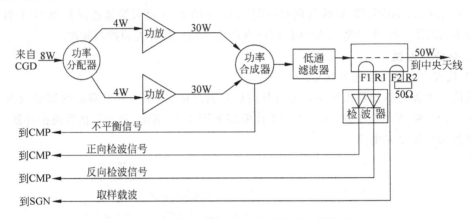

图 4.30　载波功放(CPA)与载波定向耦合器

CPA 组件采用功率分配-合成的办法,将 CGD 组件馈入的调幅波放大到所需的功率。在功率合成器电路中还包含一个"不平衡"信号检测器,其输出的"不平衡"信号能反映 CPA 组件中两个功放输出信号的不一致性(包括幅度和/或相位),该"不平衡"信号的大小应被控制在一定范围内,若该信号超过预置的门限,则 CMP 组件的"发射机保护电路"输出的控制信号将切断 CGD 组件 250mW 载波的输出。

100W 机型载波功率放大的工作过程如图 4.31 所示,它包括两个 CPA 组件和一个额外的功率分配器/合成器,这样就有三个"不平衡"信号,其中两个分别反映了 CPA1、CPA2 中两个功放输出的不一致性,而第三个"不平衡"信号则表征了 CPA1、CPA2 这两个组件输出功率的不一致性。

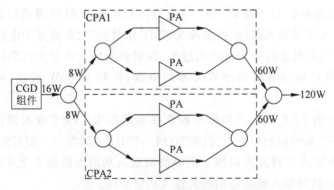

图 4.31　100W 机型 CPA 组件的结构

低通滤波器的作用是对放大器可能产生的 VHF 载波谐波或干扰进行衰减抑制,这里用的低通滤波器是切比雪夫低通滤波器,其截止频率为 125MHz,对载波二次谐波的衰减为 55dB。

从载波低通滤波器输出的信号经过 CDC 组件的主通道馈入中央天线,除主通道外,CDC 有四个耦合端口,即 F_1、F_2、R_1 和 R_2,其中 F_1、F_2 口是两个正向耦合端口,而 R_1 和 R_2 是反向耦合端口。F_1 口耦合的信号经过包络检波器后,送入 CMP 组件。该检波信号包括"直流＋30Hz AM 信号＋键控的 1020Hz 识别音频",它加入 CMP 组件的"减法器"(参见图 4.28)以形成对载波调幅的调制信号;同时,该检波信号能够反映载波发射机输出功率的大小,为此,它被送入 CMP 组件的"发射机保护电路"进行监视。对于 50W 机型,一旦载波发射机的输出功率小于 40W 或大于 60W,"发射机保护电路"输出的控制信号将切断载波振荡器中 250mW 载波输出(见图 4.29),从而保护发射机通道;而对于 100W 机型,启动正向功率保护电路工作的功率跳变点是 70W 或 120W。

CDC 组件的 F_2 端口耦合的调幅波被送入 SGN 组件,作为 SGN 组件锁相环工作的基准载波。R_1 端口耦合的反向信号经包络检波器检波后,被送入 CMP 组件的"发射机保护电路",用作对载波发射机反射功率的监视。引起反向功率保护电路工作的 VSWR 跳变点为 2.0∶1 标称值。CDC 的主通道馈入中央天线的标称功率是 54W(50W 机型)或 108W(100W 机型)。

3) 载波调制信号产生器与载波发射机保护电路(CMP)

CMP 组件的工作框图参见图 4.28,其工作过程也在对图 4.28 的描述的相关部分作了详细说明,这里仅对"1020Hz 振荡器"进行分析。

CMP 组件的 1020Hz 振荡器产生连续的 1020Hz 正弦信号,其实现框图如图 4.32 所示。

图 4.32　连续 1020Hz 正弦信号的产生

1020Hz 锯齿波发生器产生频率为 1020Hz 的周期锯齿波,根据傅里叶分析理论,该周期信号中,包含直流、1020Hz 基波以及 1020Hz 的各次谐波。1020Hz 锯齿波先通过电容 C 去除直流分量,再加入截止频率为 1020Hz 的低通滤波器,便可得到频率为 1020Hz 的正弦波信号。这种获取正弦信号的方法在导航系统中应用比较广泛。

图 4.33 表示的是 CMP 组件 1020Hz 振荡器的实现电路。其中 1020Hz 锯齿波发生器由 555 定时器 N_8、外接的电阻 R_{104}、R_{64}、R_{65}、R_{66}、RV_5 及电容 C_{27} 构成的多谐振荡器组成,C_{26} 为隔直电容,而 R_{60}、C_{25} 和运放 N_7 及其反馈电容 C_{22}、C_{23} 则构成了截止频率为 1020Hz 的低通滤波器。

为了说明 1020Hz 锯齿波发生器的工作过程,我们将 555 定时器 N_8 展开,得到图 4.34 所示的锯齿波发生器工作电路,其中虚框内为 N_8 的内部结构。

由 N_8 及其外围电阻、电容构成的多谐振荡器的工作实质,就是通过电容 C_{27} 的充电和放电,改变加到 N_8 内部两个电压比较器 V_1、V_2 上的比较电压,从而改变 V_1、V_2 的输出,控制 N_8 内部 RS 触发器的翻转,达到产生多谐信号的目的。图 4.34 中,$V_p = 10V$,它用作 C_{27}

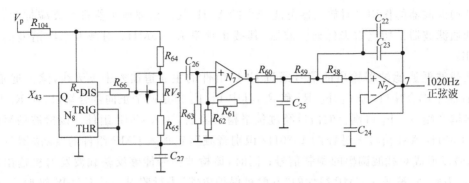

图 4.33　连续 1020Hz 正弦信号产生器电路

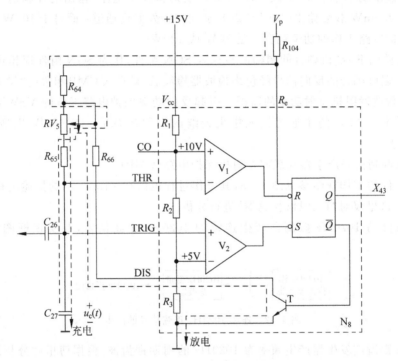

图 4.34　锯齿波发生器工作电路

的充电电压,并使 N_8 的复位端 R_e 接高电平。图 4.35 给出了这部分的工作波形,在表示 C_{27} 的电压 $u_c(t)$ 的波形时,为分析方便且不影响问题的实质,用直线表示 C_{27} 的充放电过程。

假设开始 $u_c(t)=0$,则 $R=1$,$S=0$,N_8:Q(即测试点 X_{43})为 1,N_8 的 T 管截止,V_p 通过 R_{104}、R_{64}、RV_5 及 R_{65} 对电容 C_{27} 充电,充至 5V 时,$S=1$,但由于 R 仍为 1,故 X_{43} 仍为 1;一旦 C_{27} 充到 10V,$R=0$,使 $X_{43}=0$,则 N_8 的 T 管导通,C_{27} 通过 R_{65}、RV_5、R_{66} 及 T 管到地放电(可见 R 上的 0 维持很短时间);一旦 C_{27} 放电到 5V,$S=0$(同样 S 上的 0 维持很短时间),导致 X_{43} 由 0 变为 1,T 管又截止,C_{27} 又处于如前所述的充电状态。这样,C_{27} 上的稳态波形就是一个锯齿波。

可以求得 $u_c(t)$ 或 X_{43} 的频率 F_m 为

$$F_m = \frac{1}{[2.6(R_{104}+R_{64})+3.3(R_{65}+RV_5)+0.69R_{66}]C_{27}} \tag{4-32}$$

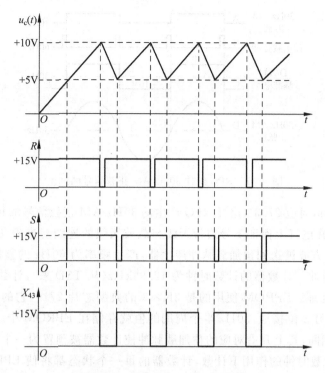

图 4.35 锯齿波发生器工作波形

因此，调整可变电位器 RV_5，便可改变 $u_c(t)$ 或 X_{43} 的频率，使其等于 1020Hz。

$u_c(t)$ 通过隔值电容 C_{26} 去掉直流分量，加到运放 $N_7:1$ 放大（电压增益为 2.4）。R_{60}、C_{25} 为一个 6dB/倍频的无源低通滤波器，由 $N_7:7$ 及其反馈电容 C_{22}、C_{23} 则构成了一个 12dB/倍频的有源低通滤波器，因此，$N_7:7$ 输出的就是该锯齿波的基波分量，即 1020Hz 正弦波。

4）基准相位信号产生器（RPG）

基准相位信号产生器的工作过程如图 4.36 所示。

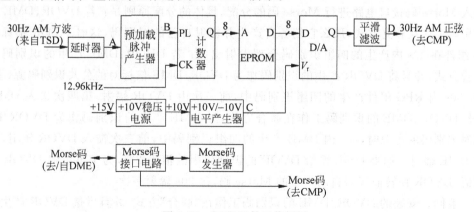

图 4.36 RPG 组件工作框图

我们先说明 RPG 组件由 TSD 送来的 30Hz AM 方波，通过 D/A 变换的方式产生 30Hz AM 正弦信号的过程，对应的波形如图 4.37 所示。

来自 TSD 组件的 30Hz AM 方波信号送到 RPG 组件的延时器进行延时，延时器的最

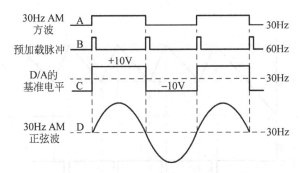

图 4.37   RPG 组件 30Hz AM 正弦信号的产生

大延时为 $2547.5\mu s$,对应 $27.3°$,这样 RPG 产生的 30Hz AM 正弦信号的相位便在一定范围内可调,其目的是在电气上保证 1 号边带天线与载波天线的连线对准磁化,减小方位误差。延时的 30Hz AM 方波被送到预加载脉冲产生器,产生频率为 60Hz 的预加载脉冲,它就是计数器的预加载脉冲。计数器的计数时钟为 12.96kHz(从 TSD 来),计数器的输出状态便作为 EPROM 的地址。EPROM 使用的是 $2K\times8$ 的典型芯片 2716,它的 11 位地址中的 8 位由计数器提供,另 3 位接地,30Hz 半个周期的值就存储在 EPROM 中。在 30Hz AM 方波信号的正半周期间,其上升沿对应的预加载脉冲使计数器被预置为一个初值,然后计数器便在 12.96kHz 计数时钟的作用下计数,计数器的每一个状态都将使 EPROM 输出其对应地址上的正弦值,再经过 D/A 变换变为相应的模拟值,并且在 30Hz AM 方波的正半周期间,D/A 变换器的基准电压 $V_r=+10V$,平滑滤波器输出光滑的 30Hz AM 正弦信号的正半周。一旦 30Hz AM 方波正半周的下降沿出现,其对应的预加载脉冲又使计数器被预置为一初值,计数器、EPROM、D/A 变换器又将重复上述同样的操作,只不过这时 D/A 变换器的基准电压 $V_r=-10V$,平滑滤波器输出的便是 30Hz AM 正弦信号的负半周。这样,通过 432 步,一个周期的 30Hz AM 正弦信号便产生出来了。

RPG 组件的 Morse 码发生器 30s 内共产生四组相同的识别码,即每 7.5s 产生一组,它被馈入 Morse 码接口电路进行 Morse 码的分配,具体的分配原则是:若 DVOR、DME 产生的识别码工作在独立方式,那么它们各自产生并辐射自己的识别码,这时 DVOR 信标便将 RPG 组件在 30s 内产生的四组识别码全部发射出去;若 DVOR、DME 产生的识别码工作在联合方式,并且将 DVOR 产生的识别码作为 DVOR/DME 信标对的公共识别码源(主源)时,在 30s 内 RPG 组件产生的四组识别码中,前三次由 DVOR 辐射,第四次送入 DME 辐射;若 DVOR、DME 的识别码工作在联合方式,且 DME 产生的识别码作为 DVOR/DME 信标对识别码的主源时,30s 内 DME 产生的四组识别码中,前三次馈入 DVOR 辐射,第四次由 DME 辐射。如果 DME 输给 DVOR 的识别码因故消失 23s,为了不影响 DVOR 辐射识别码,DVOR 便转而辐射自己产生的 Morse 码,每 30s 辐射三次。

一般同址安装的 DVOR/DME 的识别码工作在"联合"方式,并且常选 DVOR 产生的识别码作为主源。

5) 定时序列产生器(TSD)

TSD 组件的工作框图如图 4.38 所示。该组件使用石英晶体振荡器来产生 3.1104MHz 的脉冲信号作为主时钟,该信号经过由计数器组成的分频链多级分频,产生供 RPG 组件使用的时钟:662.08kHz、207.36kHz、12.96 kHz。另外,所产生的 30Hz AM 方波信号也送至 RPG 组件,在那里通过 D/A 变换方式变为 30Hz AM 正弦信号。

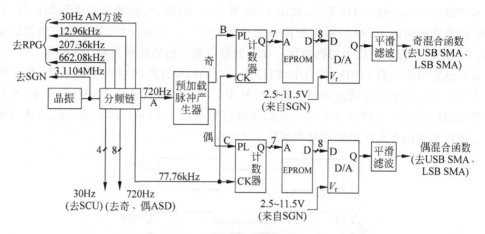

图 4.38　TSD 组件的工作框图

TSD 组件的一个重要功能就是产生奇偶混合函数,其工作思路与 RPG 组件将 30Hz AM 方波转化为 30Hz AM 正弦的过程类似,下面作简要说明,对应的工作波形如图 4.39 所示。

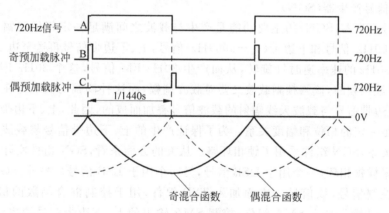

图 4.39　混合函数的产生

在图 4.38 中,分频链输出的 720Hz 信号加入预加载脉冲产生器,分别产生出奇、偶预加载脉冲,这两个脉冲序列均为 720Hz,但两者错开 1/1440s,这就导致了所产生的偶混合函数落后奇混合函数 1/1440s。两个 EPROM 中都存储了一个周期的混合函数值,它们是 2K×8 的 EPROM 典型芯片 2716。奇预加载脉冲送入计数器的预加载端 PL,一旦出现预加载脉冲,便使计数器预置一个初始状态,然后计数器在 77.76 kHz 脉冲的作用下计数,计数器输出的七位状态为 EPROM 提供地址(EPROM 的另外三根地址线均接地),这样对应一个地址,EPROM 便输出相应地址上存储的混合函数值,经 D/A 变换器变为模拟量,再经平滑滤波,便得到奇混合函数的一个值。由于奇预加载脉冲是以 1/720s 的周期重复出现的,因此就产生了周期为 1/720s 的奇混合函数。

偶混合函数的产生过程与奇混合函数的是完全类似的,它们所使用的硬件及其结构完全相同,只不过偶预加载脉冲落后于奇预加载脉冲 1/1440s,因此产生的偶混合函数落后于奇混合函数 1/1440s。

分频链还输出四路 30Hz 信号,如图 4.40 所示,它们是奇、偶边带切换控制信号,其中(a)和(b)两路反向的 30Hz 信号用于控制奇边带的切换,(c)和(d)两路信号控制偶边带的切换。可以看出,控制偶边带切换的信号比控制奇边带切换的信号落后 1/1400s。

分频链输出的八路 720Hz 信号中,四路送至奇 ASD,另外四路送至偶 ASD,用于分别选通奇、偶天线,每个天线被选通辐射场的时间为 1/720s。在这八路 720Hz 信号中,控制偶天线选通的四路信号比控制奇天线选通的四路信号落后 1/1440s,因此偶天线的选通时刻总比它前面相邻的奇天线的选通时刻落后 1/1440s。

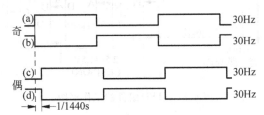

图 4.40 奇、偶边带切换控制信号

2. 边带发射机

1) 边带信号产生器(SGN)

边带信号产生器(SGN)的主要功能是产生与载波之间满足一定相位和幅度关系的上边带(f_c+9969Hz)信号和下边带(f_c-9969Hz)信号,上、下边带信号再送至边带天线,且绕边带天线以 30Hz 的速率逆时针旋转,从而产生 30Hz FM 信号,这个 30Hz FM 信号是对 9960Hz 副载波调频的,该调频副载波又要对载波调幅,而这种调幅的实现是在空间由分别辐射的上、下边带信号与载波天线辐射的载波信号叠加而成的,因此,上、下边带信号与载波之间必须满足一定的相位和幅度关系。为了保证产生的上、下边带信号与载波之间满足所需要的相位关系,SGN 组件采用了锁相环路。从大的方面来看,SGN 组件实际上就是两个标准的脉冲采样锁相环,一个用于 USB 信号,另一个用于 LSB 信号。另外,SGN 组件还产生边带电平控制信号,该信号一方面加入 TSD 组件,用于控制混合函数的最大值(参见图 4.38),另一方面还加入 SMA 组件,控制 SMA 输出的上、下边带信号功率。这样,通过调整边带电平控制信号,便控制了上、下边带信号的功率,从而使上、下边带与载波之间满足所要求的幅度关系。因此,通过对上、下边带相位和幅度的控制,便可使分别辐射的上、下边带与载波在空间合成一个调幅波。

为了透彻理解空间叠加形成调幅波的机理,下面回顾一下调幅波的基本性质。

若调制信号 $u_\Omega(t)=U_{\Omega m}\cos(\Omega t+\varphi_\Omega)$,载波为 $u_c(t)=U_{cm}\cos(\omega_c t+\varphi_c)$,则调幅波为

$$u(t)=U_{cm}[1+m_a\cos(\Omega t+\varphi_\Omega)]\cos(\omega_c t+\varphi_c) \tag{4-33}$$

式中,m_a 为调制度。

将式(4-33)展开得到

$$u(t)=U_{cm}\cos(\omega_c t+\varphi_c)+\frac{1}{2}m_a U_{cm}\cos[(\omega_c+\Omega)t+(\varphi_c+\varphi_\Omega)]$$

$$+\frac{1}{2}m_a U_{cm}\cos[(\omega_c-\Omega)t+(\varphi_c-\varphi_\Omega)] \tag{4-34}$$

由式(4-34)可以看出，一个标准调幅信号具有以下三个基本性质：

（1）频率关系：一个调幅信号有三个频率分量，一个为载波 ω_c，一个为上边频（以下称为上边带 USB）$\omega_c + \Omega$，另一个为下边频（以下称为下边带 LSB）$\omega_c - \Omega$。

（2）幅度关系：首先上、下两个边带信号的幅度应完全相等，其次两个边带信号的幅度与载波的幅度之间也应满足一定关系，边带幅度与载波幅度的相对大小反映了调制度 m_a 的大小。设边带幅度为 U_{sm}，则 $m_a = 2U_{sm}/U_{cm} \leqslant 1$。

（3）相位关系：USB 与载波之间的瞬时相位差为 $\Delta\varphi_1 = \Omega t + \varphi_\Omega$，而 LSB 与载波的瞬时相位差为 $\Delta\varphi_2 = -\Omega t - \varphi_\Omega = -\Delta\varphi_1$，也就是说，USB 超前（或滞后）载波的相位等于 LSB 滞后（或超前）载波的相位。

由调幅波的上述三个性质我们知道，如果通过发射机分别产生载波和上、下边带信号，这三个射频信号馈入三个靠得较近的天线发射，要使它们的空间辐射场合成一个调幅波，则载波和上、下边带信号应满足上面所述的调幅波的三个性质，缺一不可，也就是说，上面所述的调幅波的三个性质是三个频率信号能合成调幅波的充要条件。

我们还可以将调幅波用矢量来表示，这样能更直观了解调幅波的性质。为此，将调幅波的三个频率分量（ω_c，$\omega_c + \Omega$，$\omega_c - \Omega$）用矢量表示在以角速度 ω_c 作逆时针方向转动的平面内，如图 4.41 所示。图中 **OA** 表示长度为 U_{cm} 的载波矢量，**OB** 表示长度为 $0.5m_aU_{cm}$ 并以角速度 Ω 作顺时针转动的 USB 矢量，**OC** 表示长度为 $0.5m_aU_{cm}$ 并以角速度 Ω 作逆时针转动的 LSB 矢量，**OD** 为矢量 **OB** 和矢量 **OC** 的合成矢量。

图 4.41 清楚地表示，USB 矢量 **OB** 和 LSB 矢量 **OC** 对称分布在载波矢量 **OA** 两侧，且 $|OB| = |OC|$，所以 **OB** 和 **OC** 的合成矢量 **OD** 在任何瞬间都落在载波矢量 **OA** 上（与 **OA** 同相或反相）。这样，**OA**、**OB** 和 **OC** 三个矢量叠加后的调幅波矢量将是一个长度按调制规律在 **OA** 上、下变化的矢量，调幅波矢量的长度则代表了调幅波包络值的大小。

在 SGN 组件中，上、下边带振荡器产生的上、下边带信号 $u_U(t)$ 和 $u_L(t)$ 分别为

$$u_U(t) = U_{Um}\cos[(\omega_c + \Omega_s)t + \varphi_U]$$
$$u_L(t) = U_{Lm}\cos[(\omega_c - \Omega_s)t - \varphi_L] \tag{4-35}$$

式中，ω_c、Ω_s 分别代表载波角频率和副载波角频率，φ_U 和 φ_L 分别为 USB、LSB 相对载波的初相。

中央天线辐射的载波 $u_c(t)$ 为

$$u_c(t) = U_{cm}\cos(\omega_c t) \tag{4-36}$$

根据上面对调幅波的讨论，$u_U(t)$、$u_L(t)$ 和 $u_c(t)$ 在空间要合成一个调幅波，除了必须满足 $U_{Um} = U_{Lm}$ 之外，还必须使 $\varphi_U = \varphi_L$，这样代表上边带 $u_U(t)$ 的矢量 **OB** 与代表下边带 $u_L(t)$ 的矢量 **OC** 合成之后的矢量 **OD** 才会在载波矢量 **OA** 上，见图 4.42。若 **OD** 不在 **OA** 上（即 $\varphi_U \neq \varphi_L$），则 $u_U(t)$、$u_L(t)$ 和 $u_c(t)$ 三者合成后的"调幅波"将发生畸变，**OD** 偏离 **OA** 越大，畸变越大。

那么如何判断 φ_U 是否与 φ_L 相等呢？可以采用多种方法，SGN 组件采用的方法是将 $u_U(t)$、$u_L(t)$ 和 $u_c(t)$ 三者合成后的信号送至幅度检波器，检波信号加到示波器，作为判别 φ_U 是否等于 φ_L 的监视信号。将 LSB 再滞后 180°，得到矢量 **OC₁**，**OC₁** 和 **OB** 的合成矢量为 **OD₁**。如果 $\varphi_U = \varphi_L$，则 **OD₁** 一定与载波矢量 **OA** 垂直，**OD₁** 在 **OA** 上的投影为零，检波器输出的交流信号为零。若检波器输出的交流信号不为零，则说明 $\varphi_U \neq \varphi_L$，这时调整 USB 的相位 φ_U，直至检波器输出的交流信号为零，此时表示 $\varphi_U = \varphi_L$。

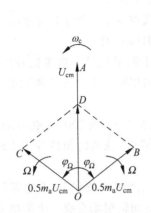

图 4.41 调幅波的矢量表示

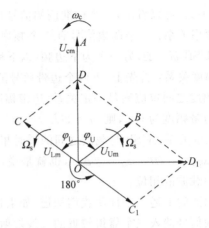

图 4.42 SGN 判断上、下边带与载波相位的方法

SGN 组件的工作可由图 4.43 示意。

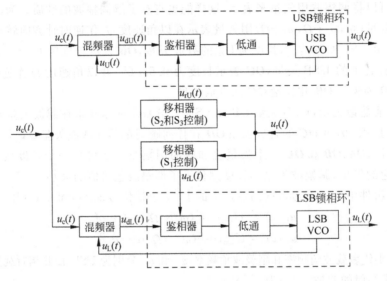

图 4.43 SGN 组件工作框图

SGN 组件实际上是由上、下边带两个锁相环组成的,组成 USB、LSB 两个通道的电路完全相同,工作情况类似。在图 4.43 中,$u_c(t)$ 为载波,在信标正常工作时,$u_c(t)$ 从载波定向耦合器(CDC)引入。$u_r(t)$ 为频率 9969Hz 的基准信号,它是由 TSD 组件输出的主时钟 3.1104MHz 经过一系列分频得到的方波序列。$u_r(t)$ 分为两路,一路经过由开关 S_2 和 S_3 控制的移相器送入 USB 锁相环的鉴相器,另一路则经过由 S_1 控制的移相器送入 LSB 锁相环的鉴相器中,只有当进行边带相位测试时(即测试 φ_U 是否等于 φ_L),S_1 才控制移相器的移相量为 180°。$u_U(t)$ 和 $u_L(t)$ 分别为上、下边带压控振荡器(USB VCO,LSB VCO)输出的取样(在实际电路中,$u_U(t)$ 和 $u_L(t)$ 分别是从边带调制器与放大器组件 SMA 的上、下边带耦合器取样得到的上、下边带信号)。

假定 USB、LSB 锁相环处于正常工作状态,则 USB VCO 和 LSB VCO 输出的上、下边带信号 $u_U(t)$ 和 $u_L(t)$ 分别如式(4-35)所示,且 $U_{Um} = U_{Lm}$。从载波定向耦合器引入的载波

$u_c(t)$ 如式(4-36)所示,则 USB 和 LSB 通道混频器的输出分别为

$$u_{dU}(t) = U_{dm}\cos(\Omega_s t + \varphi_U)$$
$$u_{dL}(t) = U_{dm}\cos(\Omega_s t + \varphi_L) \tag{4-37}$$

不影响问题分析实质,设基准信号 $u_r(t) = U_{rm}\cos(\Omega_s t)$,它经过相应移相器之后的信号为

$$u_{rU}(t) = U_{rm}\cos(\Omega_s t + \theta_U)$$
$$u_{rL}(t) = U_{rm}\cos(\Omega_s t + \theta_L) \tag{4-38}$$

式中,θ_U 受开关 S_2 和 S_3 控制;θ_L 受开关 S_1 控制,只有当测试 φ_U 是否等于 φ_L 时,S_1 才控制 θ_L 等于 $-180°$。

在理想情况下,通过 USB、LSB 锁相环之后,应有下面的关系

$$\varphi_U = \theta_U$$
$$\varphi_L = \theta_L \tag{4-39}$$

调整开关 S_2 和 S_3,使 $\theta_U = \theta_L$,则 $\varphi_U = \varphi_L$,这样上、下边带和中央天线辐射的载波在空间便能合成一个调幅波。

由上面的分析可以看出 SGN 组件工作的实质,即通过上、下边带两个锁相环路,使上边带混频器的输出 $u_{dU}(t)$ 在相位上锁定于基准信号 $u_{rU}(t)$,下边带混频器的输出 $u_{dL}(t)$ 在相位上锁定于基准信号 $u_{rL}(t)$,这样 φ_U 便能随着 θ_U 的变化而变化,φ_L 便能随着 θ_L 的变化而变化。通过 S_2 和 S_3 控制 θ_U,即可调整 φ_U,从而最终达到 $\varphi_U = \varphi_L$。

前面已提及,SGN 组件实际上就是涉及上、下边带的两个标准的脉冲采样锁相环,因此图 4.43 所示的 SGN 组件工作框图中,"鉴相器"采用的是采样保持鉴相器。图 4.44 为 USB 锁相环鉴相器电路(LSB 锁相环鉴相器电路完全一样),工作波形见图 4.45。

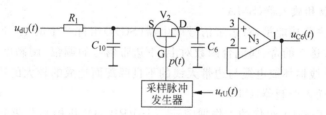

图 4.44　SGN 组件使用的采样保持鉴相器

USB 通道混频器的输出 $u_{dU}(t)$ 加入鉴相器,与 9969Hz 的基准信号 $u_{rU}(t)$ 进行鉴相。$u_{dU}(t)$ 输入由 R_1、C_{10} 组成的低通滤波器,以滤除高频杂波,使在取样和保持的切换瞬间输出不产生错误。工作于开关状态的 NMOS 管 V_2 就是采样器,保持电路则由电容 C_6 和电压跟随器 N_3 组成。$u_{rU}(t)$ 经采样脉冲发生器产生出采样脉冲 $p(t)$,它与 $u_{rU}(t)$ 具有相同的频率和相位。

采样脉冲 $p(t)$ 控制开关管 V_2 周期性地闭合和截止。在 $p(t)$ 处于 $+12V$ 高电平期间,V_2 管闭合,对应时刻的 $u_{dU}(t)$ 电压值便通过 V_2 管,对保持电容 C_6 充电,很快使 C_6 充至采样瞬间的正弦波电压值,从而完成了对 $u_{dU}(t)$ 的采样。而采样脉冲的高电平过后($p(t)$ 处于 $-12V$ 低电平期间),V_2 管截止,这样,C_6 左边为不导通的采样开关,右边是高输入阻抗的电压跟随器,在两个 $p(t)$ 脉冲期间,C_6 的电荷泄漏非常少,所以在采样间隔期间起到了电压保持作用,电压跟随器的输出 $u_{C6}(t)$ 即为该鉴相器的输出。

显然,鉴相器的输出 $u_{C6}(t)$ 取决于 $u_{dU}(t)$ 与 $u_{rU}(t)$ 之间的相位关系。图 4.45 给出了当

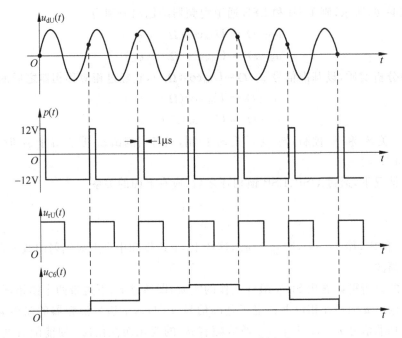

图 4.45　采样保持鉴相器工作波形

$u_{dU}(t)$ 与 $u_{rU}(t)$ 之间在频率和相位上均未锁定时，$u_{C6}(t)$ 随时间的变化情况，它是正弦型阶梯电压；一旦 $u_{dU}(t)$ 与 $u_{rU}(t)$ 在频率和相位上达到锁定状态，鉴相器的输出则为零，即 $p(t)$ 总是采样到 $u_{dU}(t)$ 的零值点处。

2）边带调制器和放大器（SMA）

SMA 组件的主要功能是，对边带信号产生器（SGN）组件产生的上、下边带信号进行放大，完成 TSD 组件送来的奇、偶混合函数对上、下边带信号的调幅（调制度为 1），同时，还能对诸如由于边带天线损坏或电缆与边带天线的不良匹配而造成的较大的边带反射信号进行检测，检测的结果送入控制器（CTL）。

图 4.46 给出了 SMA 组件的工作框图。一个 VRB-51D 机柜共有两个 SMA 组件，即上边带 SMA 和下边带 SMA，它们完全是一样的。在下面的叙述中，我们以上边带 SMA 为例。

从 SGN 组件产生的上边带信号馈入上边带 SMA 的驱动放大器进行放大，驱动放大器的输出一方面送入后续功能电路，同时加入峰值检波器。因峰值检波器的输出能反映驱动放大器输出功率的大小，因此将其送入比较器与预置的门限 V_d 进行比较，一旦大于 V_d，则比较器的输出切断驱动放大器，从而保护上边带发射机。

隔离器的作用是在驱动放大器和隔离器的后续电路之间提供隔离，并且在所有的加载状态下，能为驱动放大器提供一个满意的匹配阻抗。低通滤波器的截止频率为 125MHz，它对驱动放大器可能产生的 USB 信号谐波进行衰减抑制，对于 216MHz 的信号，衰减最小为 30dB。定向耦合器正向耦合端口耦合的 USB 信号加入 SGN 组件的上边带混频器，而其主通道的输出加入峰值检波器，经电压跟随器缓冲隔离后，送入测试单元（TSU）进行上边带功率的测量。

定向耦合器主通道的输出同时还加到另一个峰值检波器，其输出送入自动电平控制

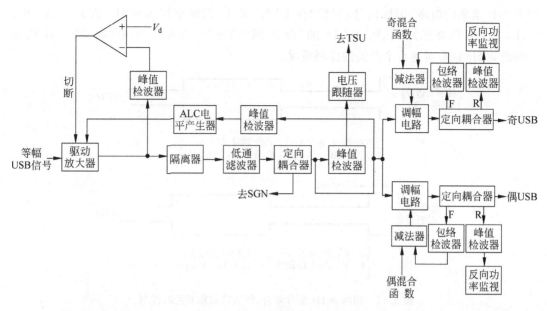

图 4.46 SMA 组件的工作框图

（ALC）电平产生器，产生的 ALC 电平用于控制驱动放大器的增益，从而维持上边带信号功率基本不变。其过程是：当驱动放大器输出的 USB 信号功率增大（或减小）时，ALC 电平减小（增大），驱动放大器的增益减小（增大），从而维持驱动放大器的输出稳定于设定值。

上边带 SMA 完成的一个重要任务是进行奇、偶混合函数对 USB 信号的调幅。由于奇、偶混合函数对 USB 信号调幅的实现过程是一样的，下面以奇混合函数对 USB 信号进行调幅为例来说明其实现过程。

对 USB 信号进行调制的调制信号的产生采用了与载波调制信号产生类似的办法。定向耦合器的正向耦合端（F）耦合的信号送入包络检波器，因此检波器的输出是奇混合函数，它与从 TSD 组件送来的奇混合函数同时加入减法器，减法器输出的差信号就作为 USB 的调制信号。因此，定向耦合器的主通道输出的便是奇混合函数对 USB 的调制波，我们称其为奇 USB。奇 USB 经过后面的开关网络（SCU、ASD、ADS）而被馈入奇天线，因此定向耦合器的反向耦合端口（R）的输出就是奇天线的反射信号，它由峰值检波器检波后被加入反向功率监视电路，监视的结果送入控制器（CTL）组件。

偶混合函数对 USB 调幅的信号为偶 USB，它经过开关网络后被馈入偶天线。同样，偶天线的反射信号也将在 SMA 组件中得到监视。

3）开关网络

开关网络包括边带切换单元（SCU）、天线开关驱动器（ASD）和天线分配开关（ADS）。在开关网络中，电路的设计是以"奇"和"偶"来划分的，奇电路服务于奇天线，偶电路服务于偶天线，而奇、偶电路则完全是一样的，不同的只是控制偶电路的控制信号总是比控制奇电路的落后 1/1440s。奇电路和偶电路都是由工作在开关状态的三级管或二级管构成的。

开关网络各部分的连接关系参见图 4.28，其工作过程已在对图 4.14 中的叙述中作了较详细的阐述。SCU 组件包含四个奇边带切换开关和四个偶边带切换开关，它们分别对应图 4.14 的开关 A_1、B_1、C_1、D_1 和 A_2、B_2、C_2、D_2，这两组开关的"合上"与"截止"完全受控于

TSD 组件送来的四路 30Hz 信号,它们"合上"与"截止"的频率均为 60Hz,偶开关 A_2、B_2、C_2、D_2 比对应的奇开关 A_1、B_1、C_1、D_1 的"合上"或"截止"时刻落后 1/1440s。图 4.47 给出了四路 30Hz 信号对这八个开关的控制情况。

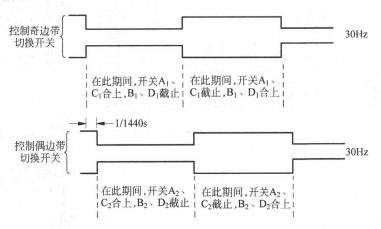

图 4.47   四路 30Hz 信号对奇、偶边带切换开关的控制

奇 ADS、偶 ADS 分别对应图 4.14 中的 24 个奇天线选通开关和 24 个偶天线选通开关,而这些选通开关的导通或截止则受控于相应的奇 ASD 和偶 ASD 输出的控制信号。以奇 ASD 为例,它主要由一个译码器组成。TSD 组件输出四路均为 720Hz 的信号,经奇 ASD 译码,它输出 12 路均为 60Hz 的脉冲信号,对其中任一路信号而言,在一个周期内单个脉冲的持续时间为 1/720s,一个脉冲同时选通相对圆心对称的两个边带天线,因此天线被选通而辐射 USB 或 LSB 的时间为 1/720s。偶 ASD 的工作过程完全与奇 ASD 相同,只不过它输出的 12 路 60Hz 脉冲信号比对应的奇 ASD 输出的要晚 1/1440s,因此造成了偶天线的选通时刻总比它前面相邻的奇天线的要晚 1/1 440s,而这正是所需要的。图 4.48 给出了奇、偶 ASD 输出的天线选通脉冲的时序。

这样,通过开关网络的作用,上、下边带便有序地被馈往边带天线:在开始时刻,天线 1 和 25 被同时选通,天线 1 辐射 LSB,大线 25 辐射 USB。经过 1/1 440s 后,天线 1、25 辐射的信号达到最大值,天线 2 和 26 同时接通,2 号天线开始辐射 LSB,26 号天线开始辐射 USB。经过 1/1 440s 后,天线 1 与 25 同时关闭,此时天线 2、26 的辐射达到最大值,同时天线 3、27 接通,3 号天线辐射 LSB,27 号天线辐射 USB,再经过 1/1 440s,天线 2 和 26 关闭,3 号和 27 号天线辐射信号达到最大值,……,如此进行下去,LSB 便对天线 1、2、3、……、46、47、48 轮流馈电,同时 USB 对天线 25、26、27、……、23、24 轮流馈电,从而模拟了边带信号 LSB、USB 逆时针绕直径 13.5m 的圆以 30Hz 的频率同步转动。两个相对圆心对称的天线是同时被选通的,若其中一个辐射 LSB(或 USB),另一个便辐射 USB(或 LSB),并且每一个天线辐射信号的时间为 1/720s,两个相邻的天线在辐射信号的时间上总是相差 1/1440s,它们辐射的信号也有 1/1440s 的重合时间,这样便能使天线在空间的辐射场的幅度比较平稳。

至此,我们已对 VRB-51D DVOR 信标的载波发射机和边带发射机的工作过程作了详细阐述,下面论述该信标监控器部分的工作原理。

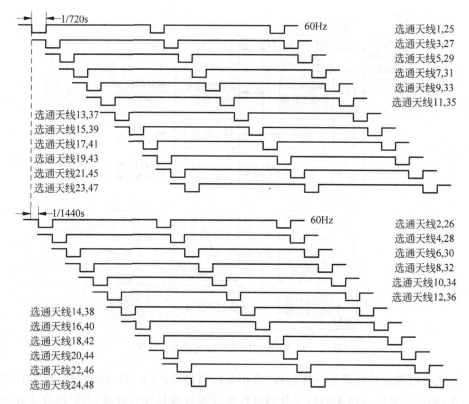

图 4.48　奇、偶 ASD 输出的选通奇、偶天线的选通脉冲

4.5.3　VRB-51D 监控器

VRB-51D 监控器完成对信标辐射场相关参数的监视,根据监视的结果,来实行对机柜的相关控制,如显示相关参数是否正常,是否换机或关机等。VRB-51D 信标的监视器和控制器的电路设计具有相对的独立性,监视器包括四个组件,它们是射频放大器监视器(MRF)、副载波监视器(MSC)、滤波器和识别信号监视器(MFI)以及方位计数器监视器(MBC),而控制器只包括控制器和遥控单元接口电路(CTL)这一个组件。

1. 监视器

图 4.49 是监视器的工作框图,所监视的参数主要有:30Hz AM 信号的电平,30Hz FM 信号的电平,调频副载波的电平,缺口,识别信号以及方位误差等。

VRB-51D 信标的监视天线接收的信标辐射场馈入监视器的 RF 放大器(MRF)组件。对于双机系统,监视天线接受的信号首先加入监视信号分配器(MSD),等分的信号再分别馈入 1 号机和 2 号机的 MRF 组件。

RF 放大器对接收的信标辐射场进行放大和检波,从而输出 DVOR 标准信号的包络,即

$$u(t) = U_m \{1 + m_A \sin(\Omega t) + m_B \cos[\Omega_s t - m_f \cos(\Omega t + \theta)] + m_C g_m(t)\} \quad (4\text{-}40)$$

式中,$g_m(t)$ 为键控的 1020Hz 识别音频,θ 在这里表示的是监视天线所在的方位角。

副载波监视器监视 30Hz AM 信号、30Hz FM 信号以及调频副载波的电平,另外它还对 DVOR 信标可能出现的一个非常重要的故障——调频副载波的缺口进行监视。有关信

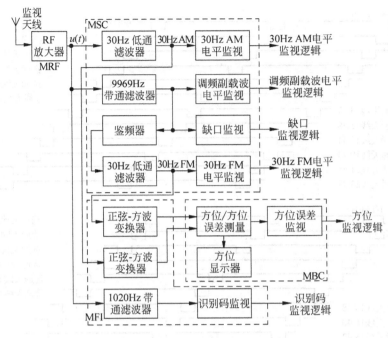

图 4.49　VRB-51D 系统监视器工作框图

号电平监视的电路设计原理是一样的,即将相关的信号从式(4-40)所示的复合 VOR 信号中挑选出来,然后再对挑选出来的信号分别进行整流滤波将其变为直流,最后该直流分别与设置的门限相比较,从而决定相关信号的幅度是否满足要求。该信标对某一参数的监视结果,用 **1** 表示该参数正常,**0** 表示故障。

如果至少有相对圆心对称的某两个边带天线损坏,例如天线 1 和 25 同时损坏,那么空间辐射场的调频副载波对应这两个天线辐射期间就会出现短时间内信号电平为零的现象,这就是所谓的副载波缺口。显然,缺口的存在将使机载 VOR 系统无法获得精确稳定的方位,因此必须对这种故障加以监视。一般来说,两个非径向对称天线的损坏不会导致缺口故障。

MFI 组件完成两个独立功能,一是监视信标辐射的 Morse 识别码是否正常,二是将 MSC 组件输入的 30Hz AM 正弦和 30Hz FM 正弦信号分别通过锁相环路变换为相应的方波,从而为方位计数器监视器(MBC)组件利用数字方式测量监视天线的方位,以及监视方位误差提供必要的数字方波输入。

MSC 组件送至 MFI 组件的两个 30Hz 信号为

$$u_{AM}(t) = U_{AMm}\sin(\Omega t)$$
$$u_{FM}(t) = U_{FMm}\sin(\Omega t + \theta)$$

(4-41)

式中,$u_{AM}(t)$、$u_{FM}(t)$ 分别表示 30Hz AM 和 30Hz FM 信号,而 θ 显然是监视天线的磁方位。

可见,30Hz FM 正弦与 30Hz AM 正弦的相位差就代表监视天线的磁方位,将它们分别转换成 30Hz 方波后,两个方波信号的相位差仍然代表监视天线的磁方位,MBC 组件就是通过测量这两个 30Hz 方波信号的相位差而获得监视天线的方位的,并且还能获得监视天线所在方位的方位误差,从而对该方位的方位误差进行监视。

各参数的监视结果送入控制器(CTL)组件,从而显示相关参数是否正常,是否换机或关机。

1) 射频放大器监视器(MRF)

MRF 组件实际上包括两部分,这就是 RF 放大器和电源。RF 放大器的作用如前所述,而电源则为监视器的所有组件提供必要的供电。图 4.50 是 MRF 组件的工作框图。

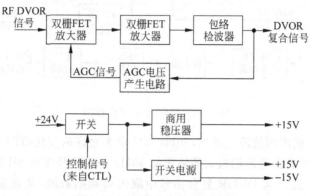

图 4.50 MRF 组件的工作框图

来自监视天线的 DVOR RF 信号馈入 MRF 组件的第一级双栅 FET 放大器,其增益可控,而第二级的双栅 FET 放大器增益固定。包络检波器的输出就是 DVOR 复合信号,如式(4-40)所示,它包括直流、30Hz AM 信号、调频副载波以及键控的 1020Hz 识别音频,该复合信号馈入 MSC 和 MFI 组件。

包络检波器的输出还加入 AGC 电压产生电路,得到的 AGC 信号控制第一级双栅 FET 放大器的增益,从而进行 AGC 控制。在输入 DVOR RF 复合信号电平变化较大的范围内(3~100mV RMS),AGC 系统将使包括检波器输出的 DVOR 复合信号的平均值接近一个恒定幅度。

MRF 组件的电源包括一个商用稳压器(723)和开关电源两部分。+24V 电压送入由三级管组成的开关电路,而控制器(CTL)组件送来的控制信号决定该开关是否导通,当该控制信号为 1 时,开关导通,+24V 电压同时加到商用稳压器和开关电源。商用稳压器输出的+15V 为该组件的 RF 放大器部分供电,而开关电源输出的+15V、−15V 则为 MSC、MFI 和 MBC 组件提供工作电源。

2) 副载波监视器(MSC)

MSC 组件完成 30Hz AM 信号电平、30Hz FM 信号电平、调频副载波电平以及调频副载波缺口的监视,下面先说明该组件的工作过程,然后对其中的一些实现电路进行分析,最后阐述调频副载波附加调幅的形成原因及其注意事项。

(1) MSC 组件的工作过程。MSC 组件的工作框图如图 4.51 所示。

DVOR 复合信号馈入 30Hz 低通滤波器,从而取出 30Hz AM 信号。MSC 组件中的三个放大器的增益都可通过相应的电位器而人工调节。30Hz AM 信号经整流滤波之后变为直流,送入电压比较器进行监视。在 DVOR 信标正常工作时,调整放大器增益,使整流滤波电路输出的直流为 1.0V。而电压比较器的上限为 1.2V,下限为 0.85V。只有当整流滤波器输出的直流大于 0.85V 且小于 1.2V 时,30Hz AM 电平监视逻辑才为 1,说明 30Hz AM

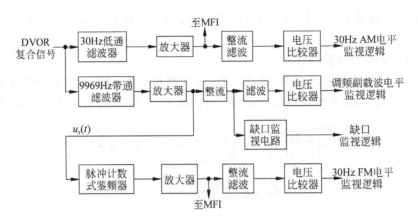

图 4.51　MSC 组件工作框图

信号电平正常,否则就出现故障。可见,30Hz AM 电平允许的变化范围为 +20% 和 -15%。另外,30Hz AM 电平监视通道的放大器输出的 30Hz AM 信号送至 MFI 组件。

9969Hz 带通滤波器从 DVOR 复合信号中取出调频副载波,从而进行其幅度的监视。监视过程的实现与 30Hz AM 信号电平监视的过程类似,只不过电平比较器的上、下限分别为 +1.15V 和 0.85V,所以调频副载波电平允许的变化范围为 ±15%。

调频副载波经过全波整流后还被送往缺口监视电路。当至少两个径向对称的边带天线损坏时,对应的调频副载波电平为零,因此,理论上判断调频副载波是否出现缺口的门限应为 0V,但实际上取为 0.5V。一旦出现缺口,过 0.47s 之后缺口监视逻辑为 **0**,从而进行缺口告警。

调频副载波还送往 30Hz FM 电平监视通道的脉冲计数式鉴频器,从而恢复出调制信号 30Hz FM。对 30Hz FM 电平的监视与对 30Hz AM 电平的监视完全一样,电压比较器的上、下限分别为 1.2V 和 0.85V,故 30Hz FM 电平允许的变化范围也为 +20% 和 -15%。

(2) 30Hz AM 电平的监视。由于对 30Hz AM 电平、30Hz FM 电平以及调频副载波电平的监视电路基本上是一样的,故下面只对 30Hz AM 电平的监视电路进行分析,图 4.52 为相应的实现电路。

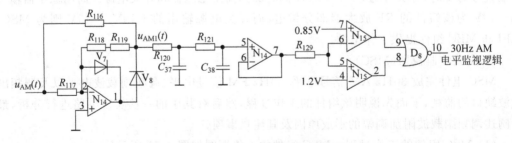

图 4.52　30Hz AM 电平监视电路

30Hz AM 信号 $u_{AM}(t)$ 加到由运放 $N_{14}:1$、二极管 V_7 和 V_8 以及电阻 $R_{116} \sim R_{119}$ 组成的全波整流电路,得到全波信号 $u_{AM1}(t)$。可以证明,若 $u_{AM}(t)$ 的振幅为 U_{AMm},则 $u_{AM1}(t)$ 的直流分量为 $2U_{AMm}/\pi$,因此,要监视 30Hz AM 信号的幅度,只要监视全波信号 $u_{AM1}(t)$ 的直流分量即可,后续处理电路正是根据这一思想而设计的。R_{120}、C_{37} 组成了一个低通滤波器,

R_{121}、C_{38}则构成了另一个低通滤波器,其中$R_{120}=R_{121}=221\text{k}\Omega$,$C_{37}=C_{38}=0.47\mu\text{F}$,因此这两个低通滤波器的$-3\text{dB}$截止频率均为$9.6\text{Hz}$,显然只有$u_{\text{AM}1}(t)$的直流分量能够通过。该直流经过由$N_{14}:7$构成的电压跟随器缓冲后,加到电压比较器$N_{15}:6$和$N_{15}:5$,分别与预置的门限($0.85\text{V}$和$1.2\text{V}$)比较,只有当该直流大于$0.85\text{V}$且小于$1.2\text{V}$时,或非门$D_8:10$的输出才为**1**,表示$30\text{Hz AM}$信号的电平正常,否则$D_8:10$输出**0**,表示$30\text{Hz AM}$信号电平故障。

(3) 调频副载波的鉴频。MSC组件使用了脉冲计数式鉴频器对调频副载波进行鉴频,从而恢复出30Hz FM信号。这种鉴频器的突出优点是线性很好,频带很宽,同时它能工作于一个相当宽的中心频率范围。图4.53表示的是该鉴频电路,其中$u_s(t)$表示调频副载波,$D_7:6$为时间常数$22.5\mu\text{s}$的单稳态触发器,$u_{\text{FM}}(t)$则为鉴频器输出的30Hz FM信号。电路的工作波形示于图4.54中。

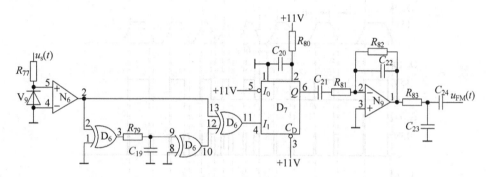

图4.53 脉冲计数式鉴频器

调频副载波$u_s(t)$送至电压比较器$N_6:5$,二极管V_9用作限幅器,它削去调频副载波的负值部分,$N_6:2$输出的便是对应调频副载波正值部分的脉冲(为简化作图,图4.54中,$N_6:5$的波形没有考虑V_9的PN结压降),其重复频率等于调频副载波的瞬时频率$F_s(t)$(对应的瞬时周期为$T_s(t)$)。$N_6:2$的输出送入异或门$D_6:13$,同时加入由$D_6:3$、R_{79}($15\text{k}\Omega$)、C_{19}(100pF)和$D_6:10$组成的延时网络(图4.54没有考虑$D_6:3$和$D_6:10$的器件延时;且假定当输入$D_6:9$的电平大于V_{th}时,便为CMOS的逻辑**1**,一般$V_{\text{th}}=5\text{V}$),$D_6:10$的输出即为$N_6:2$延时以后的脉冲,它送至异或门$D_6:12$,因此,$D_6:11$便输出一窄脉冲序列,对应$N_6:5$调频副载波的正过零点和负过零点各形成一个窄脉冲。$D_6:11$的输出再触发时间常数为$22.5\mu\text{s}$($R_{80}=6.81\text{k}\Omega$,$C_{20}=3300\text{pF}$)的单稳电路$D_7:4$,从而形成脉宽为$\tau$、脉幅为$A$的脉冲。显然,$D_7:6$输出脉冲的重复频率等于调频副载波瞬时频率的两倍,即$2F_s(t)$。这样,我们便将原始调频副载波变换成一个重复频率受到调制的矩形脉冲系列,其重复频率的调制规律与原始调频副载波的瞬时频率的调制规律相同。

设输入调频副载波的瞬时频率为$F_s(t)$,则

$$F_s(t)=\frac{1}{2\pi}\frac{\mathrm{d}}{\mathrm{d}t}\big[\Omega_s t-m_i\cos(\Omega t+\theta)\big]=F_s+\Delta F_m\sin(\Omega t+\theta) \tag{4-42}$$

式中,Ω_s、F_s分别为副载波的角频率和频率,Ω为30Hz FM信号的角频率,ΔF_m为调频波的最大频偏,$\Delta F_m=480\text{Hz}$。

设$D_7:6$输出的窄脉冲的幅度为A,脉宽为τ($A=15\text{V}$,$\tau=22.5\mu\text{s}$),则窄脉冲的平均分

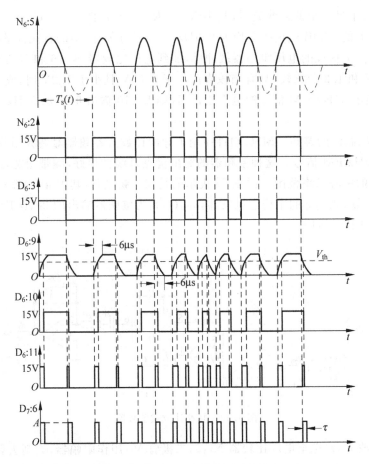

图 4.54 脉冲计数式鉴频器工作波形

量 $v_{av}(t)$ 为

$$v_{av}(t) = 2A\tau F_s(t) = 2A\tau F_s + 2A\tau \Delta F_m \sin(\Omega t + \theta) \tag{4-43}$$

可以看出，$v_{av}(t)$ 包含直流分量和 30 Hz FM 信号，因此将 $v_{av}(t)$ 通过隔直电容去除直流分量 $2A\tau F_s$，再通过 30 Hz 的低通滤波器便可得到 30 Hz FM 信号。图 4.53 后续处理电路正是这样实现的：$D_7:6$ 的输出先经过电容 C_{21} 隔直，去掉窄脉冲的直流成分，再通过由 $N_9:2$、C_{22}、R_{81} 和 R_{82} 构成的 30 Hz 低通滤波器，$N_9:1$ 的输出即为 30 Hz FM 正弦信号。

（4）调频副载波的附加调幅。我们知道，调频副载波的包络是等幅的，但当用示波器测量图 4.51 中由监视天线接收来的调频副载波 $u_s(t)$ 时，会发现调频副载波上存在 60 Hz 的附加调幅，如图 4.55 所示。

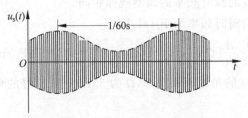

图 4.55 存在 60 Hz 附加调幅的调频副载波

　　造成调频副载波存在 60 Hz 附加调幅的原因主要有天线阵效应、寄生辐射效应和近场效应,其中近场效应是指监视天线离边带天线较近,监视天线接收到的边带信号强度随辐射边带信号的天线逆时针转动而发生变化,从而造成调频副载波上出现附加调幅。近场效应只有当监视天线离载波天线较近(一般不超过 1500 m)时才出现,且对附加调幅的影响很微弱,因此这里不予讨论。

　　先说明天线阵效应的影响。VRB-51D 信标的 48 个边带天线均匀布置在直径 13.5 m 的圆周上,相邻两个天线的间距 d 为 0.883 m,对于 108.00~117.95 MHz 频段,该间距能产生约 120° 的相移,如图 4.56 所示,其中 M 表示监视天线,A、O、C、M 四点在同一直线上,且 BD 与 AC 相互垂直。

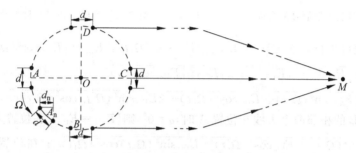

图 4.56　相邻边带天线辐射边带信号示意

　　我们以上边带为例来说明天线阵效应。馈入相邻的奇、偶天线的馈电分别为

$$i_{\mathrm{UO}}(t) = I_{\mathrm{m}}\sin^2(\Omega_1 t)\cos\left[(\omega_{\mathrm{c}} + \Omega_{\mathrm{s}})t\right]$$
$$i_{\mathrm{UE}}(t) = I_{\mathrm{m}}\cos^2(\Omega_1 t)\cos\left[(\omega_{\mathrm{c}} + \Omega_{\mathrm{s}})t\right]$$

(4-44)

式中,$i_{\mathrm{UO}}(t)$ 和 $i_{\mathrm{UE}}(t)$ 分别为馈入相邻的奇、偶天线的电流,ω_{c}、Ω_{s} 和 Ω_1 分别为载波、副载波和混合函数的角频率。

　　$i_{\mathrm{UO}}(t)$ 和 $i_{\mathrm{UE}}(t)$ 逆时针以 30 Hz 的频率旋转,在监视天线方向产生的辐射场 $e_{\mathrm{UO}}(t)$、$e_{\mathrm{UE}}(t)$ 分别为

$$e_{\mathrm{UO}}(t) = E_{\mathrm{Um}}\sin^2(\Omega_1 t)\cos\left[(\omega_{\mathrm{c}} + \Omega_{\mathrm{s}})t - \frac{2\pi R}{\lambda_{\mathrm{U}}}\cos(\Omega t + \theta)\right]$$
$$e_{\mathrm{UE}}(t) = E_{\mathrm{Um}}\cos^2(\Omega_1 t)\cos\left[(\omega_{\mathrm{c}} + \Omega_{\mathrm{s}})t - \frac{2\pi R}{\lambda_{\mathrm{U}}}\cos(\Omega t + \theta)\right]$$

(4-45)

式中,λ_{U} 为上边带的波长,Ω 为上边带逆时针旋转的角频率,θ 为监视天线的磁方位。

　　如果不考虑相邻两个边带天线的间距 d,则 $e_{\mathrm{UO}}(t)$、$e_{\mathrm{UE}}(t)$ 在监视天线 M 处将合成一个包络等幅的调频波,即

$$e_{\mathrm{U}}(t) = e_{\mathrm{UO}}(t) + e_{\mathrm{UE}}(t) = E_{\mathrm{Um}}\cos\left[(\omega_{\mathrm{c}} + \Omega_{\mathrm{s}})t - \frac{2\pi R}{\lambda_{\mathrm{U}}}\cos(\Omega t + \theta)\right]$$

(4-46)

　　若考虑相邻两个边带天线之间的间距 d,情况则发生了变化。用矢量 $\boldsymbol{E}_{\mathrm{UO}}$、$\boldsymbol{E}_{\mathrm{UE}}$ 分别表示 $e_{\mathrm{UO}}(t)$ 和 $e_{\mathrm{UE}}(t)$,它们的合成矢量为 $\boldsymbol{E}_{\mathrm{U}}$,代表 $e_{\mathrm{UO}}(t)$ 和 $e_{\mathrm{UE}}(t)$ 在 M 处的合成场 $e_{\mathrm{U}}(t)$,$\boldsymbol{E}_{\mathrm{UO}}$、$\boldsymbol{E}_{\mathrm{UE}}$ 的夹角为 α,$\alpha \in [0°, 120°]$,如图 4.57 所示。

　　显然,α 的大小取决于相邻两个辐射 USB 的天线与监视天线的相对位置关系。由图 4.56 可以看出,在位置 A 时,$\alpha = 0°$;随着辐射 USB 的两个相邻天线逆时针向位置 B 旋转,d 在监视天线方向的投影 d_{n}(在位置 A_{n} 时)将越来越大,α 也越来越大;到达 B 时,d_{n} 取最大值

d，α 也达到最大值 120°；在 B 到 C 的运动过程中，d_n 和 α 都将逐渐变小，在位置 C 时，$\alpha=$ 0°。后面由 C 到 D 以及由 D 到 A 的运动过程中，α 的变化类似。

由图 4.57 可以看出，随着 α 的逐渐增大，矢量 $\boldsymbol{E}_U$ 的模 $|\boldsymbol{E}_U|$ 将逐渐变小，也即 $e_{UO}(t)$ 和 $e_{UE}(t)$ 合成场 $e_U(t)$ 的幅度呈现图 4.58 所示的变化，可见 $e_U(t)$ 将不呈现等幅性质，而出现了 60Hz 的附加调幅。

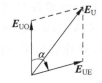

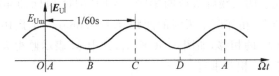

图 4.57　相邻上边带信号的合成　　　图 4.58　监视天线处的上边带幅度变化情况

上述结论也可进行数学推导。$|\boldsymbol{E}_{UO}|=E_{Um}\sin^2(\Omega_1 t)$，$|\boldsymbol{E}_{UE}|=E_{Um}\cos^2(\Omega_1 t)$，则

$$|\boldsymbol{E}_U|=\sqrt{|\boldsymbol{E}_{UO}|^2+|\boldsymbol{E}_{UE}|^2+2|\boldsymbol{E}_{UO}||\boldsymbol{E}_{UE}|\cos(\alpha)}$$

$$=\sqrt{E_{Um}^2\sin^4(\Omega_1 t)+E_{Um}^2\cos^4(\Omega_1 t)+2E_{Um}^2\sin^2(\Omega_1 t)\cos^2(\Omega_1 t)\cos(\alpha)} \tag{4-47}$$

当辐射 USB 的相邻两个天线在位置 A 时，$\alpha=0°$，则 $|\boldsymbol{E}_U|=E_{Um}$；在位置 B 时，$\alpha=120°$，$|\boldsymbol{E}_U|=\sqrt{E_{Um}^2\sin^4(\Omega_1 t)+E_{Um}^2\cos^4(\Omega_1 t)-E_{Um}^2\sin^2(\Omega_1 t)\cos^2(\Omega_1 t)}$；在位置 C 时，$\alpha=0°$，同样 $|\boldsymbol{E}_U|=E_{Um}$，由此得到图 4.58。需要说明的是，对于图 4.58，为说明主要问题并简化作图，没有画出相邻两个天线在 1/1440s 时间段内同时辐射 USB 时，$|\boldsymbol{E}_U|$ 随 t 的变化情况。

由此可见，当考虑天线阵效应时，旋转 USB 在监视天线处的辐射场 $e_U(t)$ 为

$$e_U(t)=E_{Um}\cos(\Omega_2 t)\cos\left[(\omega_c+\Omega_s)t-\frac{2\pi R}{\lambda_U}\cos(\Omega t+\theta)\right] \tag{4-48}$$

式中，λ_U 为上边带的波长，$\cos(\Omega_2 t)$ 为由于天线阵效应造成的 60Hz 附加调制信号，$\Omega_2=2\pi F_2$，$F_2=60$Hz。

同样，考虑天线阵效应时，旋转 LSB 在监视天线处的辐射场 $e_L(t)$ 为

$$e_L(t)=E_{Lm}\cos(\Omega_2 t)\cos\left[(\omega_c-\Omega_s)t+\frac{2\pi R}{\lambda_L}\cos(\Omega t+\theta)\right] \tag{4-49}$$

式中，λ_L 为下边带的波长。

中央天线的辐射场 $e_0(t)$ 为

$$e_0(t)=E_{m0}[1+m_A\sin(\Omega t)+m_C g_m(t)]\cos(\omega_c t) \tag{4-50}$$

式中，$g_m(t)$ 为键控的 1020Hz 识别信号。

由此得到监视天线 M 处的辐射场 $e(t)$

$$e(t)=e_0(t)+e_U(t)+e_L(t)$$

$$=E_m\{1+m_A\sin(\Omega t)+m_B\cos(\Omega_2 t)\cos[\Omega_s t-m_f\cos(\Omega t+\theta)]+m_C g_m(t)\}\cos(\omega_c t) \tag{4-51}$$

上式的计算利用了 $\lambda_U\approx\lambda_L\approx\lambda_c$，$\lambda_c$ 为载波波长，假设 $E_{Um}=E_{Lm}=E_{m1}$，且 $E_m=E_{m0}$，$m_B=2E_{m1}/E_{m0}$，$m_f=2\pi R/\lambda_c$。

由此可见，由于天线阵效应，调频副载波存在 60Hz 的附加调幅。

下面再阐述寄生辐射效应对附加调幅的贡献。

一般情况下，为说明主要问题，我们假设每个边带天线水平面的方向性图为圆形，但实

际上边带天线之间的寄生辐射总是或多或少存在的。与某一正在辐射边带信号的边带天线相邻的其他边带天线总会接收部分信号并再次辐射出去（即寄生辐射），从而改变了单个天线水平面的方向性图，使其不再为圆形。实际上，由于寄生辐射的存在，某一正在辐射边带信号的边带天线与其相邻的若干其他边带天线，共同产生了一个以边带天线阵的直径方向为长轴、以该辐射边带信号的天线为中心的类椭圆方向性图，图 4.59（a）表明了这种情况。

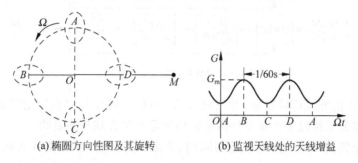

(a) 椭圆方向性图及其旋转　　　　(b) 监视天线处的天线增益

图 4.59　辐射边带信号的水平面方向性图及监视天线处天线增益的变化

辐射边带天线的椭圆方向性图以 30 Hz 的频率逆时针旋转，则在监视天线 M 处天线增益 G 的变化如图 4.59（b）所示。显然，G 的频率为 60 Hz，从而造成调频副载波上出现 60 Hz 的附加调幅。

天线阵效应和寄生辐射效应是造成调频副载波存在 60 Hz 附加调幅的主要原因，而该附加调幅的调制度是 DVOR 辐射场的一个重要指标，在校飞时，一定要由校飞飞机来最后检查测定。ICAO 要求，在离 DVOR 信标载波天线至少 300 m（1000 ft）处测量，附加调制度不应大于 40%。

这里必须提及，天线阵效应和寄生辐射效应造成的附加调幅与 VOR 接收机离 DVOR 信标的距离无关，天线阵效应引起的附加调幅几乎受制于边带天线的布置，不易减小它的附加调制度；而寄生辐射效应引起的附加调幅的强弱完全取决于边带天线间寄生辐射的程度，因此，严格修剪边带电缆以及保证边带通道的良好匹配是降低寄生辐射效应的关键，而这也是降低整个附加调制度的关键。

3）滤波器和识别信号监视器（MFI）

滤波器和识别信号监视器的工作框图如图 4.60 所示，该组件完成 Morse 识别码的监视，以及将 30 Hz FM 正弦信号和 30 Hz AM 正弦信号分别变换成相应方波这两个相互独立的任务。

DVOR 复合信号经过中心频率 1020 Hz 的带通滤波器，取出键控的 1020 Hz 识别音频，经放大，可送至遥控单元的扬声器，从而人工监视识别码。

键控的 1020 Hz 识别音频加到电压比较器，比较器的门限为 3V，从而得到键控的 1020 Hz 识别方波。Morse 码译码器恢复出信标辐射的点、划码，送入 Morse 码监视器进行监视。如果检测到大于 37s 没有出现有效的识别码，则识别码监视逻辑将变为 **0**，出现识别码告警。

MFI 组件采用了两个相同的锁相环路分别将两个 30 Hz 正弦信号变换为两个 30 Hz 方波信号，相比于用电压比较器将 30 Hz 正弦信号变成 30 Hz 方波信号这种简单方法，采用锁

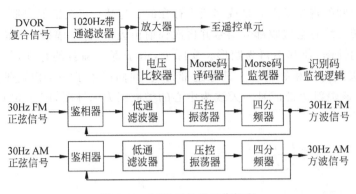

图 4.60　MFI 组件的工作框图

相环路,能使输出的方波信号稳定,并与输入的 30Hz 正弦信号存在固定的相位关系,这对提高整个监视器的工作稳定性和方位测量的精度是非常合理与必要的。

由于这两个锁相环的工作原理是相同的,下面只介绍将 30Hz FM 正弦变换为相应方波的锁相环的工作过程。

30Hz FM 正弦信号加入正交鉴相器,从四分频器送来的方波信号(在环路锁定时,该方波信号频率为 30Hz)也加入鉴相器,与 30Hz FM 正弦信号进行鉴相。鉴相器输出的误差电压经低通滤波器滤除高频成份后,就作为数字压控振荡器(VCO)的控制电压。经过锁相环路的负反馈作用,环路锁定时,VCO 的振荡频率为 120Hz,从而四分频器输出 30Hz FM 方波信号。

4)方位计数器监视器(MBC)

方位计数器监视器组件的功能是测量监视天线的磁方位和监视天线所在方位的方位误差,并且在数字方位显示器上以度数的形式显示测量结果;同时,它还对监视天线所在磁方位的方位误差进行监视,若误差超过了预置门限,将给出低电平的告警信号。

MBC 组件可以工作在"绝对"或者"相对"两种方式。工作在"绝对"方式时,方位显示器显示的是实际监视天线方位;而"相对"方式主要用于方位误差的检查,这时方位显示器显示的是监视天线方位的方位误差。

MBC 组件的工作可用图 4.61 的框图来表示。

MFI 组件输出的 30Hz AM 方波和 30Hz FM 方波分别加入"30Hz AM 偏置延迟电路"及"晶振和门电路"。30Hz AM 偏置延迟电路的功能是对 30Hz AM 信号的上升沿提供一个相位延迟。在绝对方式下,该电路不起作用,对应 30Hz AM 信号上升沿,30Hz AM 偏置延迟电路将给出一个下降沿;而在相对方式下,该电路将给 30Hz AM 信号上升沿提供 θ_{d1} 的相位延迟,这样,在出现一个 30Hz AM 上升沿后,经过 θ_{d1} 的延迟,延迟电路输出一个下降沿,该下降沿加至"晶振和门电路"作为关门信号。晶振和门电路包括一个振荡频率为 4.320MHz 的晶振电路及关门信号产生电路。30Hz FM 信号送至"晶振和门电路",其上升沿作为开门信号,使频率 4.320MHz 的信号通过,而"30Hz AM 偏置延迟电路"输出的下降沿则作为关门信号。因此,晶振和门电路输出 4.320MHz 脉冲的持续时间便取决于 30Hz FM 和 30Hz AM 这两个信号之间的相位差 θ,以及 30Hz AM 偏置延迟电路所设置的延迟 θ_{d1}。在"绝对"方式下,4.320MHz 脉冲的持续时间等于这两个 30Hz 信号之间的相位差 θ

（即监视天线的磁方位）；而在"相对"方式下，持续时间等于$\theta+\theta_{d1}$。另外，"晶振和门电路"中还有一个相位延迟控制开关（S6），它仅在"相对"方式下起作用，通过将这个开关置于$0°$或$180°$，便可将"晶振和门电路"输出的$4.320MHz$信号的持续时间在原来的基础上再减去$0°$或$180°$。

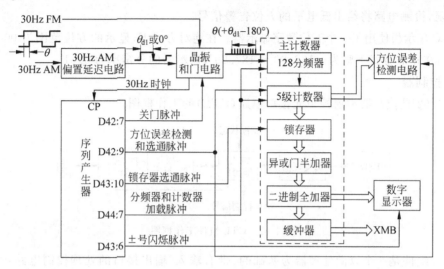

图 4.61　MBC 组件工作框图

"晶振和门电路"输出的经过门的开关作用的$4.320MHz$信号（以下简称"门控晶振信号"）送入主计数器进行计数。主计数器由128分频器、5级BCD计数器、锁存器、异或门半加器、二进制全加器及缓冲器组成。"门控晶振信号"首先经过128分频后加至5级BCD计数器，从而对脉冲进行计数。

序列产生器产生以下五种信号以控制MBC组件的顺序操作，这五种信号为：关门脉冲，方位误差检测和选通脉冲，锁存器选通脉冲，128分频器和5级计数器加载脉冲以及数字方位显示器的"＋"、"－"号闪烁脉冲。

晶振和门电路每关门一次，即每输出一次"门控晶振信号"，便要向序列产生器输出一个负脉冲，当输出32次门控晶振信号后，序列产生器将输出一个持续时间$73\mu s$的负脉冲（D42:7），从而关闭"晶振和门电路"，此时5级计数器中的内容即为对32次"门控晶振信号"的计数结果。在"绝对"方式下，计数器的内容等于30Hz FM和30Hz AM信号之间的相位差θ（即监视天线的磁方位）；在"相对"方式下则表示了监视天线所在方位的方位误差。在这种情况下，要进行一系列的操作：序列产生器产生一个锁存器选通脉冲（D43:10），从而使5级计数器的计数值进入锁存器；与此同时，还要输出一个"方位误差检测和选通脉冲"（D42:9），该脉冲加于5级计数器的后三级和"方位误差检测电路"；序列产生器产生的"＋"、"－"号闪烁脉冲（D43:6）加于方位显示板，以进行"＋"或"－"号的闪烁；稍后，D44:7输出一个"分频器和计数器加载脉冲"，以便对128分频器和5级计数器进行重新预置。完成这些操作后，再开始下一轮的对"门控晶振信号"的32次计数。

异或门半加器和二进制全加器组成了BCD码的"9补"电路，它仅在MBC工作在"相对"方式下起作用。在"相对"方式下，若5级计数器的最后一级的最高位为**0**，则"9补"电路不改变计数器的内容，计数器的值被送到数字显示器直接以正数的形式显示；而当5级计数器最后一级的最高位为 **1** 时,送到方位显示器的值为计数器内容的"9 补"值,以负数的形式显示。缓冲器的输出送至 XMB 插头,供扩展之用。

在"相对"方式下,5 级计数器的值为方位误差,它被送到"方位误差检测"电路。方位误差的门限由用户预置,步长为 $0.1°$,一直可预置到门限的最大值 $±0.9°$。若方位误差超出了预置门限,检测电路将给出低电平的方位告警信号。

MBC 显示板使用了一个五位数字显示器。在绝对方式下,显示的方位范围为 $000.00°\sim 359.99°$,在相对方式下则为 $-172.00°\sim 187.99°$,显示器的分辨率为 $0.01°$。

2. 控制器

图 4.62 是控制器和遥控单元接口电路(CTL)的工作框图。

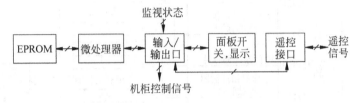

图 4.62 CTL 组件工作框图

CTL 组件是一个以微处理器为基础的、带有输入/输出接口的处理控制电路。通过输入口输入至 CTL 组件的信息主要有:

(1) 监视器各组件对信标辐射场参数的监视结果。监视的参数主要有:30Hz AM 信号电平,30Hz FM 信号电平,调频副载波的电平,缺口,识别信号,方位误差。另外,CMP 组件还对载波发射机的正向功率和反向功率进行监视,SMA 组件对边带发射机反向功率进行监视。若某一参数在规定的门限之内,该参数的监视结果为 **1**,否则为 **0**。这些监视结果都通过 CTL 组件相应的输入口输至该组件。

(2) CTL 组件前面板控制开关所处的位置信息。这些控制开关处在不同的位置将实行对机柜不同的操作,如决定信标是处在遥控状态、本地状态还是本地维护状态,决定信标是单机还是双机,在信标工作在本地方式时,控制信标是关机还是开机,等等。

(3) 遥控信号。遥控信号主要有开机、关机等,它们通过遥控接口电路输入至输入口。

(4) 机柜工作方式的预置信息。CTL 组件主板上有一个机柜工作方式预置开关,可对机柜的工作进行预置,例如信标是单机还是双机,本机柜是 1 号机还是 2 号机,是采用冷备份还是热备份等。

(5) 信标电源工作状态信息。有关信标电源工作状态的监视主要有:主电源是否正常,电瓶的充电电流是否正常等。

所有这些输入信号经 CTL 的输入口输入该组件,经中央处理器(CPU)和固化在 EPROM 中的控制程序处理,向机柜各有关组件发出各种控制信号,从而使机柜完成正确恰当的操作。另外,有关信标参数的仲裁结果也通过输出口驱动 CTL 组件前面板的 LED 指示器,以显示信标参数正常与否,这些信号也可通过遥控接口电路送至遥控单元,以驱动相应的 LED 指示器。

4.6 VOR-900 机载系统

VOR-900 机载设备主要包括无线电调谐控制板、天线、VOR-900 机载接收机、指示仪表和导航显示器。

4.6.1 机载 VOR 系统概述

飞机上安装有两套机载 VOR 系统,主要部分是甚高频全向信标/指点信标(VOR/MB-900)接收机,接收机具有 VOR 和指点信标接收机的功能。

1. 机载 VOR 系统组成

VOR 机载设备包括控制板、天线、VOR/MB 接收机和指示仪表,机载 VOR 系统的组成如图 4.63 所示。导航(NAV)控制面板向 VOR/MB 接收机提供人工调谐输入。共有两个导航控制面板,一个由机长使用,另一个由副驾驶使用。来自 VOR/LOC 天线的 RF 信号经过电源分配器,然后到达 VOR/MB 接收机。VOR/MB 接收机使用 RF 信号计算地面站方向,并解码台站莫尔斯识别信号和台站音频信号。接收机向无线电磁指示器(RDDMI)发送 VOR 方位,可使用 RMI 方位指针选择器选择 RDDMI 方位指针显示 VOR 或 ADF 地面站方位;接收机还向显示电子组件(DEU)发送 VOR 方位数据用于在 ND 上显示;接收机向音频综合系统的遥控电子组件(REU)发送台站音频和莫尔斯码台站标识符信号;接收机还向 FCC 发送 VOR 方位数据用于 DFCS VOR/LOC 模式的工作,方位数据同时送向 FMCS 作为无线电导航信号用于当前位置计算。

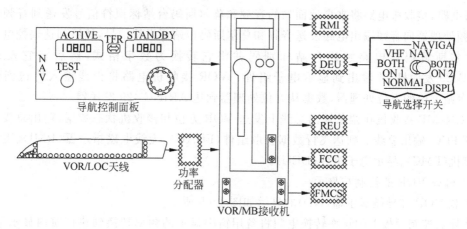

图 4.63 VOR 机载系统的组成

2. 机载 VOR 系统的功能

图 4.64 给出了机载 VOR 接收机的工作框图。

1) 机载 VOR 系统的工作

来自导航控制面板的频率调谐输入到达 VOR/MB 接收机内的一个 ARINC429 接收器,然后到达处理器,处理器将调谐输入送到频率合成器来调谐接收机电路。当调谐 VOR 频率时,控制面板向 REU 发送一个离散信号,REU 使用该离散信号选择 VOR 音频输入。当调谐 VOR 频率时,控制面板同时向 DEU 发送一个离散信号,DEU 使用该离散信号将

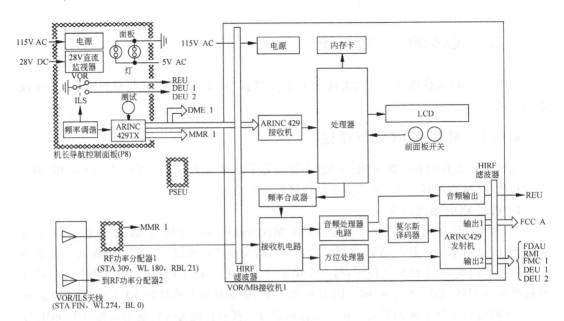

图 4.64　机载 VOR/MB 接收机工作框图

VOR 或 ILS 作为显示在机长和副驾驶导航显示器左下角的频率数据来源。处理器还向内存卡发送本系统的故障数据,来自 PSEU 的空/地离散信号输入用于禁止当飞机在空中时的 VOR 检测,接收机同时使用该离散信号用于飞行阶段计数。

　　来自 VOR/ILS 天线的 RF 输入信号经过电源分配器,然后到达 VOR/MB 接收机内的接收机电路,接收机电路将来自地面站的音频和莫尔斯码台站标识符信号发送到音频处理器,音频处理器向音频输出电路发送音频和莫尔斯码台站标识符信号,然后到达遥控电子组件。莫尔斯解码器电路解码台站标别码并将它转换为数字格式,然后将它发送到 ARINC429 发射机,并输出到显示电子组件。VOR 接收机电路将天线输入传送到计算 VOR 台站方位的方位处理器,数据从方位处理器到达 ARINC 429 发送器。

　　VOR/MB 接收机在两条输出总线上发送 VOR 方位和接收机状态数据,输出总线 1 到达同侧 FCC,输出总线 2 到达飞行数据获取组件(FDAU)、无线电磁指示器(RMI)、飞行管理计算机(FMC)、显示电子组件(DEU)。

　　2) 机载 VOR 的控制与显示

　　机载 VOR 在导航显示器(ND)的显示如图 4.65 所示。

　　在导航控制面板上的频率转换电门将备用窗中显示的频率转换到执行窗内显示,转换电门同时向 FCC 提供一个离散信号,当自动驾驶仪系统处于 VOR 模式且机组改变 VOR 频率时,FCC 使用该离散信号脱开自动驾驶仪。将 EFIS 控制面板上的模式选择器设定在 VOR 位即可在机长和副驾驶 EFIS 的 ND 显示器上显示 VOR 信息,当模式选择器在 VOR 位置且在导航控制面板上有一个有效的 VOR 频率执行时,VOR 提供的数据可以显示在 ND 上。机载 VOR 系统作为自动飞行控制系统的位置传感子系统,它的工作与飞行控制系统的使用密切联系。

　　数字飞行控制系统(DFCS)的方式控制面板(MCP)向显示电子组件(DEU)提供航道选择用于 VOR 的航道偏离和向背台指示的计算。

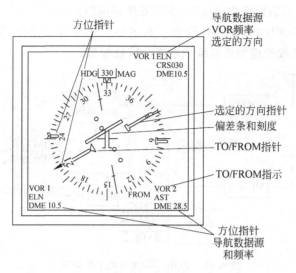

图 4.65　导航显示器上的 VOR 显示

音频控制面板（ACP）允许机组人员收听 VOR 台站音频或莫尔斯码台站标识符,使用 ACP 音量控制电门来选择想收听的 VOR/MB 系统。当语音/范围选择器在"语音"位时,只允许收听语音音频;在"范围"位时,允许收听台站莫尔斯码标识符;当选择器在"全部"位时,可同时收听语音音频和莫尔斯码台站标识符。

RDDMI 显示相对于飞机磁航向的 VOR 或 ADF 台站方位数据,将方位指针 VOR/ADF 选择器设定到 VOR 位,在方位指针 1 和 2 上显示 VOR 方位。

VOR 数据可以显示在机长和副驾驶显示器的 EFIS 的 ND 上,需要在 EFIS 控制面板上选择 VOR 模式并在导航控制面板上输入有效的 VOR 频率,在导航显示器上可显示出方位指针、偏差条和刻度、选定的方位指针、TO/FROM 指针和指示器、导航数据源和 VOR 频率,如图 4.65 所示。

4.6.2　VOR-900 的基本功能和工作原理

VOR-900 机载接收机提供 VOR 和 MB 接收机的功能,并将输出输送到飞行控制系统和显示系统。接收机提供如下的输出信号:

(1) 话音和台识别信号,加到音频集成系统（AIS）,供飞行员监听;

(2) 方位信号,输出到无线电磁指示器（RMI）和导航显示器（ND）驱动方位指针;

(3) 航道偏离信号,输出到导航显示器（ND）驱动航道偏离指针;

(4) 向/背台信号,驱动 ND 的向/背指示器;

(5) 旗警告信号,驱动 ND 上的警告旗;

(6) 输出自检信号到机载维护系统。

VOR/MB-900 导航接收机是全固态数字式甚高频全向信标和指点信标（MB）接收机,它包括一个 160 个 VOR 频道的 VOR 接收机和一个单通道的 MB 接收机。VOR/MB-900 有两个独立的功能,一是接收、解调和处理从 VOR 地面台发送来的信息,二个是收、解调和处理从 MB 地面台发送来的信息。

整个接收机的功能电路分为如下 6 部分,即连接模块、指示处理电路、电源供给电路、

VOR 接收机电路、指点信标接收机电路、维修处理器电路。

图 4.66 为 VOR/MB-900 的工作简图。其主要工作分为三部分，分别是 VOR 信号的接收处理、MB 信号接收处理和机载维护功能的信息处理。

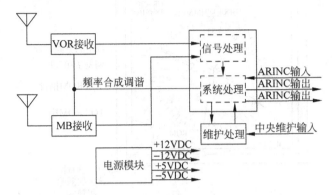

图 4.66　VOR/MB-900 的工作简图

VOR/MB-900 的主要性能特点为数字化输出电路和机载维护功能的全面应用，提供了全面的电子系统监视和自检。

VOR/MB-900 接收来自导航控制板或飞行管理计算机来的调谐信号，来自飞行控制系统方式选择面板或飞行管理计算机的航向选择或航道选择信号也通过数据总线输入到 VOR/MB-900 接收机，作为进行方位计算和航道偏离计算、向背台计算的输入。

现代民航飞机上的电子系统为数字式电子系统，数字显示代替了模拟显示。对于机载 VOR 系统，VOR 方位测量电路也采用数字方位测量电路。

VOR/MB-900 机载接收机的 VOR 接收模块的工作框图如图 4.67 所示，此部分电路主要包括射频部分、稳定的主振荡器或 SMO 部分、中频部分、音频部分和信号鉴别器部分。

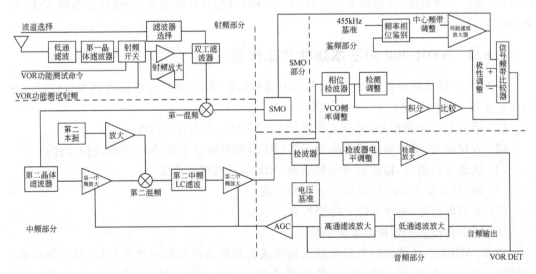

图 4.67　VOR/MB-900 接收机工作框图

射频部分从天线接收 VOR 射频信号并有条件被中频部分使用，它还提供了 VOR 功能测试所需的输入射频信号。这部分包括滤波电路、放大电路、一个射频开关和一个混频器。

SMO 部分提供了一个注入 VOR 接收器的第一混频器的本地振荡器频率。中频部分包含两个混频器、本地振荡器、晶体滤波器和两套中频放大器。音频部分由一个检波器、检波放大器、AGC 积分/放大器和音频带通滤波器(由高通和低通两部分组成)组成。信号鉴别器部分包括三个部分,即当前信号检测器、频率/相位鉴频器部分和带内信号检测器。

机载 VOR/MB-900 接收机的维修监控电路的功能与机载电子设备修理以及机载系统的维护和排故息息相关。维护处理器电路作为维护监管和存储电路,它通过接收来自各功能单元的串行数据,对本接收机进行维护管理并将故障数据存储,同时存储飞机的识别信息、飞机配置和维护过程控制字。

4.6.3 VOR-900 的自检功能

对于 VOR/MB-900 的自检可以通过接收机前面板启动也可通过驾驶舱内导航控制板启动。

按压接收机前面板的任一检测电门可开始 VOR/MB 接收机的检测,接收机执行内部接收机工作和它的接口检查,检测结果显示在接收机前面的指示灯上。

在驾驶舱内使用导航控制面板执行 VOR/MB 接收机检测时,机长导航控制面板执行 VOR/MB 接收机 1 的检测,副驾驶导航控制面板执行 VOR/MB 接收机 2 的检测。

执行 VOR/MB 接收机检测,需要设定下列控制:在导航控制面板执行频率显示窗内输入有效的 VOR 频率、在 DFCS 模式控制面板上设定选定的方向为 000、将 EFIS 控制面板上的模式选择器设置到 VOR 位、按压导航控制面板上的检测电门。

在 VOR 检测过程中,下列显示顺序显示在驾驶舱内:无效显示(VOR 指示旗)、无计算数据显示(偏差条不见)、检测显示(偏差条在中位)。图 4.68 为 VOR-900 自检显示的驾驶舱效应,从左到右依次为无效显示、无计算数据显示、检测显示。

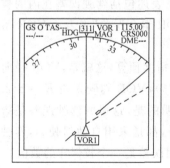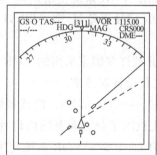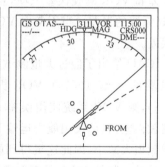

图 4.68 VOR-900 自检显示的驾驶舱效应

4.7 DVOR 系统测向精度

DVOR 系统的误差主要由设备误差和传播误差构成。随着技术的进步,设备误差越来越小,传播误差变成了影响 DVOR 测向精度的最主要因素,并且精确预测该误差比较困难。

4.7.1 ICAO 对 VOR 精度的要求

为了后面叙述的需要,先解释有关 VOR 测角误差的几个概念,即 VOR 径向信号误差、

VOR 机载设备误差、VOR 驾驶误差、VOR 组合误差及 VOR 系统使用误差。

VOR 径向信号误差是指 VOR 地面台空间测量点的标称磁方位,与该点处由 VOR 信号测得的磁方位之差,该误差涉及的误差源主要包括航道位移误差、大部分的台址误差和场地/地形误差,以及 DVOR 信标发射机随机噪声误差。VOR 径向信号误差只与信标台和场地有关,而与其他因素无关。

VOR 机载设备误差是指,机载 VOR 系统在将蕴含在相位差中的方位信息提取出来并加以显示时所产生的方位误差。该误差主要由 VOR 接收机和显示仪表引入。VOR 驾驶误差则是驾驶员不能将飞机精确保持在 VOR 径向线的中心或方位显示器显示的方位上而造成的误差。

VOR 组合误差是 VOR 地面台空间测量点的标称磁方位,与该点处利用规定精度的机载 VOR 设备所测量并显示的方位之差。VOR 组合误差实际上就是显示给驾驶员的方位误差,因此该误差由 VOR 径向信号误差和 VOR 机载设备误差构成,但不包括 VOR 驾驶误差。VOR 系统使用误差则是 VOR 径向信号误差、VOR 机载设备误差和 VOR 驾驶误差各自平方之和的均方根。

如果用 E_g、E_a、E_p、E_{ag} 和 E_{su} 分别表示 VOR 径向信号误差、VOR 机载设备误差、VOR 驾驶误差、VOR 组合误差以及 VOR 系统使用误差,并且精度以 95% 的概率表示,E_g、E_a、E_p 是相互独立的,则它们之间的关系为

$$E_{ag} = \sqrt{E_g^2 + E_a^2}$$
$$E_{su} = \sqrt{E_g^2 + E_a^2 + E_p^2}$$

(4-52)

ICAO 在"附件 10"中,将整个 VOR 系统的误差分为 VOR 径向信号误差、VOR 机载设备误差和 VOR 驾驶误差三项,且用"VOR 系统使用误差"来表述包括驾驶误差在内的整个 VOR 系统的误差。当不考虑 VOR 驾驶误差时,则可用"VOR 组合误差"来表示 VOR 系统的误差。

ICAO 给出了经过大量测试并被许多国家采用的 VOR 精度预算,这就是,VOR 径向信号误差 $E_g = \pm 3°(95\%)$,VOR 机载设备误差 $E_a = +3°(95\%)$,VOR 驾驶误差 $E_p = \pm 2.5°$(95%),则 VOR 系统使用误差 $E_{su} = \pm 5°(95\%)$。应该说明的是,这里的驾驶误差是指人工驾驶误差,目前民用航空运输飞机除了起飞和着陆阶段外,都是采用自动驾驶的,驾驶误差得到极大减小,因此这里得到的 $\pm 5°(95\%)$VOR 系统使用误差是一个较保守的数值。

另外,"附件 10"对只辐射水平极化波的 VOR 地面台精度的要求是在 $\pm 2°(95\%)$ 以内,该误差仅仅是地面台的设备误差,不包括传播误差。

下面就按照 ICAO 对 VOR 误差的分类,对相应误差源进行讨论。

4.7.2 DVOR 系统误差源

DVOR 是通过测量两个 30Hz 信号之间的相位差而获得飞机方位信息的,因此 DVOR 系统的误差分析就围绕影响相位差测量精度的因素而展开。

1. DVOR 径向信号误差

DVOR 径向信号误差主要由 DVOR 发射机误差、天线阵误差、极化误差和场地/地形误差组成。

我们知道,30Hz AM 信号是由载波发射机通道产生并由载波天线辐射的,因此,30Hz AM 信号产生电路的稳定性、发射机通道的噪声干扰将会使 30Hz AM 信号的相位产生随机抖动,影响到测角精度。

DVOR 信标的天线阵是产生测角误差非常值得注意的地方。我们从天线阵的安装和天线阵对辐射场的影响两方面进行说明。

我们知道,DVOR 的 1 号边带天线理论上应置于磁北,但磁北的测量及 1 号天线在安装过程中都会出现误差。假设实际安装的 1 号天线与磁北存在偏差 $\Delta\alpha$,可以证明,$\Delta\alpha$ 将直接反映在测角误差中(证明要求安排在本章练习题中,由读者自行完成)。因此,1 号天线的位置应通过相应技术精确测定。

有关天线阵对 DVOR 信标辐射场的影响已在 4.5 节对"边带信号产生器(SGN)"的有关介绍中作了深刻阐述,这里不再重复,只是再强调一下,即使是载波、上边带、下边带在分别馈入载波发射机、上边带发射机和下边带发射机时,满足这三者之间所要求的相位关系,也不可能保证天线系统辐射的载波、上边带和下边带之间在信标的任一方位上都满足要求的相位关系,从而对 30Hz FM 信号的相位产生影响,带来测角误差。

DVOR 信标要求辐射水平极化波,但信号在辐射及传播过程中会出现垂直极化分量。对机载 VOR 接收机而言,垂直极化波是一种干扰,将影响 VOR 的测角精度。ICAO 在"附件 10"中没有对垂直极化分量的最大允许幅度给出定量指标,只是要求"辐射的垂直极化分量应尽可能小"。目前通常采用飞行校验来确定极化误差对方位测量精度的影响,常用的三种方法是:

(1) 30°机翼摇动。使飞机保持固定方位向 DVOR 信标台做径向飞行,慢慢从+30°向-30°倾斜,测量飞机压坡度所遇到的极化误差,记录偏航指示器电流并将其转换为航道位移度数。

(2) 在地面检查点上空,让飞机每隔 45°平飞八种不同方位飞越规定的地面检查点,记录偏航指示器电流,将每个方位所指示的方位与飞机飞向信标台并飞越检查点所指示的方位相比较。

(3) 以 30°倾斜作圆周飞行。飞机首先朝向 DVOR 台飞越地面检查点,从该点开始保持 30°倾斜飞行一周,并记录偏航指示器电流,将其转换为地面检查点上空开始飞圆时指示方位的误差度数,从偏航误差中减去飞机相对于 DVOR 台的方位变化,再减去接收机误差,即为极化误差。地面检查点可选在离 DVOR 台约 33.4km(18NM)的某点。

DVOR 的场地/地形误差是 DVOR 系统最大的误差源。场地误差是指那些靠近 DVOR 台周围的地物的影响所产生的误差,而地形误差是由那些远离 DVOR 台的地貌特点(如山丘、森林等)引起的误差。DVOR 的场地误差主要是多径反射造成的。我们知道,DVOR 单个天线垂直面的方向性图为"8"字形,但由于地面反射波和直达波的相互干涉,会使垂直面的方向性图出现分裂,使 DVOR 信标在某些仰角范围内辐射信号很弱。为了减少垂直面方向性图空穴的层次,DVOR 天线都安装在地网上。

由 VOR 场地引起的多径反射不论是对信标还是机载接收机都是一种干扰,而 VOR 是连续波工作方式,不可能像 DME 那样,利用多径反射波比直达波晚到达接收机这个特点而将反射波抑制,因此,对于 VOR 系统而言,减弱反射波的影响主要是依靠采用大孔径天线以及满足必要的场地条件来保证。相比于 CVOR,DVOR 信标天线孔径要大得多,大约为波长的 5 倍,而 CVOR 的则小于半个波长,因此理论上多径干扰对 DVOR 的影响要比 CVOR 的减小 10 倍。另外,DVOR 采用双边带发射则可进一步减小多径反射的影响。

因为 VOR 的场地对测角精度起着很大影响,这里将 VOR 信标对场地的主要要求说明如下:

(1) 台址选择在周围的最高点,以获得最大的视线距离,且在 300~600m 距离内为平地或台址向下倾斜坡度不得超过 4°。

(2) 以天线阵为中心,半径 300m 圆周内的等高线应是圆。

(3) 台址应尽可能远离线路和篱栅。从天线阵测量,线路和篱栅的高度所对应的垂直张角不应大于 1.5°,或不高于天线阵水平面 0.5°。如果线路或篱栅是沿天线阵的径向方位或水平张角小于 10°,上述限制可增加 50%。

(4) 在 150m 以外可以容许有低于 9m 高的中等单棵树,不能有垂直张角大于 2°的树木,或在距信标台 300m 以内应没有树林。

(5) 距信标台 150m 内没有建筑物,或 150m 以外建筑物的垂直张角不应大于 1.2°,金属结构很少的木结构建筑垂直张角可达 2.5°。

(6) 在多山地区,台址应选择在山顶,山顶半径至少在 45m 以内是平整的,天线置于平整区中心,高于地面约半个波长,而机房设在平整区以外低于天线阵水平目视线的低坡上。天线阵水平目视线的 45~360m 之间,应没有场地、树木、电力线和房屋等。

2. VOR 机载设备误差和 VOR 驾驶误差

VOR 机载设备误差主要由机载 VOR 接收机和指示仪表引起。VOR 机载接收机的噪声、30Hz FM 信号与 30Hz AM 信号之间相位差的测量误差以及飞机进近着陆时的多径干扰,是机载 VOR 接收机的主要误差源。目前两个 30Hz 信号之间相位差的测量都采用数字方式实现,因此必须首先将获得的两个 30Hz 正弦信号变换为相应的方波,这是相位差测量出现误差的重要地方。为了获得稳定可靠的 30Hz 方波,减小相位差测量的误差,可以采用高精度和高可靠性的相应技术,比如采用高性能锁相环将正弦信号变换为方波。在得到两个 30Hz 方波之后,则通过脉冲计数方式获得相位差,因此,计数脉冲的频率就决定了相位差测量的精度,可以通过提高计数脉冲的频率来减小相位差测量的误差。

VOR 驾驶误差也叫飞行技术误差,大小取决于人工驾驶时的飞行员操纵和判读误差,或自动飞行控制系统的全回路误差,它与机组或自动驾驶仪沿期望航线运行的能力有关。在 ICAO"附件 10"列举的三个 VOR 精度预算实例中,VOR 驾驶误差都取±2.5°(95%),这是人工驾驶的 VOR 驾驶误差,它比自动驾驶的要大得多。"附件 10"没有给出自动驾驶的飞行技术误差,但人工驾驶的飞行技术误差一般不会低于自动驾驶的 4 倍。

练习题

4-1 多普勒效应对 DVOR 信标的贡献在何处?

4-2 DVOR 系统在导航中主要有哪些应用?

4-3 对于图 4.5,若接收天线位于方位 $\theta(\theta \neq 0°)$,证明接收信号的多普勒频率 $f_d = -f_{dm}\sin(\Omega t + \theta)$,其中 $f_{dm} = \dfrac{f_T v_R}{c}$,为多普勒频率的最大值。

4-4 DVOR 是如何利用多普勒效应产生 30 Hz FM 信号的?

4-5 DVOR 系统的 30 Hz AM 信号与 30 Hz FM 信号之间的相位关系如何?它们之间的相位差代表什么含义?

4-6 若飞机处在 60°方位,写出 DVOR 30 Hz AM 信号与 30 Hz FM 信号的表达式,并画出它们的波形。

4-7 DVOR 信标的辐射场是如何产生的?

4-8 结合机载 VOR 接收机工作框图和关键点信号,阐述机载 VOR 接收机的工作过程。

4-9 若一架飞机处在如题图 4.9 所示的 A、B、C、D 位置时,其预选航道 θ_{OBS} 不变,则在各位置时 HSI 中的航道偏离杆和向/背台指针将分别如何指示(L_1 与 L_2 垂直)?

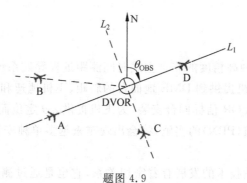

题图 4.9

4-10 分析 VRB-51D DVOR 的工作过程,尤其注意系统设计中是如何解决相应关键技术问题的,并注意分析所给功能电路的工作原理和过程。

4-11 DVOR 信标辐射的载波、上边带、下边带之间的幅度和相位应分别满足什么关系?为什么要满足这种关系?如何判断它们之间是否满足所要求的相位关系?

4-12 DVOR 信标辐射场的调频副载波为什么会出现 60 Hz 的附加调幅?为什么要对该附加调幅的调制度加以限制?如何减小附加调制度?

4-13 分析 VOR/MB-900 的工作过程。

4-14 简述机载 VOR/MB-900 的自检过程。

4-15 我们知道,DVOR 信标的边带天线不论是采用 48 单元、50 单元还是 52 单元,其 1 号天线总是置于磁北的,但实际测量和安装时,1 号天线总与磁北存在一定的偏差 $\Delta\theta$,如题图 4.15 所示,1 号天线从位置 A 偏到位置 B。分析 $\Delta\theta$ 对机载 VOR 接收机测向误差的影响。

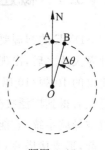

题图 4.15

4-16 影响 DVOR 测向精度的因素都有哪些?如何减小各误差源对 DVOR 测向精度的贡献?

第 5 章

测 距 机

测距机(DME)是一种高精度的非自主式时间测距近程导航系统,是民用航空重要的陆基测距导航系统,可为飞机提供到 DME 地面台的斜距、飞机地速和飞行时间等信息。常规应用中,DME 信标常与 VOR 信标同台安装,为飞机提供 ρ-θ 定位而用于航路和终端区。随着 ICAO 基于性能的导航(PBN)的实施,将会出现越来越多单独安装的 DME 台,为飞机的区域导航提供服务。

测距机的出现与雷达技术的发展有着密切关系,它也是通过测量电波在空间的传播时间来获取距离信息的,并且测距也分为搜索、跟踪和记忆三个阶段。但是,DME 的工作方式与一次监视雷达(PSR)的又很不相同,它不是使用信号的无源反射,而是利用转发方式来工作的,因此 DME 由机载询问器和地面应答器两部分组成。

5.1 概述

DME 的起源要追溯到第二次世界大战期间英国研制的 Rebecca-Eureka 系统。第二次世界大战之后,出现了几种为军用飞机提供导航的 DME 系统。1952 年 ICAO 采纳了美国建议的 10 频/10 码测距系统,这种系统用了 10 个频率,10 种脉冲编码,提供 1000 个信道,但没有得到广泛接受。1956 年美国军方研制成功了塔康(TACAN)系统。塔康是军用近程航空导航系统,它能同时为飞机提供方位和距离信息。军用塔康台与民用 VOR 台安装在一起,形成伏塔克(VORTAC)系统,可以同时供军用和民用飞机获得距离和方位。1956年,随着伏塔克系统在美国等国家被采纳,10 频/10 码测距系统在与塔康系统竞争中失败。1959 年 ICAO 决定采用 TACAN 的测距部分作为新的国际标准测距系统,这就是现今广泛使用的 DME 系统。

DME 是民用航空非常重要的陆基导航系统。该系统能提供高精度的导航信息,能够支持高标准的 PBN 规范,具有旺盛的生命力。全球装备了大量的 DME,并且装备量呈现上升态势。目前,中国民航装有 DME 台 350 多套。随着 ICAO PBN 运行在全球的推进,DME 将在其中扮演重要角色。

测距机测量的是飞机与地面 DME 信标台之间的斜距 R,如图 5.1 所示。

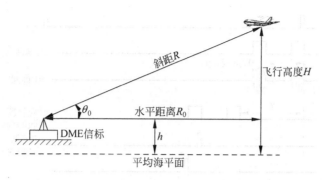

图 5.1 DME 测量的是飞机与 DME 信标之间的斜距

由于飞机有一定的飞行高度 H,因此 DME 所测得的斜距 R 与飞机离 DME 地面台的水平距离 R_0 并不相等,但如果 $\theta_0 < 8°$,则可认为 $R \approx R_0$,其误差不会超过 1%,这时可将斜距 R 看作水平距离 R_0。通常,大型飞机的飞行高度在 30000ft(英尺)左右,当飞机与 DME 信标台的距离大于 35NM(海里)时,所测得的斜距与实际水平距离的误差小于 1%;当飞机在进近着陆过程中离 DME 信标台的距离小于 35NM 时,其飞行高度通常也已降低,因而所测得的斜距与水平距离的误差仍不会超过 1%(例如,飞机在 5000ft 高度所测的斜距大于6NM 时);一旦飞机进入 ILS 的工作区域沿下滑线下滑,由于下滑角为 2°~4°(常取 3°),DME 测得的斜距与水平距离已非常接近,其误差不会大于 0.3%。所以在要求不高的导航应用中,把斜距看作水平距离是可以接受的。只有飞机保持较高的飞行高度接近 DME 地面台,斜距 R 与水平距离 R_0 之间才会出现较明显的差别。

现代民用航空运输飞机一般都将 DME 获得的斜距转化为水平距离来进行相应的导航计算,如进行 $\rho\text{-}\rho$ 定位、$\rho\text{-}\theta$ 定位以及获取地速等。显然,水平距离 R_0 为

$$R_0 = \sqrt{R^2 - (H-h)^2} \tag{5-1}$$

式中,H 和 h 分别为飞机的飞行高度和 DME 信标天线的标高,H 由大气数据计算机提供,h 为已知量。

DME 系统由机载询问器和地面应答器两大部分组成。图 5.2 给出了 DME 系统的基本工作框图,图 5.3 为对应的工作波形图。应该说明的是,实际的机载和地面系统都是收、发天线共用的。

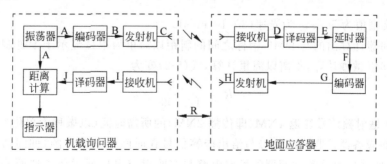

图 5.2 DME 系统基本工作框图

机载询问器的振荡器输出的脉冲经分频后,其输出脉冲触发编码器,编码器产生具有固定时间间隔(12μs 或 36μs)的脉冲对,经过对射频(RF)调制之后由无方向性天线辐射出去,

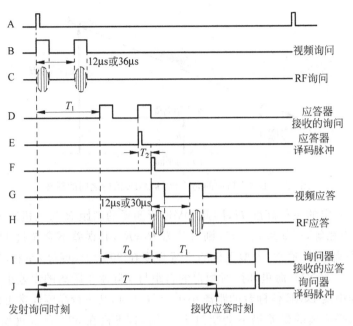

图 5.3　DME 系统工作波形

这就是 RF 询问信号。该询问信号经空间传播(传播时间为 T_1)被地面应答器接收到后,应答器的接收机和译码器要对所接收的询问信号在射频频率和脉冲对之间的间隔两方面作出判别。若判别结果是对本应答器(信标)的有效询问,译码器将输出一个译码脉冲,它经过延时器(延时为 T_2)之后成为编码器的触发脉冲,编码器便输出固定时间间隔(12μs 或 30μs)的应答脉冲对,该脉冲对经过对射频调制之后由无方向性天线辐射,从而给出 RF 应答信号。询问器接收到应答信号之后再经译码,以确定是不是对自己询问的有效应答,如果是,译码器将给出一个译码脉冲。

地面应答器从接收到询问信号到给出应答信号之间存在一个应答固定延时(或称系统延时)T_0,询问器能测出发射询问时刻与接收应答时刻的时间差 T,因此飞机到地面 DME 台之间的斜距 R 为

$$R = \frac{1}{2}(T - T_0)c \tag{5-2}$$

式中,T_0 的典型值为 50μs,c 为光速(3×10⁸ m/s)。

机载询问器计算出的与 DME 信标之间的斜距以海里为单位显示于十进制的距离指示器上。若时间以微秒计算,距离以海里计算,式(5-2)变为

$$R = \frac{T - T_0}{12.359} \tag{5-3}$$

式中,12.359 是射频信号往返 1NM(即传播 2NM)的所需时间(以微秒为单位)。

由于地面应答器接收询问信号与给出应答信号在时间上是错开的,询问器也是交替询问和接收的,所以应答器和询问器的发射电路与接收电路可以通过环流器而分别共用一部天线。它们所使用的天线都是垂直放置的,天线在水平面上呈现无方向性,而垂直面内的方向性图近似为倒置的"8"字形。因此,DME 系统采用的是垂直极化波。

DME 属于近程测距导航设备。在应答器具有最高灵敏度和良好台站环境条件下,若

其辐射的射频脉冲的峰值功率为 1kW,作用距离可达 200NM(对 10000m 高度的飞机)左右。但是,若地面台附近的障碍物较多,且询问飞机的数量达到最大(如 100 架),那么其作用距离将大大减小。

目前有两种 DME 系统投入运行,这就是窄频谱特性的 DME(DME/N)和精密 DME (DME/P)。DME/P 是微波着陆系统(MLS)的测距设备,它只用于终端区;DME/N 既可配置在终端区,也可配置在航路上。由于民用航空除 MLS 外一般配置 DME/N,所以我们下面的论述都是针对 DME/N 而进行的。

DME 系统根据地面台的布置情况可分为两种,这就是航路 DME 和终端 DME。航路 DME 服务于航路飞行的飞机,其辐射功率较高,一般为 1kW 左右,系统固定延时 T_0 必须设置在 50μs;而终端 DME 则采用较低的辐射功率,一般为 100W 左右,系统延时 T_0 可以不设在 50μs,它常与仪表着陆系统(ILS)的下滑信标(GS)装在一起,为进近着陆飞机提供连续的离理论着陆点(或下滑台)的距离信息,也可提供离跑道入口处的距离。当然,终端 DME 也可与 VOR 同址安装或单独安装,为飞机的进近服务。

由于 DME 采用了询问应答式测距,利用的是直接辐射信号,并进行了编码和译码,因而可以提高测距机的作用距离、精度、抗干扰性和可靠性。DME 系统工作于超高频(UHF)频段,其外部干扰主要是多路径反射波,而通过采用一定的措施,可抑制多路径干扰,将其影响减小到最低限度,所以 DME 是高精度的测距系统。DME 系统的误差主要由机载询问器误差、传播误差和地面应答器误差构成,若询问器和应答器满足 ICAO 对精度的要求,则 DME 系统的精度不会低于 ±0.2NM(95%)。

5.2 DME 系统在导航中的应用

DME 是高精度的陆基导航测距系统,它在目前以及将来都将发挥重要作用,其提供的距离信息在导航中可有多种用途。

1. 定位

利用 DME 或 DME 与其他导航系统组合可获得多种定位方式。

(1) 利用 DME 定位。因为 DME 是一个测距系统,利用 DME 可实施 ρ-ρ 定位来确定飞机的位置,参见图 1.19。若只利用 DME 定位,则为了消除定位的双值性,DME 机载设备需要接收三个 DME 地面台的信号才可唯一确定飞机位置。目前民用航空运输飞机都加装了惯性导航系统(INS),利用 DME/DME/INS 便可消除 DME/DME ρ-ρ 定位的双值性,这些处理都是在飞行管理计算机(FMC)内实现的。

(2) 利用 DME 与 VOR 组合定位。这种组合是 ICAO 优先推荐的民用航空标准近程极坐标定位系统,即 ρ-θ 定位系统,见图 1.18。这时 DME 信标必须与 VOR 信标安装在同一台站,飞机可同时接收来自 VOR 台提供的方位信息(θ)和来自 DME 信标的距离信息(ρ),用以确定飞机的位置。

虽然 VOR/DME 采用的 ρ-θ 定位精度不如 DME/DME 的 ρ-ρ 定位精度高,但前者的地面台布设比后者的要少很多,可以节省很多设施投资,因而 VOR/DME 定位方式在陆基导航中获得广泛应用。

(3) DME 与 TACAN 配合工作。军用塔康(TACAN)系统的功能相当于民用 DME 信标台和 VOR 信标台的组合。塔康的测距部分与民用 DME 具有相同的特性和工作方式,所以装有 DME 的民用飞机可以利用塔康地面台测距以实现定位导航;同样,军用飞机也可以利用 DME 定位,以克服塔康台覆盖的不足。

(4) TACAN 与 VOR 配合工作。可将 VOR 与 TACAN 台安装在一起,构成伏塔克(VORTAC)极坐标定位系统,参见图 4.1。

2. 计算地速和飞行时间

飞机在飞行中,DME 询问器连续测量到所选 DME 信标的斜距,并可获得飞机到信标台的水平距离,该水平距离是随飞机接近或离开信标台而变化的。由于传统的 ATS 航线是导航台之间的连线,因此,测量水平距离的变化率就可给出飞机接近或离开 DME 信标台的速度,这就是地速。显然,若飞机以 DME 信标台为圆心作圆周飞行,DME 距离指示器指示的地速为零。

已知地速,就可按式(5-4)求出飞机的待飞(或飞行)时间

$$T = R_0/V_{GS} \tag{5-4}$$

式中,T 为待飞(或飞行)时间,R_0 为飞机到 DME 台的水平待飞距离(或已飞水平距离),V_{GS} 为 DME 测量的地速。

一般 DME 机载设备不但能测量飞机到所选地面台的距离,还能给出地速和飞行时间,这三个参数均可显示于距离指示器上。

3. 避开保护空域和飞行等待

保持 DME 距离指示器读数为常数,可使飞机避开保护空域或使飞机作飞行等待。

有时驾驶员为了避开某个空中禁区,可以操纵飞机在离 VOR/DME 台某一距离位置上保持 DME 距离读数不变,使飞机在指定的距离上作圆周飞行,飞到一个新的方位径线 θ_2 上,再飞向 VOR/DME 台,如图 5.4 所示。

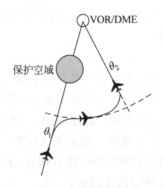

图 5.4 利用 DME 避开保护空域

对于进场或进近的飞机,驾驶员可保持 DME 读数为常数,使飞机绕着所选 DME 台作圆周飞行,等待进场着陆。

4. 提供航路间隔

为确保飞机飞行安全,所有在航路上飞行的飞机必须按指定的高度层和一定距离间隔飞行。DME 系统的机载设备与机载设备之间经适当改进设计,可进行空/空测距。空/空测距是 DME 的一种功能扩展,目前的 DME 机载设备普遍具有这种功能。显然,利用 DME 的空/空测距,可使飞机与飞机之间保持距离飞行集结。

5. 为进场和进近飞行提供服务

借助于布置在机场或终端区的 VOR/DME 台,对于进场的飞机,驾驶员可以操纵飞机在给定的 VOR 方位径线 θ_1 上飞向 VOR/DME 台,然后转弯,在另一个方位径线 θ_2 上飞到某一位置,再保持 DME 的读数为常数,使飞机转弯到达起始进近定位点(IAF),开始飞机的进近,如图 5.5 所示,其中 IF 和 FAF 分别表示中间进近定位点和最后进近定位点。

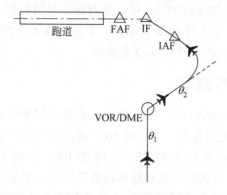

图 5.5　利用 VOR/DME 进场和进近

对于与 ILS 下滑台(GS)合装的 DME,可以为飞机提供连续的离 GS 台(或理论着陆点 P)的距离信息 R,这时 DME 信标的系统延时 T_0 应设置 $50\mu s$,如图 5.6 所示。如果要利用该 DME 台获取飞机离跑道入口处的距离 R_1,那么 DME 信标的系统延时 T_0 就应预置成 $50-12.359L$ 微秒(其中 L 是 DME/GS 台离跑道入口处的距离,以海里为单位,一般 L 在 $0.13\sim0.16\text{NM}$ 之间,故 T_0 在 $48\sim48.4\mu s$ 之间),因为机载 DME 在获取距离时,都是将信号的往返传播时间减去 $50\mu s$ 的。

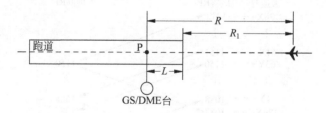

图 5.6　DME 为飞机提供离下滑台或跑道入口处的距离

6. DME 系统用于区域导航

利用 DME/DME 或 VOR/DME 系统,可以有效进行区域导航(RNAV),引导飞机飞往地面台作用范围内的任意地点,而不用受必须飞向或飞跃导航台的限制,从而缩短起飞机场和目的机场之间的距离,节约油料和飞行时间,航路的设置更加灵活,并且提高了航路上飞机布占率、空域利用率和交通流量等。基于 DME/DME 的区域导航具有重要的应用价值和广阔的应用前景。ICAO 在目前颁布的《基于性能的导航手册》中,定义了 4 个 RNAV 规范和 4 个 RNP 规范,即 RNAV 10 规范、RNAV 5 规范、RNAV 2 规范和 RNAV 1 规范以及 RNP 4 规范、Basic-RNP 1 规范、RNP APCH 规范和 RNP AR APCH 规范,其中 RNP APCH 规范和 RNP AR APCH 规范是进近着陆规范,DME/DME 支持的区域导航可用于 RNAV 5、RNAV 2、RNAV 1、Basic-RNP 1、RNP APCH 以及 RNP AR APCH 规范。

区域导航是导航方式的一种革命,是导航技术的发展方向之一,将在第8章给予详细介绍。

5.3 DME系统的工作特征

虽然DME与一次监视雷达(PSR)一样也是利用测量射频信号在空间的传播时间来获取距离信息的,但它的工作方式与PSR的不同。我们将在本节详细讨论DME系统的工作特征,这些工作特征是构成DME系统的重要基础。

5.3.1 系统的工作频率

DME系统工作在L波段的962~1213MHz。机载询问RF安排在1025~1150MHz范围,波道间隔为1MHz,因此共有126个询问RF;地面转发RF安排在962~1213MHz,波道之间的间隔也为1MHz,可以得到252个应答RF。询问RF和应答RF的频差为63MHz,该频差也是DME机载询问器和地面应答器的第一中频频率。

由DME系统的工作RF安排可以看出,一个询问RF对应两个应答RF,由此形成两个波道。为了区分这两个波道,以波道对应的序号加上字母X或Y表示。以地面应答频段划分为准,把与机上询问频段相重合的部分(1025~1150MHz)划归为Y波道,而把其余超出的部分(962~1024MHz和1151~1213MHz)划归为X波道,由此形成的波道用1X、1Y、2X、2Y、…、126X、126Y来表示,共252个。例如,若询问RF为1150MHz,对应有1213MHz和1087MHz两个应答RF,由此形成的两个波道分别称为126X和126Y,如图5.7所示。

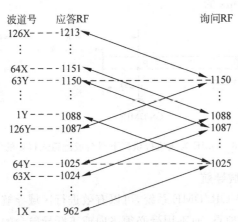

图5.7 DME系统X/Y波道的安排

若给出某一波道号$N(N=1,2,3,\cdots,126)$,其对应的询问射频f_1和应答射频f_2可按式(5-5)求得,即

$$X波道\begin{cases}f_1=1025+(N-1)\text{MHz}, & 1\leqslant N\leqslant 63\\ f_2=f_1-63\text{MHz}\end{cases}$$

$$Y \text{ 波道} \begin{cases} f_1 = 1025 + (N-1)\text{MHz}, & 1 \leqslant N \leqslant 63 \\ f_2 = f_1 + 63\text{MHz} \end{cases}$$

$$X \text{ 波道} \begin{cases} f_1 = 1025 + (N-1)\text{ MHz}, & 64 \leqslant N \leqslant 126 \\ f_2 = f_1 + 63\text{MHz} \end{cases}$$

$$Y \text{ 波道} \begin{cases} f_1 = 1025 + (N-1)\text{MHz}, & 64 \leqslant N \leqslant 126 \\ f_2 = f_1 - 63\text{MHz} \end{cases} \tag{5-5}$$

在 DME 系统的 252 个波道中,有 52 个波道通常不用,这 52 个波道是 1X、1Y~16X、16Y(共 32 个),以及 60X、60Y~69X、69Y(共 20 个)。这是因为在没有出现区域导航之前,DME 通常要与 VOR 或 ILS 合装,而 VOR 与 ILS 一共只有 200 个波道,所以 DME 也只需要 200 个波道与之配对使用;另外,1030MHz(69Y)与 1090MHz(3Y)分别是二次监视雷达(SSR)的询问 RF 和应答 RF,虽然 DME 和 SSR 采用了不同的脉冲编码,但为了避免它们之间可能产生的相互干扰,也要从 252 个波道中禁止使用若干波道。

5.3.2 脉冲编码格式和应答延时

DME 询问信号和应答信号的脉冲编码格式是以脉冲对的形式出现的,如图 5.8 所示。ICAO 规定,对于 X 波道,询问脉冲对两个脉冲之间的间隔为 $12\pm0.5\mu s$,应答脉冲对的间隔为 $12\pm0.25\mu s$;而 Y 波道询问脉冲对的间隔为 $36\pm0.5\mu s$,应答脉冲对的间隔则为 $30\pm0.25\mu s$。这些间隔均应在脉冲对两个脉冲上升沿的半幅度点之间测量,如图 5.9 所示。所有询问及应答脉冲对的单个脉冲宽度均为 $3.5\pm0.5\mu s$。并且 ICAO 建议,不论是 X 波道还是 Y 波道,询问脉冲对的间隔容差均为 $\pm0.25\mu s$,应答脉冲对的间隔容差则均为 $\pm0.10\mu s$。

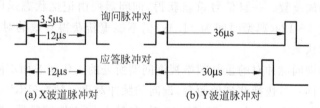

图 5.8 X 与 Y 波道的脉冲对信号

上述询问脉冲对和应答脉冲对通过对各自的射频调幅(调制度为 100%)之后由无方向性天线辐射。为了压缩信号频谱,减小邻道干扰,发射的射频脉冲包络为高斯形(或钟形)的,如图 5.9 所示。

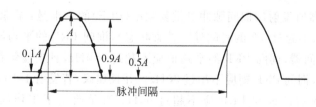

图 5.9 DME 系统发射脉冲的包络

ICAO 规定的脉冲包络参数及相关参数容差如下:上升时间为不超过 $3\mu s$(脉冲包络前沿 10% 振幅点至 90% 振幅点之间的间隔);下降时间的标称值为 $2.5\mu s$,不要超过 $3.5\mu s$

（脉冲包络后沿 90% 振幅点至 10% 振幅点之间的间隔），脉冲宽度为 $3.5 \pm 0.5 \mu s$（脉冲包络前、后沿 50% 振幅点之间的间隔）。

对于信标的应答延时（或信标系统延时、信标固定延时）T_0，ICAO 的规定是：若 DME 信标仅与 VOR 或 GS 联合工作（同址安装），则 T_0 是指应答器接收到的询问脉冲对第二个脉冲前沿半幅度点与应答器发射的应答脉冲对第二个脉冲前沿半幅度点之间的时间间隔。当要求机载询问器指示到应答器台址的距离时，T_0 应为 $50 \mu s$。并且 ICAO 建议，T_0 应能在 $45 \sim 50 \mu s$ 之间调整而设置其中某一值，以便机载询问器能指示出到某一特定点（偏出应答器台址）的距离，关于这点，已在 5.2 节给予了讨论。

若 DME 不与 VOR 或 GS 联合工作，则 DME 信标的固定延时 T_0 指应答器接收到的询问脉冲对第一个脉冲前沿半幅度点与应答器发射的应答脉冲对第一个脉冲前沿半幅度点之间的时间间隔，标称值为 $50 \mu s$。

5.3.3　机载询问器的询问

1. 询问脉冲对的重复频率

机载询问器的工作要处在搜索、跟踪和记忆三种状态中的一种。所谓搜索，是指询问器在不断发射询问信号的过程中搜寻地面应答器对自己询问的应答信号，并初步确定这一应答信号相对于发射时刻的时间间隔的过程，DME 询问器的搜索时间一般小于 1s。在搜索阶段，距离指示器将不给出距离读数。一旦搜索到某一地面信标台后，询问器便转入跟踪状态。在跟踪阶段，随着飞机与地面台之间距离的变化，询问器能够自动跟踪应答器对自己的应答信号，从而得到连续的距离读数。如果自己的回答脉冲由于干扰或其他原因而丢失了，询问器将由跟踪转为记忆状态。在记忆状态，距离计算电路根据信号丢失瞬间已知的距离变化率连续更新距离读数。一旦信号重新获得，询问器便由记忆状态返回到跟踪状态；而如果记忆状态持续 $4 \sim 12s$（典型时间为 11.4s）仍不能重新获得有效的对自己的应答信号，询问器将转为搜索状态。

询问器发射的询问脉冲对的重复频率视询问器所处的工作状态而不同。处于搜索状态时，为了减少搜索时间，尽快捕获到地面台，询问的脉冲对重复频率（PRF）应当高些，一般为 $40 \sim 150$ 对/秒（典型询问速率为 90 对/秒、40 对/秒等）；而在跟踪阶段，为了充分利用地面信标的工作容量，应尽量少发询问脉冲，以便允许更多的飞机可以询问，其询问 PRF 一般为 $10 \sim 30$ 对/秒（后面简写为 Hz），典型值为 22.5Hz 或 12Hz；记忆状态既不同于跟踪，又不同于搜索，它是跟踪和搜索之间的过渡期，是一种类跟踪状态，其询问 PRF 与跟踪时的一样，为 $10 \sim 30$ Hz。

ICAO 对询问器所发射的询问脉冲对重复频率（PRF）的要求是：在假定至少 95% 的时间处于跟踪状态下（不超过 5% 的时间处于搜索状态），询问 PRF 的平均值应不超过 30Hz；处在搜索状态的询问器，询问 PRF 的平均值应不超过 150Hz，且当搜索状态持续了 30s 仍未建立跟踪状态时，询问 PRF 则应不超过 30Hz。并且建议，若发射了 15 000 次询问后仍未获得距离指示，则此后的询问 PRF 应不超过 60Hz，直至改变了工作波道或成功完成了搜索。

2. 询问器对自己应答信号的同步识别

询问器接收到的地面信标台的应答信号包括对自己询问的应答，也包括对别的飞机的应答,还包括随机填充脉冲和识别信号。询问器如何从这众多的应答信号中识别出对自己的应答呢?它采用的就是所谓的"频闪搜索"技术。这就是,使相邻的询问脉冲对之间的间隔是随机的而不是固定不变的,而这种"随机间隔"对于某一询问器而言它自己是知道的,并且对于每一个询问器发出的询问,这种"随机间隔"又不可能相同。因此,对于某一个询问器,它将发射间隔随机的询问脉冲对发出去,同时又将这种随机规律"记忆"下来,用它去捕捉应答信号中具有这种相同随机间隔的应答,从而从信标台给出的所有应答信号中认出对自己的应答,完成应答信号的同步接收。

频闪技术是 DME 测距的物理基础,类似于 GPS 接收机对某一卫星信号的伪码捕捉,非常巧妙地解决了询问器对自己应答信号的同步识别问题,并且实现"频闪搜索"而采用的技术方法也较简单,我们将在 5.5 节结合询问器的工作原理再作详细讨论。

正因为询问脉冲对之间的间隔是随机的(从而决定了地面应答脉冲对之间的间隔也是随机的),所以,无论是在搜索、跟踪还是记忆状态,上面所说的询问脉冲对的重复频率以及下面将要叙述的应答脉冲对的重复频率都是平均重复频率。

3. 询问器的自动等待

询问器的自动等待是询问器刚开始请求某一地面台服务时所处的一种判断自己是否发射询问脉冲对的状态。询问器处于自动等待状态时不发射询问信号。

当询问器将工作频率调谐到所需的信标台工作频率后,飞机在飞向指定信标台的过程中,询问器接收来自信标台的辐射信号,并计算接收到的应答脉冲对的次数。只有当 1 秒内所接收到的应答脉冲对的次数超过 650 次(有的设备为 450 次)时,才认为飞机进入了 DME 信标的有效工作范围,询问器的发射机才被启动产生询问脉冲对,由自动等待状态转为搜索状态。

询问器设置自动等待的目的,就是为了不使信标服务距离之外的飞机向应答器询问而影响信标的工作容量,使信标能为离它较近的、在其工作范围内的询问器提供良好的服务,防止信标的过载引起其作用距离的严重减小。

如果包括不发射询问脉冲的自动等待状态,询问器便有四种工作状态,它们之间的转换关系示于图 5.10 中。其中 Tx 和 Rx 分别表示发射机和接收机,PRF 为(平均)脉冲重复频率(这里指询问脉冲对的重复频率),"7/15"准则指询问器在连续的 15 次询问中识别出 7 次对自己的应答,且在连续的三次询问中至少有一次应答。"7/15"准则在不同的设备中不是固定不变的,可以根据设计要求取用其他数值,例如"4/16"等。

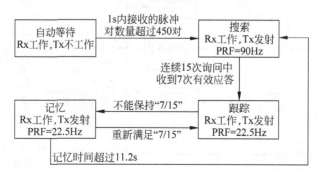

图 5.10　询问器工作状态及其转换关系

5.3.4　地面应答器的应答

地面应答器辐射的信号共有三种,第一种是对询问信号的应答脉冲对(或称为转发脉冲对),第二种是填充脉冲对,第三种是识别脉冲对。下面分别进行讨论。

1. 转发脉冲对

DME 信标台在接收到询问信号之后,经过典型值 $50\mu s$ 的系统延时,就要给出相应的应答。对于进入信标工作范围内的所有飞机的有效询问,在信标的寂静期之外及不辐射识别码期间,信标都将给出相应的应答信号。

为了使 DME 地面台保持在它的最佳工作状态,保护其发射机,地面台发射的应答脉冲对的重复频率应有一个上限,该上限与信标台的工作容量及询问器所处的状态有关。

ICAO 规定,在一个区域内,应答器对飞机的处理容量必须满足该地区峰值交通量的需要或者为 100 架飞机,取两者之中的较小值;并且建议,当某一地区的峰值交通量超过 100 架飞机时,应答器应具有对该峰值交通量进行处理的能力。我们以 100 架飞机的容量来计算地面台发射的应答脉冲对重复频率的上限,且每个询问器发射的询问 PRF 的平均值不超过 30Hz,那么 1 秒钟内,100 架飞机所发射的总询问脉冲对的次数为 3000 次。

如果地面台对每一次询问都给出应答,那么信标在满负荷工作时发射的应答脉冲的重复频率将为 3000Hz。实际上,信标台的应答效率(指应答器对总询问的成功应答数与其所接收到的有效询问总数的比值)不可能为 100%,它不会对所有的询问都给出应答。在 DME 信标台设计时,ICAO 建议应答脉冲对的最大应答率(应答率系指单位时间内应答器发射的脉冲对的平均次数,即发射的脉冲重复频率)应为 2700 ± 90Hz(假设信标台同时为 100 架飞机服务)。一旦该最大应答率已设置好,那么即使 1s 内总询问次数大大超过了 2700 次(例如 10 000 次),地面信标 1s 钟所给出的应答也将保持在 2700 次不变。为了保持该最大应答率,应答器就必须对其应答率进行检测,检测的结果用来控制信标接收机中放的增益,如图 5.11 所示。若检测到应答率大于 2700Hz(不包括 2700Hz),控制接收机中放增益降低(同时抑制转发以保护发射机),从而使距离较远的、发射信号较弱的询问不能触发信标接收机,以此来降低应答率。一旦检测到应答率小于或等于 2700Hz,信标恢复正常工作。

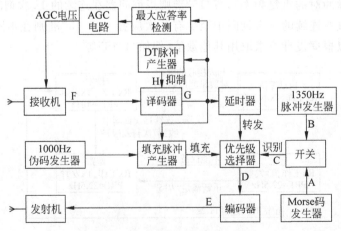

图 5.11　DME 应答器工作框图

由此我们知道,如果询问信号太多使地面信标处于过载状态,应答器的有效作用距离(注意不是信标的信号覆盖范围,覆盖范围是不受询问多少而改变的)与工作容量都将严重减小。因此,询问器在开始请求应答器服务时,设置"自动等待"状态,从而不影响地面台对其作用距离之内的飞机的服务。

一般地面台在设计时,如果出现应答率大于2700Hz(称为过响应),采用降低信标接收机增益的办法仍不能消除过响应,就将引起信标的关机(单机系统)或换机(双机系统)。

2. 填充脉冲

填充脉冲是保证应答器的应答率不低于某一下限而采取的一项措施。

根据前面对机载询问器工作状态的讨论我们知道,询问器在开始请求DME地面台服务时处于自动等待状态,它是不发射询问脉冲的,只有在接收到一定次数(450Hz或650Hz)的地面台所发射的应答后,才由自动等待状态转为搜索状态,从而发射自己的询问脉冲。如果地面台只能在接收到询问信号后才转发应答信号,那么如果询问信号过少甚至没有询问信号,就会出现开始请求信标服务的询问器因接收不到一定数量的地面台辐射的信号而不发射询问脉冲的情况,即使飞机处在信标台的服务范围内,询问器也将一直处于自动等待状态,测距就无从谈起。

为了避免出现这种情况,很显然,就必须使信标在询问信号过少甚至没有询问的情况下,也保持一个固定的最低应答率。为了保持该最低应答率,就必须使信标本身产生并辐射一种脉冲,它能补偿以最低的应答率发射脉冲与转发的应答脉冲之间的差额,这种脉冲即为填充脉冲。

由于填充脉冲不是对询问的转发,因此询问器接收到填充脉冲后不可能获得距离信息。

ICAO要求地面应答器的最小应答率应尽可能接近但不要小于700Hz(但在发射识别信号时除外),从而将DME信标对其他导航系统尤其是GNSS系统的脉冲干扰降到最低限度,但目前一般的DME信标大多采用1000Hz左右的最小应答率。

填充脉冲的产生过程见图5.11,假设DME信标的最低应答率为1000Hz,1000Hz伪码发生器产生平均频率为1000Hz的伪随机序列,它和译码器输出的译码脉冲同时加入填充脉冲产生器,填充脉冲产生器根据译码脉冲的多少来决定有多少伪随机脉冲输出而成为填充脉冲。1s钟之内,一个译码脉冲抵消掉一个伪码脉冲,产生的填充脉冲用来弥补转发脉冲数量的不足,保持1000Hz的最小应答率。例如,若询问飞机共有10架,假设2架处于搜索(PRF=150Hz),8架处于跟踪(PRF=24Hz),则1s钟内发射的总询问为492次。为了保证信标台的最低应答率为1000Hz,1s内产生的填充脉冲就应为508个(假设地面台的应答效率为100%)。当没有飞机询问时,1s钟内产生的1000个伪码脉冲全部用于填充脉冲;若询问达到1000Hz,填充脉冲就不复存在,信标发射的全部是对询问的转发。如果应答率超过2700Hz,则将启动AGC电路,产生的AGC电压使信标接收机增益降低,较远飞机的询问信号较弱,不能引起信标的转发,使其保持2700Hz的最大应答率。当然,在这种情况下就没有填充脉冲辐射。

3. 识别信号

与所有无线电导航信标一样,布置在航路上和终端区的每一个DME台都必须辐射自己的台站识别信号,不辐射台站识别码的DME信标台所发射的信号是无效的。机载询问器配置有相应的莫尔斯码译码器,能显示所接收信号的台站识别码,且输出的识别音频送入飞机内话系统的音频选择板,驾驶员可以选择监听以确定所接收的 DME 信号来自哪一个地面台。

DME 台的识别码由台站的 2～3 个英文字母构成的识别码的 Morse 编码组成,Morse 码的"传号"("点"或"划")键控等频率 1350Hz 的脉冲,在"传号"发送期间,不能发送应答和/或填充,只有在"传号"之间及不发射识别码期间,才能发射应答和/或填充。

DME 信标台识别码的产生与辐射过程参见图 5.11。假设某 DME 台的识别码为 AE,图 5.12 给出了相应的工作波形。

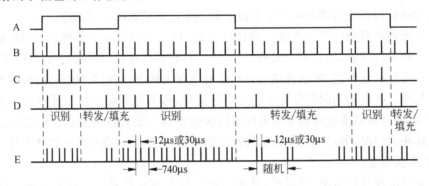

图 5.12　DME 信标识别码的产生过程

DME 信标台是如下完成莫尔斯码辐射的:莫尔斯码发生器产生的莫尔斯码控制连续的 1350Hz 脉冲序列,当存在点或划(即传号)时,开关便输出 1350Hz 脉冲(称为键控的 1350Hz 脉冲),输出的每一个 1350Hz 脉冲触发信标的编码器,从而产生一对脉冲,脉冲对两个脉冲之间的间隔取决于工作在 X 波道($12\mu s$)还是 Y 波道($30\mu s$)。最后,该键控的 1350Hz 脉冲对再对发射射频进行调制,由天线辐射出去。由此可见,在传号持续期内,应答器发射的是频率为 1350Hz 的等间隔脉冲对,而不是随机间隔的脉冲对;在点、划之间的空隙内以及不发射识别码期间,仍然发射随机间隔的转发脉冲对或/和填充脉冲对。显然,机载询问器在接收识别码期间也不能得到对自己的应答。

ICAO 对 DME 台发射识别码的具体要求是:当 DME 台不与 VOR 台或 GS 台合装时,DME 台的识别码应工作在"独立"方式,否则就工作在"联合"方式,但不论工作在哪种方式,DME 台必须每 40s 至少发射一次识别码,发射速率至少为每分钟 6 个字,且对于每一次发射的识别码组,"传号"与"空号"所占用的总时间不要超过 10s,其中"传号"占用的总时间不能超过 5s。当 DME 台的识别码工作在"联合"方式时,则将 40s 等分为 4 个(或更多)时间间隔,DME 只在其中一个时间间隔内发射一次识别码,而合装的 VOR 台或 GS 台则在余下连续的 3 个时间间隔内分别发射一次识别码。

通过上面的讨论我们知道,DME 信标台发射的射频脉冲对分为三类,一类是由有效询问触发的转发脉冲对,这类脉冲对的数量取决于有效询问的多少;另一类是填充脉冲对,这类脉冲是否存在,完全取决于单位时间内信标的最低应答数与转发脉冲数之间的关系;第三类则是识别脉冲对,这是每个 DME 信标都必须辐射的脉冲。第一、二类脉冲对之间的间隔都是随机的,而识别脉冲对的则是等间隔的。在这三类脉冲对中,识别信号具有最高优先权,转发脉冲的次之,而填充脉冲的优先权最低。正因为 DME 信标发射识别码的优先级最高,因此识别码发射的重复率不宜过高,否则会严重影响信标的应答效率,一般每 30s 只辐射一次识别码。

4. 信标发射的封闭

我们知道,对于一次有效询问,地面应答器的译码器均要给出一个译码脉冲。但是,由于 DME 系统是采用无方向性天线发射和接收的,这样无论是对地面信标还是机载询问器,都存在多路径反射回波。一般航路飞行时询问器可以不考虑多路径反射波对测距的影响,但在进近着陆期间,如果不采取措施加以抑制,询问器的测距就可能要发生错误。而对 DME 台而言,无论何时都必须将抑制多径反射提高到一个很重要的位置。DME 信标除接收直达询问脉冲而产生应答信号外,稍后一段时间到达的询问脉冲的反射回波也可能触发信标,使信标对反射询问也作出应答。这样机载的一次询问就可能要引起地面信标的多次应答,不仅增加了信标的负担,有可能造成信标的过载,减小它的工作容量,同时还会使机载询问器的测距发生错误。因此,抑制多径反射是提高 DME 测距精度的关键。

DME 信标抑制反射询问的一般方法是,当信标译码器检测到一次有效的询问而输出一个译码脉冲时,利用该译码脉冲触发产生一个一定宽度的抑制脉冲,抑制译码器的工作,译码器对稍后到达的反射询问便不再进行译码,信标就不会对反射询问作出应答。工作过程见图 5.11,相应的波形参见图 5.13。可以看出,该抑制脉冲不但抑制了多径反射,也将在抑制脉冲持续期间内到达的直达询问给抑制掉了。译码器被抑制的时间称为信标的寂静时间(DT),ICAO 规定寂静时间不要超过 $60\mu s$,但若存在一些极端情况,如由于 DME 台的环境造成利用 $60\mu s$ 的 DT 而无法有效抑制多径反射时,则可将寂静时间加长,但寂静时间只要能达到抑制多径反射的最低 DT 值便可。

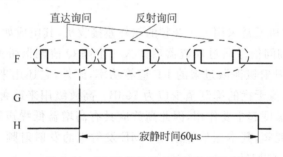

图 5.13 DME 信标对多径干扰的抑制

目前的 DME 应答器除利用寂静期来抑制多径回波外,大多还采用两个辅助措施来抑制长距离回波和短距离回波,这部分内容将在 5.6 节结合具体 DME 信标(LDB-101)再给予介绍。

5. 应答效率

所谓应答效率,是指应答器所发射的转发数与其所接收到的有效询问总数的比值,DME 应答器的应答效率总是小于100%的,也就是应答器不可能对每一次有效询问都给出应答。主要有下面两个原因影响应答器的应答:

(1) DME 信标处在寂静时间内不能对有效询问进行应答;

(2) DME 信标发射识别信号的传号期间不能对有效询问给出应答。

为了保证机载询问器可靠工作,ICAO 规定,DME 地面台的应答效率至少应为70%。

对于机载 DME 询问器而言,即使飞机处在 DME 信标的服务距离之内,也不是每一次询问都能得到相应的应答的。除了 DME 地面台的应答效率小于100%外,还有一个原因就是,本台 DME 询问器在发射询问脉冲时,或另一台 DME 询问器及两台 SSR 应答机在发射信号时,本台 DME 询问器的接收机均被抑制,使询问器在这段时间内接收不到自己的应答信号。考虑这些因素后,询问器所能得到的对自己的应答约在 80% 左右。但是,一般情况下,询问器均能够在得到 50% 或更低的应答情况下工作。这样设计不但能保证询问器跟踪的可靠性,而且可以给询问器的自检留出足够的时间。

5.4 DME 地面系统

DME 地面系统主要由应答器、监控器、测试询问器和天线部分组成,其中测试询问器以一定的询问率模拟飞机的询问,完成对自己应答信号的同步接收,并测量应答器和应答脉冲的一些关键参数,如应答器的系统延时、应答脉冲对双脉冲之间的间隔、应答效率、信标应答功率和应答率等。测试询问器的工作思路与机载 DME 询问器的类似。

由于上节已对 DME 应答器的工作特征作了详细介绍,本节主要论述应答器收发机的组成和主要质量指标。

5.4.1 接收机的组成和主要质量指标

1. 组成

DME 信标接收机的主要任务是通过滤波将天线接收的微弱射频询问信号从伴随的干扰和噪声中选择出来,并经过放大和解调后得到视频询问脉冲,通过对该视频脉冲的译码,给出应答触发脉冲。

DME 应答器接收机通常采用二次变频的超外差接收机,其组成如图 5.14 所示。

天线接收的 RF 询问信号通过环流器后馈入一个高 Q 值调谐带通滤波器,即预选器。预选器主要用来抑制发射机泄漏过来的 RF 应答功率,此外,它还用来抑制其他频率,特别是镜像频率干扰,对镜像干扰的抑制至少应为 75dB。高放级用来改善接收机的噪声系数,它对整个接收机的灵敏度起主要作用,因此高放应具有高增益低噪声特性。高放输出的询问信号由第一混频器混频,其本振信号采用 DME 发射机的发射射频,因此,对于不同公司的产品,第一中频总是 63MHz。

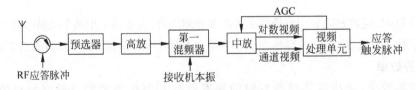

图 5.14 DME 应答器接收机工作框图

中频放大器主要由低噪声的前置中放以及由对数放大器构成的主中放级组成,对数放大器有两个输出,一个是经过检波的对数视频信号,它被加到视频处理单元;另一个输出是未经检波但经过限幅的 63MHz 中频信号,该信号在中放内的第二混频器混频,得到第二中频信号。第二中频信号再馈入由高 Q 值谐振器组成的信道滤波器,该滤波器决定了 DME 接收机的带宽与选择性。输出的第二中频信号经检波即得到通道视频,它也加入视频处理单元。第二中频对于不同公司的产品可以不同,例如 LDB-101/102 与 FSD-15 的第二中频分别选为 9.25MHz 和 11.5MHz。

视频处理单元的主要作用是对询问脉冲对的间隔进行检测,以决定是否为有效询问。对于一次有效询问,若该询问不处在接收机的寂静期和信标发射 Morse 码的"传号"期,都将给出一次应答。

如果视频处理单元检测到出现过响应(应答率大于 2700Hz),那么输出的 AGC 电压控制信号将使中放的增益降低,使远距离飞机较弱的询问不能触发接收机,信标的应答率将不会超过 2700Hz。

2. 主要质量指标

衡量 DME 接收机性能优劣的主要质量指标有以下几项。

(1)灵敏度。灵敏度表示接收机接收微弱信号的能力。能接收的信号越微弱,接收机的灵敏度就越高,DME 信标台的作用距离就越远。

DME 接收机的灵敏度通常用最小可检测信号功率 S_{imin} 来表示。当接收机的输入信号功率达到 S_{imin} 时,接收机就能正常接收而在输出端检测出这一信号;如果信号功率低于此值,信号将被淹没在噪声干扰之中,不可能被可靠检测出来。要想提高 DME 接收机的灵敏度,必须尽量减小噪声电平,同时还应使接收机有足够的增益。因为高放对接收机灵敏度起主要作用,因此应采用高增益低噪声高放。

ICAO 对 DME 应答器接收机灵敏度的要求是:具有正确间隔和标称频率的询问脉冲对,当其在应答器天线处的峰值功率密度至少为 $-103\text{dBW}/\text{m}^2$ 时,应使应答器至少以 70% 的应答效率应答。实际接收机的灵敏度常用在保证应答效率为 70% 的前提下,接收机输入端的最小信号功率来表示。通常,在应答效率为 70% 时,DME 接收机的灵敏度能保证在 -90dBm 左右。

(2)选择性。选择性表示接收机选择有用信号、滤除噪声和干扰的能力,选择性主要取决于接收机的高、中频部分的频率特性,衡量选择性优劣的指标是带宽和带外衰减及镜像衰减。接收机带宽越窄,带外衰减越大,选择性就越好。

选择性是 DME 接收机的重要指标。因为 DME 波道之间的间隔只有 1MHz,如果选择性不好,势必对邻道干扰不能给出足够的抑制。ICAO 对选择性的要求是:当询问信号的射频偏离期望波道标称值 0.9MHz 以上时,应至少抑制 80dB;对 63MHz 中频的抑制大于 80dB,对镜频或其他频率干扰应至少抑制 75dB。因此,在满足上述选择性要求时,DME 接收机对邻道干扰的抑制能保证大于 80dB。

(3)带宽和波形失真度。接收机带宽主要由中放来保证,波形失真度表示 DME 接收机输出的对数视频相对其输入高频信号包络失真的程度,引起波形失真的原因是接收机电路的非线性和带宽不够。带宽会直接影响接收机的灵敏度、选择性和波形失真。按准匹配滤波原则选取最佳带宽时,灵敏度可以最高,但这时波形失真较大,会影响 DME 的应答效率。我们将在 5.6 节结合 LDB-101 中放的讨论再来看 DME 是如何解决这个问题的。

(4)动态范围。动态范围表示接收机能够正常工作所允许的输入信号强度变化的范围,其定义为

$$D_i = \frac{S_{imin}}{S_{imax}} \tag{5-6}$$

或用对数表示为

$$D_i(\text{dB}) = 10\lg(D_i) \tag{5-7}$$

其中，S_{imin} 为最小可检测信号功率，S_{imax} 为使接收机开始出现过载时的输入信号功率。

为了保证 DME 接收机对强弱信号均能正常接收，要求动态范围大。ICAO 规定，DME 接收机的动态范围应保证 80dB。接收机的动态范围主要由中放级保证。为了保证 DME 接收机具有足够的动态范围，常采用对数中放。因为对数中放输出信号幅度与输入信号幅度的对数成正比，因此输入的动态范围得以加大，但输出信号仍能反映输入信号的幅度信息。

（5）工作稳定性。DME 接收机放大量很大，所以首先要保证不会产生自激振荡。另外，当环境条件和供电情况发生变化时，接收机的性能参数不受影响或少受影响。

（6）抗干扰能力。由于 DME 工作于超高频频段，外部干扰较少。DME 的干扰主要是多路径干扰和邻道干扰，对这些干扰必须采取相应的措施加以抑制，将它们的影响减小到最低限度。

5.4.2　发射机的组成和主要质量指标

1. 组成

DME 信标发射机的作用是产生具有一定功率的高斯包络射频应答信号，其结构一般采用"主振-放大"式，如图 5.15 所示。

主振-放大式 DME 发射机的第一级产生 962～1213MHz 的射频信号，称为主控振荡器，其他各级用来放大射频信号，提高信号的功率电平，称为射频放大链。

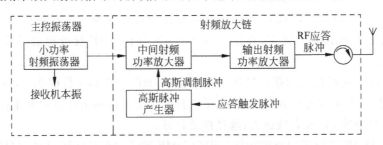

图 5.15　DME 应答器发射机的结构

主控振荡器提供满足 DME 发射机频率稳定度（相对频率稳定度要求 10^{-5}）的射频信号，一般由石英晶体振荡器和多级倍频器构成，其输出一方面作为发射机的射频载波，另一方面为接收机的第一混频器提供连续的本振信号。

在主振-放大式发射机中，中间射频功率放大器与输出射频功率放大器均由多级放大器组成，常采用功率合成的方法得到所需要的信号电平。具有高斯形状的应答脉冲加入中间射频功率放大器中的某一级功放，用于对射频的调制，得到的高斯包络射频应答脉冲再经过多级放大达到所要求的功率，通过环流器后馈至天线。

主振-放大式发射机具有很高的频率稳定度，能产生复杂的波形，因而常被 DME 发射机所采用。

2. 主要质量指标

（1）工作频率或波段。工作频率是指 DME 发射机发射的射频脉冲高频振荡的频率，它必须满足 5.3 节所述的 ICAO 对 DME 工作频率的设置分配要求。工作频率的稳定度不得低于 10^{-5} 量级。

（2）输出功率。DME 发射机馈至发射天线输入端的功率称为发射机的输出功率，常用峰值功率表示。所谓峰值功率，是指脉冲持续期间射频振荡的平均功率（注意不要与射频正弦振荡的最大瞬时功率相混淆）。服务于终端区的 DME，信标发射机输出的射频应答脉冲的峰值功率大于 100W（典型值为 125W），而服务于航路的 DME 则大于 1kW（典型值为 1.25kW）。同时，对于工作在 962～1213MHz 的 DME 发射机，构成脉冲对的各脉冲的峰值功率之差不得大于 1dB。

（3）信号形式。DME 发射机发射的射频应答信号必须具有图 5.9 所示的高斯包络及相应指标。包络的形状影响 DME 信号的频谱，影响邻道干扰的大小。

（4）信号的频谱。DME 发射机发射的射频脉冲的频谱（幅度谱）是以射频载波 f_c 为中心的包络呈辛克函数状的梳齿状频谱。对于 DME/N，在以 $f_c \pm 0.8$MHz 为中心的 0.5MHz 频带内的有效辐射功率均不得超过 200mW；而在以 $f_c \pm 2$MHz 为中心的 0.5MHz 频带内的有效辐射功率均不得超过 2mW；一个发射脉冲中，至少有 90% 的功率集中在以 f_c 为中心的 0.5MHz 频带内，剩余功率则分布在其他频带内，且功率随频率远离 f_c 而衰减，如图 5.16 所示。

DME 信标信号的频谱是 DME 发射机的重要指标，它直接对邻道干扰造成影响。

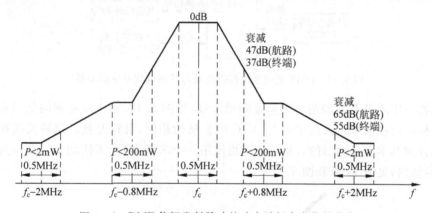

图 5.16　DME 信标发射脉冲的功率随频率变化的分布

（5）邻道干扰。DME 系统共有 252 个波道，波道之间的间隔为 1MHz，这就要求工作于 f_c 频率的发射信号的频谱不能超出以 f_c 为中心的 ± 0.5MHz 频带范围，但由图 5.16 可以看出，实际信号频谱不可能只限制于该范围，仍有少量信号功率会超出该范围，造成对相邻波道的干扰，这就是邻道干扰。通常邻道干扰定义为发射信号频谱落入与应占频道相邻的频道内的总功率和落入应占频道的总功率之比，以分贝表示，亦即

$$N_i = 10\lg\left(\frac{S_1}{S_2}\right) \tag{5-8}$$

式中，N_i 为邻道干扰（以分贝为单位），S_1 与 S_2 分别是落入邻道内的信号总功率和应占频道内信号的总功率。

一般来说，邻道干扰或大或小总是存在的，但应采取相应措施降低邻道干扰对 DME 系统的影响，例如调制脉冲采用高斯形而非矩形，接收机对邻道干扰也至少应有 80dB 的抑制。

（6）发射速率。DME 发射机发射的应答脉冲的重复频率有一个范围，ICAO 规定其下限不得小于但尽量接近 700Hz，而建议其上限为 2700±90Hz，我们已在 5.3 节给出了解释。

5.5 DME 机载系统

DME 机载系统主要由测距机（询问器）、天线、显示器和控制盒组成，其中询问器是其主要组成部分。飞机上通常安装两套完全相同的 DME，称为左 DME 和右 DME 系统，正、副驾驶员可分别对其实施操作控制。左、右 DME 系统同时工作。目前民航运输飞机装备的 DME 询问器主要是 DME-700 系列和 DME-900 系列，其中 DME-900 系列为新一代询问器，将在 5.7 节进行介绍，这里只介绍 DME 询问器的通用工作原理和过程。

5.5.1 机载设备的组成与功用

图 5.17 表示 DME 机载系统的组成及与其他机载系统的连接关系。

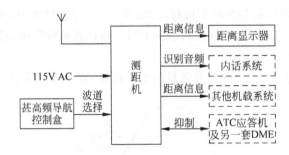

图 5.17 DME 机载系统的组成及与其他机载系统的关系

询问器采用的是 L 波段的短刀形宽频带天线，见图 5.18，用于发射询问信号和接收来自地面信标的应答信号。天线型号与 ATC 应答机的相同，可以互换。这种天线在水平面内的方向性图基本上是圆形的。每部测距机使用一个天线，两个天线均安装在机身的前下部，略向后倾斜，见图 1.16 和图 5.18。

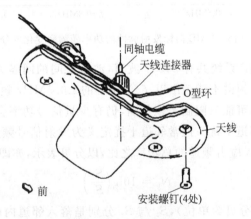

图 5.18 DME 询问器天线

DME 控制盒与 VOR/ILS 的共用。当选定了 VOR 或 LOC 频率后，机载 DME 的工作频率即同时被配对选择和调谐。

询问器的主要功能是发射询问信号，接收地面台给出的应答信号，计算到信标台的斜距并提供距离输出数据。询问器获得的距离信息送到显示器进行显示，同时加入其他机载系统如飞行管理计算机（FMC）进行导航计算。距离显示器包括无线电方位距离磁指示器（RDDMI）、主飞行显示器（PFD）和导航显示器（ND）等，其中 RDDMI 见图 3.13，PFD 和 ND 的显示见图 5.44。

DME 询问器通过处理产生的键控 1350Hz 识别音频送到飞机内话系统供驾驶员选择监听，以确定所接收的是哪个 DME 台的应答。

由于飞机上的两部测距机和两部空中交通管制（ATC）应答机都工作在 L 波段，所以不应同时辐射信号，以免相互干扰。为此，当一台测距机发射时，该机产生约 $30\mu s$ 宽的抑制波门加到两台 ATC 应答机和另一台测距机，抑制其发射，反之亦然。

询问器使用 115V、400Hz 的交流电源。

5.5.2　询问器的工作过程

询问器是机载 DME 设备的重要组成部分，不管其应有技术如何，测距的基本原理是相同的。所以，我们以图 5.19 来说明询问器的工作原理。

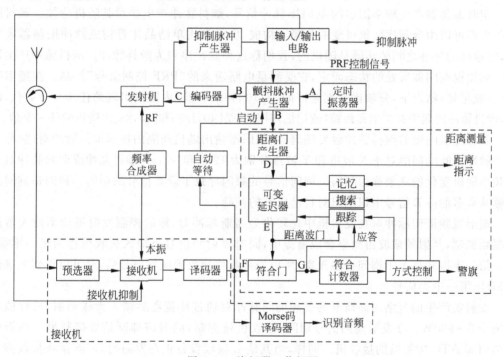

图 5.19　询问器工作框图

询问器主要由发射电路、接收电路和距离测量电路三部分组成，分别完成产生射频询问信号、接收处理应答信号和进行距离计算三项基本任务。其中发射电路和接收电路通过环流器实现与天线的连接，并保证收发电路之间的隔离。

当接通测距机的电源、选定工作波道后，询问器即工作于自动等待状态，这时询问器的发射机被抑制，接收机处于工作状态。地面信标的应答信号经天线接收后，通过环流器加于预选器。预选器由几级调谐滤波器组成，它采用变容二极管调谐的方法，把滤波器调谐在工作频率上。在自动等待状态，预选器的输出显然不含有对自己的应答。接收机是双变频的超外差接收机，其第一中频不论对什么型号的询问器总是 63MHz，而第二中频的典型值为

10.7MHz。经过二次混频的中频信号再由接收机的检波及检测电路处理,输出视频应答脉冲对加入译码器。

译码器对视频应答信号进行译码。译码器对每一个具有正确间隔(X波道为$12\mu s$,Y波道为$30\mu s$)的应答脉冲对产生一个译码脉冲输出,表示是工作于本波道的具有正确间隔的来自信标台的信号。译码脉冲由自动等待判决电路计数,以决定是否启动发射电路。当译码脉冲每秒超过650个(有的设备为450个)时,自动等待电路的输出启动颤抖脉冲产生器,从而发射询问信号,询问器由自动等待转为搜索状态。

译码器的输出还加入莫尔斯码译码器,利用地面台发射识别码期间发射的是等间隔($740\mu s$)的脉冲对这一特点同步识别出键控的1350Hz音频信号,然后输往机上的音频内话系统,供机组识别地面台。

译码器输出的译码脉冲还必须注入距离测量电路。在自动等待状态,对于机械型距离指示器,警旗将升起以遮挡距离读数;而对无线电方位距离磁指示器(RDDMI),一般是显示4个"划",表示距离测量电路无计算距离数据输出。

定时振荡器产生频率固定的400Hz脉冲信号,颤抖脉冲产生器对其随机分频。颤抖脉冲产生器可以由分频比随机可变的分频器构成,也可利用单结晶体管构成脉冲振荡器来实现,它输出的脉冲之间的间隔是随机的,我们称这种脉冲序列为颤抖脉冲。颤抖脉冲产生器的分频比视询问器所处的状态而定,它受测量电路送来的"PRF控制信号"控制。在搜索和跟踪(或记忆)状态下,分频比分别是区间$[3,10]$和$[15,25]$内随机出现的任意一个数值,因此,颤抖脉冲的频率在搜索和跟踪(或记忆)时分别是$[40,133]$和$[15,25]$内随机的任一个值。

具有随机间隔的颤抖脉冲触发编码器,编码器输出随机间隔的视频询问脉冲对,脉冲对两个脉冲之间的间隔对于X波道和Y波道分别为$12\mu s$和$36\mu s$。颤抖脉冲或询问脉冲对重复频率随机变化的现象称为频闪。询问信号的频闪导致了应答信号的频闪。频闪是询问器能够从众多的应答信号中识别出对自己应答的基础。

矩形视频询问脉冲对在发射机中先转化为高斯脉冲对,然后控制发射机功率放大器进行振幅调制,其射频载波由频率合成器提供,同时该射频信号也馈入接收机作为第一本振。由于第一本振频率等于询问射频频率,所以当接收机接收到应答信号后,总可以得到准确的63MHz第一中频信号。

发射机产生的包络为高斯形的射频询问脉冲对通过环流器后馈入天线辐射,其峰值功率为700~800W。在发射询问信号期间,接收机被抑制,同时该抑制信号抑制另一部询问器和两部ATC应答机的接收机。同样,当其他L波段设备正在发射时,询问器将接收抑制脉冲,以保护其接收机免受干扰。参见图5.19。

当询问器处于搜索状态时,接收电路中译码器输出的译码脉冲序列包括对本询问器的应答,还包括对其他飞机的应答以及填充脉冲和识别信号,它们被加入距离测量电路。测量电路必须完成对自己应答信号的同步识别,并初步计算出飞机到地面台的距离。我们用图5.20来说明这部分的工作过程。

在颤抖脉冲产生器所产生的每一个颤抖脉冲触发编码器、发射询问脉冲对的同时,该颤抖脉冲同时加入距离门产生器,触发产生相对应的距离门,距离门一般宽$30\mu s$左右,其连续延时由可变延迟器提供,而可变延迟器的延时在搜索状态下由搜索电路控制。从颤抖脉冲触发产生询问脉冲开始,距离门便连续地向右移动,延时T增大。距离门用于打开符合门。

当符合门被开启时,译码器输出的译码脉冲便注入符合计数器。

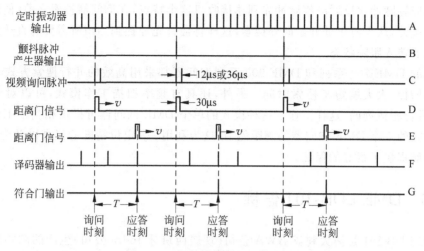

图 5.20 频闪效应测距工作波形

我们先假设对自己的应答还没有返回到询问器,这时译码脉冲不可能与本询问器的颤抖距离门信号保持稳定的时间同步关系,因而符合门输出的译码脉冲很少。例如,假设 DME 以平均询问速率 100Hz 搜索,那么在 0.01s 期间内符合门被打开 30μs。如果地面台以最大应答率 2700Hz 应答,那么在 0.01s 内译码器将输出 27 个脉冲,而该 27 个脉冲又只有 0.081 个脉冲通过符合门加到符合计数器,也就是说,符合计数器每秒钟只能计数 8~9 个译码脉冲。这时,方式控制电路控制询问器继续搜索,可变延迟 T 连续增加。当 T 增大到等于电波从飞机到信标的往返时间再加上信标的固定延时(典型值为 50μs)时,对自己的应答已经返回到询问器,这时距离门将与译码脉冲中对自己的应答译码脉冲保持时间上的同步,符合计数器单位时间内的计数值将大大增加。例如,和上面的假设一样,搜索时询问脉冲重复频率为 100Hz,若应答效率为 50%,那么符合门 1s 内将输出 50 个译码脉冲。一旦符合计数器检测到符合门输出脉冲速率的这种突变,就表明距离波门已经"捕捉"住对自己的应答,询问器的搜索状态应该结束。这时,方式控制电路控制询问器由搜索转为跟踪,同时将询问脉冲的重复频率由 40~150Hz 降至 10~30Hz。

在搜索期间,RDMI 上的 DME 距离指示器显示 4 个"划",不给出距离读数。

在跟踪期间,可变延迟器的延时 T 由跟踪电路控制。代表回波的符合门输出脉冲与距离波门同时加到跟踪电路,跟踪电路根据输入的这两路脉冲判断它们的时间差,输出与该时间差成正比的控制信号,控制可变延迟 T,使距离波门的中心始终对准自己应答脉冲的中心,从而实现对自己应答信号的跟踪。因此,这时可变延迟 T 就代表着飞机到信标的距离。这样,一个正比于或代表着这个可变延迟的信号加到距离显示器,提供距离读数。

如果在跟踪时,询问器丢失自己的应答信号,或者应答概率不满足跟踪条件时,询问器过 2s 后将由跟踪转为记忆状态。在记忆状态,询问器仍然以跟踪时的 PRF 值发射询问脉冲(10~30Hz),距离计算电路按照丢失应答信号瞬间的距离变化率继续给出距离数据供显示器显示,距离波门也按相同的位置变化率移动试图捕捉自己的应答信号。所以记忆状态是类跟踪状态,记忆期一般为 4~12s(典型值为 11.4s)。如在记忆期内应答信号恢复正常,询问器恢复跟踪状态,否则转入搜索。

同地面应答器一样,机载询问器也必须采取一定措施抑制多路径应答信号,其方法也是利用直达应答脉冲比反射应答脉冲先到达接收机这个特点,在询问器搜索之前,使测距电路回到零海里处,从零海里处开始向外搜索,这样将会首先捕捉到测距所需的直达应答信号而使询问器转入跟踪状态。

目前的 DME-700 系列和 DME-900 系列询问器都采用高效的并行搜索方式完成对应答信号的捕捉,大大缩短了搜索时间。另外,还具有频率扫描工作模式,可以对多达 5 个 DME 台进行轮流询问,这样工作于这种模式的单个 DME 询问器可提供相当于工作在常规单信道方式的 5 个 DME 询问器的测距能力,这为利用 ρ-ρ 定位精度的提高以及为 DME 用于区域导航提供了很好的保证。

5.6 DME LDB-101 信标

DME LDB-101 是澳大利亚 AWA 公司(现属西班牙 Indra 公司)生产的测距机地面信标,它的设计和制造技术满足国际民航组织对 DME 信标所提出的技术规范。LDB-101 信标电路设计严谨合理,具有完善的监控告警功能,是一种全固态信标。中国民航从 1993 年起大规模引进该信标,其可靠性获得了高度赞誉,是我国民航使用最广泛的 DME 信标之一。

同其他所有地面信标一样,为了保证 DME 信标提供可靠服务,一个 DME 站都是配置两个完全一样的 DME 应答器。这里只阐述单机 DME 的工作过程。

5.6.1 系统组成

LDB-101 1kW DME 信标单机系统的组成与工作框图如图 5.21 所示,主要包括天线、接收机、发射机、监视器、控制器和电源。

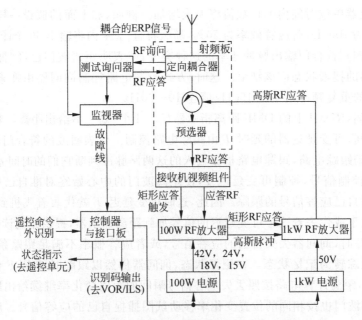

图 5.21 LDB-101 1kW DME 信标单机系统工作框图

对于 100W 信标,系统由以下组件或功能电路组成:射频板,接收机视频组件,100W 射频放大器组件,100W 信标电源组件,测试询问器组件,监视器组件,控制器组件,分配电路和接口电路,信标主电源以及天线系统。对于 1kW 信标,系统除了上面所述的组件外,还包括 1kW 功率放大器组件和 1kW 功放电源组件两个组件。100W 信标电源组件为 100W 信标供电,而 1kW 功放电源组件专门为 1kW 功率放大器组件提供工作电源。

可以看出,1kW 信标与 100W 信标并无本质上的不同,前者只是比后者增加一个 1kW 功放和 1kW 功放电源而已。100W 信标服务于终端区,1kW 信标服务于航路,其发射机的输出功率典型值分别为 125W 和 1.25kW。

我们下面详细讨论 LDB-101 系统的工作过程。

5.6.2 天线系统

DME 信标的天线系统由 1~11 个沿垂直轴直线排列的宽频带(960~1215MHz)双锥振子组成,是一个直立共线阵。双锥振子的数目多少决定着垂直面的方向性图和天线增益。一般要求垂直面的方向性图最大值指向仰角 5°左右,有利于远距离工作;而 0°以下要衰减很快,以减弱场地的影响;主瓣要宽,以有利于缩小顶空盲区。DME 信标天线水平面的方向性图是一个圆,因而是无方向性的。天线辐射或接受垂直极化波。

LDB-101 DME 信标使用的天线系统如图 5.22 所示。包括障碍灯在内,天线总长 2.7m,重 45kg,它安装在一个直径 114.4mm 的钢结构天线支柱上。支柱是空心的,里面分布四根电缆:天线馈电电缆(连至机柜的"MAIN ANTENNA FEEDED"连接器),两根有效辐射功率(ERP)电缆(分别连至 1 号机和 2 号机监视器组件的"ERP MON IN"插座),一根障碍灯馈电电缆。

LDB-101 天线安装的高度一定要超过天线附近的障碍物或机房。若与 DVOR 信标同址安装,则 DME 天线一定要高于 DVOR 天线系统,参见图 4.2。

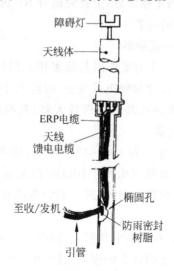

图 5.22 LDB-101 的天线系统结构

5.6.3 LDB-101 接收机

LDB-101 DME 信标接收机主要由射频板和接收机视频组件构成,射频板主要包括定向耦合器、环流器和预选器。图 5.23 给出了接收机的工作框图,其中虚线表示接收机信号与其他组件的连接关系,而发射机和测试询问器不属于接收机范畴。

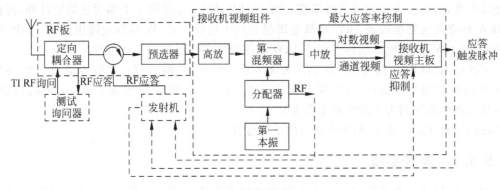

图 5.23　LDB-101 接收机工作框图

1. 射频板

天线接收的询问脉冲对和测试询问器(简称 TI)发出的询问脉冲对通过定向耦合器后加入环流器。在收发共用天线时,环流器使接收和发射的信号分别由天线送到接收机及由发射机馈入天线,二者相互隔离。接收的询问信号首先馈给预选器。预选器是一个高 Q 值的谐振器,主要功能是抑制频率范围为 $899\sim1150\mathrm{MHz}$ 的镜像频率干扰,同时给予从发射机可能泄漏过来的功率或由于天线失配而反射过来的功率以极大的衰减,使收发机进一步隔离,保护接收机前端。预选器的特性参数为,对应答频率和镜像频率的衰减大于 70dB,而带内衰减约为 1dB。

2. 接收机视频组件

接收机视频组件是接收机的主体部分,主要完成对 RF 询问的接收与处理,向发射机提供应答触发脉冲,以实现对询问的应答。

1) 高放(射频放大器)和第一混频器

高放对 RF 询问信号预放大,其主要作用是改善接收机的噪声系数。因为高放对整机的灵敏度有主要影响,因此要求高放的噪声系数小、增益大,同时具备较大的动态范围,适当的带宽。高放采用的是单级低噪声微波晶体管放大器,其噪声系数在 1.5dB 以下,增益为 10dB 左右,其输出送入第一混频器。

第一本振(RF 源)产生频率范围为 $962\sim1213\mathrm{MHz}$、功率约 0dBm 的晶振 RF 信号,它送入分配器放大及半功率分配,每端输出约+10dBm 的射频信号,其中一路馈入发射机作为应答射频,另一路加入第一混频器。因此,第一混频器的输出是第一中频恒为 63MHz 的询问信号。

第一混频器采用的是二极管双平衡混频器,它的噪声系数低(在 $4\sim5\mathrm{dB}$ 之间),变频损耗小,不但可以抑制偶次谐波产生的寄生响应,而且可使本振噪声对消或部分对消。

2) 中放

中放是 DME 接收机的重要组成部分,接收机的主要质量指标,如灵敏度、选择性、通频带、动态范围等在很大程度上取决于中放的性能。对中放总的要求是较好的选择性、合适的带宽、良好的噪声系数以及大的动态范围。

LDB-101 DME 的中放主要由前置中放、对数放大器(主中放)、第二混频器、窄带调谐电路及自动增益控制(AGC)电路五部分组成,其结构见图 5.24。下面先说明中放的工作过程,然后再分析导航系统中广泛应用的对数放大器的工作原理与过程。

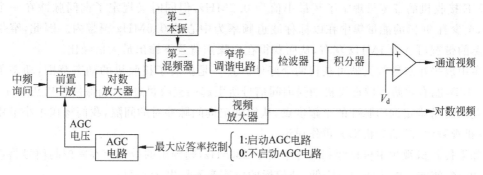

图 5.24 中放的结构

(1)中放的工作过程。前置中放也是保证接收机高灵敏度的主要部分,其主要指标为噪声系数(要求噪声系数小),对增益无高要求。LDB-101 中的前置中放由两级低噪声的双栅 FET 放大器构成,其增益受接收视频主板送来的"最大应答率控制"信号控制,最大不超过 30dB。

中放的增益主要由主中放级提供,主中放的放大倍数为 50dB 左右。为了扩大接收机的动态范围,主中放采用连续检波式对数放大器,它由 8 个宽带线性放大器级联而成。每个线性放大级有一个中频输入端,一个经放大的中频输出端和一个对中频检波的视频输出端。这 8 级级联的放大器的视频输出端相加,便得到对数视频,该对数视频与对数放大器输入的中频包络成对数关系。对数视频经视频放大器放大后加入接收机视频主板。

对数放大器的另一路输出是经限幅的 63MHz 第一中频询问信号,它被馈入第二混频器,与来自高稳定度晶体振荡器的 53.75MHz 第二本振进行混频,得到第二中频为 9.25MHz 的中频信号。第二中频信号送到两个高 Q 值的单调谐窄带电路,其中心频率为 9.25MHz,3 分贝带宽约为 1MHz,偏移谐振频率±0.9MHz 的衰减大于 80dB。窄带调谐电路的输出经包络检波器后送入积分器,其输出加入比较器,与一固定但可调的门限(V_d)比较,输出通道视频馈入接收机视频主板。可以看出,通道视频是不含询问脉冲幅度信息的。

为什么中频放大器要有"通道视频"和"对数视频"两路视频信号输出呢?我们知道,接收机的带宽主要由中频放大器的主中放级来保证,而波形失真、选择性和灵敏度与带宽是相互矛盾的。为了使带宽较小,选择性好,同时又使波形失真度小,LDB-101 采用的中放具有两个不同的带宽,以分别适用于对数视频和通道视频。在满足灵敏度−90dBm 的前提下,中放的带宽可达 2MHz 左右,这样前置中放和对数中放的带宽可达 2MHz,输出的对数视频不具备区分邻道干扰的能力。但是,窄带调谐电路的带宽又不超过 1MHz,因此,仅仅是那些处于本信道的询问信号才可能产生通道视频。通道视频虽不含询问脉冲的幅度信息,但它却可以用于对询问信号进行射频频率检测。只有那些对应有通道视频的对数视频才被认为是工作于本信道的询问,没有通道视频的对数视频则是邻道干扰或无效询问。由此可见,通过这种方法,巧妙解决了波形失真、灵敏度与带宽的矛盾。

我们可以按准匹配滤波原则选取窄带调谐电路的带宽。第二混频器输出的是包络为矩形的 9.25MHz 中频脉冲,在采用准匹配滤波的原则下,若准匹配滤波器的通带特性选为矩形,则窄带调谐电路的最佳 3 分贝带宽 $B_{opt} = 1.37/\tau$(τ 为矩形脉冲的宽度)。若 τ 选用 ICAO 规定的询问脉冲的半幅度宽度,即 $\tau = 3.5 \pm 0.5\mu s$,则 $B_{opt} = 0.34 \sim 0.46$MHz。ICAO 对 DME 接收机的带宽只规定了其最小值为 0.2MHz,但同时又规定了询问脉冲在一个脉冲内,至少有 90% 的能量集中在以标称波道频率为中心的 0.5MHz 频带内。因此,窄带调谐电路的带宽可选为 1MHz 左右,从而获得在白噪声背景下输出最大信噪比。

主中放采用对数放大器可获得两个好处。其一是扩展了接收机的动态范围,动态范围可达 84dB,能有效防止较近飞机的强询问信号所引起的接收机过载,确保接收机正常工作;其二是较容易确定询问脉冲的半幅度点,从而确定询问脉冲对的间隔,我们将在本小节中对"接收机视频组件"的分析部分再作讨论。

如果接收机视频主板检测到应答率大于 2835Hz,则输出的最大应答率控制信号将启动 AGC 电路,使前置中放的增益降低,使信标的应答率不超出 2835Hz。

图 5.25 表示对数视频与通道视频的关系。对于那些工作于标称波道的询问,这两个视频信号是同步的。

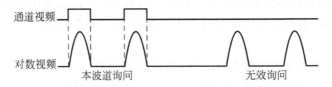

图 5.25 对数视频与通道视频的关系

(2)对数放大器。对数放大器是一种输出信号的幅度与输入信号幅度的对数成正比的放大器,其输入/输出(I/O)特性可表示为

$$u_o(t) = ku_i(t) \qquad (u_i(t) < U_{i1},\text{线性段})$$
$$u_o(t) = U_{o1}\lg\left[\frac{u_i(t)}{U_{i1}}\right] + U_{o1} \quad (u_i(t) > U_{i1},\text{对数段}) \qquad (5-9)$$

式中,$u_i(t)$ 和 $u_o(t)$ 分别表示对数放大器的输入和输出,其他参数的定义参见图 5.26。

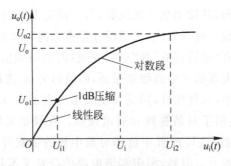

图 5.26 对数放大器的 I/O 特性

实现放大器对数特性的方法很多,常见的方法是采用双增益放大器,这种放大器不会损失中频相位信息。当只关心幅度信息时,也常用(视频输出的)连续检波式的对数放大器,LDB-101 中放的对数放大器就是用这种方法实现对数放大的。

图 5.27 给出了连续检波式对数放大器的原理电路结构。

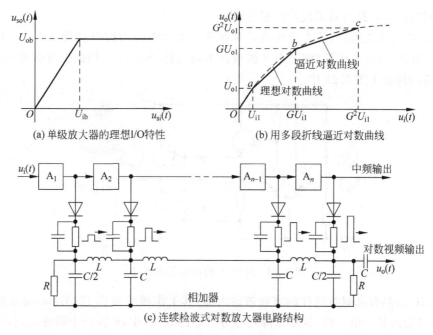

(a) 单级放大器的理想I/O特性　　(b) 用多段折线逼近对数曲线

(c) 连续检波式对数放大器电路结构

图 5.27　连续检波式对数放大器

整个连续检波式对数放大器由 n 级具有同样放大特性的电路组成,如图 5.27(c)所示,各级放大器调谐在中频频率上。各级的输出一部分作为下级的(中频)输入信号,另一部分经二极管检波器检波,检波后的视频送到相加器,相加器对各级输出的视频进行叠加。单级放大器的I/O特性如图 5.27(a)所示,放大器的增益为 G;当输入增加到一定电平 U_{ib} 时,放大器的增益下降到 1。可以看出,当用这样的放大器级联时,若输入信号很小,则各级放大器均处于线性放大状态,n 级放大器输出视频的叠加 $u_o(t)$ 为(对应图 5.27(b)的 $O \sim a$ 段)

$$u_o(t) = (G^n + G^{n-1} + \cdots + G^2 + G)u_i(t) \tag{5-10}$$

当输入信号 $u_i(t)$ 增大到使末级饱和,而其余各级仍处在线性放大状态时,视频输出 $u_o(t)$ 为(对应图 5.27(b)的 $a \sim b$ 段)

$$u_o(t) = G^n U_{i1} + (G^{n-1} + G^{n-2} + \cdots + G^2 + G)u_i(t) \tag{5-11}$$

式中,U_{i1} 是使末级饱和时的输入,且 $U_{i1} = U_{ib}/G^{n-1}$,n 为级联的级数。

如此继续下去,多一级放大器进入饱和,总的输出电压增加的速度就降低一次,体现在级联放大器的I/O特性曲线(图 5.27(b))上,它的斜率在减小。从图 5.27(b)可以看出,连续检波式对数放大器的I/O特性是斜率不断减小的多段折线,而这条折线大致具有对数特性的轮廓。显然,如果折线段越多,由多段折线构成的曲线就与真正对数特性的误差越小。所以,这种放大器要求单级增益不大,但总的级数要求足够多。

相加器将各级检波后的视频合成,并向负载端传输。由于各级都有调谐回路,相邻视频信号之间存在一定的延迟。单级放大器的延迟很难精确计算,一般直接测出整个中频放大器的总延迟 t_d,再用 n 去除,得到 $t_{d1} = t_d/n$,将 t_{d1} 作为单级放大器的延迟。然后,用 t_{d1} 去确定由仿真线组成的相加器的元件值,即

$$\sqrt{LC} = t_{d1}$$

$$\sqrt{\frac{L}{C}} = \rho = R \tag{5-12}$$

式中，ρ 为特性阻抗，R 为延迟线的匹配负载。

线性集成电路的出现，使连续检波式对数放大器的电路结构得到极大简化。LDB-101 DME 的对数放大器（主中放）就是由 8 级线性集成电路（SL521C）构成的宽带对数放大器。SL521C 的结构示于图 5.28 中。

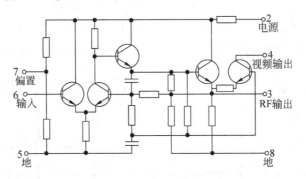

图 5.28　SL521C 的内部电路结构

SL521C 是具有真对数特性的宽频带放大器，其工作频率可达 120MHz，增益约 12dB，当输入信号超过某一电平时，其增益降到零分贝。图 5.28 中，6 脚是中频输入端，3 脚是中频输出端，4 脚输出检波后的视频。

图 5.29 为 LDB-101 的对数放大器（主中放）的实现电路。

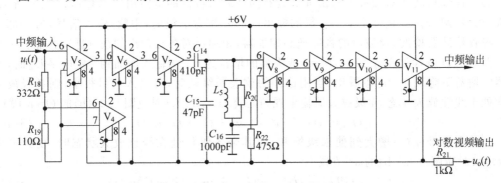

图 5.29　对数放大器（主中放）的实现电路

由 SL521C 构成的对数中放的工作原理与上面所述的连续检波式对数放大器的相同，它是通过逐级饱和改变级联放大器的增益，用折线逼近对数特性的。对数视频由各级放大器的第 4 脚输出的检波后的视频直接叠加而成。由于各级均采用宽带放大，各级之间的相对延迟很小，可以忽略，因而使连续检波式对数放大器的电路结构大为简化。V_{11} 的第 3 脚在大信号时输出为饱和的中频。V_4 将输入信号分流，小信号时视频的叠加效果不变；大信号时由于 V_4 的分流，使第一级 V_5 饱和的输入信号幅度增加。因此，V_4 的加入可以改善大信号时的对数特性，进一步扩大对数中放的动态范围。电容 C_{15} 和电感 L_5 是单调谐的并联谐振回路，进一步改善频率特性。

中频放大器采用对数特性主要是为了扩大接收机的动态范围。DME 信标接收机收到的信号可在 -10dBm 到 -90dBm 范围内变化（强度变化 80dB），如果不采用对数中放，强输入信号将使接收机过早进入饱和而限幅，损失信号的幅度信息。测距机系统工作波形的特殊设计(近似高斯波形),就是取其频谱的窄带性,以增加工作的信道,减少邻道干扰。而信号的畸变导致频谱变宽,不仅增加了邻道干扰的机会,而且使真正信号的检测性能下降。

3) 接收机视频主板

接收机视频主板接收中放输出的对数视频与通道视频,主要完成以下功能:

(1) 完成对数视频与通道视频的一致性检测,检测之后的对数视频加入脉冲对间隔检测电路(译码电路)。若脉冲对间隔正确,则认为是一次有效的询问,经过典型值 $50\mu s$ 的延迟,给出应答触发脉冲;

(2) 若检测到一次有效询问,为了防止多路径干扰,必须将译码电路封闭一段时间(典型值为 $60\mu s$);

(3) 在莫尔斯码的传号存续期间,向发射机给出每秒 1350 对常速率的应答触发脉冲,使信标完成莫尔斯码的辐射;

(4) 产生 945Hz 的随机填充脉冲,以维持信标的最低应答率;

(5) 检测信标的最大应答率,使之不超出 2835Hz,以保护发射机。

图 5.30 给出了接收机视频主板的工作框图。其中主/辅识别码接口板不属于视频主板。

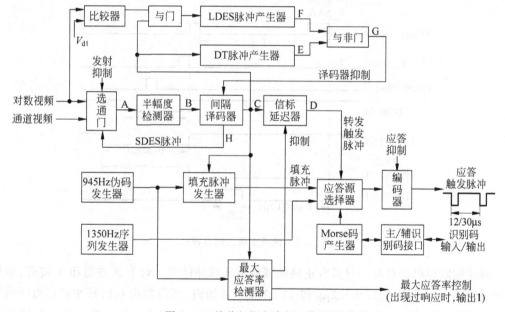

图 5.30 接收机视频主板工作框图

接收机中频放大器输出的对数视频与通道视频首先加入视频主板的选通门,通道视频控制选通门的导通,当出现通道视频时,对数视频通过选通门加于半幅度检测器,而没有通道视频的对数视频则被拒之于选通门之外。因此,通过对数视频与通道视频的一致性检测,选通门仅输出对本信道询问的对数视频。

半幅度检测器完成脉冲半幅度的检测,将对数视频转化为脉宽为 $2.5\mu s$ 的 CMOS 脉冲对。中放的对数放大器的对数变化率为 $36.7mV/dB$,即输入变化 1dB,输出变化 $36.7mV$。我们要确定接收机输入询问脉冲射频包络的半幅度点,即输入幅度降低 6dB 的点,那么对应的便是对数视频峰值降低一个固定电平 0.22V 的点,而不管输入和输出的电平是如何变化的,这是采用对数放大器的又一优点。若不采用对数放大器,当接收信号过强造成接收机限幅时,半幅度点就具有不确定性,即使接收机没有过载而处于线性放大状态,输出脉冲幅度便随输入询问信号的强弱变化,半幅度点也变化,我们就不能采用上述方法来确定半幅度点,增加了电路的复杂性。半幅度检测器是这样找到询问脉冲的半幅度点的:将选通门输出的对数视频(称为原始对数视频)送入电压比较器,同时将该对数视频抬高0.22V,再延迟脉宽标称值的一半即1.75μs,将如此处理的对数视频(称为6dB对数视频)加入电压比较器的另一端,那么6dB对数视频的6dB点必然和原始对数视频的最大值相交,从而通过比较器就可找到输入询问脉冲的半幅度点,两个询问脉冲半幅度点的间隔T就是询问脉冲对的间隔。参见图5.31。

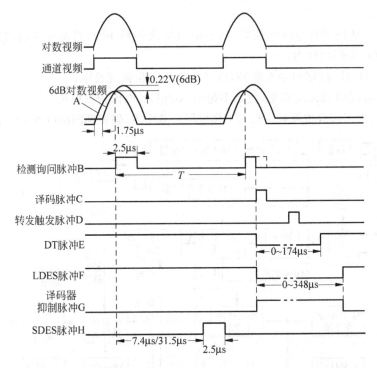

图 5.31　视频主板关键点波形

脉冲间隔译码器对每一对具有正确间隔的询问脉冲译码。对于X波道和Y波道,如果脉冲对间隔T分别处在$12\pm1.2\mu s$和$36\pm1.2\mu s$范围内,译码器将对该脉冲对正确译码而给出一个译码脉冲。一个译码脉冲就代表一次对本信标的成功询问。要产生一个译码脉冲,询问脉冲对必须在射频频率与脉冲对间隔两方面都满足给定的要求。每一个译码脉冲均将触发编码器而产生应答触发脉冲。

译码脉冲经过信标延迟器后产生的转发触发脉冲加到应答源选择器。延迟器的延迟在前面板上可调,其给出的延迟范围为$23.2\sim34.6\mu s$,步长为$0.18\mu s$。调整延迟器的延迟,从而给出信标从接收询问脉冲到给出应答脉冲的延时(典型值为$50\mu s$)。

在检测到一次成功的询问之后,为了防止多路径干扰,译码脉冲都要触发寂静时间(DT)产生器而产生寂静负脉冲,该负脉冲的持续时间在$0\sim174\mu s$内可调(步长为$11.6\mu s$),它经过与非门后变为持续时间$0\sim174\mu s$的正脉冲,抑制脉冲间隔译码器,从而在寂静正脉冲持续期内不对询问脉冲译码,这样便防止了多路径反射询问,同时也抑制了在寂静时间内到达的正常询问的译码,降低了信标的应答效率。因此,寂静时间不可过长。ICAO规定寂静时间不要超过 $60\mu s$。

除了用寂静时间防止多路径干扰外,还必须考虑对长距离回波的抑制。如果反射路径较长,且直达的询问信号较强,这时较强的反射信号就有可能落在寂静时间之外而使应答器触发。对这种反射询问进行抑制就是长距离回波抑制(LDES)。为此,将直达的对数视频送入比较器与一固定门限相比,比较器与译码器的输出均加入与门。由此可见,对应每一个译码脉冲,它都要触发寂静脉冲产生器,而只有当直达询问信号的强度超过了预置的门限,对应的译码脉冲才能触发 LDES 脉冲产生器,产生一个持续时间在 $0\sim348\mu s$(步长为 $23.2\mu s$)内的 LDES 负脉冲,对译码器抑制更长的时间。

LDES 时间的设置通常比寂静时间的长,而较长时间抑制译码器将使信标的应答效率进一步降低。因此,在一般情况下,就用寂静脉冲来抑制信标。只有当检测到直达询问的强度超过了所预置的门限(强询问信号),LDES 脉冲产生器才被开启;而没有超过门限的直达询问,即使存在长距离回波,回波到达接收机的幅度也已相当微弱,不足以驱动接收机的门限灵敏度而引起应答触发。实质上,寂静时间与长距离回波抑制是一样的,LDES 相当于是加长的寂静时间,参见图 5.31。

还有一种称之为短距离回波的多路径反射必须加以抑制。如果反射路径较短,那么反射询问的第一个脉冲就有可能落在直达询问脉冲对的双脉冲之间,或者与直达询问脉冲对的第二个脉冲部分重合。对这种反射波的抑制就是短距离回波抑制(SDES)。如果反射询问的第一个脉冲落在直达询问的双脉冲之间,由于脉冲间隔译码器的设计特性,这种短距离回波不会对直达询问的译码施加影响;如果反射询问的第一个脉冲与直达询问脉冲对的第二个脉冲有部分重合,就有可能造成对直达询问不能译码,影响信标的应答效率。为此,半幅度检测器输出的宽为 $2.5\mu s$ 的直达询问的第一个脉冲被送入译码器内的延迟器,延迟 $7.4\mu s$(X 波道)或 $31.5\mu s$(Y 波道)的 $2.5\mu s$ 正脉冲就是 SDES 脉冲,它被加入选通门,使选通门在 SDES 脉冲持续期内被抑制,这样反射回波就不能通过选通门,译码器就能对直达询问译码。当然,如果反射询问脉冲对的第一个脉冲与直达询问的第二个脉冲的重合超过一定的范围,即使采用了 SDES,译码器也不会对直达询问译码。事实上,短距离回波与长距离回波对 DME 测距的影响有本质的不同。短距离回波一般不会使 DME 测距出现错误,但它的存在会降低信标的应答效率,采用上述短距离回波抑制的主要目的,就是在存在短距离回波的情况下,提高信标的应答效率。

莫尔斯识别码产生器每 30s 产生 4 组完整的识别码,其中连续的 3 次通过识别码主/辅接口可送至布置在同一台站的 VOR 发射,另一次则加到应答源选择器;同时,与识别码同步的连续 1350Hz 脉冲序列也加到应答源选择器。VOR 产生的识别码也通过主/辅识别码接口馈入 DME 发射。

DME 经常与 DVOR 装在同一台站,它们辐射识别码有以下三种情况:对于 AWA 公司生产的 DVOR VRB-51D 和 DME LDB-101,它们内部各有一个识别码产生器,均为每 30s 产生 4 次完整的识别码。如果 VRB-51D 与 LDB-101 的识别码工作在"独立"方式,那么 DVOR 将在 30s 内辐射自己产生的 4 次识别码,DME 在 30s 内将本身产生的 4 次识别码的最后一组发射出去;如果它们的识别码工作在"联合"方式,并且选择 DVOR 产生的识别码作为整个信标对的公共识别码源(主源),那么 DVOR 在 30s 内产生的 4 次识别码的前 3 次由 DVOR 辐射,第 4 次通过主/辅识别码接口馈入 DME。对 DME 而言,外部输入的莫尔斯码具有更高的优先权,这时 DME 便辐射 DVOR 送入的识别码;若 DME/DVOR 的识别码工作在"联合"方式,且选择 DME 产生的识别码作为主源,则 DVOR 将辐射 DME 30s 内产生的 4 次识别码的前 3 组,DME 则辐射第 4 组。当然,DVOR 与 DME 都具有对外部其他导航设备输入的莫尔斯码(外识别)的鉴别电路,工作在联合方式时,一旦检测到外识别无效或不存在,它们均将转入辐射本身产生的识别码(内识别),DVOR 与 DME 每 30s 分别辐射 3 次与 1 次。因此,对 DME 而言,不论识别码来源于何处,它均为每 30s 发射一次识别码,从而尽量少影响 DME 信标的应答效率。

如果 DME 与 DVOR 的识别码选为"联合"方式,那么 DVOR 产生的识别码常被选为主源。

为了保证信标维持一个最低应答率,必须设置填充脉冲产生器。945Hz 伪码产生器产生平均频率 945Hz 的伪随机序列,它和译码脉冲都注入填充脉冲产生器。如果出现一个译码脉冲,它就抵消一个伪码脉冲,单位时间内输出的填充脉冲就少一个。因此,填充脉冲的最高平均频率为 945Hz。当然,如果 1s 内出现大于或等于 945 个译码脉冲,填充脉冲便不复存在。表 5.1 清楚地示意了填充脉冲的作用。

为了保护信标接收机和发射机,信标的应答率不能超出某一最大值,最大应答率检测器便是完成该任务的。最大应答率检测器将译码脉冲与 945Hz 的伪码序列相比较,如果 1s 内检测到译码脉冲数大于 945 的三倍,即 2835,则认为信标出现过响应,最大应答率检测器将输出高电平的控制信号。该信号一方面控制接收机中放的增益降低,远距离飞机的弱询问信号便不能触发接收机,以此降低译码脉冲的个数,达到消除过响应的目的;另一方面该高电平的控制信号还将抑制信标延迟器,也即抑制了转发触发脉冲,使信标不会给出应答,保护发射机,参见表 5.1。所以 LDB-101 的最大应答率为 2835Hz。如果采用上述方法在一定时间过后仍不能消除过响应,则将导致关机或换机。

表 5.1 应答脉冲的结构(不包括识别信号,单位:Hz)

填充脉冲	检测到的询问脉冲(译码脉冲)	对该询问的应答	总应答
945	0	0	945
944	1	1	945
...	...	...	...
915	30	30	945
...	...	...	...
895	50	50	945
...	...	...	...
1	944	944	945
0	945	945	945
...	...	...	...
0	1000	1000	1000
...	...	...	...
0	2835	2835	2835
0	2836	0	0
...	...	...	...
0	3700	0	0

加到应答源选择器的信号共有三种,它们依次是莫尔斯码、转发触发脉冲和填充脉冲,选择器将依据优先级的高低选择编码器的触发脉冲。其中识别码优先级最高,转发触发脉冲的次之,填充脉冲的优先权最低。在识别码传号持续期间,应答源选择器选择 1350 Hz 的脉冲输出(从而将连续的 1350 Hz 脉冲序列变为键控的 1350 Hz 脉冲),每一个脉冲都将触发编码器产生一对脉冲,脉冲对双脉冲之间的间隔为 12 μs(X 波道)或 30 μs(Y 波道)。因此,在传号期间,信标发射的是频率 1350 Hz 的识别脉冲对;而当不存在传号时,选择器将选择转发触发脉冲和/或填充脉冲,它们触发编码器产生脉冲对,使信标完成转发应答和/或填充脉冲对的辐射。

在发射机发射期间,为了防止高功率的 RF 脉冲对接收机的干扰,100W 射频放大器组件将输出抑制信号抑制视频主板的选通门。另外,当出现主要参数(信标的固定延迟、应答脉冲对双脉冲之间的间隔)故障或刚开机瞬间,控制器还将抑制视频主板的编码器,使信标不给出应答。

至此我们已系统介绍了 DME LDB-101 接收机部分的工作过程,下面介绍发射机的工作原理。

5.6.4 LDB-101 发射机

LDB-101 发射机主要包括 100W RF 放大器和 1kW RF 放大器两个组件,其中后一个功放组件只用于 1kW 的机型中。

1. 100W RF 放大器

图 5.32 给出了 100W 射频放大器组件的工作框图,它由调制波形产生器和射频放大链两部分组成。8W 射频放大器、45W 射频放大器与功率调制放大器组成 RF 放大链,剩下的部分为调制波形产生器。LDB-101 发射机采用主振-放大式结构。

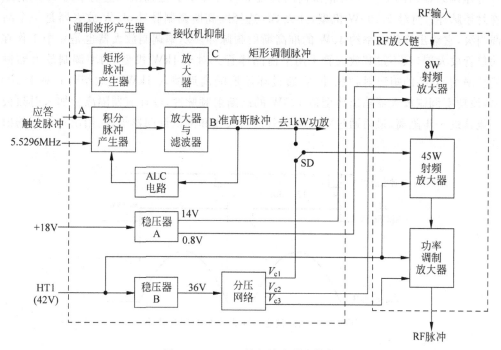

图 5.32 100W 射频放大器的结构

调制波形产生器完成准高斯调制脉冲和矩形调制脉冲的产生,同时向放大链提供工作偏置电压。

接收机视频主板输出的应答触发脉冲与 5.5296MHz 的时钟加入积分脉冲产生器,通过分段积分的方法,将对应的 CMOS 应答触发脉冲变换为用 14 段折线逼近的模拟脉冲,然后经过滤波平滑及放大后,得到所需要的准高斯脉冲,它被馈入 45W RF 放大器(100W 机型)或 1kW 功放(1kW 机型)。电路中采用的 ALC 保证了准高斯调制脉冲的幅度基本恒定。应答触发脉冲还触发矩形脉冲产生器,产生的矩形脉冲送入接收机视频主板抑制其选通门(见图 5.30),使接收机在信标发射应答脉冲期间被封闭;同时,该矩形脉冲经放大后,即得到峰值为 8~18V 的矩形调制脉冲,用于在 8W RF 放大器中对接收机射频源馈入的连续射频信号调幅。图 5.33 表示应答触发脉冲、准高斯调制脉冲和矩形调制脉冲的关系。

调制波形产生器的电源部分包括两个串联反馈式稳压电源,用于将 100W 信标电源给出的 +18V 和 HT1(HT1=42~50V,典型值为 42V)电压变换为相应的直流电压,为放大链中相应的放大器提供工作偏置电压。其中稳压器 A 提供的两路输出(+14V 和 +0.8V)是固定的,而稳压器 B 输出的 +36V 电压经分压网络后输出三路可调的直流 V_{c1}、V_{c2} 和 V_{c3},这三路直流以及矩形调制脉冲的幅值必须根据信标台的工作频率统调在所给的值上。

射频放大链由 8W RF 放大器、45W RF 放大器和功率调制放大器三个独立的射频放大器级联而成。射频源输出的频率为 962~1213MHz 的 +10dBm 射频信号馈入 8W RF 放大器,该放大器共有三级,矩形调制脉冲是在第二级完成对 RF 载波调制的,8W RF 放大器输出峰值功率约 4W 的矩形应答射频脉冲。45W RF 放大器是工作在 C 类的单管放大器,加于该管集电极的偏置由调制波形产生器上的开关 SD 选择:对于 1kW 的机型,SD 选择稳压器 B 分压网络输出的 15~30V 范围内的直流 V_{c1},45W 放大器输出峰值功率约 20W 的矩形应答射频脉冲;而对于 100W 机型,开关 SD 选择准高斯调制脉冲,45W 放大器是一个高电平调制级,它输出峰值功率约 40W 的准高斯射频脉冲。功率调制放大器也是一个工作在 C 类的单管放大器,只不过其放大管采用平衡晶体管。对于 1kW 机型,功率调制放大器输出峰值功率约 50W 的矩形射频脉冲,它通过环流器隔离后馈入 1kW 功放组件;对于 100W 机型,该功率调制放大器输出典型值 125W 的高斯射频脉冲,经环流器隔离后加入射频板内的环流器进一步隔离,最后通过定向耦合器馈入天线和测试询问器组件,给出对询问的射频应答。

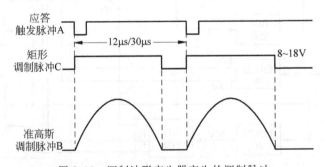

图 5.33　调制波形产生器产生的调制脉冲

2. 1kW 射频功率放大器

1kW 射频功率放大器组件只用于配置在航路上的 DME(1kW 机型),其功能是完成准高斯调制脉冲对 100W 射频放大器组件输出的矩形射频脉冲的再次调制,并对再调制后的射频脉冲放大,形成 DME 信标发射所需的高斯射频脉冲,并达到所要求的功率;而 1kW功放电源专用于为 1kW 功放提供+50V 的工作电压。这两个组件的相互连接及功能框图如图 5.34 所示,其中虚线内为 1kW 功放电源组件的结构,其他部分则为 1kW 射频功率放大器组件的工作框图。

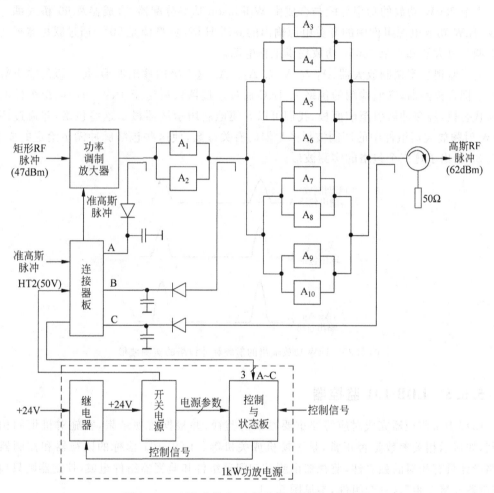

图 5.34 1kW 功放和 1kW 功放电源的工作框图

1kW 功放组件主要由功率调制放大器、十个 250W RF 放大器 $A_1 \sim A_{10}$ 和连接器板组成。整个 1kW 功放置于屏蔽盒内,它与外界的信号传递是通过连接器板进行的。

100W 功放组件输出的准高斯调制脉冲通过连接器板加入功率调制放大器,用于对100W 功放组件输出的峰值功率为 50W(+47dBm)的矩形 RF 脉冲的再调制,使功率调制放大器(1kW 功放使用的功率调制放大器与 100W 功放中使用的是一样的)输出 100W 的RF 脉冲,其包络是叠加在矩形脉冲基座之上的准高斯脉冲,如图 5.35 所示。功率调制放大器的输出馈入十个 250W RF 放大器 $A_1 \sim A_{10}$ 放大。250W RF 放大器是 1kW 功放的基本组成单元,它们可划分为两级,其中 A_1 与 A_2 组成第一级,$A_3\sim A_{10}$ 组成第二级,每一个 250W 放大器将 50W 的 RF 脉冲放大至典型值 250W 的输出,它们通过功率分配与合成的方法,使放大之后的 RF 脉冲通过环流器之后的输出功率约达 1.6kW(+62dBm),RF 脉冲的包络则为图 5.35 所示的高斯形,它被送至射频板后馈入测试询问器组件及天线辐射。因此,1kW 功放组件的功率增益不低于 15dB,而 1kW 发射机(100W 功放和 1kW 功放)的总功率增益不低于 52dB。

功率调制放大器与十个 250W 射频放大器都工作于 C 类。

十个 250W 功放的功率分配与合成由 Wilkinson 功率分配器/合成器及 90°桥式耦合器完成,1kW 功放电源组件中的开关电源输出的高压 HT2(典型值是 50V)通过联接器板后为功率调制放大器和十个 250W 功放提供工作电源。

为了监视功率调制放大器、A_1 与 A_2 及 $A_3\sim A_{10}$ 这三级的输出波形,每一级的输出端均设置了耦合检测器,它们检测的包络 A、B、C 通过连接器板后送至 1kW 功放电源组件的控制与状态板,经缓冲后引至前面板,我们可以方便地利用示波器显示这些包络,并通过调整 100W 射频放大器组件中的调制波形产生器的有关参数,使这些包络脉冲满足给定的要求。图 5.35 给出了这三个包络的实测波形。

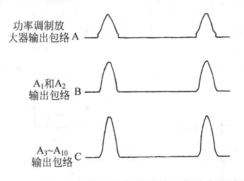

图 5.35　1kW 功放输出的射频脉冲包络的实测波形

5.6.5　LDB-101 监控器

LDB-101 监控器完成对应答器重要参数的监视,并根据监视结果,实施对机柜的相应控制,如显示相关参数是否正常,是否换机或关机等。LDB-101 信标的监视器和控制器的电路设计具有相对的独立性,监视器由测试询问器组件和监视器组件组成,控制器则只包括"控制器与接口板"这一个组件,参见图 5.21。

与 DVOR 信标所监视的辐射场参数全部来自于监视天线接收的辐射场不同,LDB-101 所监视的参数除信标的辐射功率取自发射天线外,其他参数则由信标内设的"测试询问器"进行测量,测量结果送至控制器组件给予监视。因此,DME 信标一般不设置监视天线。

1. 监视器

1) 测试询问器

测试询问器(TI)组件作为一个独立的工作单元以一定的常速率模拟飞机的询问,它输出的包络为梯形的射频询问脉冲,与天线所接收的包络为高斯形的飞机询问脉冲具有同样的优先级,它们均加入 RF 板送到信标接收机。DME 应答器将测试询问器的询问脉冲作为正常的询问并给出应答,发射机给出的射频应答同时馈入测试询问器和天线,测试询问器将利用"频闪搜索"技术完成对自己应答的同步接收,见图5.21。所以,测试询问器的功能与机载询问器的功能总体上是相同的。

　　测试询问器主要有两个功能,其一是测量应答器和应答脉冲的一些关键参数,这些参数共有七个,它们分别是应答器的系统延时、应答脉冲对双脉冲之间的间隔、应答效率、信标应答功率、应答率、对1kHz询问的响应及最大应答率。当在控制器面板上按下相应的参数测量键时,就启动了相应参数的测量。在对这些参数进行测量时,测试询问器发射的询问脉冲重复频率(PRF)是不同的。除了测量"对1kW询问的响应"和"最大应答率"其询问脉冲重复频率分别为1kHz和10kHz外,对其余五个参数的测量其询问PRF均为100Hz。测量的参数值分别送往控制器进行三位显示。

　　测试询问器的第二个功能是用作装在机内的测试单元,与监视器组件共同完成信标重要参数的监视。测试询问器工作于这种方式时,不应按下控制器组件面板上的任何一个参数测量开关,测试询问器所发出的询问脉冲重复频率为50Hz。在完成对自己应答的同步接收后,测试询问器将产生同步延时脉冲、同步间隔脉冲和同步应答译码脉冲,这三种同步脉冲连同应答脉冲均送入监视器组件,从而分别完成对信标固定延时、应答脉冲对之间的间隔、应答效率以及应答率的监视。工作于这种方式的测试询问器也可以用于系统的调试与维护。

　　为了简化电路设计,测试询问器发出的射频询问脉冲的包络是梯形的而不是高斯形的,但梯形包络的参数符合ICAO规定的要求。

　　测试询问器组件由射频询问信号产生器、调制信号发生器和检测器、开关衰减器、应答检测器和测试询问器主板组成,图5.36给出了测试询问器组件的工作框图,其中定向耦合器、环流器和预选器构成了射频板而不属于测试询问器组件的范畴。

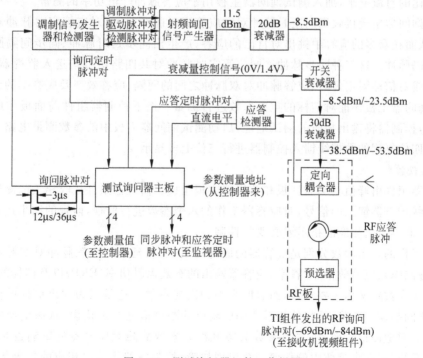

图5.36　测试询问器组件工作框图

　　测试询问器主板输出的询问脉冲对馈入调制信号发生器和检测器,该功能电路将输入的询问脉冲对进行处理,输出两路脉冲对,即调制脉冲对和驱动脉冲对。调制脉冲对中的单脉冲是一个叠加在 1V 直流之上的梯形脉冲,梯形脉冲的半幅度脉宽为 $3.5\mu s$;而驱动脉冲是 CMOS 电平的方波,该方波与梯形脉冲的起始及结束时刻对应相等。调制脉冲对与驱动脉冲对同时加入 RF 询问信号产生器,对射频信号调制,从而输出峰值功率+11.5dBm 的 RF 梯形询问脉冲对,该询问脉冲同时被 RF 询问信号产生器内的包络检波器检波,得到梯形包络检测脉冲,它被注入调制信号发生器和检测器中,由其检测器进行半幅度检测,得到送入测试询问器主板的询问定时脉冲对,作为发射询问脉冲的起始时刻。

　　RF 询问信号产生器输出的 RF 询问脉冲送入 20dB 衰减器,然后再馈入开关衰减器。开关衰减器的衰减量受控于测试询问器主板送来的衰减量控制信号:若该控制信号为 0V,开关衰减器的衰减量接近 0dB;而若控制信号为 1.4V,衰减量则为 15dB。因此,开关衰减器输出的询问脉冲的峰值功率是-8.5dBm 或-23.5dBm。该信号再经过一个 30dB 的衰减器后即得到测试询问器组件输出的 RF 询问脉冲,峰值功率为-38.5dBm 或-53.5dBm。

　　射频板内的定向耦合器将对测试询问器组件发出的询问信号进一步衰减 30dB,然后经过环流器和预选器(在工作频率上,这两个功能电路对输入信号的衰减不大于 0.5dB)而馈入接收机视频组件。因此,测试询问器组件发出的询问脉冲到达接收机组件输入端的峰值功率为-69dBm 或-84dBm。

　　信标发射机输出的 RF 应答脉冲对通过定向耦合器耦合取样后馈入应答检测器,该应答是对所有馈入接收机询问(包括飞机的询问,1 号机和 2 号机测试询问器的询问)的应答,还包括识别信号和/或填充脉冲。应答检测器将对这些应答进行半幅度检测,从而为测试询问器主板提供应答定时脉冲对。同时,应答检测器还将检测应答脉冲的峰值,输出与该峰值电平成正比的直流电平,加入测试询问器主板用于应答脉冲峰值功率的测量。

　　测试询问器主板接收询问定时脉冲对和应答定时脉冲对,并对应答定时脉冲对进行同步接收,从而在众多的应答中挑出对自己的应答,产生出同步延时脉冲、同步间隔脉冲和同步应答译码脉冲。这三种同步脉冲连同应答定时脉冲对共四路信号均送入监视器组件,从而分别完成对信标固定延时、应答脉冲对双脉冲之间的间隔、应答效率及应答率的监视。同时,测试询问器主板还能对信标的重要参数进行测量。按下控制器组件前面板相应的参数测量开关,控制器将输出相应的测试地址,启动测试询问器主板中的参数测量电路。参数测量值通过四位复用的数据线馈入控制器进行三位七段显示。

　　2) 监视器

　　监视器组件由峰值功率监视板和监视器主板组成。监视器组件接收相关的测试询问器组件及天线传感器馈入的信号,对应答器工作的六个参数进行监视,监视的结果送入控制器组件,控制器再给出相应的指示或必要的控制。

　　信标工作的六个参数分别是应答器的固定延迟(应答延迟)、应答脉冲对双脉冲之间的间隔(应答间隔)、应答效率、应答率、应答器输出的有效辐射功率(ERP)以及信标的识别码。其中前两个参数定义为主要参数,而后四个则为次要参数。这是因为如果信标的固定延迟与/或应答间隔发生故障,就将使机载 DME 获得的距离信息产生错误,从而给出不正确的引导信息。对地面信标而言,主要参数故障和次要参数故障对应答器的影响也是不同的。对于单机系统,这六个参数中的任何一个出现故障,控制器都将给出相应的告警指示,但只有存在主要参数故障才导致关机；而对双机系统,任何参数故障均将导致指定的主机切换到备机,但只有当备机存在主要参数故障时,才会导致备机再切换到主机。

图 5.37 给出了监视器组件的工作框图,其中应答延迟监视器、应答间隔监视器、应答效率监视器、应答率监视器和识别码监视器构成了监视器主板。

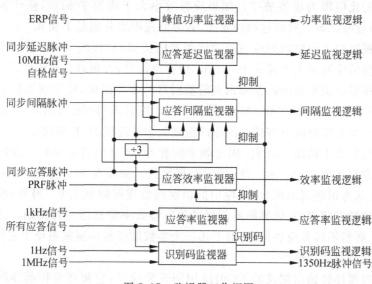

图 5.37 监视器工作框图

从信标天线馈电盒中的定向耦合器取样得到的有效辐射功率(ERP)信号被馈入峰值功率监视器,该监视器将获取应答脉冲的峰值电压,并将该峰值电压与预置的门限电压相比较。如果 ERP 满足要求,则输出的功率监视逻辑为 1(15V),否则为 0(0V)。

对于其他五个参数监视器,除了"自检信号"由控制器给出外,其余的输入均来自相关的测试询问器。

应答延迟监视器实际上由两个相对独立的功能电路组成,第一部分是三个级联的 BCD 递减计数器,第二部分则为应答延迟故障电平产生电路。触发测试询问器产生询问的每一个 PRF 触发脉冲作为应答延迟监视器中三个 BCD 递减计数器的加载脉冲,使它们加载于信标固定延迟的理论值(典型值为 $50\mu s$),而某一个同步延迟脉冲的宽度等于某一次测试询问器询问时,信标的实际固定延迟,它与 10MHz 信号同时加入一个与门,与门的输出即为持续时间等于信标实际固定延迟的 10MHz 脉冲,该脉冲序列加入上述三个级联的 BCD 递减计数器,计数器便在 10MHz 信号作用下递减计数。显然,计数结束时三个计数器残存的值就是某一次应答延迟的误差值。对该误差进行检查,看它是否在预置的门限($\pm0.8\mu s$)之内,将检查的结果加入应答延迟监视器的第二部分即应答延迟故障电平产生电路;同时,同步应答脉冲及 PRF 脉冲经过三分频之后的信号也加入延迟故障电平产生电路。如果测试询问器组件询问 100 次,得到的应答延迟至少有 34 次属于正常范围,那么就认为信标固定延迟这一参数正常,延迟故障电平产生电路将给出高电平逻辑;否则就认为应答延迟出现故障,延迟监视逻辑就为低电平。

应答器的应答间隔的监视与应答延迟的监视所用方法类似。如果测试询问器询问 100 次,应答间隔监视器监视到至少有 34 次应答间隔正常,就认为应答间隔这一参数正常,间隔监视逻辑为 1；否则认为该参数发生故障,输出的间隔监视逻辑便为 0。

应答效率监视器的工作原理本质上与应答延迟监视器及应答间隔监视器的第二部分——故障电平产生电路的相同。同步应答脉冲代表应答器对测试询问器询问的成功应答,它与 PRF 脉冲一同输入应答效率监视器,而 PRF 脉冲的个数对应测试询问器的询问次数,两者在单位时间内的比值即为应答效率。如果应答效率大于或等于 61%,便认为应答效率正常,否则就认为故障状态。对应这两种状态,效率监视逻辑分别是 1 和 0。

应答率监视器的工作原理与应答效率监视器的类似,它接收 1kHz 信号及所有的应答信号。如果信标的应答率大于或等于 834Hz,应答率正常,否则就是故障状态。

识别码监视器由识别码译码器和识别码鉴别器两部分组成,该监视器接收应答器发出的所有应答信号以及 1Hz 信号和 1MHz 信号。由于发射识别码传号时,应答信号的频率是固定的 1350Hz,而其他时间应答信号的脉冲重复频率是随机的,根据这个特点,识别码译码器便能从所有的应答中挑出 1350Hz 固定频率的脉冲,恢复出莫尔斯码。译码之后的莫尔斯码再输入识别码鉴别器,对一个 75s 的定时器复位。如果在 75s 内不存在对该定时器复位的识别码,就认为识别码出现故障,输出的识别码监视逻辑就为 0。另外,被恢复的莫尔斯码还将对应答延迟监视器、应答间隔监视器和应答效率监视器进行抑制。这是因为在传号持续期间,应答器不转发应答信号,对上述三个参数监视器抑制就避免了它们在传号持续期间可能输出参数故障低电平。

识别码监视器还将输出键控的 1350Hz 识别音频信号,它被送至控制器组件驱动相应的扬声器,实现对识别码的监听。

为了测试应答延迟监视器和应答间隔监视器这两个主要参数监视器的工作是否正常,控制器组件每隔 14s 便输出高电平的自检信号加于这两个参数监视器,完成主要参数监视器的自检。在自检期间,若这两个参数监视器工作正常,则均应输出故障低电平。

2. 控制器

控制器组件由控制器主板和数据显示板组成,图 5.38 给出了控制器组件主板主要电路的框图。

控制器接收的信号主要有:单个或两个监视器组件馈入的信标参数检测电平,控制器前面板控制开关预置的状态信息,从遥控单元发出的控制命令以及信标工作电源的状态信息。这些信号经控制器处理之后,向机柜的有关组件发出各种相应的控制,使机柜完成正确恰当的操作,并将机柜的工作状态通过控制器前面板和遥控单元前面板的发光二极管加以指示。

我们知道,监视器组件所监视的信标参数共有六个,即应答延迟、应答间隔、应答效率、应答率、信标的有效辐射功率以及识别码。对某一参数的监视结果如果正确,相应参数监视器输出高电平,否则就输出低电平。对于一个 DME 信标,可以使用单监视器,但通常选用双监视器。这两个监视器的输出馈入控制器的参数故障仲裁电路,该电路采用"与仲裁",也就是说,只有当两个监视器同时监视到某一参数出现故障,才最后判定该参数故障。仲裁电路的输出注入参数故障锁存器,而该锁存器的选通与否受控于告警延迟定时器。如果信标的上述六个参数均在门限之内,告警延迟定时器被抑制,参数故障锁存器处于锁存状态;只要有一个参数发生故障,该定时器便被启动,4~10s 之后定时器将给出选通信号,使仲裁电路的输出进入参数故障锁存器,锁存器的输出用于驱动控制器前面板相应的 LED,以指示

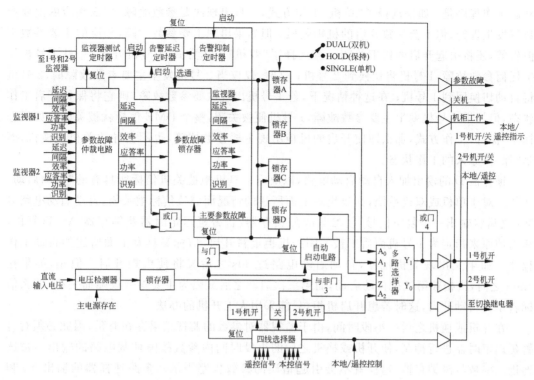

图 5.38 控制器主板工作电路框图

对应的参数是否正常。所以,从某一参数出现故障到控制器前面板相应的 LED 给出指示存在 4～10s 的延时。

从遥控单元送来的遥控信号及由控制器前面板控制开关控制的本地控制信号馈入四线选择器,该选择器是选择"遥控信号"还是选择"本控信号"来控制机柜,取决于控制器前面板的"本地/遥控控制"开关。遥控信号与本控信号均包括四路命令,这就是"1 号机开"、"2 号机开"、"关机"和"复位"。其中"2 号机开"命令加于多路选择器的地址端 A_2,"关机"信号通过"与非门 3"加至多路选择器的公共输入/输出端 Z,"1 号机开"信号驱动前面板相应的 LED,而"复位"信号则用于对控制器主板电路的复位。

信标工作电源检测电路由电压检测器和锁存器两部分组成。送入电压检测器的信号有两个,一个是代表信标主电源存在(或有效)的直流电压,其值在 10～40V 之间;另一个则是电源系统(包括主电源和电瓶)为信标提供的直流工作电压,标称值为 $+24V$。如果电压检测器检测到机柜的工作电压低于 $+21.0V$,那么就认为电源系统工作不正常,锁存器的输出将使"与非门 3"输出高电平,最终将导致开启的机柜关机。

参数故障仲裁电路输出的对应答延迟和应答间隔这两个主要参数的仲裁结果通过"或门 1"之后加入锁存器 C 和 D。控制器前面板有一控制开关,用于选择信标是工作于"单机"还是"双机",以及开启的应答器是否工作于"保持"状态,该控制信号控制锁存器 A～D 的工作,而这四个锁存器的工作时钟均由告警延迟定时器提供。锁存器 A 的输出驱动遥控单元与控制器前面板相应的 LED,只要信标工作的六个参数有一个出现故障,相应的 LED 被点亮,表示出现参数故障;而锁存器 B、C 和 D 的输出分别加于多路选择器的地址端 A_0、A_1 以及使能输入端 E,多路选择器 Y_1 和 Y_0 端的输出控制 1 号机和 2 号机的开启。机柜的自动开启工作程序是：如果选择了"单机"工作方式，一旦出现次要参数故障，那么相应的次要参数将发生告警，但不会导致开启的机柜关机；但如果出现主要参数故障，相应的主要参数不但告警，还将引起开启的机柜关闭。若选择了"双机"工作方式，1号机开启，一旦1号机发生任何参数故障，1号机将切换到2号机；这时，仅仅当2号机发生主要参数故障时，2号机将自动切换回到1号机；在这种情况下，若1号机出现次要参数故障，则它将保持开启工作状态，但如果1号机发生主要参数故障，1号机便被关闭，整个DME信标就被关闭。如果选择了"保持"工作方式，那么即使开启的机柜出现主要参数故障，也不会导致关机或换机，而是"保持"原来的工作状态。

锁存器D的输出加入自动启动电路，以决定一旦机柜被关机信标所具有的"自动启动"功能。对于单机或双机系统，如果出现上面所述的情况而导致信标被关闭，自动启动电路过30s之后将输出一个复位信号，使参数故障锁存器、告警延迟定时器及锁存器A~D复位，从而使原来指定为1号机而后来被关闭的机柜重新开启，信标又具有上面所述的自动工作程序。如果又出现关机现象，自动启动电路过30s之后又将使机柜开启。但是，如果在8min之内，机柜被第三次自动启动，而第三次启动之后又因为主要参数故障而关机，那么信标就不再自动开启，这时若想开启机柜，只能采用人工开机的办法。

在开机或换机之后一小段时间，由于监视器对参数的监视结果存在时延，因此必须对告警延迟定时器进行抑制，使开机或换机之后的小段时间内参数故障仲裁电路的输出不被选通进入参数故障锁存器，这样就不会引起错误的参数告警指示。多路选择器的输出 Y_0 和 Y_1 经过"或门4"之后加于告警抑制定时器，在发生开机或换机瞬间启动告警抑制定时器，其输出用来抑制告警延迟定时器，抑制的时间可在 0s、2s、4s、8s、16s 和 32s 中选择，一般选择抑制4s。

监视器测试定时器每隔14s产生一次高电平的监视器测试（自检）信号，它被馈入1号机和2号机监视器组件的两个主要参数监视器，即应答延迟监视器和应答间隔监视器，同时该测试高电平也启动告警延迟定时器，并且加入参数故障锁存器。如果监视器组件的两个主要参数监视器均工作正常，那么在告警延迟定时器给出选通信号之前，由于测试信号的加入而导致应答延迟和应答间隔两个参数出现故障后，参数仲裁电路将输出一个复位信号，终止监视器测试定时器的工作，测试结束。只要两个主要参数监视器中的一个或两个出现故障，即使给出高电平的自检信号，监视器也不能判别应答延迟和/或应答间隔发生故障，这样告警延迟定时器将保持工作状态，过4~10s后，它将给出选通信号，参数故障锁存器中标注为"监视器"的输出将驱动控制器前面板的LED，表示监视器组件工作不正常，并且应答延迟和/或应答间隔参数始终认为发生故障，控制器产生控制信号，使信标执行"出现主要参数故障"的操作。

5.6.6 LDB-101 电源系统

LDB-101电源系统包括信标主电源、100W信标电源组件和1kW功放电源组件，其中主电源将市电变换为+24V的直流，其他两个电源组件则将该直流变为相应的直流输出。100W信标电源组件为100W信标供电，而1kW功放电源组件专门为1kW功率放大器组件提供工作电源。这里只介绍100W信标电源组件和1kW功放电源组件。由于这两个电源组件都包含导航设备中几乎都使用的开关电源，因此先介绍开关电源的工作原理，再阐述

100W 信标电源组件和 1kW 功放电源组件的工作过程。

1. 开关电源基本工作原理

开关电源因其效率高、体积小、重量轻等优点,在民用航空的通信、导航与监视设备中得到广泛应用,其基本工作原理并不复杂。

图 5.39 为开关稳压电源的作用原理图。图中 V_i 为直流输入电压,K 为理想的晶体管开关,则在开关周期性的"接通"和"断开"作用下,输出 $u_o(t)$ 是周期为 T 的矩形波电压,其平均值 V_{oa} 为

$$V_{oa} = \frac{1}{T}\int_0^{T_{on}} V_i \mathrm{d}t = E(T - T_{off})/T = E\delta \tag{5-13}$$

式中,T 为开关的工作周期,T_{on} 为开关的导通时间,T_{off} 为开关的截止时间,$\delta = T_{on}/T$ 为开关的脉冲占空比。

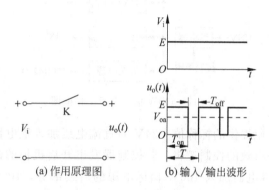

(a) 作用原理图　　　(b) 输入/输出波形

图 5.39　开关稳压电源的作用原理图

开关电源正是将输出 $u_o(t)$ 通过整流滤波后取出其平均分量 V_{oa} 的。由式(5-13)可以看出,只要在电路中接入一个脉宽调制回路,适当调整开关的脉冲占空比 δ,就可维持输出电压 V_{oa} 恒定不变。由此可见,开关稳压电源主要由两部分组成,第一部分为直流/直流(DC/DC)变换器,第二部分则为稳压电路。DC/DC 变换器将输入直流 V_i 变换为直流 V_{oa} 输出,稳压电路则将输出的直流 V_{oa} 取样,用以调整脉冲占空比 δ,维持输出 V_{oa} 不变。

图 5.40 表示的是实际的开关稳压电源的结构框图。

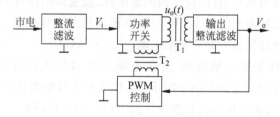

图 5.40　开关稳压电源的结构框图

在图 5.40 中,输入的市电经过第一次整流、滤波后变为直流电压 V_i,V_i 便作为 DC/DC 变换器的输入电压。DC/DC 变换器由功率开关管、变压器 T_1 及输出整流滤波电路组成。功率开关晶体管将输入的直流 V_i 变换成 $20\sim200\mathrm{kHz}$ 的矩形波,通过高频变压器 T_1 将电压变到所需值,然后通过电源中的第二次整流、滤波,得到直流电压 V_o 送至输出端。若不考虑整流器的正向压降和线路压降,输出电压 V_o 为

$$V_{\text{o}} = V_{\text{i}}\delta/[n(1-\delta)] \qquad (5\text{-}14)$$

式中,n 为高频变压器 T_1 初级绕组与次级绕组之匝比。

输出端直流电压 V_{o} 的稳定,是靠稳压电路完成的。稳压电路主要是一个脉宽调制器 (PWM)。PWM 产生控制功率开关晶体管"导通"或"截止"的开关脉冲。输出电压 V_{o} 经过采样后与某一基准电压 V_{ref} 进行比较,两个电压的差值经过放大后去控制 PWM 产生的开关脉冲占空比 δ,从而使 V_{o} 稳定。

2. 100W 信标电源和 1kW 功放电源

100W 信标电源组件为 100W 信标的相应组件提供 +24V、+15V、+18V 及 HT1 工作电压,其工作可用图 5.41 示意。

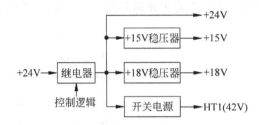

图 5.41　100W 信标电源工作框图

由信标主电源或电瓶提供的标称值 +24V 的直流电压加入继电器,继电器的工作受控于控制器发出的高电平有效的控制逻辑。若控制器发出开启机柜的命令,则继电器被激励吸合,+24V 电压通过继电器加入 100W 信标电源的后续部分。100W 信标电源的主体是 +15V 稳压器、+18V 稳压电源和开关电源,分别将 +24V 电压变换为 +15V、+18V 和高压 HT1(HT1=42~50V,典型值为 42V)。其中 +15V 稳压器为商用集成三端固定稳压器,+18V 稳压电源则采用串联反馈式稳压电源,而 HT1 电压是通过开关电源获得的,它包括直流/直流(DC/DC)变换器和稳压电路两部分。+18V 稳压电源与开关电源均设有各自的过流保护电路,一旦出现过流,相应电源的电压输出便被切断。

100W 信标电源输出的四路电压为 100W 信标的有关组件供电:+18V 与 HT1 送到调制波形产生器的稳压电源 A 和 B(见图 5.32),为 100W 功放的射频放大链提供工作电压;+24V 与 +15V 为接收机视频组件、测试询问器组件、监视器组件及 100W 功放组件的调制波形产生器板供电。控制器不使用 100W 信标电源提供的工作电压,它与射频板及分配电路使用的是信标主电源提供的 +24V 辅助电源(+24V AUX)。

1kW 功放电源组件主要由继电器、开关电源及控制与状态板构成,见图 5.34,它为 1kW 的功放组件提供 HT2(+50V)工作电压,工作受控于控制器发出的高电平有效的控制信号,该信号经过控制与状态板后控制继电器的工作。一旦控制器发出开启 1kW 功放电源的命令,继电器吸合,信标主电源或电瓶给出的 +24V 电压加入开关电源,开关电源输出典型值为 50V 的电压。为了使 1kW 功放安全工作,开关电源还包含过压保护和过流保护电路,一旦出现过压或过流,开关电源的输出便被切断。

控制与状态板指示开关电源和 1kW 功放的工作状态,它主要由一些缓冲器和电压比较器构成。完成的任务主要有:将 1kW 功放输出的三路检测信号 A、B、C 加以缓冲引至前面板(见图 5.34);监视开关电源的输出 HT2,若其在给定的范围(48.3~51.7V)之内,则驱动前面板上绿色的 LED 加以指示。另外,开关电源的一些工作参数,如主电源送入开关电源的＋24V 电压、开关电源的输出电压 HT2、开关电源的工作电流等也送入控制与状态板,我们用万用表在前面板上可直接获取这些参数值。

5.7　DME-900 机载系统

5.7.1　机载 DME-900 系统概述

1. 机载 DME 系统组成

机载测距机系统由测距机询问器、天线、显示器和控制板等组成,测距机控制板是和甚高频导航控制板共用的。图 5.42 给出了机载 DME 系统的组成示意图。

每架飞机上的 DME 系统有两个询问器和两个天线,询问器获得来自导航控制面板的人工调谐输入和飞行管理计算机系统(FMCS)的自动调谐输入,如果导航控制面板调谐输入故障,则询问器从 FMC 直接获得自动调谐输入,DME 系统将数据发送到显示电子组件以显示在主飞行显示器(PFD)和导航显示器(ND)上。DME 系统向下列部件发送数据:飞行控制计算机(FCC)、飞行管理计算机系统(FMCS)、飞行数据获取组件(FDAU)、遥控电子组件(REU),FCC 使用 DME 数据作为一个输入来计算在自动驾驶仪在 VOR 模式下的 VOR 捕获点,DME 数据同时被用在 VOR 模式来查找对于特定 VOR 地面站何时被感测到飞越该站;FMCS 使用 DME 来计算 FMC 位置更新;飞行数据获取组件接收 DME 数据,将它格式化后送到飞行数据记录器;REU 接收来自 DME 台站的音频信号并送到驾驶舱头戴式收受话器和扬声器。

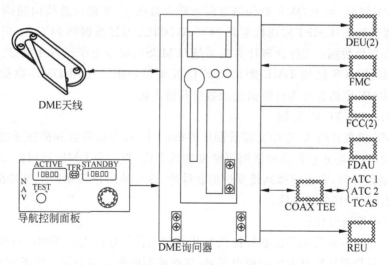

图 5.42　机载 DME 系统组成

2. 机载 DME-900 系统的功能

图 5.43 给出了机载 DME-900 询问器和天线的组成框图。

1) 输入/输出信号

DME 的控制输入是和 VOR 和 ILS 配对使用,导航控制面板向 DME 询问器提供人工

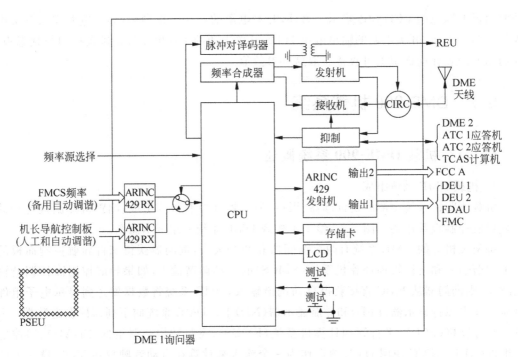

图 5.43　DME-900 询问器和天线的工作框图

调谐频率输入,它们同时发送四路来自飞行管理计算机(FMC)的自动调谐频率输入。控制面板在两条输出数据总线上发送调谐和检测数据,一条数据总线到达多模式接收机(MMR),另一条输出数据总线到达 DME 询问器和 VOR 接收机。

对于 DME 输出,每个 DME 询问器有两条输出总线,一条输出总线向同侧飞行控制计算机(FCC)提供数据,DME1 发送数据到 FCC A,DME2 发送数据到 FCC B;另一条输出总线向下列组件提供数据:飞行管理计算机系统(FMCS)、显示电子组件 1 和 2、飞行数据获取组件 FDAU,FMCS 使用 DME 距离计算位置更新,DEU 使用 DME 数据用于显示,FDAU 接收 DME 距离并为飞行数据记录器将其格式化。

2) DME/ATC/TCAS 抑制

由于 DME 机载接收机、空中交通管制应答机(ATC)、交通警告和防撞系统(TCAS)工作在相同的频段,为防止它们信号之间可能发生的干扰,当一个 DME 询问器、ATC 应答机或 TCAS 发射信号时,它通过抑制线发送抑制脉冲,该脉冲阻止其他四个组件接收信号,防止损害其他 LRU 的接收机电路。

3) DME 的控制与显示

与甚高频导航系统共用的控制板提供与甚高频工作频率配对的 DME 调谐信号,DME 也可以接收飞行管理计算机发出的调谐信号,导航控制面板是调谐输入的正常来源,飞行管理计算机(FMC)向导航控制面板发送多达四个频道的自动调谐信号,导航控制面板增加一路人工频道,并将这五路调谐频道发送到 DME 询问器。如果导航控制面板有故障,FMC 直接向 DME 发送自动信号,导航控制板也可以启动 DME 的自测试功能。音频控制面板(ACP)允许机组收听 DME 地面站识别信号,该识别信号为 1350Hz。EFIS 控制面板上的模式选择电门选择显示 DME 距离的导航显示模式。

DME 的信息输出可以显示在 EFIS 上的主飞行显示器(PFD)和导航显示器(ND)上，还可显示在 RDDMI 的距离显示器上，如图 5.44 所示。左侧 PFD 显示 DME 1 的数据，右侧 PFD 则显示 DME 2 的数据。DME 距离显示为白色字母和数字，DME 距离显示在 ND 显示相关显示页面的右上角；当 DME 距离为无效计算数据(NCD)时，琥珀色划线替代数字，如果 DME 有故障，则一个琥珀色 DME 指示旗替代 DME 距离。NCD 和故障指示旗显示为琥珀色。

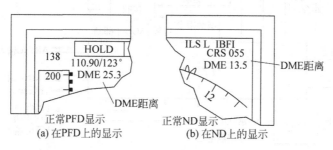

图 5.44　DME 距离在 PFD 和 ND 上的显示

4）机载 DME-900 询问器的工作

DME 询问器主要完成询问 DME 地面站，接收该地面站的应答信号和音频识别信号，并计算询问器与应答器之间的斜距。L 波段 DME 天线发射询问器输出信号并接收地面站应答和识别码信号。

除接收正常的调控制输入以外还接收离散输入信号，一是当导航控制面板故障时，它接地发出一个频率源选择离散信号到 DME 中央处理器(CPU)，CPU 将输入从导航控制面板改变到 FMC；二是接近电门电子组件(PSEU)提供一个空/地离散信号以防止飞机在空中时执行 DME 检测，该离散信号也提供飞行阶段数据。

询问器的工作情况为，CPU 使用调谐输入来调谐频率合成器，CPU 向发射机提供一个信号来发射询问脉冲，发射脉冲经过一个循环器然后到达天线，发射机向抑制电路发送一个信号。在发射过程中，DME1 询问器内的抑制电路向 DME2 询问器、ATC1 和 2 应答机(XPNDR)、TCAS 计算机发送抑制脉冲，循环器向接收机发送它自天线接收来的 RF 脉冲对，接收机将该脉冲对传送到 CPU，CPU 计算斜距，它使用发射脉冲对并从地面站得到应答所经历的时间。当其他 L 波段系统发射时，一个抑制脉冲阻止该接收机工作。CPU 计算斜距后，CPU 将它发送到两个 ARINC 429 发射机，一个 ARINC 429 将范围数据发送到 DEU 用于驾驶舱显示和其他系统，第二个 ARINC 429 发射机将范围数据发送到飞行操纵计算机。CPU 将脉冲对发送到脉冲对解码器，解码器向 REU 发送 DME 音频。

CPU 内的机载检测设备(BITE)监测 DME 询问器内电路的故障，DME 内的故障存储器保存每次飞行的故障数目，车间维修工程师可读取故障存储器内容。

5.7.2　DME-900 询问器的工作原理

DME-900 询问器的工作框图如图 5.45 所示。可以看出，测距机是以微处理器为中心的全固态测距机，它由数字处理器、频率合成及驱动器、功率放大器、接收机等部分功能电路组成。

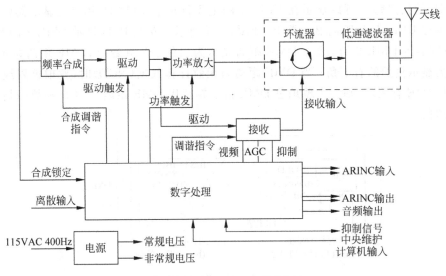

图 5.45　DME-900 工作框图

　　DME-900 测距机中,脉冲对询问信号的产生过程、应答信号的接收处理过程以及距离计算的基本原理,是和前面所介绍的数字式测距设备大体相同的,这里不再重复。只就测距机整机特性、工作的控制作用等进行说明。

　　测距机则通常可以有三种工作方式,这三种方式是准备、直接扫频和自由扫频。当选择直接扫频式时,测距机可按照一定的优先顺序,与所选择的五个地面测距台配合,提供飞机到这五个测距台的距离信息。而当测距机工作于自由扫频方式时,对地面测距台的选择优先顺序是由测距机内的微处理器本身来控制的,选择的准则通常是根据各地面测距台的远近和信号的可提供状况,需要与飞行管理计算机系统配合。使测距机工作于频率扫描方式,即可利用机载测距机同时获得飞机至三个甚至五个地面测距台的距离信息。按照 ρ-ρ-ρ 定位原理,利用同一瞬间到三个地面台的距离,即可获得分别以三个测距信标台为圆心的三条圆形位置线,这三条圆形位置线的公共交点就是该时刻飞机的唯一位置点。

　　显而易见,无论是对测距机询问频率的扫描转换,还是对各被询问的地面台应答信号的鉴别比较、接收处理、距离计算,都是在微机技术的基础上实现的。至于 ρ-ρ-ρ 定位计算,通常是由 FMC 完成的,测距机所获得的距离信息,通过 ARINC 429 数据总线输往飞行管理计算机(FMC),由 FMC 最终完成定位计算。

5.7.3　机载 DME 系统的 BITE 自测试

　　按压接收机前面的任一检测电门,可启动 DME 询问器的自检,询问器开始执行内部工作和接口的检测,检测结果显示在前面板上。

　　在地面检测或自检过程中,显示组件显示下列指示:DME 故障状态 2s、DME NCD 状态下 2s、DME 正常状态结束检测。DME 正常状态是显示检测开始前的距离,如图 5.46所示。

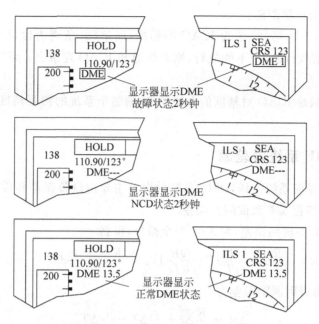

图 5.46 DME 机载系统自测试显示

5.8 DME 系统测距精度

DME 系统的测距精度是 DME 分析、研究及设备开发需要面临的一个重要问题。考虑到 DME 在民用航空中目前的重要应用及在区域导航中将扮演越来越重要的角色,用户对该系统的测距精度要求比较高。实际上,随着技术的进步,目前 DME 的测距精度较之以前有很大提高,ICAO 对其精度的要求也一直在不断提高。本节先介绍 ICAO 对 DME 测距精度的要求,然后分析影响 DME 测距精度的主要原因及提高精度的措施。

5.8.1 ICAO 对 DME 精度的要求

根据 ICAO"附件 10",DME 系统误差主要包括应答器误差、应答器位置坐标误差、传播误差、随机脉冲干扰误差及询问器误差,ICAO 对这些误差的影响都给了定量表述,具体为:

(1) 应答器应答延迟的精度不应超过 $\pm 1\mu s$(150m(500ft),95%);

(2) 应答器误差、应答器位置坐标误差、传播误差及随机脉冲干扰误差对整个系统测距精度的贡献不应超过 $\pm 185m$(0.1NM,95%);

(3) ICAO 建议,应答器误差、应答器位置坐标误差、传播误差及随机脉冲干扰误差对整个系统测距精度的贡献不应超过 $\pm(340m(0.183NM)+1.25\% \times R)$(95%),其中 R 为所测距离;

(4) 与着陆系统合装的 DME 应答器对整个系统测距精度的贡献不应超过 $\pm 0.5\mu s$(75m(250ft),95%);

(5) 询问器对整个系统测距精度的贡献不应超过 max{$\pm 315m$($\pm 0.17NM$),0.25% $\times$

$R\}(95\%)$，其中 R 为所测距离。

需要说明的是,上述第(2)条为 ICAO 的标准,而第(3)条则为建议。ICAO 规定,"标准"是各缔约国必须执行的,若不能执行,则必须通知 ICAO 理事会;而"建议"则要求各缔约国力求执行。

若 DME 系统满足 ICAO 对精度的上述要求,则整个系统的测距精度不会低于 $\pm 370\text{m}$ ($\pm 0.2\text{NM}$)(95%)。

5.8.2 DME 系统误差源

跟其他无线电导航系统一样,DME 系统的误差主要由设备误差和传播误差构成,而设备误差主要包括应答器误差和询问器误差。

为了考察 DME 系统的误差,对式(5-2)全微分,得到

$$\mathrm{d}R = \frac{\partial R}{\partial c}\mathrm{d}c + \frac{\partial R}{\partial T}\mathrm{d}T + \frac{\partial R}{\partial T_0}\mathrm{d}T_0 = \frac{R}{c}\mathrm{d}c + \frac{c}{2}\mathrm{d}T - \frac{c}{2}\mathrm{d}T_0 \tag{5-15}$$

用增量代替微分,可得到测距误差为

$$\Delta R = \frac{R}{c}\Delta c + \frac{c}{2}\Delta T - \frac{c}{2}\Delta T_0 \tag{5-16}$$

式中,ΔR 为测距误差,Δc 为电波传播速度误差,ΔT 为时间间隔测量误差,ΔT_0 为信标固定延时(或系统延时)误差。

考虑到 ΔR、Δc、ΔT 和 ΔT_0 都是互不相关的随机变量,则测距误差的均方值为

$$\sigma_R = \sqrt{\frac{R^2}{c^2}\sigma_c^2 + \frac{c^2}{4}\sigma_T^2 + \frac{c^2}{4}\sigma_{T_0}^2} \tag{5-17}$$

式中,σ_R、σ_c、σ_T 和 σ_{T_0} 分别是 ΔR、Δc、ΔT 和 ΔT_0 的均方值。

由此可见,测距误差由电波传播速度误差、信标固定延时误差和时间间隔测量误差三部分构成,下面分别进行讨论。

1. 电波传播速度误差

理论上我们假定无线电波在自由空间的传播速度等于光速,而且认为它是不变的常数,但实际上自由空间大气层的分布是不均匀的,而且其参数诸如密度、湿度、温度、气压等随时间、地点而随机变化,这就导致大气传播介质的导磁系数和介电常数也发生相应的变化,因此电波传播速度将不是常量而是一个随机变量。显然,这将给测距带来误差。

对于航空无线电导航,电波传播速度误差主要由大气折射引起。由于大气的气压、温度、湿度以及介电常数实际上是随空间高度而变化的,因此电波传播速度随高度加大,使电波传播轨迹向下倾斜而发生折射。表 5.2 给出了几组实测得到的电波传播速度值。

由于大气折射取决于多种因素,如温度、气压和湿度等,而精确估计这些因素对传播速度的影响是困难的。在实际使用条件下,昼夜间大气中的温度、气压及湿度的起伏变化所引起电波传播速度的变化约为 10^{-5} 量级。因此,如果 DME 系统在测距过程中,采用 c 的平均值作为距离计算的标准常数,所得测距的极限精度也将为同样的数量级,例如,飞机距离为 60km 时,由大气折射贡献的测距极限精度约为 $\Delta R = 60\text{km} \times 10^{-5} = 0.6$ 米量级(95%)。

表 5.2　在不同条件下电波传播速度

传 播 条 件	$c(km/s)$	备　注
真空	299776 ± 4	根据 1941 年测得的数据
	299773 ± 10	根据 1944 年测得的数据
利用红外波段光在大气中的传播	299792 ± 0.001	根据 1972 年测得的数据
厘米波在地面-飞机间传播,飞机高度为: $H_1=3.3km$	299713	皆为平均值,根据脉冲导航系统测得的数据
$H_2=6.5km$	299733	
$H_3=9.8km$	299750	

2. 信标固定延时误差

信标固定延时误差主要由地面应答器的"延时器"(参见图 5.2 或图 5.11)误差、应答延迟测量电路(见图 5.21 和图 5.36)的误差、接收处理电路的噪声、多路干扰及信标电路的不稳定引起。

我们知道,信标固定延时是靠地面应答器的"延时器"来调整的,调整该"延时器",使信标从接收询问到给出应答的系统延时为一固定值(典型值为 $50\mu s$)。由于目前的信标电路设计尽量采用数字技术,这就会使调整该"延时器"时存在固定的步进,从而产生延时误差。减小该误差的方法就是提高"延时器"的工作时钟。

不同公司的 DME 产品,对信标固定延时的测量都是通过信标内的相应测试组件完成的,如 LDB-101 DME 就是通过"测试询问器"完成的。接收处理电路的噪声会使脉冲前沿发生相位抖动,并且和应答器中的"延时器"一样,测量电路也存在分辨率。减小这种测量误差的方法就是采用低噪声器件,并进行良好的屏蔽,且使测量模块的工作时钟提高到一个合理的量值。

接收机噪声是产生固定延时误差的重要原因,其影响与机载询问器测量时间间隔时的一样,将在下面进行分析。

即使我们将信标固定延时设置到所需值,由于民用航空的 DME 是 24 小时开放的,长时间工作可能会由于信标电路的不稳定(或瞬间出现的噪声和随机脉冲干扰)引起所设置的固定延时值发生变化,即使信标的监视器会对固定延时进行监视,但监视器本身也存在误差,因此,还必须定期对 DME 信标进行人工巡视和检查,调整所设置的固定延时。

精密 DME(DME/P)则在地面应答器中采用了所谓的"导脉冲环"技术,实时监视和调节应答延时,使 DME/P 应答器能基本消除收/发通道因询问信号电平变化、环境条件变化等因素引起的固定延时的误差,保持高精度的应答延时。

3. 时间间隔测量误差

DME 系统询问与应答之间的时间间隔是在机载询问器中测量的。影响时间间隔测量精度的误差源主要包括时间间隔测量的分辨率、接收机噪声干扰和随机脉冲干扰,下面分析后两种干扰。

时间间隔的测量精度与机载询问器接收机输出的应答脉冲 $u_o(t)$ 的前沿直接有关(参见图 5.47)。理想情况下,该脉冲应该是理想的矩形,其上升时间为零,但实际脉冲总存在不为零的上升时间。

在考虑接收机存在噪声情况下,脉冲信号和噪声干扰一起通过接收机 RF 通道时,它们

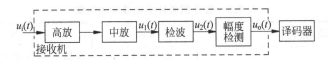

图 5.47　机载询问器接收机信号主要处理过程

将相互叠加。由于两者的相位关系随机,叠加后形成的合成电压的幅度可以比信号的幅度大,也可以比信号的幅度小。脉冲被检波后,输出电压 $u_2(t)$ 的波形将产生模糊,如图 5.48(a) 所示,从而使幅度检波后的脉冲 $u_o(t)$ 的前沿在时间轴上出现起伏,造成询问器时间间隔测量出现误差。图 5.48(b) 表示了在噪声电压 ΔU 作用下,所产生的时间偏差 Δt_p,该图是取 $u_o(t)$ 前沿的一段,并把它看成直线段画出的。

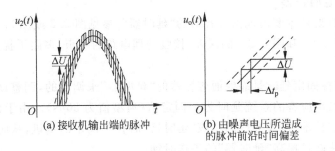

(a) 接收机输出端的脉冲　　　　(b) 由噪声电压所造成
　　　　　　　　　　　　　　　的脉冲前沿时间偏差

图 5.48　存在噪声干扰时接收机输出脉冲的模糊

噪声电压 ΔU 引起的脉冲前沿时间偏差 Δt_p 为

$$\Delta t_p = \frac{\Delta U}{S_m} \tag{5-18}$$

式中,S_m 为脉冲前沿的斜率。

式(5-18)表明,由噪声引起的脉冲前沿的时间偏差与脉冲上升斜率成反比,而与噪声电压成正比,因此欲减小这一时间偏差(即减小 DME 时间间隔测量误差),就必须设法减小接收机输出端的噪声电压,提高脉冲前沿的上升斜率。要减小接收机输出端噪声电压,则需改善接收机噪声系数、提高接收机灵敏度或增大发射脉冲功率都能提高信噪比,而使噪声电压减小。

如果噪声的均方值 σ_n 已知,那么时间间隔测量的均方误差 σ_T 为

$$\sigma_T = \frac{\tau_r}{\sqrt{2}\,q} \tag{5-19}$$

式中,q 为接收机输出端(即检波器输入端)的信噪比。

在 DME 机载询问器屏蔽良好的情况下,询问器所受的随机脉冲干扰主要是多径干扰。一般而言,只有在进近着陆阶段,才考虑多径的反射应答对询问器测距的影响。由于询问器和地面应答器一样,采用了对多径干扰的抑制,可以将其影响大部分剔除。但多径干扰不论是对询问器还是应答器,仍然是一个非常值得重视的误差源。对 DME 来说,目前主要是保证 DME 台站所要求的电磁环境,使多径干扰的影响维持在要求的范围内;DME/P 则重新设计了脉冲波形,并在询问器中采用了"延迟、衰减和比较"技术,进一步降低了多径干扰对测距的影响。

练习题

5-1 DME 系统采用什么工作体制？其电波采用什么传播方式？电场的极化方式是什么？

5-2 如何利用 DME 进行飞行等待？如何利用同址安装的 VOR/DME 引导飞机进场和进近？

5-3 DME 系统 RF 询问和应答的包络为什么采用高斯形的而不采用矩形的？

5-4 DME 询问器为什么要设置"自动等待"功能？

5-5 DME 信标为什么要辐射填充脉冲？

5-6 DME 信标是如何辐射识别信号的？画出相应的框图及对应关键点的波形，并给出必要的解释。

5-7 DME 信标是如何抑制多路径干扰的？画出相应的框图及对应关键点的波形，并给出必要的解释。

5-8 航路飞行的 DME 询问器有无必要抑制多路径干扰？为什么？进近着陆阶段的 DME 询问器有无必要抑制多路径干扰？若有必要，请给出技术方案。

5-9 DME 系统是如何抑制邻道干扰的？

5-10 什么是 DME 信标的应答率和应答效率？它们之间有什么本质区别？

5-11 DME 信标的应答效率为什么总是小于 100%？

5-12 DME 询问器是如何在所有应答中确定对自己的应答的？

5-13 DME 询问器是如何工作的？根据 DME 询问器的框图，绘出关键点信号波形，解释 DME 询问器的工作机理。

5-14 DME 询问器和应答器的接收机中，中放部分为什么采用对数放大器？并说明对数放大器的工作原理。

5-15 分析 LDB-101 DME 的工作过程，尤其注意系统设计中是如何解决相应关键技术问题的。

5-16 分析 DME-900 的工作过程。

5-17 影响 DME 测距精度的因素都有哪些？如何减小各误差源对 DME 测距精度的贡献？

无线电高度表

  无线电高度表是用于测量飞机相对地面的真实高度或叫垂直高度的机载系统,用于民用航空的高度测量范围为 0～2500ft(英尺),属于低高度无线电高度表(LRRA),LRRA 主要用于飞机进近着陆和起飞阶段。无线电高度表测高是基于测量电波从飞机到地面,再从地面反射到飞机的电波往返传播时间 Δt 来实现的。根据测量 Δt 的方法不同,现在飞机上使用的无线电高度表有三种类型,即普通调频连续波(FMCW)高度表、等差频 FMCW 高度表和脉冲式高度表。由于脉冲式高度表在民用飞机中使用得较少,本章只讨论普通 FMCW 高度表和等差频 FMCW 高度表的工作原理。这两种无线电高度表属于频率测距系统,且没有对应的地面导航台,因此属于自主式导航系统。

6.1 飞行高度的定义

  飞行高度是飞行性能中的一个重要参数,它表示飞机到某一基准水平面的铅垂距离,简称高度,通常以英尺(ft)或米(m)为单位。

  飞机上常用的是气压式高度表和无线电高度表,现在民航飞机上装有的是综合性的大气数据系统,它的原理与气压高度表一样,大气压强随高度升高而减小,根据标准大气中压强与高度一一对应的关系,测出压强大小,就可以表示高度的高低,这种高度又称为气压高度。测量气压高度的基准面是可以改变的,不同的基准面可得到不同的高度,飞行中常用的高度如图 6.1 所示。

  绝对高度是从飞机重心到实际海平面的垂直距离,相对高度是从飞机到某一指定参考平面(例如机场平面)的垂直距离,标准气压高度是以标准海平面(760 毫米汞柱高)为基准面飞机重心到该基准面的高度,而真实高度是从飞机到其所在位置正下方地面的垂直距离。

  气压高度表以修正的海平面气压平面为基准面时,高度表指示绝对高度;以某一机场的场面气压平面为基准面时,指示相对高度;以标准气压平面作基准面时,指示标准气压高度。真实高度则应将绝对高度换算成相应的几何高度,与该处的标高相减得到,地形标高均表示在有关的地图上。

  飞行中常根据飞行需要调整气压高度表的基准面,在起飞着陆时用相对高度,航路飞行

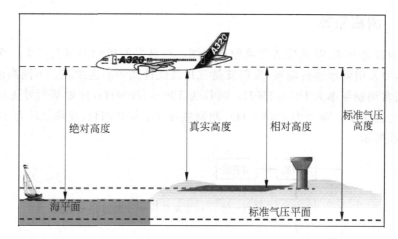

图 6.1 飞行高度的定义

时用标准气压高度,航测、空投及越障时常需要知道真实高度,而无线电高度表测量的是真实高度。

由图 6.1 所示高度种类可以看出,不论飞机处在什么位置,上述各种高度都同时存在,如果在飞行区域内气压不变,当飞机作气压高度不变的水平飞行时,只有真实高度随地形起伏而变,其余高度不变。如果海平面的大气压力正好等于 1013.25mb(或 760mmHg)时,则标准气压高度等于绝对高度。标准气压高度是国际上通用的高度,主要防止同一空域或同一航线上的飞机在同一气压面上飞行而发生两机相撞。

6.2 普通调频连续波高度表

所谓普通调频连续波(FMCW)高度表,是指发射机发射的信号是调频连续波的高度表,其中调制信号可以是正弦波或周期三角波。下面以周期三角波调频为例来说明这种高度表的测高原理。

6.2.1 无线电高度表概况

无线电高度表作为一种频率测距系统,它是自主式导航设备,通过建立频率变化与飞机飞行的真实高度之间的关系达到频率测距的目的。

1. 工作频率

无线电高度表的测高基础是利用地面对无线电波的漫反射原理和无线电波传播速度是常数的特性,高度表向地面发射无线电信号使地面成漫反射,频率越高,地面反射越强,同时,当飞机倾斜和俯仰时,也能接收到地面反射信号。现代无线电高度工作频率为4300MHz(C 波段)。

2. 无线电高度表系统组成

机上通常装两套或三套无线电高度表系统同时工作,每个 LRRA 系统包括发射天线、接收天线、无线电高度表收/发机组件和高度显示系统(通常显示于 PFD)。接收天线和发射天线是相同的,可以互换。

6.2.2 测高原理

图 6.2 为普通 FMCW 高度表测高原理框图。机载发射机的调制器产生一个三角波线性调制电压,对发射频率进行调频,发射波是三角波线性调频的连续波。不同高度表其调制参数不同,通常调制频率为 $100\sim150\,\mathrm{Hz}$,频移为 $100\sim150\,\mathrm{MHz}$,比如某型号无线电高度表其发射信号特性是中心频率为 $4300\,\mathrm{MHz}$,调制频率 F_M 为 $100\,\mathrm{Hz}$,频移 ΔF 为 $100\,\mathrm{MHz}$,如图 6.3 中实线所示。

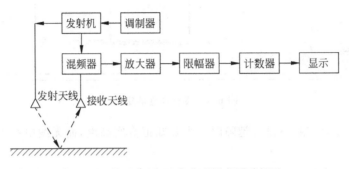

图 6.2 普通 FMCW 高度表测高原理框图

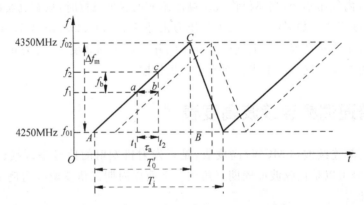

图 6.3 普通 FMCW 高度表测距原理图

发射机发射信号一路经宽方向性天线发射到地面,取样部分发射信号直接加到接收机信号混频器(叫直达信号),用于同反射信号混频。在 t_1 时,若发射频率为 f_1,经地面反射后在 t_2 时刻被接收。时间差 $\tau_a = t_2 - t_1$。τ_a 就是电波从飞机到地面、再反射到飞机,电波往返传播的时间,即 $\tau_a = 2h/c$。在接收到反射波的 t_2 时刻,发射频率为 f_2,因此在 τ_a 时间内,发射频率从 f_1 变化到 f_2,令频率差为 $f_b = f_2 - f_1$。f_b 可以用来测量高度,因为它蕴含了时间差 Δt,也即蕴含了飞机的高度信息。

由图 6.3 可以看出,根据 $\triangle ABC$ 与 $\triangle abc$ 相似三角形的关系,可以得到

$$\frac{f_{02} - f_{01}}{T'_0} = \frac{\Delta f_m}{T'_0} = \frac{f_b}{\tau_a}$$

因此

$$f_b = \Delta f_m \frac{\tau_a}{T'_0} \tag{6-1}$$

$$\tau_a = \frac{2h}{c}$$

所以

$$f_b = \frac{2h\Delta f_m}{cT_0'}$$

$$h = \frac{cT_0'}{2\Delta f_m}f_b \tag{6-2}$$

式中,Δf_m 为锯齿波波峰对应的频差,T_0' 为锯齿波正程上升时间,c 为电磁波传播速度。因为 c、T_0'、Δf_m 都为已知数,所以测量出反射信号频率与直达信号频率差值 f_b 便可计算出飞机的真实高度。

差频 f_b 与飞机真实高度 h 成正比。高度越高,差频越大,因此可用差频的大小来测量高度。例如,若发射信号的调制频率为 100Hz,频移为 100MHz,则高度变 1ft,频率变化 40.5Hz,所以频率刻度为 40.5Hz/ft。在整个测高范围 0~2500ft 内,差频范围是 0~101kHz。

6.2.3 普通无线电高度表的几个基本问题

这里主要阐述平均差频与差频的关系、阶梯误差以及高度计算。

1. 差频与平均差频的关系

对调制信号为三角波的调频连续高度表而言,若飞机高度不变,则接收到地面反射信号的时间相对发射信号总是延时 τ_a,用差频公式计算的差频 f_b 并不是一个常数,而是如图 6.4 所示。

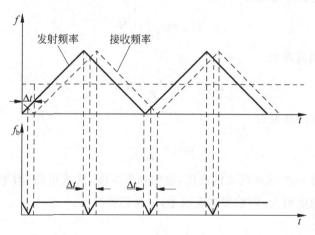

图 6.4 差频与平均差频的关系

从图 6.4 的波形上可以看到以下两点:

(1) 在三角波调频波的上升和下降段,频率变化率同为正或为负值,接收频率高于发射频率,但发射信号和接收信号混频后的差频不变。

(2) 在每个调制周期中有两个差频等于零的转向点。这样计算差频和实际测量的差频即平均差频并不相等,而是有一定的误差。转向点所占的时间为 $\tau_a(2h/c)$,它决定于飞机的高度。在 $2\tau_a$ 内的平均频率为差频的一半,即等于 $f_b/2$。这样在一个调制周期内,差频 f_b 与平均差频 f_{bcp} 之间的关系可用下式,即

$$f_{bcp} = f_b - \frac{\tau_a}{2T_0'}f_b \qquad (6-3)$$

来计算。差频 f_b 与平均差频 f_{bcp} 之间的误差为

$$\Delta f_b = \frac{\tau_a}{2T_0'}f_b \qquad (6-4)$$

可见,飞机高度越高,τ_a 越大,Δf_b 越大,即由转向点引起的测高误差越大。但在实际工作中,由 Δf_b 引起的测高误差很小。例如,高度 2500ft,τ_a 等于 $5\mu s$,调制周期等于 1/100s。在最大测高高度上,差频为 101kHz,则

$$\Delta f_b = 101 \times 1000(Hz)\frac{5(\mu s)}{10000(\mu s)} = 50Hz$$

即在最大高度上,测高误差为 50Hz/133(Hz/m)=0.4m。因此,用 f_b 频率刻度代替 f_{bcp} 表示高度是完全允许的。

2. 阶梯误差

普通 FMCW 高度表,由于测高的实质是测量单位时间内差频信号电压所形成的脉冲数,再将脉冲数转换成直流高度电压或转换成高度信息。而脉冲最小可数单元是一个脉冲,因而不可避免地产生误差。当飞机高度连续变化时(升高或降低),而差频信号电压所形成的脉冲个数只能一个一个跳变(脉冲不能为小数),因而出现了测高的阶梯误差。

阶梯误差是指在一个调制周期内,一个脉冲(差频)所代表的高度。

设 N 个脉冲代表的高度为

$$H_N = \frac{c}{4\Delta f_m}N \qquad (6-5)$$

$N+1$ 个脉冲代表的高度为

$$H_{N+1} = \frac{c}{4\Delta f_m}(N+1) \qquad (6-6)$$

这样,一个脉冲代表的高度为

$$\Delta h = \frac{c}{4\Delta f_m} \qquad (6-7)$$

在这里 Δh 表示一个脉冲代表的高度,也叫临界高度,从式可知,增加频移 Δf_m,在高度不变的情况,频率刻度增大,即临界高度减小,阶梯误差减小。

3. 高度计算

差频放大器将混频后的差频信号放大到适当幅度,宽带差频放大器的增益随差频频率增加而增大,用来补偿因高度增加而接收信号幅度的减小,保持差频信号的幅度不变。限幅器主要用来将差频信号电压值上下限幅后形成计数脉冲。现代飞机已没有独立的无线电高度表指示器,而是将无线电高度表提供的数字式高度信息直接输送到电子综合显示系统。

本节介绍的无线电高度表也叫直接式调频无线电高度表,原理性的叙述考虑的是理想状态,其阶梯误差的降低和测高范围的扩展受到硬件的制约,因此,必须寻求新的技术手段来解决这一问题,由此导致等差频调频连续波无线电高度表的出现。

6.3 等差频调频连续波高度表

目前民用飞机上应用的无线电高度表主要是等差频无线电高度表,它是在普通调频连续波无线电高度表的基础上,通过改变调制信号的周期,使其随高度变化而变化,从而达到测高目的的,也称作跟踪式调频连续波无线电高度表。

6.3.1 测高原理

在等差频 FMCW 高度表中,保持差频 f_b 和频移不变,而调制周期是随飞机高度变化的。由于发射信号是调频连续波,而且差频保持不变,故叫等差频 FMCW 高度表。

从差频和高度关系式中可知,当差频 f_b 和频移是常数时,飞机高度 h 和调制周期成正比关系,为了保持差频 f_b 不变,当飞机高度增加时,电波往返传播时间 τ_a 增加,因此,调频波的调制周期增大。反之,当飞机高度减小时,电波往返传播时间 τ_a 也减小,因此调频波的调制周期也减少。所以这种高度表可以用调制周期的大小来测量高度。

在接收机电路中把调制周期转换成高度指示,调制周期长,指示的高度就高。反之,指示器指示的高度就低。由于差频 f_b 保持不变,故受发射机频率稳定度的影响较少,其测高精度比普通 FMCW 高度表要高。

6.3.2 发射信号特性

现举例说明发射信号的调制特性,发射频率是线性锯齿波调频的连续波,发射信号的中心频率是 4300MHz,频移是 123MHz,发射信号的调制周期随飞机高度变化($250\mu s \sim$ 50ms)。高度越高,调制周期越长,保持差频等于 25kHz 不变(选定差频为 25kHz),如图 6.5 所示。

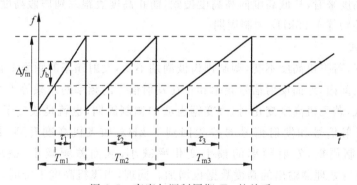

图 6.5 高度与调制周期 T_M 的关系

从图 6.5 可以看出,不管高度如何变化,差频一直保持不变,与高度成比例变化的参量是调制信号的调制周期。在某一时刻如果发射频率是 f_1,当电波到地面再反射回到接收机,此时发射频已变为 f_2,两者的差频 $f_b = f_2 - f_1$。

对锯齿波调频信号来说,差频 f_b 为

$$f_b = \frac{\Delta f_m}{F_M} \cdot \frac{2h}{c} = \frac{2\Delta f_m}{cF_M} \cdot h \qquad (6-8)$$

为了保持差频 f_b 不变,调制周期 T_M 必须随飞机高度增加而增加,而这个系统的核心就是必须有一个闭环的跟踪控制环路。

6.3.3 等差频 FMCW 高度表的跟踪环路

等差频 FMCW 高度表有搜索和跟踪两种工作方式,如图 6.6 所示。

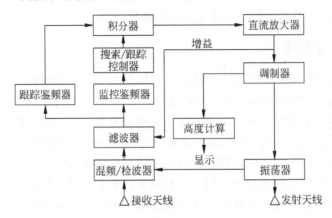

图 6.6 等差频 FMCW 高度表跟踪环路图

1. 搜索方式

在搜索方式,调制锯齿波的周期由小到大逐渐变化,直到最大值,然后重复,称为一个搜索期,调制锯齿波对放射机进行频率调制,发射频率的频率变化速度也随调制锯齿波的周期变化而变化。在搜索周期开始调制周期短,在搜索周期结束时,调制周期长。在电波往返时间内当某一个锯齿波调制周期使差频变化达到 25kHz,高度表就转换到跟踪方式。

在搜索方式,调制锯齿波的周期从小到大周期变化,发射信号的频率变化速率从大到小变化。从搜索高度来看,从低高度向高高度搜索,防止高度表跟踪到虚假高度上。搜索方式的作用是寻找差频等于 25kHz 调制周期。

2. 跟踪方式

在跟踪方式,若飞机高度不变,调制锯齿波周期不变,发射频率的频率变化率不变,保持电波往返传播时间内,地面反射信号频率和正在发射信号的频率的差频等于 25kHz。

在跟踪方式,若飞机高度变化时,改变锯齿波的调制周期,也就是改变了发射信号的频率变化率,使反射信号和发射信号的差频回到 25kHz,如飞机高度升高,首先差频大于 25kHz,增加调制周期,发射频率的频率变化率减小,从而差频减小,最后使差频回到 25kHz。这时高度处理器输出的高度数据也增加。同理,当飞机高度下降时,调制锯齿波的周期减小,高度数据也减小。

6.3.4 等差频 FMCW 高度表工作原理

如图 6.6 所示,发射机产生中心频率为 4300MHz 的频率调制连续波信号,输出功率为 250mW。一路通过发射机隔器送到发射天线,发射机隔离提供功率的单向传送,一路直接加到接收机混频器。

频率调制信号来自锯齿波产生器,锯齿波产生器产生锯齿波调制电压,对发射机调频,产生 123MHz 的频移。在搜索方式,调制锯齿波的周期由搜索环路控制,从小到大连续变化,从而使发射信号的频率变化速率从大到小变化。在跟踪方式,锯齿波的调制周期由跟踪鉴别器连续调整,保持差频正好等于 25kHz。

地面反射信号由接收天线接收,通过接收机隔离器(单向功率传递)加到混频器。反射信号和现在发射信号的取样频率进行混频,经滤波器取出差频。当差频高于或低于 25kHz 时,电路工作在搜索方式,当差频为 25kHz 时,电路工作在跟踪方式。

差频放大器是一个调谐放大器,调谐在 25kHz 频率上,将混频器输出的差频信号放大到一定的幅度。放大器的增益受指数变换器来的增益校正电压控制,即它的增益随飞机高度增加而增大,从而保证差频信号的幅度不随飞机高度而变化。因为飞机高度越高,一方面电波传播路径越长,损耗大;另一方面在天线波束宽度(通常在 20°~45°之间)一定的情况,天线波束照射的地面面积大,功率密度小,所接收到的反射信号强度就弱。但此时放大器的增益大,反之,增益减小,从而在高度变化的情况下,保持差频放大器输出信号的幅度稳定。

搜索鉴别器实际上是一个调谐放大器,调谐频率为 25kHz。当差频频率接近 25kHz 时,即在跟踪范围内,它输出一个正电压。若差频偏离 25kHz 较远时,即在跟踪范围之外就无正电压输出。搜索鉴别器的输出加到搜索/跟踪转换开关,控制开关的接通或断开。

跟踪鉴别器实际上是一个鉴频器电路,当差频放大器来的差频信号频率为 25kHz 时,跟踪鉴别器输出为零。高于 25kHz 时输出正电压,低于 25kHz 时输出负电压,其输出经搜索跟踪开关加到积分器。

搜索-跟踪开关受搜索鉴别器来的电压控制,当差频频率偏离 25kHz 较远时,搜索鉴别器输出为零,开关断开跟踪鉴别器的输出加到积分器。这时积分器输出变化的电压,经指数变换器加到锯齿波产生器,使锯齿波的周期从小到大周期变化。

锯齿波电压对发射机进行调频,由于它的周期改变,调频波的周期也相应改变。因为调频波的频移是常数(123MHz),锯齿周期短时,调频波的频率变化就快,而周期长时,频率变化就慢。这样,即使飞机高度不变,地面反射信号和发射信号的差频也随锯齿波调制周期改变。这种状态叫搜索状态。

当搜索到差频频率接近 25kHz 时,搜索鉴频器输出正电压,搜索-跟踪开关把跟踪鉴别器的输出去修正锯齿波的周期,保证系统处于跟踪状态,使差频不随飞机高度改变,总是等于 25kHz。

在系统处于搜索状态时,它输出一个变化的电压,当系统处于跟踪状态时,输出一个随高度变化的电压。当高度一定时,它输出一个相应于此高度的直流电压;当高度改变时,它的输出电压根据跟踪鉴别器来的误差电压加以修正。

把积分器来的电压加以变换,输出一个控制锯波产生器的电压,这个电压在 −6~0V(相当于 −200~2500ft)。搜索时在 −6~0V 之间变化,使锯齿波的周期从 250μs~50ms 之间变化。直到跟踪状态时,它就稳定在一定值上。另外,这个电压变换后,加到差频放大器,控制差频放大器的增益,使差频放大器的增益随着高度增加而增大,从而保证输出的差频信号幅度比较稳定。

当系统处于跟踪方式时,高度处理器取样调制锯齿波的周期,把周期转换成高度信号加到高度指示器和使用无线电高度信号有关系统。

综上所述,等差频 FMCW 高度表有两种工作状态,即搜索状态和跟踪状态。

1）搜索状态

当收发机所测得的差频偏离 25kHz 较远时，系统处于搜索状态。此时积分器输出一个变化的电压，经指数变换器变换后，使调制锯齿波的周期由小到大变化着。由于调制锯齿波的周期由小到大变化，调频发射信号的频率由快到慢变化，所测差频频率也随之改变，当差频接近 25kHz 时，系统就进入跟踪状态。

2）跟踪状态

当飞机保持一定高度飞行时，收发机所测得的差频保持 25kHz，跟踪鉴别器输出的误差信号为零。积分器输出不变，调制锯齿波周期不变，高度处理器输出的高度电压不变。

当飞机高度升高时，电波往返传播时间 Δt 增大，差频频率 $F_b(\Delta f_m \Delta t / T_M)$ 高于 25kHz，此时跟踪鉴别器输出一个正的误差电压，加到积分器，使锯齿波控制电压增加，调制锯齿波周期增长，调频波的频率变化率$(\Delta f_m / T_M)$减小，差频频率减小。直到差频回到 25kHz。这时高度处理器输出的高度电压也增加。同理，当飞机高度下降时，调制锯齿波的周期减小，高度电压也减小。

6.4 机载无线电高度表系统

每架飞机上的无线电高度表系统有两套或三套收发机（RT），每个 RT 有一个发射天线和一个接收天线，如图 6.7 所示，控制板和显示系统与其他机载系统共用。

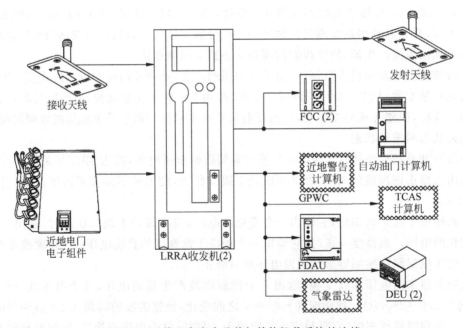

图 6.7　无线电高度表及其与其他机载系统的连接

6.4.1　无线电高度表系统组成与功用

无线电高度表（RA）系统测量从飞机到地面的垂直距离，所得高度显示在驾驶舱内的显示组件（DU）上。无线电高度是利用接收机发射机组件比较发射的信号和接收的信号来计算的。R/T组件发射一个无线电信号,然后接收从地面返回的反射RF信号来确定飞机的高度。R/T将计算的高度数据输出到两个ARINC 429数据总线上并送到飞机上的使用系统。飞行机组和其他飞机系统在低高度飞行、进近和着陆过程中使用该高度数据。系统高度的显示范围是−20~2500ft。高度数据和信号有效性被送到两个ARINC 429数据总线上。ARINC 429数据总线1向飞行控制计算机(FCC)、自动油门计算机发送数据。ARINC 429数据总线2向近地警告计算机(GPWC)、交通警告和防撞系统(TCAS)计算机、飞行数据获取组件(FDAU)、气象雷达(WXR)、公用显示系统(CDS)的显示电子组件(DEU)发送数据。

6.4.2　无线电高度表系统的数据输出

无线电高度表系统向FCC A和FCC B、自动油门计算机、显示电子组件(DEU)1和DEU2、气象雷达R/T、GPWC(近地警告计算机)、FDAU(飞行数据获取组件)、TCAS计算机提供无线电高度(RA)数据。

每个FCC使用来自与它同侧的无线电收发机的无线电高度,FCC将无线电高度用于进近管制和低高度飞行计算,自动油门将无线电高度用于起飞/复飞计算和自动油门点火计算。DEU接收处理无线电高度表输出的无线电高度数据,并计算输出无线电高度的显示形式和无线电高度值,使无线电高度以规定的形式显示在显示组件上。

气象雷达的R/T利用无线电高度来启动或关闭风切变预测功能,并通过无线电高度启动或禁止气象雷达的风切变预测的显示和警告功能。GPWC利用无线电高度进行近地提醒和警告逻辑计算。FDAU记录无线电高度值。TCAS计算机利用无线电高度设定灵敏度等级,用于飞机的危险接近计算和确定入侵的飞机是否在地面上。可以通过EFIS控制板的设定向DEU输出无线电高度的最小值的设定值。DEU利用设定的无线电高度最小值和实际测量的无线电高度来计算无线电高度最小值的警告信息,并使它显示在显示组件上。

6.4.3　无线电高度表系统的显示

无线电高度以白色显示飞机高度处于−20~2500ft之间,如图6.8所示。无线电高度值更新时,在−20~100ft之间的步进为2ft,在100~500ft之间的步进为10ft,500~2500ft之间的步进为20ft。无线电高度在2500ft以上时不显示。当飞机高度减小到200~0ft时,高度表的输出驱动跑道升起符号向ADI上的飞机符号移动。在零英尺时,跑道升起符号显示在飞机符号的底部,跑道升起符号也向左右移动与ILS指向标偏离指针保持对齐。

6.4.4　无线电高度表系统的天线

LRRA系统使用四个天线来发射和接收无线电频率信号,每个LRRA收发机有一个发射天线和一个接收天线,发射天线和接收天线是相同的且可互换,四个螺钉将每个天线安装到机体的底部,在同轴接头周围的凹槽内有一个O形密封圈,O形密封圈提供防潮保护。在天线的发射面有红色的"FWD"和"DO NOT PAINT"标志,不要喷涂天线的发射面或背面,涂层将阻止天线发送或接收无线电频率信号。

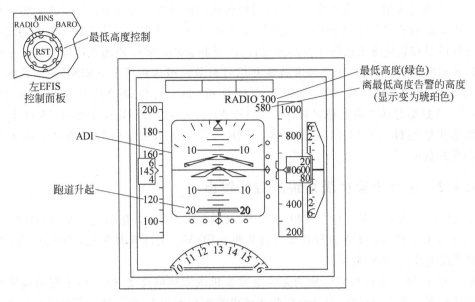

图 6.8　无线电高度表的显示

6.4.5　无线电高度表系统的自测试

按压接收机前面的一个检测电门以启动无线电高度系统的检测，BITE 执行收发机内部工作和它的接口检查，检测结果显示在该收发机前面上。前面板 BITE 检测导致 RA 收发机向驾驶舱显示组件发送检测高度，检测高度是 40ft。在整个检测过程中显示检测高度，当检测完成时，高度显示返回正常状态。图 6.9 为无线电高度表自测试驾驶舱显示。

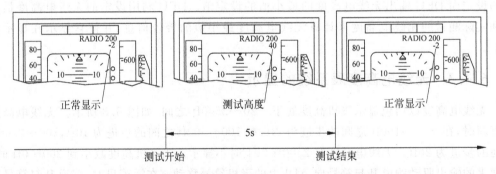

图 6.9　无线电高度表自测试驾驶舱显示

6.5　LRRA-900 收发机

LRRA-900 收发机是使用数字控制的全固态调频连续波收发机，被广泛安装在民航主流机型上，主要有三种型号。本节主要介绍 Rockwell Collins 公司的产品。

6.5.1　基本性能

LRRA-900 收发机有两个微处理器，一个微处理器用于信息处理，另一个用于系统的监

控。高度输出通过 ARINC 数据总线完成,基本性能如下:

(1) 工作电压 92~126(Vac),380~420Hz;

(2) 输出功率最小 450mW,典型 600mW;

(3) 飞机安装延时 40,57,80ft;

(4) 中心频率 4300±15MHz;

(5) 频移±50MHz;

(6) 偏离速率 20MHz/ms 低于 2550ft,10MHz/ms 高于 2550ft;

(7) 高度工作范围−4.57~+1676m(−15~+5500ft);

(8) 高度精度±1.0ft 或±指示高度的 2%;

(9) 高度分辨率 0.125ft(当 $H<200$ft 时),1.0ft (当 200ft$<H<1999$ft 时),10ft(当 $H>1999$ft 时);

(10) 垂直跟踪能力 0~25ft/s (低于 100ft 时),0~60ft/s(大于 100ft 时)。

地面引起的反射信号由接收天线接收,RF 处理器将发射和接收信号混频以得到频率差,频率差正比于发射信号到达地面并返回的时间。主处理器将频率差转换为无线电高度,从两个 ARINC 429 数据总线上输出。飞机安装延时(ADI)程序销钉被接地到相应选项,当飞机接地时,将无线电高度校准为零英尺,为无线电缆长度、机体到地面距离、发射角提供修正量。RF 处理器将频率差信号送到主处理器,频率差从主处理器到达监控处理器,主处理器和监控处理器将频率差转换为高度,主处理器将高度传送到飞机系统和监控处理器,监控处理器将来自主处理器的高度与监控处理器监控的高度进行比较,如果检测到误差超过一定范围,监控处理器将向主处理器发送关闭指令,同时,无线电高度表失效。机内检测设备(BITE)逻辑监控 RA 收发机内电路的故障,BITE 逻辑故障存储在非易失性故障存储卡中。

6.5.2　LRRA-900 工作过程

LRRA-900 收发机同样也有不同的型号,不同型号的产品被应用在不同的飞机上以满足不同的要求。功能最全的型号除了具备基本的测高功能以外,还能在高于 5500ft 的高度时测量无线电高度,它符合 ARINC 707 标准的 LRRA-900 收发机,并带有 ARINC 429 数据总线接口,同时具有 CMC 和 CFDS BITE 的接口,而且它的软件具有修正功能,用于减少总线停机时间,使之小于 500ms,这对具有 CAT IIIB 着陆能力的飞机非常有用。

LRRA-900 用于进近着陆,从最大 5500ft 一直到触地,它输出的高度数据主要用于显示,且输送给近地警告系统和自动着陆系统。每套系统需要两套 RAA700 天线。

LRRA-900 是一个全固态无线电高度表,它使用数字控制的调频连续波技术,一个主微处理器用于提供高精度和稳定的信号处理,一个从微处理器用于监控,二者都全程计算,在低高度能提供最低 1.2in 精度的输出。该系统主要由以下部分组成:主板 A1,尾部连接板 A1A1,处理器板 A2,电源板 A3,射频板 A4,接收板 A4A1,发送版 A4A2,增益混频板 A4A3,调制电路板 A5。

LRRA-900 有三种操作模式并外加自测试(功能测试)模式。其中模式 0 工作于低于 500ft 时,此时 f_b 通过低 IF 板被处理;模式 1 未被应用;模式 2 在 501~2500ft 时工作,f_b 通过高 IF 板被处理;模式 3 在 2551~5500ft 时工作,此模式同样用于回波信号不强时,它不同于模式 2,此时调制速率被减半为 50Hz。功能测试模式在地面被启动时,通过它可以判定 LRRA900 是否正常,并在显示器显示 40ft 的高度。

调制电路提供校正了的非线性的 100Hz 的三角波。调制板包括高高度 IF 板和低高度 IF 板,低高度 IF 板工作在 $-20\sim500$ft,高高度 IF 板工作在大于 500ft 时。调制板主要包括两个主要电路,第一个就是控制发送板输出频率变化的闭环频率控制电路,它通过对放大器 1 的采样与基准 12kHz 的基准信号进行比较来实现发射机输出频率的变化。第二个主要电路是用来控制发射机的带宽。

处理电路板由高度处理器、监控处理器、系统监控器和电源组成。高度处理器采用 8088 微处理器,高度计算采用如下公式

$$H(\text{ft}) = \frac{f_\text{b}}{F_\text{ref}K} \times 300(\text{ft}) - \frac{AID}{2} - 2.3(\text{ft}) \tag{6-9}$$

式中,f_b 为差频,F_ref 为基准频率,K 为线性校正因子,300ft 为主延迟,2.3ft 为内部延迟,AID 为飞机安装延时校正。

高度信息通过 ARINC 429 总线,依据飞机高度不同按 $35\sim40\mu s$ 一次的速率通过驱动卡输送到自动驾驶和指示系统。

射频板卡包含了所有 4300Hz 的功能,它包括发送微波传输线和接收微波传输线等子板卡。发送器由二级晶体管振荡放大器提供在 4300Hz 的 500mW 的输出。接收器包括两部分,一组用来定义接收机功能的二极管阵列插钉和一个混频器。

6.5.3　LRRA-900 的工作原理

无线电高度收发机主要由三部分组成,即无线电高度接收机、无线电高度发射机和数据处理组件,无线电高度表电路由以下七部分组成,即设备主板、微处理器 I/O、锯齿波发生器、特高频频率源、电源、低频放大-鉴频器、显示接口板。

无线电高度表整个系统组成了一个大的闭环跟踪回路,差拍放大器的增益是随高度不同而变化的。在高高度信号弱增益高,在低高度信号强增益低,从而保证经过低通滤波器到跟踪鉴频器的信号幅度恒定。但是,无线电高度表接收的地面反射信号并不是单一的信号,在地面相当大的区域都有发射信号,这样不同的发射点会产生不同的差拍信号,这些差拍信号的频率是不同的。但离载体最近的反射点产生的差拍频率最低,从而利用具有合适滤波特性的低通滤波器来解决这个问题。在差拍放大器中加入低通滤波器用以消除不需要的频谱成分,如图 6.10 所示。

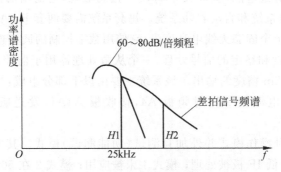

图 6.10　主要反射信号的预处理

1. 特高频单元部分

特高频单元由发射系统和接收系统组成,如图 6.11 所示。发射部分包括特高频振荡源、隔离器、接数天线和馈线等,接收部分则包括接收天线、隔离器、混频器、接收机和馈线等。其中发射部分的特高频振荡源是发射组件的核心部件,它由调频振荡器、放大器、匹配网络、倍频器组成。接收部分的隔离器是为了阻止本振信号混入反射信号,为了改善接收机的噪声性能,采用了平衡混频器。

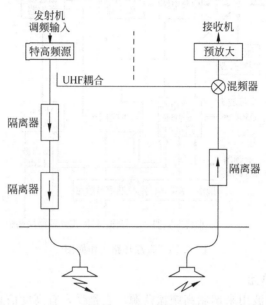

图 6.11　特高频单元

2. 低频放大器单元部分

低频放大器将由混频器送来的差拍信号放大到鉴频器需要的电平。低频放大器的增益应该随高度的变化而变化,从而保证送入鉴频器的信号电平恒定。

3. 鉴频电路单元

该单元包括搜索鉴别器和跟踪鉴别器以及相应告警电路。

对于跟踪鉴别器,它的工作范围不必太宽,需要较高的鉴频灵敏度;而搜索鉴别器则需要具有较宽的动态范围。但为了避免无线电高度表跟踪过高或过低的差拍频率,搜索鉴频器的特性曲线两端转折处要陡峭,特性曲线如图 6.12 所示。

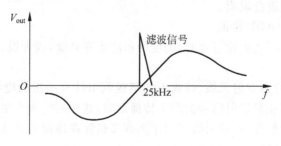

图 6.12　跟踪鉴别器特性曲线

4. 搜索/跟踪控制单元

图 6.13 给出了搜索/跟踪控制单元的工作框图,此单元由比较触发器电路、开关控制电路、积分电路、锯齿波电压产生控制电路、搜索触发电路组成,根据所接收的差拍信号控制整个无线电高度表跟踪环路的工作状态。当有差拍信号时,环路闭合处于跟踪状态;当无差拍信号时,环路断开处于搜索状态。

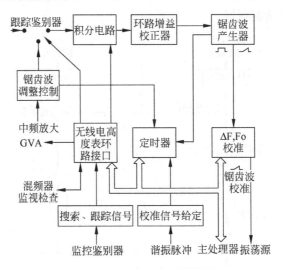

图 6.13 跟踪环路工作简图

5. 锯齿波发生器单元

此单元产生的锯齿波用来调制高频振荡源。它是受含有高度信息的锯齿波发生器控制电压激励的,此电压来自于搜索/跟踪控制单元。

6. 周期显示单元

它的功能是把锯齿电压发生器输出的调制周期信息转换为高度信息,即转为直流电压,用这个电压表征高度。

6.6 影响 LRRA 性能的因素

影响无线电高度表测距精度的主要因素有飞机安装延时(AID)、发射机对接收机泄漏信号的影响、多路径反射干扰、散射干扰、多设备安装互相干扰以及飞机倾斜和俯仰时对测高的影响等,下面分别进行说明。

1. 飞机安装延时(AID)校正

在进近着陆期间,当飞机轮着地时,高度指示应指零高度,或者说,高度指示器指示的高度是机轮的离地高度。

但是由于发射组件到发射天线,接收天线到接收组件有一定的电缆长度。飞机停在地面上时,地面反射信号相对发射信号会产生传播延时,这些延时所产生的高度叫安装延时高度,它决定于收发电缆长度,收发天线之间距离和飞机停在地面上天线离地高度。安装延时产生的高度可由下式计算

$$AID = \frac{1}{2}\left[P + K(c_t + c_r)\right] \tag{6-10}$$

式中,P 为当飞机在地面上时,发射天线和接收天线到地面的总的最小长度;K 为电波在大气中的传播速度 c 与电波在电缆中传播速度 V_φ 之比,c_t 为发射电缆长度,c_r 为接收电缆长度。

例如,两个天线之间的距离为 D,机轮着地时天线离地高度为 H,则

$$P = \sqrt{H^2 + \left(\frac{D}{2}\right)^2} \tag{6-11}$$

$$K = \frac{c}{V_\varphi} = \frac{c}{\dfrac{c}{\sqrt{\varepsilon_\sigma \mu_r}}} = \sqrt{\varepsilon_r \mu_r} \tag{6-12}$$

式中,ε_r 为相对介电系数,μ_r 为相对导磁系数。

安装延时高度在高度计算电路中减去,保证在着陆期间,当飞机机轮刚一接触地面时,高度指示为零。

2. 发射机对接收机泄漏信号的影响

高度表天线发射信号直接泄漏到接收机,像干扰信号一样,影响接收机的工作,如图 6.14 所示。发射功率越大,泄漏到接收天线的功率越大,严重时会阻塞接收机的工作,还可能引起虚假高度读数。因此,发射功率不能太大,通常小于 0.5W,接收机灵敏度不能太高,这就限制了无线高度表的测高范围。通常要求发射天线和接收天线分离安装,至少要有 75dB 的空间衰减量。

3. 多路径反射干扰

高度表接收天线,除了接收到飞机下方地面一次反射信号外,还可能接收到飞机与地面之间的多次反射引起的干扰信号,特别是飞机在低高度上飞行时,多路径反射信号更强,如图 6.15 所示。虽然多路径反射信号的强度要比一次反射信号弱得多,但由于差频放大器采用了增益随高度增加而增大的电路,多路径反射的弱信号也会被放大,从而产生虚假的高度指示。

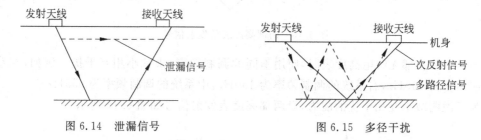

图 6.14 泄漏信号   图 6.15 多径干扰

减小多路干扰的方法是:

(1) 在具有搜索和跟踪能力的无线电高度表中,如等差频 FMCW 高度表,搜索要从零高度向高高度搜索,保证跟踪最先到达的一次反射信号,就锁定到这个正确高度上(最短距离)。

在着陆过程中(起落架放下),由于起落架和其他附属物的反射,虽然反射信号的距离短,由于使用跟踪环路,跟踪高度不变。

(2) 在普通 FMCW 高度表中,使用跟踪滤波器(频谱滤波器),跟踪最低差频,可滤除多路径反射信号产生的差频。

4. 散射干扰

高度表天线使用的是宽波束天线,波束宽度在 $20°\sim45°$ 之间,波束照射地面面积较大,同时发射频率为 4300MHz,地面反射为散射(或叫漫反射)。这样,高度表接收天线不仅接收垂直方向的反射信号,还接收到垂直方向以外的散射信号,因而,反射信号和发射信号混频所得到的差频不是一个单一的频率,而是具有一定宽度的频谱。但由于垂直反射信号电波往返传播路径最短,所以差频频率最低。

减少散射干扰的影响和多路径干扰相同,等差频 FMCW 高度表搜索从低高度向高高度搜索,普通 FMCW 高度表使用跟踪滤波器,仍然可以保持精确测高。

5. 多设备安装减小互相干扰的方法

为了供给自动着陆系统的高度安全可靠,飞机上通常装 2 套或 3 套无线电高度表同时工作,这可能会造成它们之间的相互干扰。干扰原因是,一部高度表可能接收到另一部高度表的泄漏信号,一部高度表可能接收到另一部高度表的地面反射信号。

减少互相干扰的方法主要有,保证天线间有足够的间隔,至少有 75dB 的空间衰减量或相邻天线对地的电场方向互成 90°安装,使两部高度表的天线间达到最小耦合。

在装两部高度表的飞机上,两部高度表的频率调制信号相位相差 180°(有的相差 120°),当一部高度表的发射频率增加时,而另一部高度表的发射减小,如图 6.16 所示。这样,除在相交点外,第一部高度表发射信号到地再返回到飞机,被第二部高度表接收时,第二部高度表的发射频率与第一部高度表的反射信号混频,得到的差频频率超出差频放大器的带宽,而不能输出。

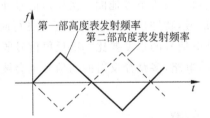

图 6.16 两部高度表的发射信号

飞机上装三部无线电高度表时,使用不同的调制频率,来减小相互干扰。例如,左系统的调制频率为 145Hz,右系统的调制频率为 150Hz,中系统的调制频率为 155Hz。

为了说明减小互相干扰的能力,设两部高度表发射信号如图 6.17 所示。

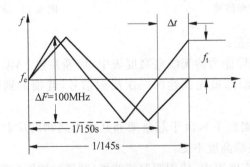

图 6.17 两部高度表的发射信号

　　由于两部高度表的调制频率不同,发射信号的频率变化率也不同,在一个调制周期之后,两部高度表的发射频率相差

$$f_0 = 2\Delta F T_M \Delta t = 2 \times 100 \times 10^6 \times 145 \left(\frac{1}{145} - \frac{1}{105} \right) \approx 7\text{MHz}$$

　　这样,在一个调制周期之后,干扰差拍频率远远超出差频放大器的带宽而不能输出。因为两个调制频率相差 5Hz,差拍频率也以 5Hz 的速率变化,最高差拍频率可达 100MHz。

6. 飞机倾斜和俯仰时对测高的影响

　　高度表天线是固定在飞机机身上的,当飞机平飞时,天线波束中心垂直照射到地面,反射信号最强。当飞机倾斜或俯仰时,就意味着无线波束中心也已不再垂直照射地面,这会引起测高误差。

　　但是,由于无线发射波束是宽波束,仍有一部分辐射功率会从垂直于地面的最短路径反射回来,也就是说仍能接收到垂直于地面的反射波。因为垂直于地面的反射波,传播路径最短,所得到的差频频率最低,而从波束中心以外反射回来的信号传播路径长,所得到的差频频率就高。

　　在等差 FMCW 高度表中,由于采用了从零高度向高高度搜索和跟踪最低频率,而在普通 FMCW 高度表电路中使用了跟踪滤波器,那么只要接收机灵敏足够高,从最近点(非波束中心方向)反射回来的信号仍能被接收并给出正确的高度指示。

练习题

6-1　民用航空运输飞机飞行时常用的高度有哪些? 无线电高度表测量的是什么高度?

6-2　分别说明普通调频连续波高度表和等差频调频连续波高度表的测高原理。

6-3　普通调频连续波高度表的阶梯误差是如何产生的? 为什么说阶梯误差是原理性误差? 有什么方法减少这种误差?

6-4　分析跟踪式无线电高度表的搜索跟踪过程。

6-5　阐述机载 LRRA-900 系统的组成及其基本测高原理。

6-6　影响 LRRA 测高精度的因素都有哪些? 分别进行说明。

6-7　无线电高度表的天线安装应注意什么事项?

第 7 章

仪表着陆系统

仪表着陆系统(ILS)是一种非自主式的振幅测角近程导航系统,是目前民用航空主用的陆基导航系统。和前几章介绍的 ADF-NDB、VOR 和 DME 不同,ILS 仅在终端区使用,它是引导飞机进行精密进近和着陆的国际标准导航系统,俗称盲降。这是因为 ILS 能在低天气标准或飞行员看不到任何目视参考的天气下,引导飞机进近着陆,所以人们通常将仪表着陆系统称为盲降。

7.1 概述

7.1.1 仪表着陆系统发展历史

着陆是整个飞行过程中飞行难度最大、操作最复杂的阶段,也是飞行事故多发的阶段,据 ICAO 统计,49％的飞行事故都发生在着陆过程,特别是在雨、雾、雪和夜间等复杂天气情况下,这就从客观上需要有一种先进的导航手段来完成飞机进近和着陆阶段的引导,从而保证飞行安全。

仪表着陆系统(ILS)是飞机进近和着陆引导的国际标准系统,1934 年由美国首先研制成功并使用,1947 年在临时国际民航组织 ICAO 芝加哥会议上被确认为国际标准着陆设备,至今已使用了六十多年,目前全世界大多数民用和军用机场都装备了仪表着陆系统,由于在国际范围内都采用国际民航组织的技术性能要求,所以任何配备仪表着陆系统接收机的飞机在任何装备仪表着陆系统引导设备的机场都能得到满意的系统服务。

在仪表着陆系统的发展过程中,出现过两种不同体制的系统,一种是欧美及东南亚等地区使用的比幅制系统(比较两个音频信号的调制度),另一种是前苏联及东欧等地区使用的比相制系统(比较两个音频信号的相位)。随着前苏联的解体和冷战的结束,国际间政治、经贸和文化往来也日趋密切,这就从客观上要求在世界范围内采用统一标准的机载和地面设备,最终比幅制系统以其原理简单、价格低廉、维修方便,而得到国际民航组织的认可。

1961 年,我国民航科研所参照苏联比相制研制成功安全 58 型,在上海龙华机场试用。1964 年,又把安全 58 型由比相制改为比幅制,为 PIA 开通的卡拉奇—达卡—上海航班提供服务。1974 年,三叉戟、波音 707、伊尔 62 开始投入客运。1975 年从英国 PLESSEY 公司引进了 STAN37/38,分别安装在北京、上海、广州、杭州、乌鲁木齐。

20 世纪 80 年代初,我国开始引进美国 WILCOX 公司 MARK Ⅱ型设备,国内还有少量其他类型的设备,如天津 764 厂生产的设备以及个别引进的产品,如大连的东芝设备。

随着改革开放的不断深入,我国经济以持续的高速度迅猛发展,为了迎接新世纪民航的高速发展,1992 年中国民航总局开始进行大规模的航路基础设施改造,开始引进挪威 NORMARC 公司的 3500 系列 ILS 设备,1995 年引进了美国 WILCOX 公司的 MARK 10 型设备,1996 年引进了挪威 NORMARC 公司的 7000A 系列设备,2005 年又引进了挪威 NORMARC 公司的 7000B 系列设备。此外,欧洲 THALES(ALCATEL、AIRSYS)公司的 410 系列设备,也逐步打入了中国市场。这些基础设施的大规模改造,为后来民航持续高速发展奠定了坚实的基础。截止到 2013 年,中国民航共装备 ILS 设备 270 余套。

然而,随着民航业的快速发展,空中交通状况日益复杂,仪表着陆系统在某些方面暴露出自身的缺点和局限性。ILS 提供的下滑线单一,且是固定不变的对准跑道中心线的一条直线,因而限制了曲线进近、分段进近及大下滑角等灵活进近方式的运用。ILS 的缺陷还表现在其只能提供 40 个频道,在一些国家和地区,频道拥挤问题变得日益严重。此外,ILS 对安装场地的要求比较高,系统要求平坦和净化的场地(草、雪等都会影响信号质量),因此安装费用大,部分机场甚至不能使用。

能够解决 ILS 缺陷的是微波着陆系统(MLS),相比于 ILS,微波着陆系统精度更高,覆盖范围宽,允许飞机任意选择机场航道,系统频道数多(200 个频段),对场地要求较低。ICAO 还制定了自 1988 年到 1999 年由 ILS 向 MLS 过渡的计划,但到现在为止,MLS 在民航的推广基本处于停滞状态。这是因为 MLS 设备较昂贵,投资大,一些欠发达地区难以负担。除此之外,最重要的原因是以全球定位系统(GPS)为代表的卫星导航技术迅速崛起并取得了巨大成功,因而给 MLS 的过渡计划以致命的打击。随着全球卫星导航技术的发展,民用航空导航政策逐步从提供导航信号过渡到提供基于性能的导航服务,实现从陆基导航系统向星基导航系统的过渡。未来陆基增强系统(GBAS)将成为主用的精密进近着陆系统,但在可预测的时间内 ILS 仍将作为进近着陆阶段的重要系统,即使 ICAO 已实现 GNSS 的理想,ILS 一般仍会作为备用导航系统而存在。

7.1.2　仪表着陆系统的分类

仪表着陆系统为了能给不同国别、不同类型的飞机提供满意的系统服务,必须符合相应的技术标准和规范。目前最权威、应用最普遍的是 ICAO 在"国际民航公约附件 10"中确定的条款。

国际民航组织根据在不同条件下的着陆能力,规定了三类着陆标准,即Ⅰ类、Ⅱ类和Ⅲ类精密进近着陆标准,分别由跑道视程(RVR)(或能见度)和决断高度这两个参数来衡量。根据着陆标准,仪表着陆系统也分成相应的Ⅰ类、Ⅱ类和Ⅲ类。ICAO 对这三类着陆系统的运行标准规定如下:

仪表着陆系统Ⅰ类运行标准(CAT Ⅰ):使用仪表着陆设备,决断高度不低于 60m,能见度不小于 800m 或跑道视程不小于 550m 的精密进近和着陆。

仪表着陆系统Ⅱ类运行标准(CAT Ⅱ):使用仪表着陆设备,决断高度低于 60m,但不低于 30m,跑道视程不小于 300m 的精密进近和着陆。

仪表着陆系统Ⅲ类运行标准(CAT Ⅲ):ILS 的Ⅲ类运行又分为 A、B、C 三类。

ⅢA 类运行:使用仪表着陆设备,决断高度低于 30m,或无决断高度,跑道视程不小于 175m 的精密进近和着陆。

ⅢB 类运行:使用仪表着陆设备,决断高度低于 15m,或无决断高度,跑道视程小于 175m,但不小于 50m 的精密进近和着陆。

ⅢC 类运行:使用仪表着陆设备,无决断高度和无跑道视程的精密进近和着陆。

7.1.3 仪表着陆系统常用术语

为方便读者阅读,本节首先给出与 ILS 相关的专业术语,具体定义如下:

(1)调制度差(DDM):两个音频信号对射频的调制度百分数的差值。

(2)航道线:在任何水平面内最靠近跑道中心线的 DDM 为零的各点的轨迹。

(3)航道扇区(航道宽度):从航道线向两边扩展,到 DDM 为 0.155(150μA)的各点轨迹所限制的区域。通常在跑道入口两边 105m 处的 DDM 为 0.155,最大航道扇区(航道宽度)不能超过 6°。

(4)位移灵敏度:测得的 DDM 与偏离适当基准线的相应横向位移的比率。

(5)下滑道:跑道中心线铅垂面上 DDM 为零的各点所组成的轨迹中最靠近地平面的那条轨迹。

(6)下滑角:平均下滑道的直线与地平面之间的夹角。

(7)下滑道扇区:从下滑道的铅垂面向上下两边扩展,到 DDM 为 0.175(150μA)的各点轨迹所限定的区域。

(8)角位移灵敏度:测得的 DDM 与从适当的基准线相对应的角位移的比率。

7.1.4 仪表着陆系统的组成

仪表着陆系统工作在米波波段,通常由一个 VHF 航向信标台(LOC)、一个 UHF 下滑信标台(GS)和几个 VHF 指点信标(MB)组成,图 1.15 已给出了 ILS 在跑道的布置和作用,为方便阅读,重画该图如图 7.1 所示。航向信标位于跑道末端中心延长线上,用于提供水平制导信息;下滑信标位于跑道一侧,用于提供垂直制导信息;指点信标常规配置包括外指点信标、中指点信标及内指点信标,它们在某一机场的安装位置是固定的,用于提供飞机的高度信息和距跑道入口处的距离信息,其中,外指点信标表示下滑道截获点,中指点信标处通过的高度为Ⅰ类精密进近的决断高度,内指点信标处通过的高度则为Ⅱ类的决断高度。若 ILS 下滑台处加装了 DME 信标,为飞机提供距跑道的距离信息,则三个指点标可以少装或不装。仪表着陆系统的详细布局如图 7.2 所示。

航向信标的工作频率为 108.1~111.95MHz,频道间隔为 0.05MHz,和 VOR 频道共用,但只用以 MHz 为单位的小数点后一位为奇数的那些频率点,例如 108.10MHz 和 108.15MHz 是航向频道,而 108.20MHz 和 108.25MHz 则用于 VOR,因此,航向频道只有 40 个。航向信标给出与跑道中心线对准的航向面,提示飞机进行"飞左"或"飞右"操作。

下滑信标的工作频率为 329.15~335.0MHz,频道间隔为 0.15MHz,也只有 40 个频道,与航向信标的频道配对使用,参见表 7.1。下滑信标给出仰角为 2°~4°的下滑面(标称

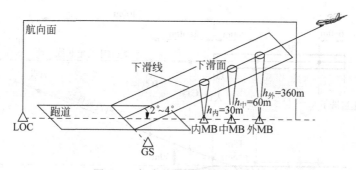

图 7.1　仪表着陆系统组成示意图

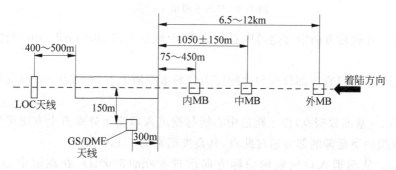

图 7.2　仪表着陆系统总体布局

3°,大于 3°则需授权),提示飞机进行"飞上"或"飞下"操作。

表 7.1　航向/下滑频率对分配表

航向	下滑	航向	下滑	航向	下滑	航向	下滑
108.10	334.70	109.10	331.40	110.10	334.40	111.10	331.70
108.15	334.55	109.15	331.25	110.15	334.25	111.15	331.55
108.30	334.10	109.30	332.00	110.30	335.00	111.30	332.30
108.35	333.95	109.35	331.85	110.35	334.85	111.35	332.15
108.50	329.90	109.50	332.60	110.50	329.60	111.50	332.90
108.55	329.75	109.55	332.45	110.55	329.45	111.55	332.75
108.70	330.50	109.70	333.20	110.70	330.20	111.70	333.50
108.75	330.35	109.75	333.05	110.75	330.05	111.75	333.35
108.90	329.30	109.90	333.80	110.90	330.80	111.90	331.10
108.95	329.15	109.95	333.65	110.95	330.65	111.95	330.95

　　航向信标和下滑信标联合工作,结果将为进近着陆飞机提供一条下滑道(也称为下滑线),该下滑道由航向面和下滑面相交而成,它在垂直面内与地平面的夹角为 2°~4°,在水平面内的投影与跑道中心线重合,如图 7.1 所示。ICAO 附件 10 对 ILS 的下滑道定义了 A、B、C、D、E 和 T 共 6 个点,如图 7.3 所示。

　　图 7.3 中各点定义如下:

　　(1) A 点:在进近方向沿着跑道中心延长线、距跑道入口 7500m(4nm)处测得的下滑道上的一点。

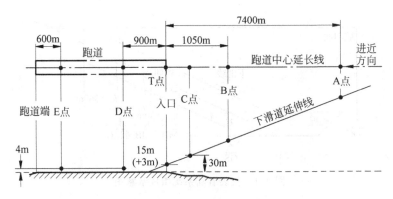

图 7.3　ILS 下滑道上的点

（2）B 点：在进近方向沿着跑道中心延长线、距跑道入口 1050m（3500ft）处测得的下滑道上的一点。

（3）C 点：下滑道直线部分在包含跑道入口的水平面上方 30m（100ft）高度处所通过的一点。

（4）T 点：（基准数据点）位于跑道中心线与跑道入口交叉处垂直上方规定高度上的一点，下滑道直线向下延伸的部分通过此点，其高度通常为 15m（50ft）。

（5）D 点：从跑道入口向航向信标方向前进 900m（3000ft）、在跑道中心线上方 4m（12ft）的那一点。

（6）E 点：从跑道终端向入口方向前进 600m（2000ft）、在跑道中心线上方 4m（12ft）的那一点。

由于信标台附近的地形地物存在多径影响，电波信号辐射场型发生畸变，结果飞机在航向面或下滑面上得到的 DDM 值不为零，导致航向道和下滑道弯曲、扇摆和抖动。附件 10 分别定义了各类 ILS 航向道和下滑道的弯曲幅度限制，给出了航向道结构和下滑道结构，航向道和下滑道弯曲的限制由上述所定义的各点来划分，具体分析见 7.4 节。

指点信标系统包括二个或三个信标，工作频率为 75MHz，从地面向上辐射一个窄的方向性图，沿跑道方向宽约 40m，垂直跑道方向宽约 85m，如图 7.4 所示。

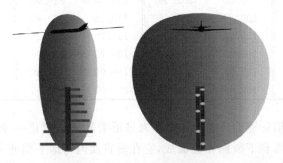

图 7.4　指点标的天线和方向性图

指点信标天线阵水平半波振子与跑道中心线成一直线排列，同相馈电，天线阵下面通常装有地网，其目的是为了增强地面的反射作用，把波束向上集中反射。三个指点标分远、中、近（或外、中、内）配置在下滑道的正下方，作为着陆飞机进近过程中的距离检查点。外指点标提示驾驶员已经开始进入下滑道,中指点标提示驾驶员已到达Ⅰ类着陆的决断高度,内指点标提示驾驶员已到达Ⅱ类着陆的决断高度。具体配置如图7.2所示。

当飞机飞过指点标上空时,机载接收设备会发出不同的音响和灯光指示信号,如表7.2所示。

表 7.2　指点信标信号特征

指点标名称	调制音频频率	音频控制编码	指示灯颜色	天线安装位置
外指点标	400Hz	每秒2划	紫	7400±300m
中指点标	1300Hz	点划相间	琥珀	1050±150m
内指点标	3000Hz	每秒6点	白	300m

7.1.5　仪表着陆系统的保护区

为确保导航信号不受干扰,保障飞行安全,实施仪表着陆系统运行的机场应当设置仪表着陆系统保护区,保护区分为临界区和敏感区。临界区是指在航向信标和下滑信标附近一个规定的区域,在ILS运行过程中车辆、航空器不得进入该区域,以防止其对ILS空间信号造成不能接受的干扰。敏感区是临界区延伸的一个区域,在ILS运行过程中车辆、航空器的停放活动都必须受到管制,以防止可能对ILS空间信号形成干扰。

航向信标台的临界区是由圆和长方形合成的区域,圆的中心即航向信标天线中心,其半径为75m,长方形的长度为从航向信标天线开始沿跑道中心线延长线向跑道方向延伸至300m或跑道末端(以大者为准),宽度为120m,如图7.5所示。如果航向信标天线辐射特性为单方向,且辐射场型前后场强比为26dB以上,则临界区不包括图7.5中的斜线区。对于Ⅱ/Ⅲ类运行的ILS来说,航向信标机房应设置在航向信标天线排列方向的±30°范围内,根据当地机场的地形、道路和电源情况,设置在航向信标天线的任意一侧,距航向信标天线中心60～90m。

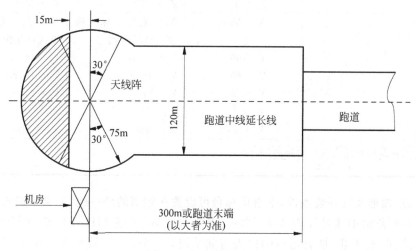

图 7.5　航向信标临界区

航向信标敏感区的范围与航向信标天线孔径、天线类型、余隙形式、工作类别、跑道长度、飞机类型和地面固定弯曲有关,通常应选取航向信标所服务跑道的最大适航机型进行确定,如图 7.6 所示。

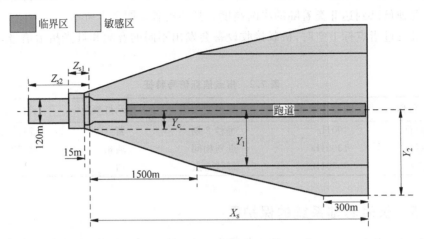

图 7.6　航向信标敏感区

如前所述,航向信标敏感区取决于许多因素,不同条件下敏感区的范围不同,表 7.3 给出了典型的 Ⅱ 类 ILS 敏感区的范围。

表 7.3　Ⅱ 类 ILS 航向信标敏感区范围(单位: m)

飞机垂直尾翼高度 H 天线振子数	$6 < H \leqslant 14$	$14 < H \leqslant 20$	$20 < H \leqslant 25$
12 至 15 单元	$X_s = 300$	$X_s =$ 航向信标至跑道入口端距离	$X_s =$ 航向信标至跑道入口端距离
	$Y_1 = 60$	$Y_1 = 150K$	$Y_1 = 205K$
	$Y_2 = 60$	$Y_2 = 175K$	$Y_2 = 225K$
	$Y_c = 100$	$Y_c = 150$	$Y_c = 190$
	$Z_{s1} = 35$	$Z_{s1} = 60$	$Z_{s1} = 70$
	$Z_{s2} = 45$	$Z_{s2} = 160$	$Z_{s2} = 250$
16 单元以上	$X_s = 300$	$X_s =$ 航向信标至跑道入口端距离	$X_s =$ 航向信标至跑道入口端距离
	$Y_1 = 60$	$Y_1 = 120K$	$Y_1 = 145K$
	$Y_2 = 60$	$Y_2 = 125K$	$Y_2 = 150K$
	$Y_c = 75$	$Y_c = 110$	$Y_c = 130$
	$Z_{s1} = 35$	$Z_{s1} = 50$	$Z_{s1} = 70$
	$Z_{s2} = 45$	$Z_{s2} = 160$	$Z_{s2} = 250$

其中 $k = \sqrt{\dfrac{航向信标至跑道入口的距离(米)}{3300(米)}}$

根据场地地形及其环境条件,下滑信标台可设置在跑道的任一侧,通常不设置在跑道和滑行道之间,距跑道中线最佳距离为 120m,需要调整时,可按 MH/T4003 计算,范围应在 75～200m 之间,对于 Ⅱ/Ⅲ 类运行的仪表着陆系统,下滑信标天线距跑道中线的距离不应小于 120m。下滑信标台的场地保护区如图 7.7 所示。

图 7.7 中,D 为下滑信标天线至跑道着陆端的距离(m),U 为 60m,V 为下滑信标天线至跑道中线的距离(m),W 为 30m,X 为 120m,Y 对于 Ⅰ/Ⅲ 类不应小于 360m,L 对于 Ⅱ/Ⅲ

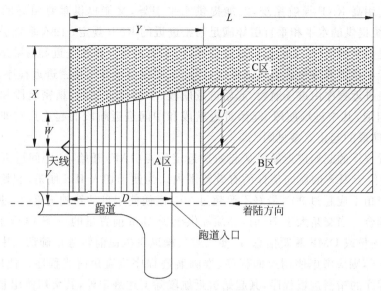

图 7.7 下滑信标场地保护区

类不应小于 900m。

用于 Ⅱ/Ⅲ类运行的下滑信标临界区为 A 区,灵敏区为 B 区和 C 区。

指点信标保护区如图 7.8 所示,在保护区 Ⅰ 和 Ⅲ 区内,除无方向信标台机房和天线外,距离指点信标台 30m 以内,不应有超出以地网或指点信标天线最低单元为基准,垂直张角为 20°的障碍物;在保护区 Ⅱ 和 Ⅳ 区内,距离指点信标台 30m 以内,不应有超出以地网或指点信标天线最低单元为基准,垂直张角为 45°的障碍物。

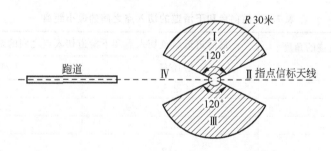

图 7.8 指点信标保护区示意图

上面以 Ⅱ/Ⅲ类 ILS 运行为基准,给出了 ILS 保护区的范围。关于 ILS 保护区和场地设置的详细说明,感兴趣的读者可参见文献《Ⅱ/Ⅲ类仪表着陆系统场地设置与保护指导材料》。

7.2 仪表着陆系统精密进近程序

仪表着陆系统在导航中的作用是引导飞机精密进近和着陆,作为精密进近系统,使用的进近程序称为精密进近程序。目前仪表进近程序主要分为非精密进近程序、精密进近程序和有垂直引导的进近程序,非精密进近程序是一种只能提供水平引导的仪表程序;精密进近程序就是利用高 RNP 导航系统,既能提供水平引导,又能提供垂直引导的仪表进近程序,且导航系统提供的水平和垂直引导满足精密进近的 RNP 规定;而有垂直引导的进近程序是一种既提供水平引导,又能提供垂直引导,但不满足建立精密进近和着陆运行要求的仪表程序。鉴于本章主要分析仪表着陆系统,因此下面仅简单介绍精密进近程序。

精密仪表进近程序由进场航段、起始进近航段、中间进近航段、精密航段和精密航段后的复飞航段组成,其中进场航段、起始进近航段和中间进近航段的起止点与非精密进近相同,有关这些航段的起止点参见图 1.5。

仪表进近程序的起始进近航段从起始进近定位点(IAF)开始,到中间进近定位点(IF)终止,IF 必须位于 ILS 的航向信标的有效范围内。为便于切入 ILS 航道,起始进近航迹与中间航段的交角不应超过 90°,最好不要超过 30°,以便使用自动驾驶进近时,使自动驾驶与航向台信号耦合。当交角大于 70°时,必须提供至少 4km 前置量的一条 VOR 径向线、NDB 方位线、雷达向量或 DME 测距信息,以便驾驶员操纵飞机提前转弯正确切入中间航迹。如果交角大于 90°,则应考虑使用反向程序、推测航迹程序或直角航线程序。使用直线、方向和直角航线程序的精密进近程序,其起始进近航段除上述规定外,其余均使用非精密进近的有关准则。

仪表着陆系统进近程序的中间航段从切入 ILS 航道的一点(中间进近点 IP)开始,至切入下滑道的一点(最后进近点 FAP)终止,其航迹必须与 ILS 航道一致。中间进近航段的长度等于飞机切入航向道至切入下滑道之间的距离,它应能使飞机切入下滑道之前稳定在航道上,最佳长度为 9km,最小长度决定于从起始进近航迹切入中间航迹的角度,如表 7.4 所示,但这些最小值只在可用空域受限时才使用。中间航段的最大长度决定于这个航段必须完全处于航向台有效范围之内,一般 IF 至航向台天线的距离不超过 46km。

表 7.4　航向台和下滑道的切入点之间的最小距离

切入最后进近航迹的角度（度）	最后进近航迹切入点和下滑道切入点之间的最小距离(km)	
	A/B/H 类	C/D/E 类
0~15	2.8	2.8
16~30	3.7	3.7
31~60	3.7	4.6
61~90 或在直角或反向程序内	3.7	5.6

精密航段从最后进近点(FAP)开始,至复飞最后阶段的开始点复飞爬升面到达 300m 高的一点终止(以最后距入口较近者为准),它包括最后进近下降过程和复飞的起始阶段以及复飞中间阶段(复飞中间阶段的一部分),精密航段的航迹必须与航向台的航道一致。FAP 是在前一航段(中间航段)规定的最低高度上切入下滑道的一点,一般位于距入口不超过 19km 的地方,在 FAP 最好设置一个外指点信标,或用 DME 定位,这样,最后进近点(FAP)就成了最后进近定位点(FAF),使前一航段的最低超障余度(MOC)与精密航段平滑地连接在一起,便于飞行员在切入下滑道时比较高度表与下滑道的指示,以检查下滑道信号是否准确可靠。

精密进近不设复飞定位点,复飞点在决断高度/高与下滑道的交点处。复飞程序起始于决断高度/高,复飞程序终止于一个高度/高,该高度/高必须足以允许飞机重新开始另一次进近,或回至指定的等待航线,或重新开始飞行。复飞程序的剩余部分称为精密航段后的复飞航段,为了保证飞机在精密航段之后的复飞中,能够安全飞越复飞区里的所有障碍物,在计算出精密航段的最低超障高之后,应检查精密航段后复飞的超障余度。仪表着陆系统最后复飞的准则是在一般准则的基础上,考虑到 ILS 精密进近的特点而进行了某些修正,如起始爬升点的位置、复飞区的大小、直线复飞的超障余度以及对超障高(OCH)和复飞转弯高度的调整方法等。

7.3　ILS 天线阵基本理论

天线是 ILS 重要的组成部分,有关 ILS 的天线理论也是 ILS 的核心内容之一。所有仪表着陆系统采用的天线系统都不只是单个天线,而是由两个或更多个天线单元组成的线性阵,因此天线阵的辐射方向性图由天线单元的方向图和无方向性天线单元组成的天线阵的方向图共同作用形成。本节介绍线性天线阵的方向图形成理论。

7.3.1　二单元天线阵

二单元天线阵是最基本的线性阵,多单元天线阵的方向图可以在二单元天线阵方向图的基础上获得。图 7.9 是由两个各向同性天线单元组成的间距为 $2d$ 的二元发射天线阵。

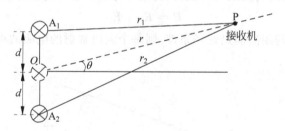

图 7.9　二单元天线阵

假设在两个天线中间 O 点放置一个各向同性的参考天线,且分别给参考天线、天线 A_1 和天线 A_2 馈入相同的幅度和相位。在 P 点处的接收机距离参考天线的距离为 r,到天线 A_1 的距离为 r_1,到天线 A_2 的距离为 r_2;设接收机接收到的参考天线辐射信号的幅度为 E_0,相位为 ϕ_0,则根据电磁波的传播特性,接收机接收到的 A_1 天线辐射信号的幅度和相位分别为

$$E_1 = E_0 \frac{r}{r_1} \tag{7-1}$$

$$\phi_1 = \phi_0 + \frac{2\pi(r - r_1)}{\lambda} \tag{7-2}$$

其中,λ 表示信号波长。

同样地,接收机接收到的 A_2 天线辐射信号的幅度和相位分别为

$$E_2 = E_0 \frac{r}{r_2} \tag{7-3}$$

$$\phi_2 = \phi_0 + \frac{2\pi(r - r_2)}{\lambda} \tag{7-4}$$

由图 7.9 可知,由于 $r_1 < r$,接收到的 A_1 天线辐射信号的相位超前参考天线,即

$$\Delta\phi_1 = \frac{2\pi(r - r_1)}{\lambda} > 0 \tag{7-5}$$

同理,由于 $r_2 > r$,接收到的 A_2 天线辐射信号的相位滞后参考天线,即

$$\Delta\phi_2 = \frac{2\pi(r - r_2)}{\lambda} < 0 \tag{7-6}$$

因此,若以接收到的参考天线辐射场的信号为基准,则接收到的 A_1 天线和 A_2 天线辐射的信号矢量图如图 7.10 所示。

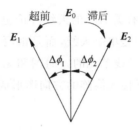

图 7.10 同相二元发射天线阵下接收信号矢量图

这样,对于二单元发射天线阵,接收到的信号等于每个天线辐射信号的矢量和,即

$$\boldsymbol{E} = \boldsymbol{E}_1 + \boldsymbol{E}_2 \tag{7-7}$$

若接收机和天线的距离满足远场条件,则每个天线辐射的电磁波可以看成是平面波,此时图 7.9 变为图 7.11。

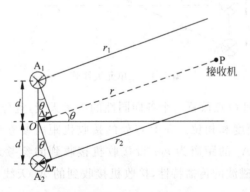

图 7.11 远场条件下二单元天线阵

因此,在远场条件下每个天线单元的辐射场强近似相等,但由于路径差而导致一个相位差,即

$$E_1 = E_0 \frac{r}{r_1} = E_0 \frac{r}{r + (r_1 - r)} = E_0 \frac{r}{r - \Delta r} = E_0 \tag{7-8}$$

$$\Delta\phi_1 = \frac{2\pi\Delta r}{\lambda} = \frac{2\pi d\sin\theta}{\lambda} \tag{7-9}$$

式中,$\Delta r = d\sin\theta$,为天线单元与参考天线之间的路径差。

同理

$$E_2 = E_0 \tag{7-10}$$

$$\Delta\phi_2 = -\frac{2\pi d\sin\theta}{\lambda} = -\Delta\phi_1 \tag{7-11}$$

从而根据图 7.10 和式(7-7)可知,接收到的总信号为

$$E = 2\cos\left(\frac{2\pi d\sin\theta}{\lambda}\right)E_0 \tag{7-12}$$

令

$$F(\theta) = 2\cos\left(\frac{2\pi d\sin\theta}{\lambda}\right) \tag{7-13}$$

式(7-13)是馈入相等幅度和相同相位信号的两个无方向性天线单元的辐射场表达式,也称为二元线阵方向性函数。

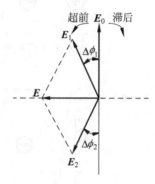

图 7.12 反相二元发射天线阵下接收信号矢量图

如果两个无方向性天线单元反相馈电,接收信号矢量图如图 7.12 所示。根据图 7.12 可知,在远场条件下有

$$E = 2\sin\left(\frac{2\pi d\sin\theta}{\lambda}\right)E_0 \angle \frac{\pi}{2} \tag{7-14}$$

式中,$\angle \frac{\pi}{2}$ 表示合成辐射场信号和参考信号之间相位相差 $\frac{\pi}{2}$,即若参考信号为 $E_0 = E_0\cos(\omega t + \phi_0)$,则

$$E = 2\sin\left(\frac{2\pi d\sin\theta}{\lambda}\right)E_0\sin(\omega t + \phi_0) \tag{7-15}$$

由式(7-14)可知,反相馈电下二元线阵辐射方向图的数学表达式为

$$F(\theta) = 2\sin\left(\frac{2\pi d\sin\theta}{\lambda}\right) \tag{7-16}$$

图 7.13 给出了不同间距下同相二元线阵方向图的极坐标图和笛卡儿坐标图,可以看出,随着阵元间距的增大,方向图栅瓣越多,但对于同相馈电的二元阵都在 0°方向有最大的辐射场。图 7.14 则给出了不同间距下反相二元线阵方向图的极坐标图和笛卡儿坐标图,可以看出,随着阵元间距的增大,方向图栅瓣越多,但对于反相馈电的二元阵都在 0°方向形成零点。

如果两个无方向性天线单元馈电相位相差 α,则接收信号矢量图如图 7.15 所示。

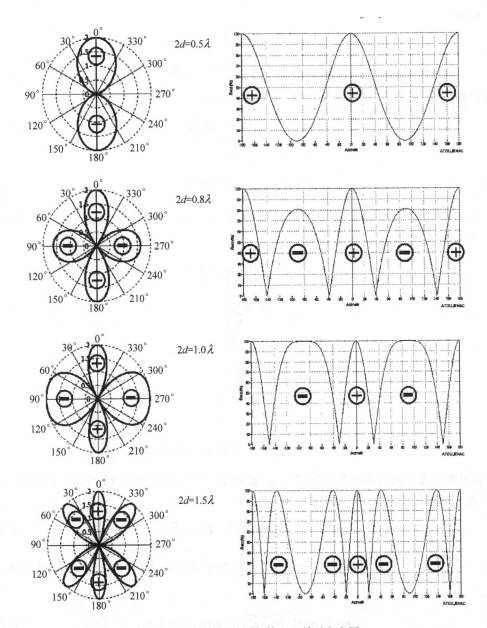

图 7.13 不同间距的同相馈电二单元方向图

根据图 7.15 可知,在远场条件下有

$$\boldsymbol{E} = 2\cos\left(\frac{2\pi d\sin\theta}{\lambda} + \frac{\alpha}{2}\right)\boldsymbol{E}_0 \angle \frac{\alpha}{2} \tag{7-17}$$

从而馈电相位差为 α 的二元线阵辐射方向图的数学表达式为

$$F(\theta) = 2\cos\left(\frac{2\pi d\sin\theta}{\lambda} + \frac{\alpha}{2}\right) \tag{7-18}$$

式(7-18)是任意相位馈电的二单元线性阵方向性函数的一般表达式,若 $\alpha = 0$,则表示同相馈电,可得到式(7-13);若 $\alpha = \pi$,则表示反相馈电,可得到式(7-16)。

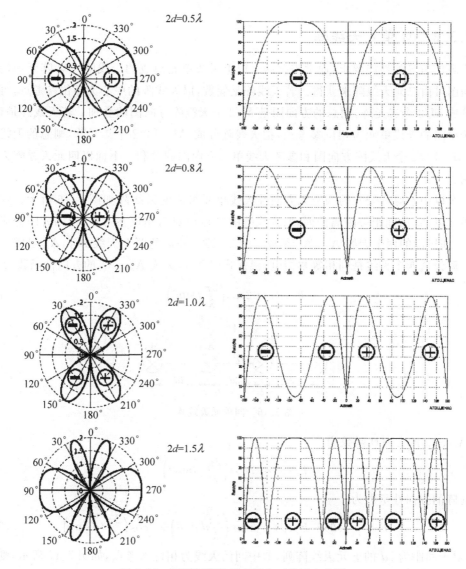

图 7.14 不同间距的反相馈电二单元方向图

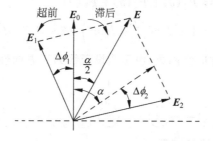

图 7.15 馈电相位差为 α 的二元发射天线阵接收信号矢量图

上述的推导过程我们均假设天线单元为全向的,若天线单元是有方向性的,设每个天线单元的方向性函数均为 $E(\theta)$,则总的方向性函数为

$$G(\theta) = E(\theta) \times F(\theta) \tag{7-19}$$

7.3.2 *M* 单元天线阵

为满足 ILS 的性能要求,通常需要两个以上天线单元组成的天线阵。*M* 阵元均匀线阵的方向图可由二元天线阵来获得。若天线阵是偶数,以天线阵的中心为相位参考点,可把天线阵分成 *M*/2 个二元阵,则总的方向图是 *M*/2 个天线阵方向图的叠加。若天线阵是奇数,以位于中间的天线单元为相位参考点,把天线阵分成 $(M-1)/2$ 个二元阵,则总的天线方向图是 $(M-1)/2$ 个天线阵方向图和参考天线单元方向图的总和。下面以四元天线阵为例具体说明。

一个以中心对称安装的四个无方向性天线单元组成的天线阵如图 7.16 所示。这四个天线单元以 2*d* 的间距等距离排列,取天线阵的中心 *O* 点为相位参考点,把四元阵分成 2 个两元阵,即里面的两个天线 A_{R1}、A_{L1} 组成一个二元阵,外面的两个天线 A_{R2}、A_{L2} 组成一个二元阵。假设这四个天线是同相等幅馈电,根据式(7-13),天线 A_{R1}、A_{L1} 的方向性函数为

$$F_1(\theta) = 2\cos\left(\frac{2\pi}{\lambda}d\sin\theta\right) \tag{7-20}$$

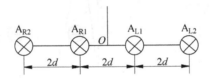

图 7.16 四单元天线阵

天线 A_{R2}、A_{L2} 的方向性函数为

$$F_2(\theta) = 2\cos\left(\frac{2\pi}{\lambda}3d\sin\theta\right) \tag{7-21}$$

则四元阵的方向性函数为

$$F(\theta) = F_1(\theta) + F_2(\theta) = 2\cos\left(\frac{2\pi}{\lambda}d\sin\theta\right) + 2\cos\left(\frac{2\pi}{\lambda}3d\sin\theta\right) \tag{7-22}$$

同理,对于间距为 2*d* 的五元天线阵列,取中间的天线为相位参考点,如图 7.17 所示,则有五元天线阵的方向性函数为

$$\begin{aligned}F(\theta) &= F_0(\theta) + F_1(\theta) + F_2(\theta) \\ &= 1 + 2\cos\left(\frac{2\pi}{\lambda}2d\sin\theta\right) + 2\cos\left(\frac{2\pi}{\lambda}4d\sin\theta\right)\end{aligned} \tag{7-23}$$

式中,$F_0(\theta)$ 是参考天线的方向性函数,由于假设天线为无方向性,则 $F_0(\theta)=1$。

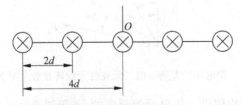

图 7.17 五单元天线阵

7.4 航向信标及其机载接收机

航向信标为进近着陆的飞机提供水平引导,地面航向信标辐射分别由 150 Hz 和 90 Hz 调制的两个调幅信号组成的和信号(CSB 信号)和差信号(SBO 信号),机载接收机通过比较 150 Hz 和 90 Hz 这两个信号的大小,指示飞机飞左和飞右。航向信标的基本结构如图 7.18 所示。

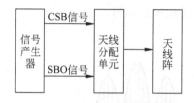

图 7.18 航向信标的基本结构框图

7.4.1 航向信标信号

航向信标通过天线阵向空中辐射 CSB 信号和 SBO 信号。CSB 信号是 150 Hz 和 90 Hz 调制的两个调幅信号的和信号,其表达式为

$$S_{CSB}(t) = E_c(1 + m_{150}\sin5\Omega t + m_{90}\sin3\Omega t)\cos\omega t \tag{7-24}$$

式中,E_c 是载波信号的幅度;Ω 是基准角频率,其线性频率为 30 Hz,从而 5Ω 对应的线性频率为 150 Hz,3Ω 对应的线性频率为 90 Hz;m_{150} 和 m_{90} 是调幅信号的调幅度,它们的标称调幅度为 $m_{150} = m_{90} = 0.2$;ω 是载波频率。

CSB 信号的时域波形如图 7.19 所示;为了分析方便,我们用矢量图来表示航向信号,CSB 信号的矢量图如图 7.20 所示。

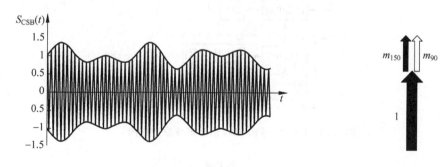

图 7.19 CSB 信号时域波形图   图 7.20 CSB 信号矢量图

SBO 信号是 150 Hz 和 90 Hz 调制的两个调幅信号的差信号,其表达式为

$$S_{SBO}(t) = E_B(\sin5\Omega t - \sin3\Omega t)\cos(\omega t + \phi)$$
$$= kE_c(\sin5\Omega t - \sin3\Omega t)\cos(\omega t + \phi) \tag{7-25}$$

式中,k 是 SBO 信号相对于 CSB 信号的幅度,ϕ 是 SBO 信号相对于 CSB 信号的相位。

SBO 信号的时域波形和矢量图分别如图 7.21 和图 7.22 所示。从图 7.22 可以看出,

SBO 信号无载波,由两个边带信号组成。150Hz 信号和 90Hz 信号反相,ϕ 是 SBO 信号相对于 CSB 信号的相位。

综上所述,CSB 信号和 SBO 信号产生的原理框图如图 7.23 所示。

航向信标采用 M 型等信号测角法为飞机提供水平引导。CSB 信号对所有天线单元同相馈电,以产生最大值沿着跑道中心线的单瓣方向性图;SBO 信号对左、右天线单元反相馈电,以产生零值辐射点指向跑道中心线的两瓣方向性图。在航向信标中,发射机不仅产生 CSB 信号和 SBO 信号,还要生成表示导航台的 Morse 码识别信号。和 VOR 信标相同,ILS 的识别信号仍然是 1020Hz 的键控识别信号。

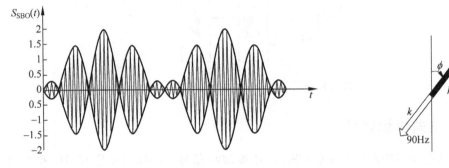

图 7.21　SBO 信号时域波形图　　　　　图 7.22　SBO 信号矢量图

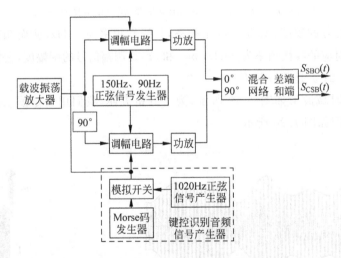

图 7.23　CSB 信号和 SBO 信号形成原理框图

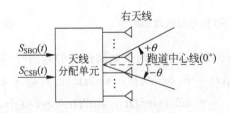

图 7.24　M 型 CSB 信号和 SBO 信号形成原理框图

设航向天线阵对 CSB 信号产生的方向图为 $F_{\text{CSB}}(\theta)$，则从航向信标辐射出去的 CSB 信号为

$$e_{\text{CSB}} = E_c(1 + m_{150}\sin5\Omega t + m_{90}\sin3\Omega t)\cos\omega t \times F_{\text{CSB}}(\theta) \tag{7-26}$$

同理，设航向天线阵对 SBO 信号产生的方向图为 $F_{\text{SBO}}(\theta)$，则从航向信标辐射出去的 SBO 信号为

$$e_{\text{SBO}} = kE_c(\sin5\Omega t - \sin3\Omega t)\cos(\omega t + \phi) \times F_{\text{SBO}}(\theta) \tag{7-27}$$

则总的辐射信号是上述两个信号的和信号，若设 $\phi=0$，有

$$
\begin{aligned}
e_T &= e_{\text{CSB}} + e_{\text{SBO}} \\
&= E_c\left(1 + \frac{m_{150}F_{\text{CSB}}(\theta) + kF_{\text{SBO}}(\theta)}{F_{\text{CSB}}(\theta)}\sin5\Omega t + \frac{m_{90}F_{\text{CSB}}(\theta) - kF_{\text{SBO}}(\theta)}{F_{\text{CSB}}(\theta)}\sin3\Omega t\right)\cos\omega t \times F_{\text{CSB}}(\theta)
\end{aligned}
$$
$$\tag{7-28}$$

可以看出，角度信息蕴含在调幅度当中，从而航向信标产生 M 型测向信号。令

$$M_{150} = \frac{m_{150}F_{\text{CSB}}(\theta) + kF_{\text{SBO}}(\theta)}{F_{\text{CSB}}(\theta)} \tag{7-29}$$

$$M_{90} = \frac{m_{90}F_{\text{CSB}}(\theta) - kF_{\text{SBO}}(\theta)}{F_{\text{CSB}}(\theta)} \tag{7-30}$$

定义 150Hz 和 90Hz 信号调制度差为 DDM，即

$$\text{DDM} = |M_{150}| - |M_{90}| \tag{7-31}$$

150Hz 和 90Hz 调制度和为 SDM，即

$$\text{SDM} = |M_{150}| + |M_{90}| \tag{7-32}$$

航向信标辐射信号及 M_{150}、M_{90} 的方向图示意图如图 7.25 所示，图中的方向图主要是主瓣方向图。机载接收机通过 DDM 来引导飞机飞行，若 DDM＝0，则飞机位于航向面上，此时 $M_{150} = M_{90}$；若 DDM＞0，则飞机位于航向面右边，指示飞机左飞，此时 $M_{150} > M_{90}$；若 DDM＜0，则飞机位于航向面左边，指示飞机右飞，此时 $M_{150} < M_{90}$。

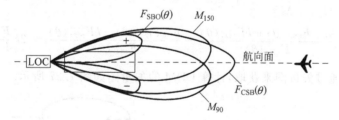

图 7.25 航向天线及 M_{150}、M_{90} 的方向图

根据式（7-30）可知，M_{90} 可正可负，因此可分为两种情况来计算 DDM。

1) 正常工作区（Normal working space）

如果 $m_{90}F_{\text{CSB}}(\theta) > kF_{\text{SBO}}(\theta)$，此时 $|M_{90}| = M_{90}$，$|M_{150}| = M_{150}$，则

$$
\begin{aligned}
\text{DDM} &= M_{150} - M_{90} \\
&= \frac{m_{150}F_{\text{CSB}}(\theta) + kF_{\text{SBO}}(\theta)}{F_{\text{CSB}}(\theta)} - \frac{m_{90}F_{\text{CSB}}(\theta) - kF_{\text{SBO}}(\theta)}{F_{\text{CSB}}(\theta)} \\
&= 2k\frac{F_{\text{SBO}}(\theta)}{F_{\text{CSB}}(\theta)}
\end{aligned}
$$
$$\tag{7-33}$$

$$\begin{aligned} \text{SDM} &= M_{150} + M_{90} \\ &= \frac{m_{150}F_{\text{CSB}}(\theta)+kF_{\text{SBO}}(\theta)}{F_{\text{CSB}}(\theta)} + \frac{m_{90}F_{\text{CSB}}(\theta)-kF_{\text{SBO}}(\theta)}{F_{\text{CSB}}(\theta)} \\ &= m_{150} + m_{90} = 0.4 \end{aligned} \tag{7-34}$$

若 $\phi \neq 0$，则 DDM 可由下式计算

$$\text{DDM} = 2k\frac{F_{\text{SBO}}(\theta)}{F_{\text{CSB}}(\theta)}\cos\phi \tag{7-35}$$

图 7.25 即是在正常工作区域内的航向天线及 M_{150}、M_{90} 的方向图。DDM 也可通过矢量图来获取，计算 DDM 的矢量图如图 7.26 所示。

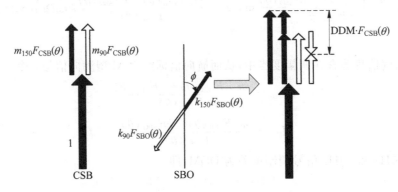

图 7.26　计算 DDM 的矢量图（正常工作区）

2）逆工作区（Inverse working space）

如果 $m_{90}F_{\text{CSB}}(\theta) < kF_{\text{SBO}}(\theta)$，此时 $|M_{90}| = -M_{90}$，$|M_{150}| = M_{150}$，则

$$\begin{aligned} \text{DDM} &= M_{150} + M_{90} \\ &= \frac{m_{150}F_{\text{CSB}}(\theta)+kF_{\text{SBO}}(\theta)}{F_{\text{CSB}}(\theta)} + \frac{m_{90}F_{\text{CSB}}(\theta)-kF_{\text{SBO}}(\theta)}{F_{\text{CSB}}(\theta)} = 0.4 \end{aligned} \tag{7-36}$$

$$\begin{aligned} \text{SDM} &= M_{150} - M_{90} \\ &= \frac{m_{150}F_{\text{CSB}}(\theta)+kF_{\text{SBO}}(\theta)}{F_{\text{CSB}}(\theta)} - \frac{m_{90}F_{\text{CSB}}(\theta)-kF_{\text{SBO}}(\theta)}{F_{\text{CSB}}(\theta)} = 2k\frac{F_{\text{SBO}}(\theta)}{F_{\text{CSB}}(\theta)} \end{aligned} \tag{7-37}$$

此时，DDM 也可通过矢量图来获取，计算 DDM 的矢量图如图 7.27 所示。

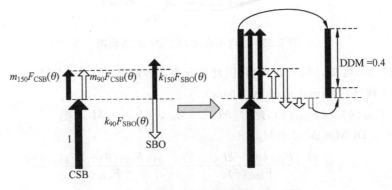

图 7.27　计算 DDM 的矢量图（逆工作区）

　　由上述分析可以看出,在正常工作区内 SDM 恒等于 0.4,*DDM* 取决于辐射 SBO 信号的天线方向图与辐射 CSB 信号的天线方向图的比值。而逆工作区正好相反,DDM 恒等于 0.4。图 7.28 给出了 DDM 和 SDM 随方位角变化的实例。

　　根据式(7-34)、式(7-37)和图 7.28 可知,当 DDM＝SDM 时,正常工作区向逆工作区域变换,此时有

$$\mathrm{DDM} = 2k\frac{F_{\mathrm{SBO}}(\theta)}{F_{\mathrm{CSB}}(\theta)} = 0.4 \tag{7-38}$$

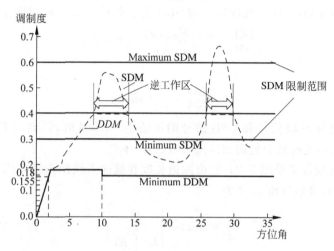

图 7.28　DDM 和 SDM

从而有航向天线阵辐射的 SBO 信号和 CSB 信号的幅度比为

$$\frac{\mathrm{SBO}}{\mathrm{CSB}} = \frac{kF_{\mathrm{SBO}}(\theta)}{F_{\mathrm{CSB}}(\theta)} = \frac{\mathrm{DDM}}{2} = 0.2 \tag{7-39}$$

用分贝(dB)来表示,即

$$\frac{\mathrm{SBO}}{\mathrm{CSB}} = -14\mathrm{dB} \tag{7-40}$$

　　式(7-40)表明当 SBO 信号和 CSB 信号的比值是 −14dB 时,得到的 DDM 值是 0.4 或 40％,此时工作在逆工作区域。

　　附件 10 规定 SDM 的最大值不能超过 60％,因此在逆工作区域,根据式(7-37)有

$$\mathrm{SDM}_{\max} = 2k\frac{F_{\mathrm{SBO}}(\theta)}{F_{\mathrm{CSB}}(\theta)} = 0.6 \tag{7-41}$$

从而有航向天线阵辐射的 SBO 信号和 CSB 信号的幅度比为

$$\frac{\mathrm{SBO}}{\mathrm{CSB}} = \frac{kF_{\mathrm{SBO}}(\theta)}{F_{\mathrm{CSB}}(\theta)} = \frac{\mathrm{SDM}_{\max}}{2} = 0.3 \tag{7-42}$$

用 dB 来表示,即

$$\frac{\mathrm{SBO}}{\mathrm{CSB}} = -10\mathrm{dB} \tag{7-43}$$

　　式(7-43)表明,当 SBO 信号电平比 CSB 信号电平小 10dB 时,DDM＝0.4,SDM＝0.6,此时,若 SBO 信号电平增大,则 SDM 将大于 60％,出现过调现象,超出了 ICAO 的规定。

7.4.2 航道扇区

LOC 为飞机提供水平引导,给出与跑道中心线对准的航向面,所有 DDM＝0 的点确定的平面即为航向面。附件 10 规定 DDM＝±0.155 所对应的区域称为航道扇区。在航道扇区内,机载接收机的偏移指示和 DDM 成线性关系,即

$$\text{DDM} = 2k \frac{F_{\text{SBO}}(\theta)}{F_{\text{CSB}}(\theta)} = 0.155 \tag{7-44}$$

根据式(7-44)可知,航向天线阵辐射的 SBO 信号和 CSB 信号的幅度比为 0.155/2,即

$$\frac{\text{SBO}}{\text{CSB}} = \frac{k \times F_{\text{SBO}}(\theta)}{F_{\text{CSB}}(\theta)} = 0.0775 \tag{7-45}$$

用 dB 来表示,即

$$\frac{\text{SBO}}{\text{CSB}} = -22\text{dB} \tag{7-46}$$

式(7-46)表明当 SBO 信号和 CSB 信号的比值是 −22dB 时,得到的 DDM 值是 0.155 或 15.5% 或 150μA,此时处于航道扇区边界处。

航道扇区的几何定义见图 7.29,它由跑道长度和航向天线距跑道末端的距离决定。根据图 7.29 可得半航道扇区角 $\alpha_s/2$ 为

$$\frac{\alpha_s}{2} = \arctan\left[\frac{\frac{w}{2}}{Ls + RI}\right] \tag{7-47}$$

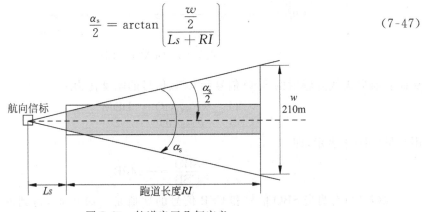

图 7.29 航道扇区几何定义

7.4.3 多径效应

由于机场跑道附近存在如航站楼、塔台、车辆以及飞机等障碍物,机载接收机除收到航向信标辐射的直达信号外,还收到这些障碍物引起的反射信号,如图 7.30 所示,从而使得进近飞机上的 DDM 值出现扰动,我们把这类扰动称为多径引起的 DDM 误差。

为方便讨论多径引起的 DDM 误差,我们假设仅有一条多径信号,即只有一个反射物,如图 7.31 所示。

在图 7.31 中,机载接收机收到的信号包含从航向天线辐射来的直达信号和经障碍物 S 处产生的反射信号。为进一步简化分析,我们做如下若干假设:

(1) 反射信号是全向的;

(2) 航向天线辐射的信号只包含一个调制信号的调幅信号(90Hz 或 150Hz);

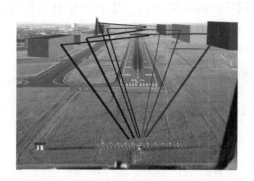

图 7.30 航向信号的多路径传播示意图

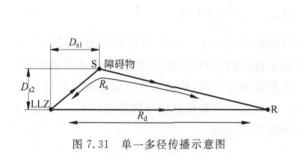

图 7.31 单一多径传播示意图　　　图 7.32 直达信号和反射信号的矢量图

（3）反射信号和直达信号同相位。

则在上述假设条件下，可以分别得到图 7.32 所示的直达信号和反射信号的矢量图，其中 E_{b1}、E_{c1} 分别代表直达信号的边带分量和载波分量，E_{b2}、E_{c2} 分别表示反射信号的边带分量和载波分量。则接收到的总信号的调幅度为

$$m = \frac{E_{b1} + E_{b2}}{E_{c1} + E_{c2}} \tag{7-48}$$

将式（7-48）整理得

$$m = \frac{E_{b1}}{E_{c1} + E_{c2}} + \frac{E_{b2}}{E_{c1} + E_{c2}} = \frac{E_{b1}}{E_{c1}} \cdot \frac{1}{1 + \frac{E_{c2}}{E_{c1}}} + \frac{E_{b2}}{E_{c2}} \cdot \frac{1}{1 + \frac{E_{c1}}{E_{c2}}} \tag{7-49}$$

令 $m_1 = \dfrac{E_{b1}}{E_{c1}}$ 为直达信号的调幅度，$m_2 = \dfrac{E_{b2}}{E_{c2}}$ 为多径信号的调幅度，$R = \dfrac{E_{c2}}{E_{c1}}$ 是多径信号和直达信号的载波电平比，则式（7-49）变为

$$m = m_1 \frac{1}{1+R} + m_2 \cdot \frac{R}{1+R} \tag{7-50}$$

上述推导过程假设只有 1 个调制信号，对于航向信标有 90 Hz 和 150 Hz 两个调制信号，因此可以分别得到有障碍物时的 90 Hz 信号和 150 Hz 信号的调幅度为

$$m_{90} = m_{90-1} \frac{1}{1+R} + m_{90-2} \cdot \frac{R}{1+R} \tag{7-51}$$

$$m_{150} = m_{150-1} \frac{1}{1+R} + m_{150-2} \cdot \frac{R}{1+R} \tag{7-52}$$

式中,m_{90-1}是90Hz直达信号的调幅度,m_{150-1}是150Hz直达信号的调幅度,m_{90-2}是90Hz反射信号的调幅度,m_{150-2}是150Hz反射信号的调幅度。

根据式(7-52)和式(7-51)有

$$\mathrm{DDM} = m_{150} - m_{90}$$

$$= \left[m_{150-1}\frac{1}{1+R} + m_{150-2} \cdot \frac{R}{1+R} \right] - \left[m_{90-1}\frac{1}{1+R} + m_{90-2} \cdot \frac{R}{1+R} \right] \quad (7\text{-}53)$$

整理得

$$\mathrm{DDM} = \frac{1}{1+R}[m_{150-1} - m_{90-1}] + \frac{R}{1+R} \cdot [m_{150-2} - m_{90-2}] \quad (7\text{-}54)$$

式中,$m_{150-1} - m_{90-1}$是直达信号的DDM,设为$\mathrm{DDM}_{\mathrm{direct}}$;$m_{150-2} - m_{90-2}$是反射信号的DDM,设为$\mathrm{DDM}_{\mathrm{object}}$;从而式(7-54)变为

$$\mathrm{DDM} = \frac{1}{1+R}\mathrm{DDM}_{\mathrm{direct}} + \frac{R}{1+R}\mathrm{DDM}_{\mathrm{object}} \quad (7\text{-}55)$$

根据式(7-55)可以看出,由于多径效应,DDM出现误差。上述分析我们假设直达信号和反射信号同相,实际上,飞机是运动的,因而对直达信号和反射信号均会产生多普勒频率。由于直达信号和反射信号路径不同,因而多普勒频率也不同,从而在直达信号和反射信号之间产生相位差。并且随着飞机飞向跑道中心线,直达信号和反射信号的路径也不同,因而二者之间的相位差是变化的,其相位变化曲线如图7.33所示。

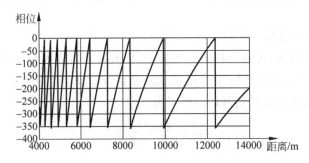

图7.33 反射引起的相位变化曲线

从图7.33可以看出,当飞机越接近跑道时,相位变化越快。考虑到直达信号和反射信号之间的相位关系,式(7-55)变为

$$\mathrm{DDM} = \frac{1}{1+R\cos\phi}\mathrm{DDM}_{\mathrm{direct}} + \frac{R\cos\phi}{1+R\cos\phi}\mathrm{DDM}_{\mathrm{object}} \quad (7\text{-}56)$$

根据图7.33所示的相位变化关系并联合式(7-56),我们可以给出图7.34所示的DDM曲线。

从图7.34可以看出,DDM曲线的变化是恒定包络的,这是因为我们假设反射信号是全向的。实际中,由于障碍物和航向天线阵的作用,反射信号是有方向的,因而此时DDM曲线不再具有恒定包络,将偏差曲线称为Scalloping,如图7.35所示,其中横坐标表示接收机的距离信息,纵坐标表示DDM值。

当反射信号和直达信号同相时,DDM误差最大,即式(7-56)变为式(7-55)。当飞机位于跑道中心线上(航向面)时,$\mathrm{DDM}_{\mathrm{direct}} = 0$,式(7-55)变为

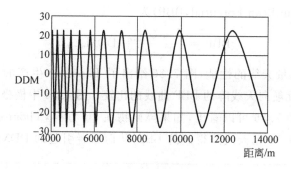

图 7.34　DDM 偏差曲线

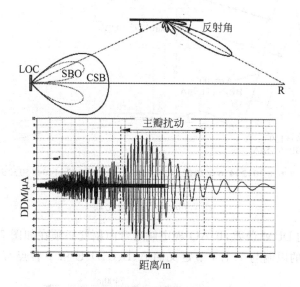

图 7.35　实际的 DDM 偏差曲线

$$\mathrm{DDM} = \frac{R}{1+R}\mathrm{DDM}_{\mathrm{object}} \tag{7-57}$$

R 定义为多径信号和直达信号载波电平比,因而有

$$R = \rho \frac{F_{\mathrm{CSB}}(\alpha_{\mathrm{object}})}{F_{\mathrm{CSB}}(0)} \tag{7-58}$$

其中,ρ 是反射因子。通常 $R \ll 1$,因此有

$$\mathrm{DDM} = R \times \mathrm{DDM}_{\mathrm{object}} \tag{7-59}$$

将式(7-58)代入式(7-59)有

$$\mathrm{DDM} = \rho \frac{F_{\mathrm{CSB}}(\alpha_{\mathrm{object}})}{F_{\mathrm{CSB}}(0)}\mathrm{DDM}_{\mathrm{object}} \tag{7-60}$$

定义式(7-60)的 DDM 为 DDM 弯曲幅度(Bend Amplitude)即

$$\mathrm{Bend\ Amplitude} = \rho \frac{F_{\mathrm{CSB}}(\alpha_{\mathrm{object}})}{F_{\mathrm{CSB}}(0)}\mathrm{DDM}_{\mathrm{object}} \tag{7-61}$$

由于反射因子和 CSB 信号的方向图也相关,因此弯曲幅度主要由 CSB 信号的方向图所决定。为了更充分地说明 CSB 信号方向图对弯曲幅度的影响,我们令 $\rho=1$,定义新的参

数波束弯曲能力（Beam Bean Potential，BBP）为

$$BBP = \frac{F_{CSB}(\alpha_{object})}{F_{CSB}(0)}DDM_{object} \qquad (7\text{-}62)$$

根据该值可以衡量天线的性能，图 7.36 给出了 Thomson 生产的 13 元航向天线阵和 Normarc 生产的 12 元航向天线阵的 BBP 曲线的比较。图 7.36 中横坐标表示方位角，纵坐标表示 BBP 值。从图 7.36 可以看出，如果障碍物在 10°方向，Thomson 13 元天线阵得到的 BBP 大于 Normarc 12 元天线阵得到的 BBP，从而后者引起的 DDM 偏差要小于前者。

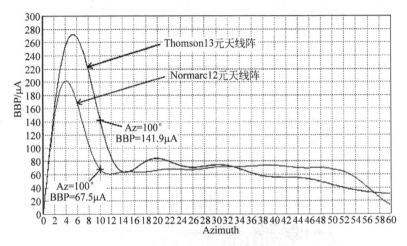

图 7.36　BBP 曲线比较

对于多径引起的 DDM 误差，ICAO 规定航道弯曲幅度必须在如图 7.37 所示的限制内。可以看出，弯曲幅度的限制与 7.1.4 节定义的 A、B、C、D、E 和 T 各点有关。

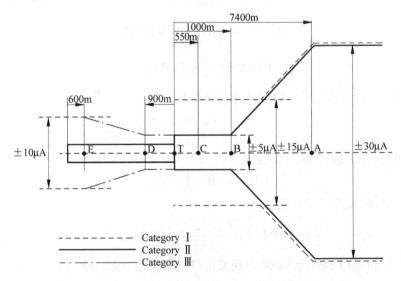

图 7.37　ICAO 规定的 DDM 弯曲界限

7.4.4 双频航向信标

为了减少反射信号引起的航道弯曲,通常需要采取较多的天线单元,以使 CSB 信号方向性函数获得较窄的波瓣宽度,因而可能减小式(7-62)中 $F_{\text{CSB}}(\alpha_{\text{object}})$ 的值。然而,较窄的波瓣将使能量集中在跑道中心线前方一个有限的范围,从而造成航道宽度过窄,在飞机未找到航道之前,缺乏相应的指引信号。另外,尽管航道信号几乎全部集中在天线正前方一小段范围内,但仍有小部分旁瓣信号,在飞机离跑道过近和极低能见度时仍有可能收到假航道信息,这是非常危险的,所以这些旁瓣信号必须要一个相应的信号来覆盖它,并可以指引飞机返回正常航道。因此就需要额外提供一个信号,这个信号称为余隙信号(Clearance)。此时,信标将辐射两类信号,这样的信标就称为双频航向系统。

目前,各公司均研制出双频航向系统,双频航向系统辐射两个频率 4 个信号,分别是航向信号(航向 CSB 和航向 SBO)和余隙信号(余隙 CSB 和余隙 SBO),ICAO 对这两个信号的频差作了规定,即

$$5\text{kHz} < 2\Delta f < 14\text{kHz} \tag{7-63}$$

ICAO 虽然对频差作了规定,但没有具体规定航向信号和余隙信号的频率,一般以 $f - \Delta f$ 来辐射航道信号,以 $f + \Delta f$ 来辐射余隙信号。为减弱障碍物的影响,航向信号波束较窄。为增大覆盖范围,余隙信号波束较宽。航向信号和余隙信号的方向图如图 7.38 所示。

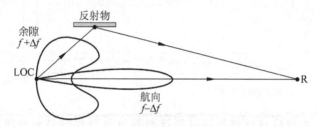

图 7.38 航向 CSB 信号和余隙 CSB 信号辐射方向图

由于双频系统辐射两个频率的信号,当机载接收机接收到两个不同的信号时,较强信号将首先被解调,弱信号的解调将被忽略,这就是捕获效应。此时,这两个信号必须满足以下两个条件:

(1) 强度相差 10dB 以上;

(2) 频率不同,但两者的频差要落在接收机的带宽之内。

根据捕获效应,采用双频航向系统后,DDM 值变为

$$\text{DDM} = \left(1 - \frac{R^2}{2}\right)\text{DDM}_{\text{Strong}} + \frac{R^2}{2}\text{DDM}_{\text{weak}} \tag{7-64}$$

式中,$\text{DDM}_{\text{Strong}}$ 表示强信号的 DDM,DDM_{weak} 表示弱信号的 DDM,R 是弱信号和强信号的幅度比,即

$$R = \rho \frac{F_{\text{CLR}}(\alpha_{\text{object}})}{F_{\text{CRS}}(0)} \tag{7-65}$$

其中,$F_{\text{CRS}}(\theta)$ 是航向 CSB 信号的方向图,$F_{\text{CLR}}(\theta)$ 是余隙 CSB 信号的方向图。

当飞机处于航向面上时,航向 CSB 信号强,因此,$\text{DDM}_{\text{Strong}} = 0$,式(7-65)变为

$$\mathrm{DDM} = \frac{R^2}{2}\mathrm{DDM_{weak}} \tag{7-66}$$

比较式(7-66)和式(7-59)可知,由于 $R \ll 1$,因此双频系统的 DDM 偏差要小于单频系统,将式(7-65)代入式(7-66)得

$$\mathrm{DDM} = \frac{\rho^2}{2}\left(\frac{F_{\mathrm{CLR}}\left(\alpha_{\mathrm{object}}\right)}{F_{\mathrm{CRS}}\left(0\right)}\right)^2 \mathrm{DDM_{weak}} \tag{7-67}$$

此时有

$$\mathrm{BBP} = \frac{1}{2}\left(\frac{F_{\mathrm{CLR}}\left(\alpha_{\mathrm{object}}\right)}{F_{\mathrm{CRS}}\left(0\right)}\right)^2 \mathrm{DDM_{weak}} \tag{7-68}$$

图 7.39 给出了单频和双频系统 BBP 的比较,可以看出,双频系统获得的 BBP 小于单频系统。

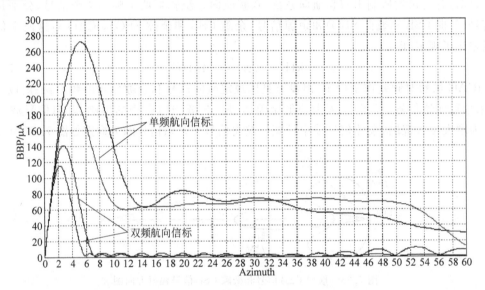

图 7.39　单频系统和双频系统的 BBP 比较图

7.4.5　近场效应

前面我们均假设飞机处于远场,每个航向天线辐射信号的传播路径是平面波。当飞机飞近航向天线时,远场假设不再适用,必须考虑近场的影响。飞机处于近场时,信号传播路径示意图如图 7.40 所示,其中虚线表示左、右天线实际的近场传播路径,实线是远场假设下的传播路径。

从图 7.40 可以看出,对同一辐射天线,远、近场传播路径存在路径差(如图 7.40 箭头所指),从而引入额外的滞后相位,该相位差可由式(7-69)计算出,即

$$\phi = -\frac{\pi d^2}{\lambda r}\cos^2\left(\theta\right) \tag{7-69}$$

式中,r 表示飞机到航向信标的距离,d 表示阵元间距的一半。

图 7.41 给出了远、近场条件下两个天线接收信号的合成矢量图。可以看出,当飞机靠近跑道中心线时,接收到的信号和远场假设下的信号存在相位差。

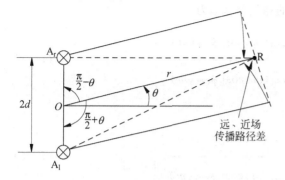
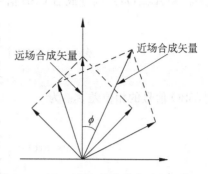

图 7.40　近场传播路径示意图　　　图 7.41　远、近场条件接收信号矢量合成图

由式(7-69)可以看出，近场效应引起的相位差和天线间的距离成正比。航向天线阵一般由多个天线组成，由于每对天线的间距不同，因此每对天线引起的相位差不同，且间距较大的天线对引起的相位差较大，因此在近场条件下，总的相位差是所有天线对引起的相位差的矢量和。这一规则对 CSB 和 SBO 信号是同样适用的。近场条件下对 CSB 信号引起的相位差如图 7.42 所示，图 7.42(b)中实心箭头表示的是 6 对天线单元合成后的 CSB 信号的相位差。由于最外部天线对 SBO 信号的馈电幅度较大，因此矢量合成后 SBO 信号的相位差要大于 CSB 信号，从而导致 CSB 信号和 SBO 信号存在相位差，如图 7.43 所示。

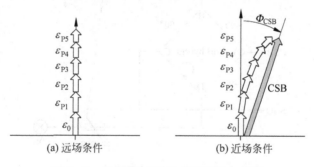

图 7.42　远、近场条件下 CSB 信号矢量图

设该相位差为 $\Delta\phi$。因此 DDM 值变为

$$\mathrm{DDM} = 2k\frac{F_{\mathrm{SBO}}(\theta)}{F_{\mathrm{CSB}}(\theta)}\cos\Delta\phi \qquad (7\text{-}70)$$

如前所述，由于 CSB 信号和 SBO 信号之间存在相位差，当接收机离航向信标越近时，航道扇区将变宽，因此需要进行相位补偿。在实际调试中，对 SBO 信号插入 $-90°$ 相移，调节 ADU 单元相移器，使 DDM 为零，则完成了相位补偿。为了更好地调节相移器，可以先估计出 CSB 信号和 SBO 信号相位差，具体估计方法如下：

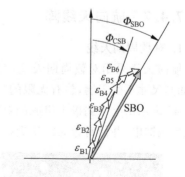

图 7.43　近场条件下 SBO 信号的影响

(1) 根据接收机的位置，利用式(7-70)分别计算出第 m 对天线单元引起的 CSB 信号和 SBO 信号的相位差 $\phi_{\mathrm{CSB}}(m)$ 和 $\phi_{\mathrm{SBO}}(m)$；

(2) 进行矢量合成。设第 m 对天线单元对 CSB 信号和 SBO 信号的馈电幅度分别为

$A_{CSB}(m)$ 和 $A_{SBO}(m)$,则合成后 CSB 信号总的相位差 ϕ_{CSB} 为

$$\phi_{CSB} = \arctan\left[\frac{\sum_{m=1}^{M} A_{CSB}(m)\sin\left[\phi_{CSB}(m)\right]}{\sum_{m=1}^{M} A_{CSB}(m)\cos\left[\phi_{CSB}(m)\right]}\right] \tag{7-71}$$

同理,SBO 信号的相位差 ϕ_{SBO} 为

$$\phi_{SBO} = \arctan\left[\frac{\sum_{m=1}^{M} A_{SBO}(m)\sin\left[\phi_{SBO}(m)\right]}{\sum_{m=1}^{M} A_{SBO}(m)\cos\left[\phi_{SBO}(m)\right]}\right] \tag{7-72}$$

(3) 利用步骤(2)的计算结果即可估算出相位差 $\Delta\phi$ 。

7.4.6　天线分配单元

为使航向面上 CSB 信号最强,需对航向信标左右天线同相馈电;为使航向面上 SBO 信号为零,需对左右天线反相馈电。天线分配单元用来实现此功能,同时对近场的相位影响进行补偿。天线分配单元的原理图如图 7.44 所示。

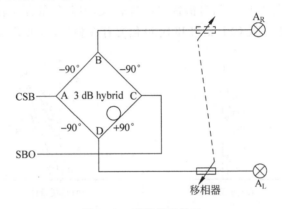

图 7.44　天线分配单元

7.4.7　航向天线阵

1. 对数周期天线

航向天线采用对数周期天线,对数天线属于具有宽带特性的天线,这类天线在理论上讲,如其尺寸不受限制,将有无限的带宽,对数周期指的是天线特性以频率对数为周期变化,图 7.45 表示由七个偶极子组成的对数周期天线,偶极子长度和间距可调,且相邻的偶极子彼此反相馈电,并使对数天线从尖端馈电。

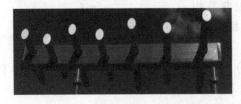

图 7.45　对数周期天线的结构图

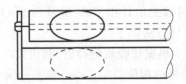

图 7.46　对数周期天线的馈点结构

对数天线的阻抗由馈线的阻抗和偶极子的厚度确定,对数天线的阻抗通常设计为 50Ω。为了抵消馈电部分的电容效应,在这里插入了一个装在印刷电路板上的小线圈,图 7.46 所示为馈电处的结构。

由于馈线在末端是短路的,几乎馈到线上的全部功率都被辐射,所以馈线末端的信号电平很低,短路线的位置对对数天线的设计有一定的影响。

图 7.47 给出航向对数天线的水平和垂直辐射方向性图,图 7.48 给出航向对数天线单元典型的阻抗特性。

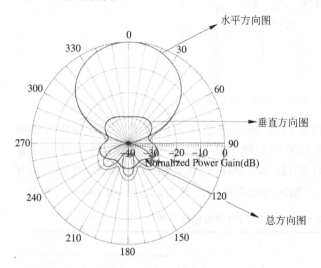

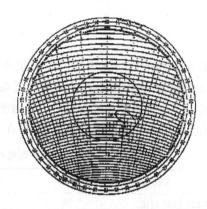

图 7.47　航向对数天线的水平和垂直辐射方向性图　　　　图 7.48　航向对数天线单元典型的阻抗特性

2. 单频航向天线系统

航向天线系统根据各机场不同的地势可以选择 6、12、24 单元的天线阵,其中,6 单元的天线系统只有单频系统,12 单元的天线系统有单频或双频系统(含余隙信号)两种类型,24 单元的天线系统必须是双频系统。

每个天线单元的馈电和间隔的选择,最好是使 SBO 信号的辐射方向性图,在大反射物常在水平角度处有最小值或零辐射,CSB 信号的辐射方向图在水平面内从跑道中心线到 $\pm 25°$ 的扇区内,产生要求的 DDM 空间分布和场密度(功率密度)。

天线分配网络馈给每个天线单元适当的幅度和相位的 CSB 和 SBO 信号,航道扇区的宽度通过改变馈给天线分配单元(ADU)的 SBO 信号幅度来调节,航道位置能通过加在天线分配单元输出和某一天线之间的相位调节器来调节,下面以 6 单元单频航向天线系统为例进行说明。

6 单元单频航向天线阵由六个对数周期偶极子天线组成,安装如图 7.49 所示,图中也给出了每个天线到跑道中心的距离。

表 7.5 表示分配给各天线的 CSB 和 SBO 信号幅度和相位的实例,每个天线的间隔和信号幅度是由计算机做出的最佳选择,使航道两侧 $\pm 10°$ 到 $\pm 20°$ 多数主要反射物存在的临界扇区内有较低密度的辐射场。

天线阵辐射场是每对天线单元辐射场的总和,三对天线单元的 CSB 和 SBO 信号的辐射场如图 7.50 所示,天线阵的合成辐射场如图 7.51 所示。从图 7.51 可以看出,对数天线

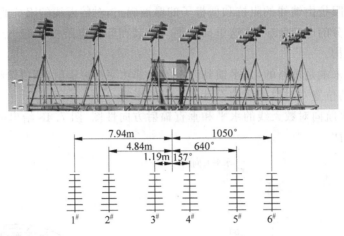

图 7.49　6 单元航向天线系统

在 ±10° 扇区内对合成场的影响很小,但大约在 30° 以外急剧地削弱了。CSB 的辐射场在 42.5° 处有一个零值,在此角度有无限的 DDM 值,机上接收机对这个信号产生一个航道显示和一个旗预警。旗预警由一个过低的 90 Hz 和 150 Hz 调制度和 SDM 给出,驾驶员在有旗预警时不能使用引导信息,即使在 ±35° 扇区外也不能用。图 7.52 是远场 DDM 合成图。

表 7.5　分配给各天线的 CSB 和 SBO 信号幅度和相位

天线号	1#	2#	3#	4#	5#	6#
CSB 相对幅度	20	50	100	100	50	20
CSB 相位	0°	0°	0°	0°	0°	0°
90 Hz SB 相对幅度	8.70	8.70	16.37	16.37	8.70	8.70
90 Hz SB 相位	90°	90°	90°	−90°	−90°	−90°
150 Hz SB 相对幅度	8.70	8.70	16.37	16.37	8.70	8.70
150 Hz SB 相位	−90°	−90°	−90°	90°	90°	90°

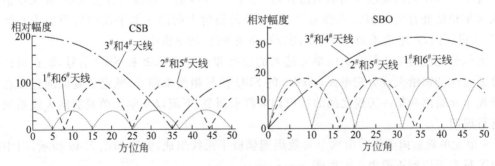

图 7.50　三对天线单元的辐射场

3. 双频航向天线系统

12 单元双频航向天线阵由 12 个对数周期偶极子天线组成,安装如图 7.53 所示。表 7.6 给出了分配给各天线的航道和余隙 CSB 和 SBO 信号的幅度和相位的一个具体实例,每个天线到跑道中心的距离也给出了。

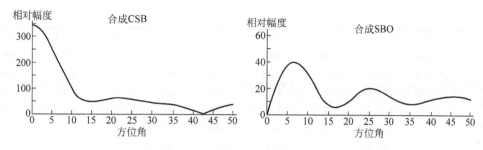

图 7.51 6 单元天线阵的辐射场

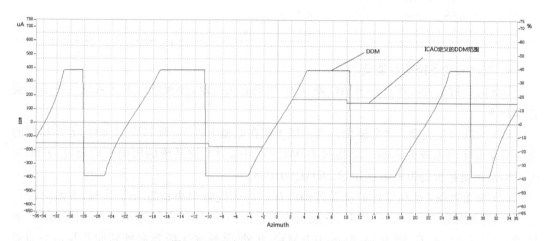

图 7.52 远场 DDM 曲线(6 单元天线阵)

图 7.53 12 单元航向天线阵

表 7.6 各天线的航道和余隙 CSB 和 SBO 信号的幅度和相位

Elem. no	Dist. From CL(m)	Course CSB Ampl.	Course CSB Phase	Course SBO ampl	Course SBO Phase	CLR CSB Ampl.	CLR CSB Phase	CLR SBO ampl	CLR SBO Phase
1	−11.22	11.7	0	4.9	−90				
2	−9.18	23.4	0	8.1	−90				
3	−7.14	46.5	0	12.5	−90	20	180		
4	−5.10	69.0	0	13.2	−90	10	180		
5	−3.06	88.1	0	10.1	−90	50	180	11	−90

续表

Elem. no	Dist. From CL(m)	Course CSB Ampl.	Course CSB Phase	Course SBO ampl	Course SBO Phase	CLR CSB Ampl.	CLR CSB Phase	CLR SBO ampl	CLR SBO Phase
6	−1.02	100.0	0	3.8	−90	100	0	27	−90
7	1.02	100.0	0	3.8	90	100	0	27	90
8	3.06	88.1	0	10.1	90	50	180	11	90
9	5.10	69.0	0	13.2	90	10	180		
10	7.14	46.5	0	12.5	90	20	180		
11	9.18	23.4	0	8.1	90				
12	11.22	11.7	0	4.9	90				

4. 航向天线系统的性能要求

ILS 的辐射信号必须符合 ICAO 附件 10 中的有关规定,涉及航向天线系统的技术性能要求如下。

(1) 天线极化类型:水平极化。当一架飞机在航道上以 20°倾斜姿态飞行,天线辐射的垂直分量对 I 类系统的影响不应超过 $DDM>0.016$,对 II 类系统的影响不应超过 $DDM>0.008$,对 III 类系统的影响不应超过 $DDM>0.005$。

(2) 覆盖范围:航向信标的覆盖范围应从航向天线阵中央位置开始算起,在航向线左右±10°范围内为 46.3km(25NM),在航向线左右±10°~±35°之间为 31.5km(17NM)。如提供±35°以外的覆盖,则为 18.5km(10NM)。此外,从航向天线阵向外延伸并与地平面成 7°俯仰角的平面内,必须能接收到信号,如图 7.54 所示。在图中给出的覆盖范围内信号场强不能小于 $40\mu V/m$(−114dBW/m),这是使航向信标能够正常工作所要求的最低场强。对于 II 类设施运行,在 ILS 下滑道上和航道扇区内,最低场强在 18.5km(10NM)不得低于 $100\mu V/m$(或−106dBW/m),在跑道入口 15m 的高度上不得低于 $200\mu V/m$(或−100dBW/m)。

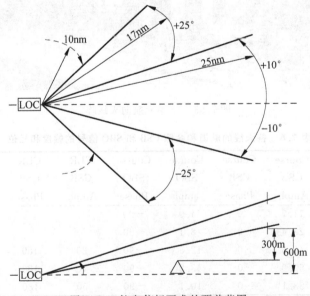

图 7.54　航向信标要求的覆盖范围

（3）航道校直及门限：航道在 ILS 参考数据点要调整，并保持在距跑道中心线±10.5m（I类）或±7.5m（II、III类）范围内。

（4）位移灵敏度：在半航道扇区宽度内为 $0.00145DDM/m$，容限要调节并保持在±17％内。

（5）余隙：从 $DDM=0.18$ 的角度到偏离航道±10°的范围内，DDM 不应小于 0.18，从±10°到±35°的范围内，DDM 不应小于 0.155。

（6）航道结构：航道线弯曲不能超过下列 DDM 值（95％概率），如表 7.7 和图 7.55 所示。

表 7.7 各类别仪表着陆系统航道结构要求

区 域	I 类设备	II 类设备	III 类设备
覆盖区边缘至 A 点	0.031		
A 点至 B 点	从 0.031 线性降到 0.015	从 0.031 线性降到 0.005	
B 点至 C 点	0.015	0.005	
B 点至基准数据点	—	0.005	
B 点至 D 点	—	—	0.005
D 点至 E 点	—	—	线性增至 0.01

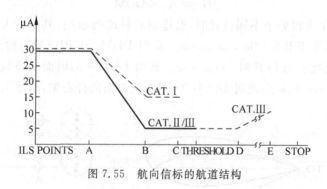

图 7.55 航向信标的航道结构

7.4.8 航向信标机载接收机

机载接收机对接收到的航向信号进行解调，计算 DDM 值，根据 DDM 值为飞机提供水平引导，若 DDM=0，则飞机位于航向面上；若 DDM＞0，指示飞机左飞；若 DDM＜0，指示飞机右飞。飞行员可通过 ND 显示器上航向偏离杆的指示情况操纵飞机飞行。机载 LOC 接收机的原理框图如图 7.56 所示。

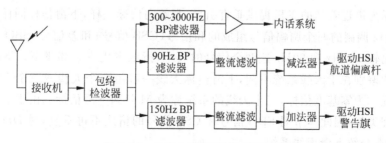

图 7.56 机载 LOC 接收机原理框图

图 7.56 中,接收机首先对接收信号下变频到中频再进行解调处理,由于航向信标辐射信号是调幅信号,因此利用包络检波即可进行解调。检波后的信号包括 90 Hz 信号、150 Hz 信号和识别信号,即

$$s(t) = V_0(1 + m_{150}\sin(5\Omega t) + m_{90}\sin(3\Omega t) + m_g g(t)) \tag{7-73}$$

式中,$g(t)$ 表示识别信号,m_g 是相应的调幅度。

由于这三个信号频率不同,因此可通过滤波器滤除这三个信号。利用 300～3000 Hz 的滤波器可以滤除识别信号,由于识别信号与水平引导无关,我们不详细说明。利用 90 Hz 滤波器可以获得 90 Hz 的信号,即

$$s_1(t) = V_1 m_{90}\sin(3\Omega t) \tag{7-74}$$

检波后的信号经过 150 Hz 滤波器可以得到

$$s_2(t) = V_2 m_{150}\sin(5\Omega t) \tag{7-75}$$

当获得这两个信号以后,就可以通过比较这两个信号的大小来引导飞机水平飞行了。90 Hz 和 150 Hz 信号的幅度可通过整流滤波电路来实现,将整流滤波后的两个信号送入减法器,即可获得 DDM 值;将整流滤波后的两个信号送入加法器即可获得 SDM 值;其中,减法器电路的输出信号用来控制航道偏离杆的偏离,在航道扇区内,航道偏离杆的偏离和 DDM 成正比,即

$$\Delta G_l = K_l \times DDM \tag{7-76}$$

图 7.57 给出了飞机处于不同位置时,航道偏离杆的指示图,其中的方向图是主瓣方向图示意图。当飞机处于 B 位置时,$m_{150} > m_{90}$,此时 DDM>0,因而航道偏离杆左偏,指示飞机向左飞。当飞机处于 A 位置时,$m_{150} = m_{90}$,此时 DDM=0,因而航道偏离杆不偏。当飞机处于 C 位置时,$m_{150} < m_{90}$,此时 DDM<0,因而航道偏离杆右偏,指示飞机向右飞。

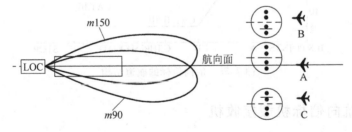

图 7.57　航向偏离指示

7.5　下滑信标及其机载接收机

下滑信标为进近着陆的飞机提供垂直引导,和航向信标一样,下滑信标同样辐射分别由 150 Hz 和 90 Hz 调制的两个调幅信号组成的和信号(CSB 信号)和差信号(SBO 信号),机载接收机通过比较 150 Hz 和 90 Hz 这两个信号的大小,指示飞机飞上和飞下。下滑信标和航向信标主要的差别在于天线系统不同,下滑信标天线一般由两个天线或三个天线构成。两个天线的系统称为零基准信标,三个天线的系统称为 M 阵列下滑信标。由于下滑信标和航向信标的原理类似,因此本节对 SBO 信号和 CSB 信号的格式不再重复,对 DDM 的定义也不再阐述,重点介绍下滑天线系统。

7.5.1 下滑信标天线方向性图的形成

下滑信标提供垂直引导，需产生垂直方向图。设在水平地面上放置一个天线，天线距水平地面的高度为 h，接收到的信号由直达信号和地面反射信号组成，如图7.58所示。

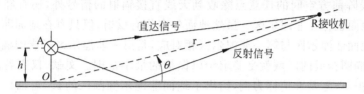

图7.58 下滑系统信号传播示意图

图7.58中，O 点是参考点，俯仰角为 θ。下滑信标工作在 UHF 频段，在此频段上，对于水平极化天线来说，水平地面的反射系数 ρ 近似为 -1，因此可认为反射信号和直达信号幅度相同，但相位相反。从而，从接收机的角度来看，反射信号是从位于水平面下的天线 A 的镜像天线 A′ 辐射出来的信号（见图7.59），这就是所谓的镜像原理。

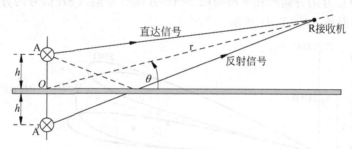

图7.59 天线传播镜像原理

根据镜像原理，接收机接收到的信号可以看成是 A—A′ 二元天线辐射信号的合成信号，由于虚拟天线 A′ 是反相馈电的（$\rho = -1$）。因此根据7.3.1节给出的等幅反相馈电的二元天线的方向图可得单个天线的下滑信标天线方向图为

$$F(\theta) = 2\sin\left(\frac{2\pi}{\lambda}h\sin(\theta)\right) \tag{7-77}$$

若地面不是水平的，如图7.60所示，则天线方向图为

$$F(\theta) = 2\sin\left(\frac{2\pi}{\lambda}h\sin(\theta - \text{FSL})\right) \tag{7-78}$$

其中，FSL 表示实际平面与水平面的斜坡角度。

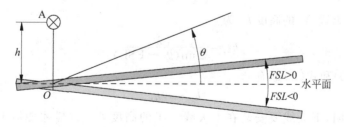

图7.60 非水平地面示意图

需注意的是,下滑信标台天线安装在离地一定高度的支架上,根据无线电波传播原理,在发射点和接收点之间存在菲涅尔区,凡是在菲涅尔区范围内的障碍物、地面都对电波传播有影响。菲涅尔区有无数多个,通常一般考虑第一菲涅尔区,只要保证第一菲涅尔区的一半不被地形地物遮挡,就能得到自由空间传播的场强。此外,由于下滑信标基于镜像天线原理,因此在天线阵前方空间的任意点除收到天线直接辐射的信号外,还有经地面反射的信号,这样反射地面也存在菲涅尔区。虽然地面各点均有反射,但只有在地面菲涅尔区反射才起主要作用,地面菲涅尔区与第一菲涅尔区相对应,是第一菲涅尔区形成的椭球区与地面相交的椭圆。该椭圆构成的区域就是要求予以保护的最小范围。文献《仪表着陆系统下滑信标台的场地保护》以零基准信标为例,给出了地面菲涅尔椭圆区的长、短轴计算公式。一般说来,下滑角越低、天线越高、飞机距离越远,区域范围就越大。

7.5.2 零基准下滑信标

1. 零基准信标基本原理

零基准下滑信标天线系统由上、下两个天线组成,上天线辐射 SBO 信号,下天线辐射 CSB 信号。SBO 信号的方向图在下滑角($2°\sim4°$)方向有零陷,CSB 信号的方向图在下滑角方向有最大的辐射场,如图 7.61 所示。

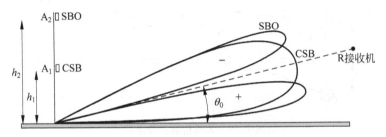

图 7.61 零基准下滑信标天线辐射场示意图

下天线 A_1 辐射 CSB 信号,在下滑角 θ_0 处有最大的辐射场,即

$$F_{A1}(\theta) = 2\sin\left(\frac{2\pi}{\lambda}h_1\sin(\theta_0 - \text{FSL})\right) = 2 \tag{7-79}$$

从而根据式(7-79),可以求得下天线 A_1 的高度 h_1 为

$$h_1 = \frac{\lambda}{4\sin(\theta_0 - \text{FSL})} \tag{7-80}$$

同样地,根据上天线 A_2 辐射 SBO 信号,在下滑角 θ_0 处有零陷,有

$$F_{A2}(\theta) = 2\sin\left(\frac{2\pi}{\lambda}h_2\sin(\theta_0 - \text{FSL})\right) = 0 \tag{7-81}$$

从而可以求得上天线 A_2 的高度 h_2 为

$$h_2 = \frac{\lambda}{2\sin(\theta_0 - \text{FSL})} \tag{7-82}$$

比较式(7-80)和式(7-82)有

$$h_2 = 2h_1 \tag{7-83}$$

式(7-83)表明,下天线要安装在上天线一半的高度处。这样才能沿下滑角产生一个 SBO 信号的零值的同时得到最大的 CSB 信号。将计算出的天线高度分别代入 CSB 信号和 SBO 信号辐射方向图中,有

$$F_{A1}(\theta) = 2\sin\left(\frac{\pi}{2}\frac{\sin(\theta-\text{FSL})}{\sin(\theta_0-\text{FSL})}\right) \tag{7-84}$$

$$F_{A2}(\theta) = 2\sin\left(\pi\frac{\sin(\theta-\text{FSL})}{\sin(\theta_0-\text{FSL})}\right) \tag{7-85}$$

图 7.62 给出了 CSB 信号和 SBO 信号辐射方向图。

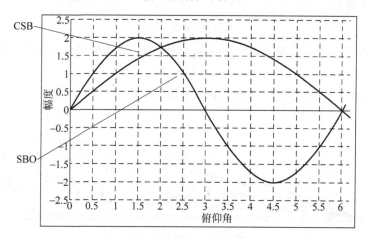

图 7.62 SBO 信号和 CSB 信号辐射方向图

从图 7.62 可以看出,在下滑角 $\theta_0 = 3°$ 方向 SBO 信号为 0,CSB 信号辐射方向图最大。将式(7-84)和式(7-85)带入式(7-33)有

$$\text{DDM} = 2k\frac{F_{\text{SBO}}(\theta)}{F_{\text{CSB}}(\theta)} = 2k\frac{F_{A2}(\theta)}{F_{A1}(\theta)} = 2k\frac{\sin\left(\pi\dfrac{\sin(\theta-\text{FSL})}{\sin(\theta_0-\text{FSL})}\right)}{\sin\left(\dfrac{\pi}{2}\dfrac{\sin(\theta-\text{FSL})}{\sin(\theta_0-\text{FSL})}\right)} \tag{7-86}$$

进一步化简得

$$DDM = 4k\cos\left(\frac{\pi}{2}\frac{\sin(\theta-\text{FSL})}{\sin(\theta_0-\text{FSL})}\right) \tag{7-87}$$

当 $\theta < 6°$ 时,式(7-87)可近似为

$$DDM \approx 4k\cos\left(\frac{\pi}{2}\frac{\theta-\text{FSL}}{\theta_0-\text{FSL}}\right) \tag{7-88}$$

机载接收机通过 DDM 来引导飞机飞行。若 DDM=0,则飞机位于下滑面上,此时 $M_{150}=M_{90}$;若 DDM>0,则飞机位于下滑面下面,指示飞机上飞,此时 $M_{150}>M_{90}$;若 DDM<0,则飞机位于下滑面上面,指示飞机下飞,此时 $M_{150}<M_{90}$。下滑信标辐射信号及 M_{150}、M_{90} 的方向图如图 7.63 所示。

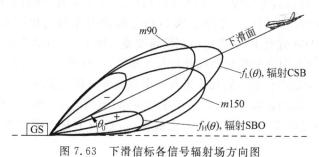

图 7.63 下滑信标各信号辐射场方向图

2. 下滑道扇区

下滑信标为飞机提供垂直引导,给出与跑道中心线对准的下滑面,所有 DDM＝0 的点确定的平面即为下滑面。附件 10 规定 DDM＝±0.175/150μA 所对应的区域为下滑道扇区,在该扇区内,机载接收机的偏移指示和 DDM 成线性关系。ICAO 规定半道扇区 $\theta=0.88\theta_0$ 处 DDM 值为

$$DDM = 0.0875 \tag{7-89}$$

将式(7-88)带入式(7-89)中并令 $FSL=0$,可得到 SBO 信号相对于 CSB 信号的幅度为

$$k = 11.67\% \tag{7-90}$$

图 7.64 给出了 ICAO 附件 10 规定的下滑扇区。

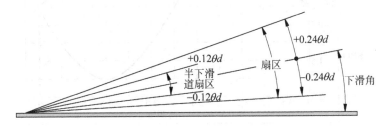

图 7.64 下滑扇区定义

3. 近场效应

和航向信标一样,下滑信标也受近场效应的影响,当飞机接近跑道中心线时,和远场假设相比同样存在相位滞后,即

$$\phi = -\frac{\pi h^2}{\lambda r}\cos^2(\theta) \tag{7-91}$$

对下滑信标来说,通常 $\theta<6°$,因此式(7-91)近似变为

$$\phi = -\frac{\pi h^2}{\lambda r} \tag{7-92}$$

由于每个天线的高度不同,因此近场效应引起的相位滞后会在上、下天线之间产生相位差,即

$$\Delta\phi_{A2/A1} = -\frac{\pi}{\lambda r}(h_2^2 - h_1^2) \tag{7-93}$$

将式(7-83)给出的天线安装的高度关系带入式(7-93),有

$$\Delta\phi_{A2/A1} = -3\frac{\pi h_1^2}{\lambda r} \tag{7-94}$$

对于零基准下滑信标,上天线 A_2 辐射 SBO 信号,下天线 A_1 辐射 CSB 信号,因此近场效应引起的上、下天线之间的相位差即是 SBO 信号和 CSB 信号的相位差。因此,随着飞机飞近跑道中心线,DDM 值变小,下滑扇区宽度将变宽。图 7.65 和图 7.66 分别给出了远、近场条件下下滑扇区随着距离的变化曲线及信号矢量图,比较图 7.65 和图 7.66 可以看出,由于近场效应,DDM 的轨迹在最后的几十米有一个双曲弯曲甚至上翘。

为了补偿近场效应的影响,天线单元要进行偏移,如图 7.67 所示,其中 D 是下滑信标安装点距跑道中心线的距离。当天线单元偏移后,近场下接收机接收信号的示意图如图 7.68 所示。

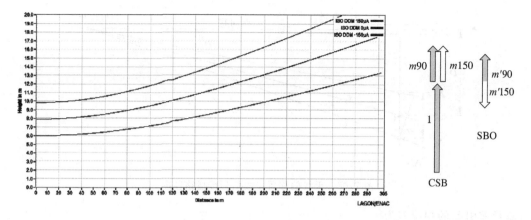

图 7.65 远场下下滑扇区及矢量图

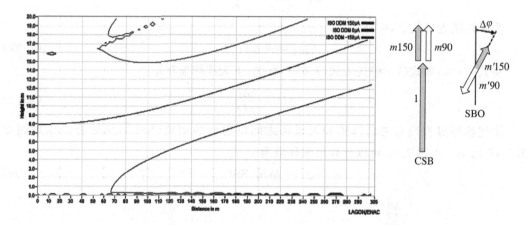

图 7.66 近场下下滑扇区及矢量图

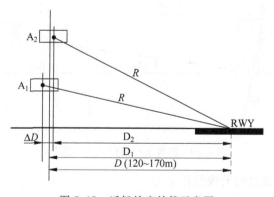

图 7.67 近场效应补偿示意图

图 7.68 中天线和跑道的示意图是图 7.67 的俯视图,上天线 A_2 到接收机的距离是 r_2,下天线 A_1 到接收机的距离是 r_1,根据图 7.68 有路径差为

$$r_2 - r_1 = \Delta D \cdot \sin\alpha = \frac{\Delta D \times D}{r} \qquad (7\text{-}95)$$

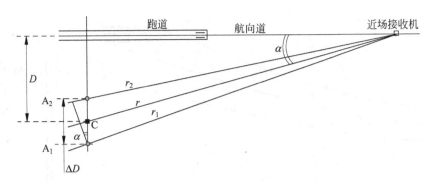

图 7.68　天线偏移后接收信号传播路径图

该路径差引起的相位差为

$$\Delta\phi_1 = \frac{2\pi}{\lambda}\frac{\Delta D \times D}{r} \tag{7-96}$$

为了补偿近场效应,应有

$$\Delta\phi_1 = -\Delta\phi_{A2/A1} \tag{7-97}$$

将式(7-94)和式(7-96)代入式(7-97),有上、下天线间偏移量

$$\Delta D = \frac{3h_1^2}{2D} \tag{7-98}$$

上述推导过程没有考虑跑道和天线塔之间反射面的侧坡(SSL),侧坡补偿原理图如图 7.69 所示。由图 7.69 可以计算出偏移量为

$$\Delta l = h\sin(\text{SSL}) \tag{7-99}$$

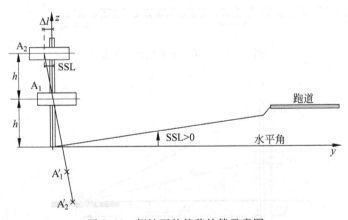

图 7.69　侧坡下的偏移补偿示意图

若考虑该侧坡影响,则最终的天线偏移量为

$$\Delta D = \frac{3h_1^2}{2D} - h\sin(\text{SSL}) \tag{7-100}$$

和侧坡影响一样,正坡同样会引起天线之间的相位差,因此必须进行补偿,正坡影响及补偿原理图如图 7.70 所示。从图 7.70 可知,偏移量

$$\Delta l = h\sin(\text{FSL}) \tag{7-101}$$

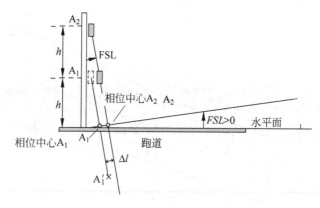

图 7.70 正坡下的偏移补偿示意图

4. DDM 误差

和航向信标一样，当有反射物时，下滑信标的 DDM 也会出现误差。由于下滑信标依赖于地面反射，因此这里主要考虑在下滑信标前面出现障碍物的情况，如图 7.71 所示。

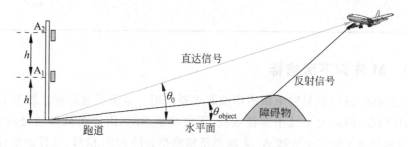

图 7.71 多径反射传播示意图

由于下滑信标 SBO 信号在下滑角 θ_0 处为零，因此即使反射信号中 SBO 信号很小，该信号对 DDM 的扰动也很大。下滑信标 CSB 信号在下滑角 θ_0 处最大，因此反射信号中 CSB 信号对 DDM 的扰动很小。

由于直达信号和反射信号的传播路径不同，反射信号 SBO 和直达信号之间存在相位差，从而也会引起 DDM 扰动。这种扰动主要是由于反射 SBO 信号引起的，当反射 SBO 信号和直射 CSB 信号同相时，DDM 最大。定义该误差为 DDM 弯曲幅度，其值为

$$BA = \frac{2kF_{A2}(\theta_{object})}{F_{A1}(\theta_0)}\rho \qquad (7\text{-}102)$$

式中，ρ 表示反射系数，$\rho k F_{A2}(\theta_{object})$ 表示反射的 SBO 信号。

ICAO 规定了下滑道弯曲的幅度限制，如图 7.72 所示。令 $\rho=1$，有波束弯曲能力 BBP 为

$$BBP = \frac{2kF_{A2}(\theta_{object})}{F_{A1}(\theta_0)} \qquad (7\text{-}103)$$

零基准信标得到的弯曲有时不能满足 ICAO 的规定，因此目前常用的下滑信标是 M 阵列下滑信标。

5. 天线馈电

零基准信标包含两个天线，上天线辐射 SBO 信号，下天线辐射 CSB 信号，各天线馈电的幅度和相位如表 7.8 所示。

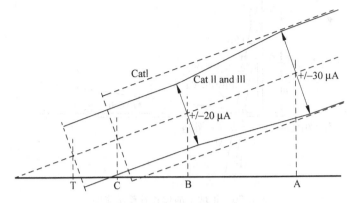

图 7.72　ICAO 对弯曲的规定

表 7.8　零基准信标馈电表

天线单元	CSB(幅度和相位)	SBO(幅度和相位)
A_2		$k\,\vert\,0°$
A_1	10°	

7.5.3　M 阵列下滑信标

如前所述可知,SBO 信号对下滑道弯曲起主要作用。由于下滑信标主要考虑低仰角下的下滑道弯曲情况,因此为了减小多径效应,需要降低 SBO 信号在低仰角处的辐射电平。为此,下滑信标增加了第三个天线 A_3 来减小低俯仰角处的 SBO 信号,这样的信标我们称之为 M 阵列下滑信标,目前,我国民航下滑天线均采用 M 阵列下滑信标。在 M 阵列下滑信标中,天线 A_3 的高度是天线 A_1 的 3 倍,天线 A_3 形成的方向性函数为

$$F_{A3}(\theta) = 2\sin\left(\frac{3\pi}{2}\frac{\sin(\theta - \mathrm{FSL})}{\sin(\theta_0 - \mathrm{FSL})}\right) \tag{7-104}$$

令 FSL＝0,可以获得如图 7.73 所示的各天线方向图。

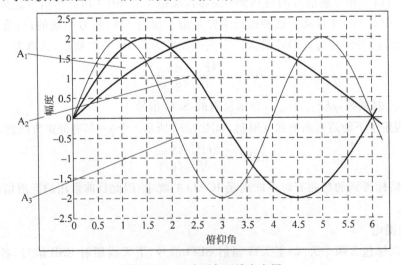

图 7.73　M 阵列各天线方向图

和零基准信标不同,在 M 阵列中,天线 A_1 辐射 SBO 信号,天线 A_2 和 A_3 也辐射 SBO 信号,但和天线 A_2 相位相反,且馈电幅度只有天线 A_2 的一半,因此 SBO 信号的辐射场方向性函数为

$$F_{SBO}(\theta) = -\frac{1}{2}F_{A1}(\theta) + F_{A2}(\theta) - \frac{1}{2}F_{A3}(\theta) \tag{7-105}$$

图 7.74 给出了 SBO 信号辐射场方向图,可以看出,合成后的 SBO 信号仍然在下滑角处为零。比较图 7.62 和图 7.74 可以看出,和零基准下滑信标相比,M 阵列信标辐射的 SBO 信号在低俯仰角处有较低的辐射电平,从而可以减小障碍物反射的影响。

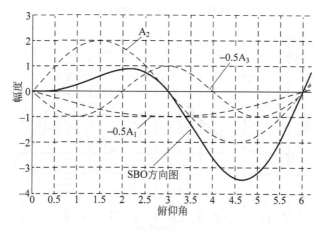

图 7.74　SBO 信号辐射场方向图

在 M 阵列信标中,除天线 A_1 辐射 CSB 信号外,天线 A_2 也辐射 CSB 信号,但和天线 A_1 相位相反,且馈电幅度只有天线 A_1 的一半,因此有 CSB 信号的辐射场方向性函数为

$$F_{CSB}(\theta) = F_{A1}(\theta) - \frac{1}{2}F_{A2}(\theta) \tag{7-106}$$

根据式(7-105)和式(7-106)有

$$DDM = 2k\frac{F_{SBO}(\theta)}{F_{CSB}(\theta)} = \frac{-\frac{1}{2}F_{A1}(\theta) + F_{A2}(\theta) - \frac{1}{2}F_{A3}(\theta)}{F_{A1}(\theta) - \frac{1}{2}F_{A2}(\theta)} \times 2k \tag{7-107}$$

将式(7-84)、式(7-85)和式(7-104)代入式(7-107)中,并令 $\varphi_\theta = \frac{\pi}{2}\frac{\sin(\theta - FSL)}{\sin(\theta_0 - FSL)}$,有

$$
\begin{aligned}
DDM &= 2k\frac{-\sin\varphi_\theta + 2\sin2\varphi_\theta - \sin3\varphi_\theta}{2\sin\varphi_\theta - \sin2\varphi_\theta} \\
&= 2k\frac{-\sin\varphi_\theta + 4\sin\varphi_\theta\cos\varphi_\theta - \sin\varphi_\theta[4\cos^2\varphi_\theta - 1]}{2\sin\varphi_\theta - 2\sin\varphi_\theta\cos\varphi_\theta} \\
&= 4k\cos\varphi_\theta = 4k\cos\frac{\pi}{2}\frac{\sin\theta - FSL}{\sin\theta_0 - FSL}
\end{aligned}
\tag{7-108}
$$

令 FSL=0,有

$$DDM = 4k\cos\left(\frac{\pi}{2}\frac{\sin\theta}{\sin\theta_0}\right) \tag{7-109}$$

当 $\theta < 6°$（低仰角）时,式(7-109)可以近一步简化为

$$DDM \approx 4k\cos\left(\frac{\pi}{2}\,\frac{\theta}{\theta_0}\right) \tag{7-110}$$

和零基准信标一样,当 $\theta = 0.88\theta_0$, $DDM = 0.0875$ 时, $k = 11.67\% = 100\mu\text{A}$。

图 7.75 给出了 CSB 信号辐射场方向图,可以看出,合成后的 CSB 信号在下滑角以下的仰角处辐射场较低,难以满足 ICAO 规定的覆盖区场强要求。为了克服这个问题,M 阵列下滑信标以新的频率辐射余隙信号,故把 M 阵列下滑信标称为 M 阵列双频下滑信标。ICAO 对这两个信号的频差作了规定,即

$$4\text{kHz} < 2\Delta f < 32\text{kHz} \tag{7-111}$$

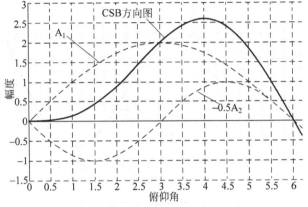

图 7.75　CSB 信号辐射场方向图

ICAO 虽然对频差作了规定,但没有具体规定航道信号(Course)和余隙信号(Clearance)的频率。一般以 $f - \Delta f$ 来辐射余隙信号,以 $f + \Delta f$ 来辐射下滑信号。和航向信标一样,双频下滑信标的 DDM 值为

$$DDM = \left(1 - \frac{R^2}{2}\right)DDM_{\text{Strong}} + \frac{R^2}{2}DDM_{\text{weak}} \tag{7-112}$$

需注意的是,下滑信标辐射的余隙信号仅包含 CSB 信号,主要是因为余隙信号仅改善低俯仰角处 CSB 信号的覆盖范围,因此只需辐射余隙 CSB 信号,称为 CLR 信号。M 阵列双频下滑信标采用 A_1 天线辐射 CLR 信号,同时用 A_3 天线辐射 CLR 信号,且相位和馈电幅度均相同。从而可得 CLR 信号辐射场的方向性函数为

$$F_{\text{CLR}}(\theta) = F_{A1}(\theta) + F_{A3}(\theta) \tag{7-113}$$

图 7.76 给出了 CLR 信号辐射场方向图,可以看出,合成后的 CLR 信号在下滑角以下的俯仰角处辐射场较低具有较强的辐射信号。图 7.77 给出了 CSB 信号和 CLR 信号辐射场方向图,可以看出,在低俯仰角处,CLR 信号优于 CSB 信号,此时要求 DDM 大于 $190\mu\text{A}$。而在下滑角之上,CSB 信号占优。

综上所述,M 阵列双频下滑信标各天线馈电信号、幅度和相位如表 7.9 所示,其中 $k = 11.76\%$, m 是 CLR 信号相对于 CSB 信号的幅度,根据 ICAO 规定, $\theta = 0.76\theta_0$ 和 $\theta = 0.3\theta_0$ 处,CLR 信号和 CSB 信号的幅度比相同,则 $m = 0.2 = -14\text{dB}$。

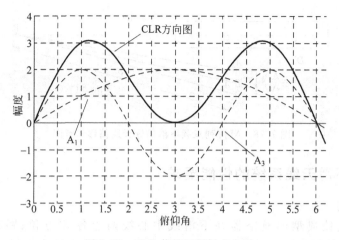

图 7.76 CLR 信号辐射场方向图

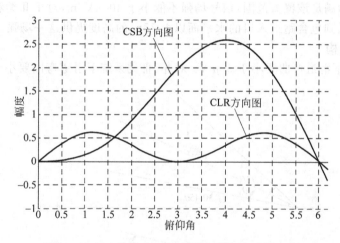

图 7.77 CSB 信号和 CLR 信号辐射场方向图比较

表 7.9 M 阵列双频下滑信标馈电表

天线单元	CSB	SBO	CLR
A_3		$0.5k/180°$	$m/0°$
A_2	$0.5/180°$	$k/0°$	
A_1	$1/0°$	$0.5k/180°$	$m/0°$

　　和零基准信标一样,为了补偿近场效应引起的接近着陆点的下滑道弯曲,M 阵列双频下滑系统天线单元也要进行偏移,天线的偏移以天线 A_2 为基准。天线单元偏移示意图如图 7.78 所示。

　　和零基准下滑信标计算方法相同,我们有

$$\Delta D_1 = -\frac{3h_1^2}{2D} \tag{7-114}$$

$$\Delta D_3 = \frac{5h_1^2}{2D} \tag{7-115}$$

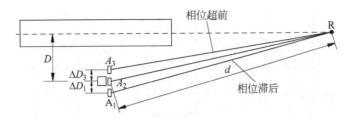

图 7.78 M 阵列双频下滑信标天线偏移示意图

7.5.4 下滑天线系统的性能要求

1. 覆盖范围

下滑信标应使典型的航空器在下滑线中心线两边各 8°方位、距离至少 18.5km（10NM），上至水平面 $1.75\theta_0$、下至水平面以上 $0.45\theta_0$ 的扇区内正常工作（θ_0 为下滑角），如图 7.79 所示。为满足该覆盖范围，信号场强不能小于 $400\mu\text{V/m}$，对于Ⅱ类和Ⅲ类设施性能的下滑台，应在低到包含跑道入口的水平面以上 15m 的高度提供这一场强。

2. 下滑道结构

对Ⅰ类系统下滑道弯曲要小于 $30\mu\text{A}$。对Ⅱ、Ⅲ类系统下滑道弯曲要小于 $20\mu\text{A}$。

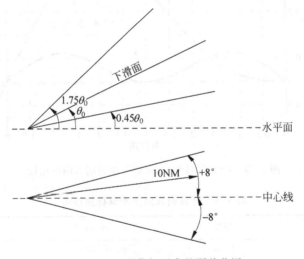

图 7.79 下滑信标要求的覆盖范围

3. 位移灵敏度

在 $\pm0.12\theta_0$ 处，$DDM=0.0875=75\mu\text{A}$，其容限对Ⅰ类系统为 $0.07\theta_0\sim0.14\theta_0$，对Ⅱ、Ⅲ类为 $0.1\theta_0\sim0.14\theta_0$。

4. 下滑角

下滑角 θ_0 的精度要求，对Ⅰ、Ⅱ类系统须保持在 $\theta_0\pm0.075\theta_0$ 范围内，对Ⅲ类系统须保持在 $\theta_0\pm0.04\theta_0$ 范围内。

5. 下滑台天线纵向距离

下滑天线纵向距离应符合附件 10 中 3.1.5.1.4 条所提出的有关基准数据点在跑道入口上空高度的建议，下滑台天线纵向距离是基准数据点在跑道入口上空的高度，下滑台反射面在跑道中心线上的投影的函数，如图 7.80 所示。图中直线 OP 表示下滑台反射面和沿跑道中心线垂直的平面的交线，O 点是下滑台纵向距离的起始点，该点与反射面的高度和方位有关，可以在跑道平面的上面，也可以位于跑道平面的下面。下滑天线纵向距离为

$$D = \frac{H + Y}{\tan\theta_0 + \tan\alpha} \tag{7-116}$$

式中，D 表示下滑台天线纵向距离，也是直线 OP 的水平距离，H 是基准数据点在跑道入口上空的标称高度，Y 是跑道入口相对于 P' 的垂直高度，θ_0 是标称的下滑角，α 是下滑台反射面的纵向下坡。

式(7-116)中，如果从天线向跑道入口处是下坡，则 α 为正值；如果跑道入口高于反射面截线，Y 取正值。

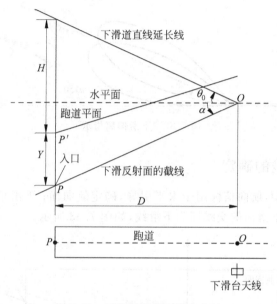

图 7.80 坡度跑道的下滑台台址

7.5.5 下滑信标机载接收机

下滑系统机载接收机和航向系统机载接收机的原理一样，只是无导航台识别码处理单元，如图 7.81 所示。

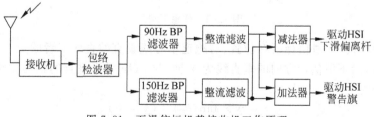

图 7.81 下滑信标机载接收机工作原理

和航向系统一样，飞机天线接收的信号被转换成中频并检波，检波的输出是一个包含 90Hz 和 150Hz 两个引导音频的低频带通信号。这两个引导音频被分别滤波并检波成直流，它们的电平差为 DDM，该值可以给出飞机与下滑面的偏差，这个信息由 HSI 的指针位置给出。它们的电平和为 SDM，该值给出"旗电流"，一个太低的 SDM 表示有故障，并在十

字指示器上出现一个红旗,一个太低的信号输入电平也将引起一个"旗预警"。

在下滑道扇区内,下滑偏离杆的偏离和 DDM 成正比,即

$$\Delta G_1 = K_1 \times DDM \tag{7-117}$$

图 7.82 给出了飞机处于不同位置时,航道偏离杆的指示图,图中的方向图均指主瓣方向图示意图。当飞机处于 B 位置时,$m_{150} < m_{90}$,此时 DDM$<$0,因而下滑偏离杆下偏,指示飞机向下飞。当飞机处于 A 位置时,$m_{150} = m_{90}$,此时 DDM$=$0,因而下滑偏离杆不偏。当飞机处于 C 位置时,$m_{150} > m_{90}$,此时 DDM$>$0,因而下滑偏离杆上偏,指示飞机向上飞。

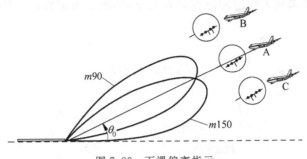

图 7.82　下滑偏离指示

7.5.6　下滑线的确定

在仪表着陆系统中,航向信标用于水平引导,确定航向面;下滑信标用于垂直引导,确定下滑面。航向面和下滑面的交线即为下滑线,如图 7.83 所示。

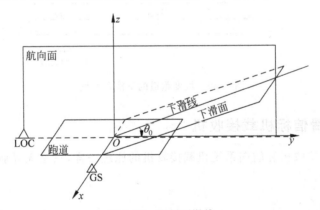

图 7.83　理想下滑线

设跑道中心线、下滑信标所在位置、与跑道中心线垂直的直线三者的交点为 O 点,跑道中心线为 y 轴,沿下滑信标方向的垂直线为 x 轴,与 xOy 平面垂直的轴为 z 轴。因此可得到下滑线方程为

$$z = y \times \tan(\theta_0) \quad (y \geqslant 0) \tag{7-118}$$

由图 7.83 可以看出,由式(7-118)确定的下滑线正是飞机进近着陆所需要的下滑线,即理想下滑线。然而,在确定下滑线的过程中,下滑面的形成是以 O 点为参考的,即假设下滑信标安装在 O 点。然而,实际上下滑信标不可能被安装在跑道上,而是安装在跑道侧面,因此实际获得的下滑面应以下滑信标为参考点,而不是如图 7.83 那样以 O 点参考点。考虑实际情况,以下滑信标安装位置为下滑面形成的参考,将得到如图 7.84 所示的下滑面。

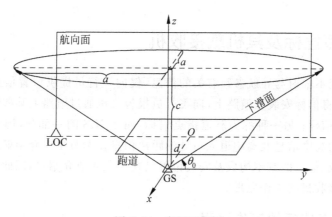

图 7.84　实际下滑面

由图 7.84 所示，实际的下滑面是圆锥面的前半部分，该圆锥面的方程为

$$\frac{x^2}{a^2} + \frac{y^2}{a^2} - \frac{z^2}{c^2} = 0 \qquad (7\text{-}119)$$

由于

$$c = a\tan\theta_0 \approx a\theta_0 \qquad (7\text{-}120)$$

因此式(7-119)变为

$$\frac{x^2}{a^2} + \frac{y^2}{a^2} - \frac{z^2}{a^2\theta_0^2} = 0 \qquad (7\text{-}121)$$

而航向面方程为

$$x = -d \qquad (7\text{-}122)$$

则实际下滑线方程为

$$\begin{cases} \dfrac{z^2}{d^2\theta_0^2} - \dfrac{y^2}{d^2} = 1 \\ x = -d \end{cases} \qquad (7\text{-}123)$$

图 7.85 给出了实际下滑线(Y 轴正半轴区域部分)和理想下滑线的比较，可以看出，在Ⅱ类决断高度处以上，实际下滑线和理想下滑线重合得很好，而在以下区域，实际下滑线偏离理想下滑线。因此，一般而言，ILS 只能提供Ⅱ类着陆，在台站环境良好的情况下，ILS 可以提供ⅢA 类着陆。

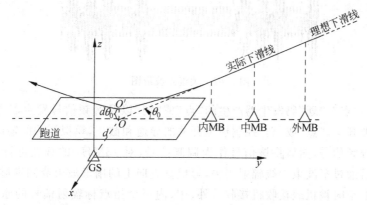

图 7.85　实际下滑线和理想下滑线

7.6 指点信标及其机载接收机

指点信标系统不辐射与导航参数有关的信息,仅向飞行员提供位置信息。一般包含两大类信标,一种是将信标安装在航路上,向飞行员报告飞机通过航路上某些特定点的位置信息,称为航路指点信标;另一种称为航道指点信标,属于 ILS 的一部分,用来给飞行员提供决断信息和飞机的高度信息及离跑道入口处的距离信息。本节主要介绍航道指点信标。航道指点信标的组成、信号的基本构成及安装位置已在 7.1.4 节介绍过,因此本节重点介绍指点信标及其机载接收机的工作原理。

7.6.1 指点信标的工作过程

如 7.1.4 节所述,ILS 的外、中、内三个指点标的载波均为 75MHz,在指点标发射"点""划"码期间,"点"或"划"控制相应的音频,键控的音频再对 75MHz 载波调幅;而在不发射"点"或"划"时,指点标便辐射等幅的载波。图 7.86 和图 7.87 分别给出了指点信标辐射信号产生原理框图及相应点信号的时域波形。

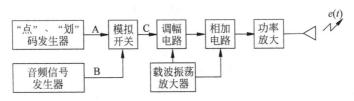

图 7.86 指点信标信号产生原理框图

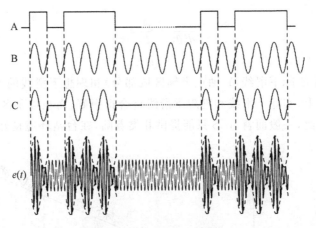

图 7.87 关键点波形图

图 7.86 中,"点"、"划"码发生器产生的"点"或"划"以及音频信号发生器产生的连续音频信号送到模拟开关,"点"或"划"控制模拟开关的导通和截止,模拟开关的输出便是受"点"或"划"控制的音频信号,然后将该信号作为调制信号,对 75MHz 的载波进行调幅,该调幅波经功率放大后通过窄波束天线辐射出去,形成垂直向上的扇形波束或倒锥形波束,以便飞机飞越指点标上空时被机载接收机接收。外、中、内三个指点标辐射信号的原理相同,差别

仅在音频信号的频率和"点"、"划"码不同。表 7.10 给出了这三个指点标对应的音频频率和"点"、"划"码。

表 7.10　指点标对应的音频频率和"点"、"划"码

指点信标	音频频率	"点"、"划"码
外指点信标	400Hz±2.5%	每秒两"划"
中指点信标	1300Hz±2.5%	每 2/3 秒一个"点"和"划"
内指点信标	3000Hz±2.5%	每秒 6 个"点"

7.6.2　指点信标机载接收机

图 7.88 给出了指点信标机载接收机的工作框图。

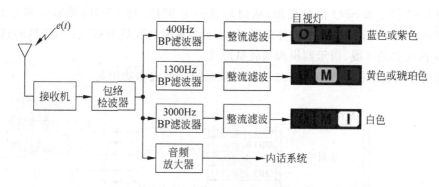

图 7.88　指点信标机载接收机

当飞机飞到指点标上空时,接收机首先将天线接收到的信号变到中频,再经过包络检波器输出音频信号,然后再经过带通滤波器进行分离。滤波后的信号经整流滤波后变成直流,驱动相应目视灯发光;同时,音频信号也送入内话系统供驾驶员监听。这样,当飞机飞到不同指点标上空时,驾驶员就会看到不同颜色的灯在闪烁,并且听到不同频率的音频信号,从而提醒驾驶员做好继续下滑或复飞的决断。例如,当收到外指点标信号时,"400Hz 带通滤波器"输出 400Hz 的音频,驾驶员便听到该音频,同时蓝色或紫色的灯闪烁,表示已截获下滑道。

7.7　ILS NORMARC 7000B 信标

NORMARC 7000B 系列仪表着陆系统是挪威 NORMARC 公司生产的第四代 ILS 信标,其性能指标符合国际民航组织附件 10 的各项指标要求。该系统采用先进的电子元件及微处理器,使得整套系统集成化程度高,并具有计算机远程控制维护和监控的优点。中国民航自 1996 年开始引进 NORMARC 7000A 系列设备,由于其性能稳定可靠,于 2005 年又继续引进 NORMARC 7000B 系列设备,目前已成为我国民航重要的 ILS 信标之一。

7.7.1　NM7000B 信标系统概述

一套完整的仪表着陆系统由航向信标系统、下滑信标系统和指点信标系统组成,其作用

是向正在着陆的飞机提供水平、垂直及距离引导信息,使飞机能够安全可靠地降落在跑道上。NORMARC 7000B 系列信标可根据机场附近障碍物或其他限制因素,通过灵活配置,满足不同性能指标要求,具体配置分为:单频航向信标系统、单频下滑信标系统、双频航向信标系统、双频下滑信标系统。7.7.2 节将以一般配置形式对其工作过程进行阐述。

1. 航向信标系统

NM7000B ILS 的航向信标系统(LLZ)工作频率为 VHF 频段的 108.1～111.95MHz,频道间隔为 0.05MHz,只用以 MHz 为单位的小数点后第一位为奇数的那些频率点,因此航向频道只有 40 个。

航向信标系统的功能是为飞机提供与跑道中心线对准的航向面,为在空间场中构建航向面,系统需辐射 CSB 信号和 SBO 信号,其中 CSB 为 90Hz 信号、150Hz 信号和 1020Hz 识别信号对 108～112MHz 载波进行调制的调幅信号,SBO 则为抑制载波的纯边带信号。在空间场中 CSB 信号和 SBO 信号叠加,从而形成一个 90Hz 和 150Hz 调制度相等的平面。当飞机偏到平面左侧即 90Hz 占优势的区域,指示器提醒驾驶员要右飞;当飞机偏到平面右侧 150Hz 占优势的区域,指示器提醒驾驶员左飞。

航向信标系统结构框图如图 7.89 所示,该系统的组成和功用是:

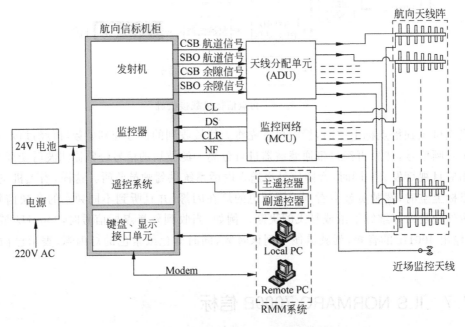

图 7.89　航向信标系统结构框图

(1) 航向信标机柜:航向信标系统的核心,由发射机、监控器等组成。

(2) 航向天线系统:天线系统将发射机生成的 CSB、SBO 和 1020Hz 识别信号的射频信号以一定的幅度和相位分配给航向天线阵中的每个天线单元,并由天线单元按要求辐射到空中,从而获得满足 ICAO 附件 10 中规定的覆盖性能要求的辐射场型,天线系统由天线分配单元、监控网络、航向天线阵等组成。

(3) 远程维护监控系统(RMM 系统):与 NM7000B 航向信标系统配套使用,安装在电脑终端上的航向信标远程维护监控软件,由电脑终端 PC、键盘显示和 RMM 软件组成。

（4）遥控系统：由 NM7000B 航向信标系统提供的远程控制接口，可对航向信标机柜实施远程控制监控功能，由主遥控器、副遥控器、互锁装置等组成。

（5）电源系统：电源系统将市电 220V、50Hz 交流电转换为 +27V 直流电压供信标机柜使用，并对 24V 蓄电池进行充电。当没有 220V 交流电时，可通过 24V 蓄电池对信标机柜内的组件继续供电，以满足设备正常运行的要求。

2. 下滑信标系统

NM7000B ILS 的下滑信标系统（GP）工作频率为 UHF 频段的 329.15～335.0MHz，频道间隔为 0.15MHz，也只有 40 个频道，与航向信标的频道成对分配。

下滑信标系统的功能是为飞机提供仰角为 2.5°～3.5°的下滑面，为在空间场中构建下滑面，系统需辐射 CSB 信号和 SBO 信号，其中 CSB 为 90Hz 信号和 150Hz 信号对 329～335MHz 的载波进行调制的调幅信号，SBO 则为抑制载波的纯边带信号。在空间场中 CSB 信号和 SBO 信号叠加，从而形成一个 90Hz 和 150Hz 调制度相等的平面。当飞机偏到平面上侧时，即 90Hz 占优势的区域，指示器提醒驾驶员要下飞；当飞机偏到平面下侧时，即 150Hz 占优势的区域，指示器提醒驾驶员上飞。

下滑信标系统结构框图如图 7.90 所示，该系统的组成和功用是：

（1）下滑信标机柜：信标机柜是下滑信标系统的核心，由发射机、监控器等组成。

（2）下滑天线系统：天线系统将发射机生成的 CSB 和 SBO 的射频信号以一定的幅度和相位分配给下滑天线阵中的每个天线单元，并由天线单元按要求辐射到空间中，从而获得满足 ICAO 附件 10 中规定的覆盖性能要求的辐射场型，天线系统由天线分配单元、监控网络、下滑天线阵等组成。

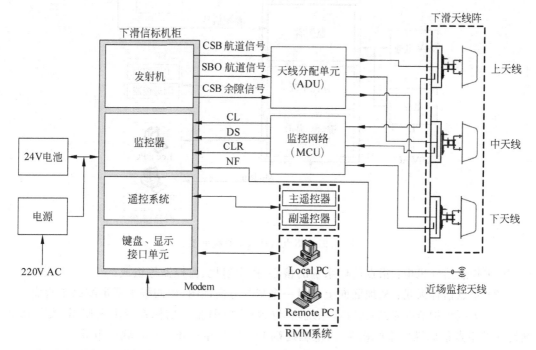

图 7.90 下滑信标系统结构框图

（3）远程维护监控系统（RMM 系统）：与 NM7000B 下滑信标系统配套使用，安装在电脑终端上的航向信标远程维护监控软件，由电脑终端 PC、键盘显示和 RMM 软件组成。

（4）遥控系统：由 NM7000B 下滑信标系统提供的远程控制接口，可对信标机柜实施远程监视控制功能，遥控系统由主遥控器、副遥控器、互锁装置等组成。

（5）电源系统：电源系统将市电 220V、50Hz 交流电转换为 +27V 直流电压供信标机柜使用，并对 24V 蓄电池进行充电。当没有 220V 交流电时，可通过 24V 蓄电池对信标机柜内的设备继续供电，以满足设备正常运行的要求。

3. 指点信标系统

NM7000B ILS 的指点信标（MB）系统工作频率为 VHF 频段中的 75MHz 频率。

指点信标系统分为外指点标、中指点标和内指点标，配置在下滑道（GP）的正下方，作为飞机进近过程中的距离检查点，为驾驶员提供决断提示和距离指示。外指点标辐射 400Hz 的音频调制信号，提示驾驶员已经开始进入下滑道；中指点标辐射 1300Hz 的音频调制信号，提示驾驶员已到达 I 类着陆的决断高度；内指点标辐射 3000Hz 的音频调制信号，提示驾驶员已到达 II 类着陆的决断高度。

NM7000B 指点信标系统结构框图如图 7.91 所示，系统的组成和功用是：

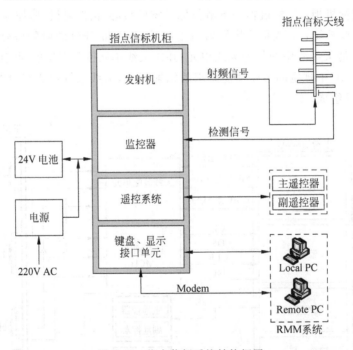

图 7.91　指点信标系统结构框图

（1）指点信标机柜：指点信标系统的核心，由发射机、监控器等组成。

（2）指点信标天线：从地面向上辐射一个窄的方向性图，由四根水平半波振子构成。

（3）远端维护监控系统（RMM 系统）：与 NM7000B 指点信标系统配套使用，安装在电脑终端的指点信标维护监控软件，由电脑终端 PC、键盘显示和 RMM 软件组成。

（4）遥控系统：由 NM7000B 指点信标系统提供的远程控制接口可对信标机柜实施远程监视控制功能，由主遥控器、副遥控器、互锁装置等组成。

（5）电源系统：电源系统将市电 220V、50Hz 交流电转换为＋28V，＋20V，＋12V，＋5V 等直流电压供设备使用，并对 24V 蓄电池进行充电。当没有 220V 交流电时，可通过 24V 蓄电池对信标机柜内的设备继续供电，以满足设备正常运行的要求。

由本章前面对 ILS 工作原理的介绍可知，在 NM7000B 的三个子系统中，航向信标系统和下滑信标系统都需产生并辐射 CSB 信号和 SBO 信号，这两类信标的工作原理和功能极为相似，不同之处主要在于天线系统和天线的馈电方式，而机柜内包含的对应电路单元的工作原理和工作过程基本相同，因此，下面将对航向信标系统和下滑信标系统中工作原理相同的对应电路单元进行统一介绍。

指点信标系统在 NM7000B 信标的实际运行配置中，在综合考虑机场实际运行条件、运行程序、导航系统性能、安装环境等多方面因素的条件下，许多机场已使用 DME 代替指点信标系统，加上指点信标系统工作原理较简单，故本节将不对指点信标的设备原理做详细介绍。

7.7.2　NM7000B 信标机柜

在 NM7000B 信标的航向信标系统和下滑信标系统中，信标机柜作为系统的核心，是系统的信号源和监视控制中心。信标机柜负责产生 CSB 信号和 SBO 信号的射频信号，并对分配给天线阵中每个天线单元的射频信号进行监控，同时还通过近场监视天线监视空间辐射场。此外，信标机柜还负责控制机柜内各组件的工作状态以及利用接口单元与其他导航系统和传感器等配合工作。

航向信标和下滑信标分别具有各自的机柜，每个机柜主要包括两个发射机、一个发射机控制器、两个监控器、一套远程监控系统（RMS）、一个接口单元，一个转换单元，各部分的组成及连接如图 7.92 所示。

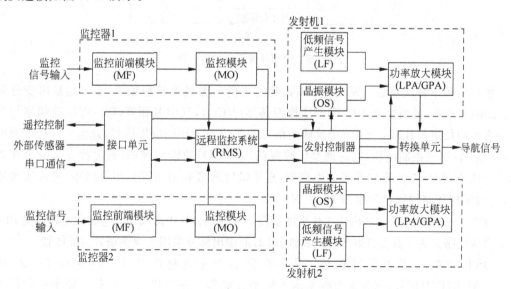

图 7.92　信标机柜组成框图

1. 发射机

根据 ICAO 的要求，目前使用的国际标准的航向（或下滑）设备都采用比幅制，因此航向

（或下滑）信标发射机必须是调幅发射机。为给飞机在航向面（或下滑面）提供引导信息，发射机要产生两个调幅信号，即 90Hz 音频调制的调幅信号和 150Hz 音频调制的调幅信号，机载接收机通过比较这两个音频信号的调制度差（DDM）来给飞机提供正确引导。

为确保系统的高可靠性，NM7000B 信标机柜共配置两个完全相同的发射机，即 TX 1 和 TX 2，其中一个发射机输出的射频信号通过天线分配单元（ADU）馈给天线阵，另一个发射机作为备份与假负载连接。发射机主要包括晶振模块（OS）、低频信号产生模块（LF）和功率放大模块（LPA/GPA）等。由于这两个发射机完全相同，这里只阐述其中一个发射机的工作原理。

（1）OS 模块。OS 模块产生发射机所需的载波。根据 ILS 工作频段划分原则，航向信标（LLZ）和下滑信标（GP）的工作频率分别为 108～112MHz 和 329～335MHz。为了克服跑道周围障碍物和跑道前方地势对 DDM 的影响，并满足 ICAO 附件 10 对覆盖范围的要求，信标系统通常需引入两个载波频率，即双频系统。故此，双频系统的 OS 模块产生的载波应包括航道信号所需的载波和余隙信号所需的载波。对于航向信标（LLZ）来说，航道信号与余隙信号的载波频率间隔为 10 kHz，而下滑信标中（GP）的间隔则为 15kHz。下面以双频系统的航向信标 OS 模块为例介绍其主要工作过程。

OS 模块包括两个功能完全一样的锁相环（PLL）频率合成器，区别在于其中一个用于生成航道信号的载波，另一个用于生成余隙信号的载波。其中，锁相环频率合成器是通过锁相环完成频率的加、减、乘、除运算，其结构是一种闭环系统。为了更好地理解 OS 模块，首先介绍锁相环频率合成器的主要原理，如图 7.93 所示。

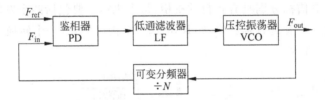

图 7.93　锁相环频率合成器框图

锁相环频率合成器通过锁相环路对高稳定度的参考频率进行锁定，主要包括可变分频器、鉴相器（PD）、低通滤波器（LF）和压控振荡器（VCO），其中鉴相器（PD）将反馈频率与参考频率的相位进行比较，产生一个反映两信号的相位差大小的电压信号，此信号经过低通滤波器（LF）后得到控制电压，它再调整压控振荡器（VCO）的输出频率，通过改变可变分频器的分频比 N，使反馈频率向参考频率靠拢，直至最后两者频率相等且相位同步，进而实现锁定，此时锁相环路的输出频率为 $F_{out} = N \times F_{ref}$。

NM7000B 发射机的 OS 模块工作框图如图 7.94 所示，其中虚线部分包含的电路即是 PLL 频率合成环路。为了获得良好的噪声特性，PLL 的输出部分采用了双栅场效应晶体管。

OS 模块的主要工作过程是：晶体振荡器产生高精度的 10.250MHz（LLZ）或 15.360MHz（GP）信号，作为参考频率输入频率合成器。发射机所需的载波频率通过信道选择输入，该部分包括两个跳线接口 J2（航道载波频率设置）和 J102（余隙载波频率设置），每一个跳线接口有 16 个跳线端子，通过设置不同的跳线端子控制可编程分频器的分频比。图 7.94 虚线部分构成了 PLL 环路，晶体振荡器产生的信号经分频器分频后形成参考频率。

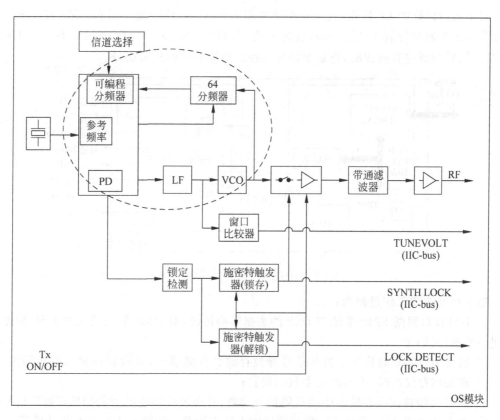

图 7.94　OS 模块原理框图

压控振荡器(VCO)的输出信号反馈进入双模 64 分频器分频,再经可编程分频器分频后形成反馈频率。参考频率和反馈频率通过鉴相器 PD 完成相位检测,输出的误差信号经低通滤波器 LF 形成直流控制信号,该控制信号再去控制 VCO 的频率。当整个环路锁定后,参考频率与反馈频率大小相等且同相位,此时 VCO 的输出频率进入晶体管,该晶体管起到信号缓冲的作用。晶体管的输出信号进入一个二阶带通滤波器,其主要作用是作为晶体管输出匹配和过滤掉信号谐波。最后一部分是 12dB 的放大器,作用是为将载波信号放大。

低通滤波器(LF)产生的控制信号分成两路信号,一路控制 VCO,另一路进入窗口比较器,如果控制电压超出比较器门限,便通过 IIC 总线输出 VCO 控制电压告警信号。PLL 中的 PD 输出的信号通过锁定检测进入两个施密特触发器,其中一个为锁存状态,当锁相环路失锁时,触发器关闭信号并通过 IIC 总线输出告警;另一个为解锁状态,告知系统环路失锁。两个施密特触发器可以通过发射机的开关电源进行复位。

发射机开关信号"Tx ON/OFF"用来控制载波信号的输出,包括两部分控制,第一部分控制二极管,第二部分通过调低晶体管的栅极电压来关闭晶体管。通过上述过程可以关闭载波信号的输出。

(2) LF 模块。LF 模块产生发射机所需的低频调制信号。为了保证 90Hz 和 150Hz 正弦信号相位一致,两信号为同一晶体振荡器经过分频产生的。同时 LF 模块还为航向信标产生莫尔斯识别码。LF 模块中主要包含数字单元和模拟单元,其中数字单元由 I/O 接口、DSP 处理器和存储器等构成,模拟单元由数模转换器及相关外围电路构成。

对于航向信标中 LF 模块,其工作框图如图 7.95 所示,DSP 处理器在 RMS 控制下对晶体振荡器产生的时钟信号进行分频,直接生成 150Hz ＋90Hz、150Hz－90Hz 和 1020Hz 的数字信号,然后通过数模转换,将数字信号转换成对应频率的模拟信号。

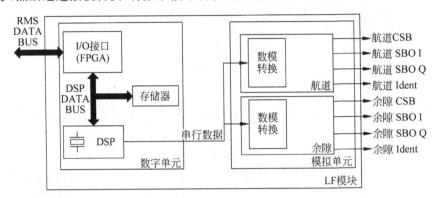

图 7.95 航向信标 LF 模块原理框图

数字单元主要工作过程为:

① I/O 接口根据 RMS 系统与 DSP 的数据转换协议,对 RMS 数据总线和 DSP 数据总线进行数据转换;

② 通过 I/O 接口转换后的低频信号参数存储到存储器中,并限制存储器的访问级别,使 DSP 在访问存储器时,不能改变参数的设置;

③ DSP 处理器读取存储器中的低频信号参数,并通过计算生成所需的低频数字信号;

④ 将 DSP 处理器生成的低频数字信号输出给模拟单元的两个 4 通道数模转换器。

模拟单元主要工作过程为:

① 模拟单元包括两个 4 通道的数模转换器,一个用于生成航道调制信号,另一个生成余隙调制信号;

② 在数模转换器及外围电路的作用下,将数字模块生成的低频数字信号转换成发射机所需的低频模拟信号,并生成识别码信号;

③ 生成的低频模拟信号包括航道 Ident、航道 CSB、航道 SBO I(同相)与 SBO Q(反相)、余隙 Ident、余隙 CSB、余隙 SBO I(同相)与余隙 SBO Q(反相)等,其中,生成同相和反相信号的目的是,在 LPA/GPA 模块中利用了笛卡儿反馈回路,该回路通过对同相和反相两路低频信号的瞬时值大小来控制载波信号的幅度和相位关系。

CSB 和 SBO 低频模拟信号分别如图 7.96 和图 7.97 所示,其中 $u_1(t)$ 表示"DC＋90Hz＋150Hz"信号,$u_2(t)$ 表示"90Hz－150Hz"信号。

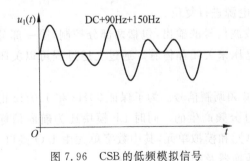

图 7.96 CSB 的低频模拟信号　　　　　　图 7.97 CSB 的低频模拟信号

通过上面的分析可以看到,LF模块在生成低频调制信号时的思路是利用数字单元生成150Hz＋90Hz和150Hz－90Hz的数字信号,再由模拟单元将数字信号对应转换成模拟信号,这与上一代设备中的低频信号产生器的工作过程有所不同。LF模块的这种设计,直接将150Hz和90Hz混合,正是利用DSP处理器来精确控制低频调制信号各频率成分幅度和相位关系,从而解决了以往设备中首先生成调幅信号,然后通过混合网络生成和信号(CSB)和差信号(SBO)时,150Hz和90Hz信号的调制度和相位关系控制不精确的难题。

(3) LPA(LLZ)/GPA(GP)模块。LPA(LLZ)/GPA(GP)模块接收OS模块产生的载波信号和LF模块产生的低频信号,并对这些信号进行放大、调制和相位检测等一系列处理后,生成CSB和SBO信号输送给天线分配网络,其中航向信标中一个LPA模块生成航道CSB和SBO信号,另一个LPA模块生成余隙CSB和SBO信号,下滑信标中一个GPA模块生成航道CSB和SBO信号,另一个GPA模块只生成余隙CSB信号。下面以航向信标的LPA模块为例说明其工作过程,工作框图如图7.98所示。

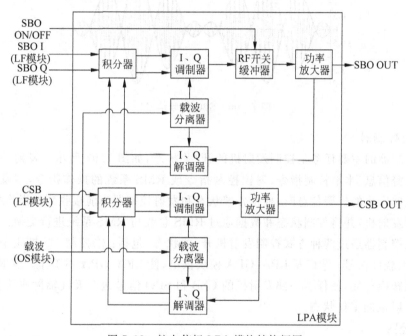

图7.98 航向信标LPA模块结构框图

LPA模块包含两个反馈控制放大器,一个生成CSB信号,另一个生成SBO信号,每个放大器由一个笛卡儿反馈回路构成,其中CSB放大器输入来自LF模块的CSB低频信号,该信号作为笛卡儿反馈回路的输入,既是I信号又是Q信号。SBO放大器的输入来自LF模块的SBO I与SBO Q低频信号。笛卡儿反馈回路对I、Q两路信号进行单独的积分、调制和解调处理。功率放大器的输出直接耦合至I、Q解调器中,使得I、Q两条反馈回路可以精确控制输出信号的振幅和相位,从而通过调整I、Q两路调制信号的比例关系,精确控制CSB和SBO射频信号相位在0°~360°的范围变化,并且两路已调信号的幅度还可控制射频功率、调制度以及CSB与SBO功率比。

综上所述,通过LPA模块生成的CSB和SBO射频信号将作为发射机的输出,输送到天线分配单元,LPA模块生成的CSB和SBO射频信号分别如图7.99和图7.100所示。

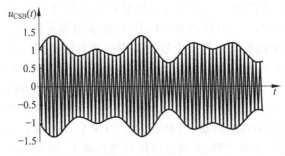

图 7.99　CSB 射频信号

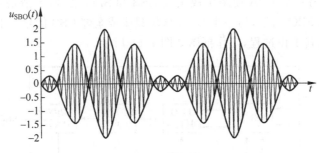

图 7.100　SBO 射频信号

2. 发射控制器

发射控制器的主要任务是控制发射机的开/关状态,如图 7.92 所示。发射控制器接收监视器的告警信息、本地控制指令、遥控控制指令或 RMS 系统的操作指令,当发射控制器接收到监控器产生的告警信息时,根据告警状态和发射控制器当前接收到的操作指令,决定切换或关闭发射机,并将控制状态和数据通过 RMS 总线与 RMS 系统进行交换。

发射机控制器通过两种方式控制发射机开/关状态,包括:①控制 OS 模块中的晶振单元,停止输出载波信号;②切断 LPA/GPA 模块供电,使 LPA/GPA 不工作。发射机控制器还可以控制转换单元,使任意一部发射机的 CSB 和 SBO 信号送至天线辐射或接至假负载,从而控制发射机的工作状态。

3. 监控器

信标机柜中,监控器接收来自天线探测器的检测信号,并经过监控网络(MCU)将其混合成模拟的发射信号,从而实现对航向信标辐射的射频信号进行连续监视,监控器的主要任务是当发射机失效时产生报警信号。为了保证系统的高可靠性,系统配置两个完全相同的监控器,通常情况下两个监控器中有一个达到报警条件,系统将切换或关闭发射机。监控器主要包括监控前端模块(MF)和监控模块(MO)等,如图 7.101 所示。这里将对航向信标机柜中的一个监控器的工作原理进行介绍,下滑信标机柜中监控器部分原理相同。

监控前端模块(MF)的输入信号来自监控网络(MCU)模块输出的射频信号,其中包括航道信号(CL)、扇区信号(DS)、余隙信号(CLR)的监控信号和近场监控信号(NF)。射频信号进入监控器中的功分器,形成两路同样的射频信号分别输送给两个监控器的 MF 模块,经 MF 模块解调出航道的基带和识别信号、余隙的基带和识别信号、近场监控基带信号等。此外 MF 模块还产生一个数字信号,代表航道信号和余隙信号的频率间隔。MF 模块将解调

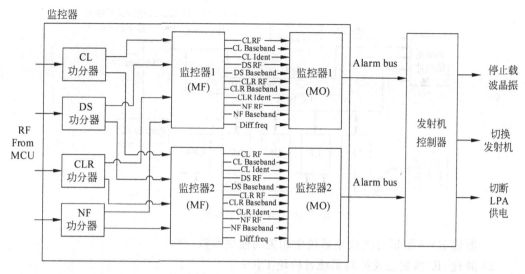

图 7.101 监控器原理框图

出的基带信号、识别信号、频差信号和来自 MCU 的射频信号一起输出给监控器中的监控模块。

监控模块（MO）由处理前端、滤波器和比较器构成,如图 7.102 所示。其中处理前端由多路复用器、模数转换器、FPGA 及外围电路构成,负责接收 MF 模块发送的信号,并将上述模拟信号转换成数字信号送入滤波器。滤波器由 DSP 处理器及外围电路构成,负责对上述数字信号进行快速傅里叶算法处理,得到 90Hz、150Hz 和 1020Hz 的调制度,经进一步计算可得 DDM 和 SDM 的参数值。比较器由 FPGA、存储器及外围电路构成,负责将求解出的DDM 和 SDM 值与存储器中 RMS 系统设置的告警门限进行比较,如超出告警门限将产生告警信号。

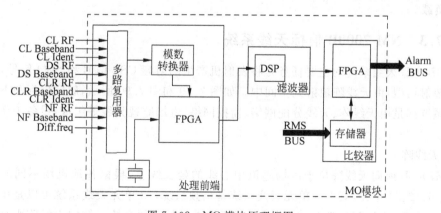

图 7.102 MO 模块原理框图

4. 远程监控系统

远程监控系统（RMS）由微处理器单元、RMS 软件、显示屏/键盘操作面板和功能组件组成,是 RMM 系统的重要组成部分,如图 7.103 所示。

RMS 组件连接方式包括：

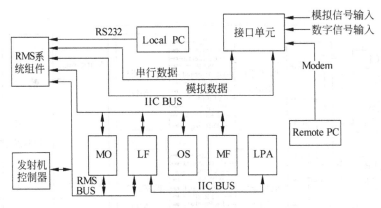

图 7.103　RMS 系统框图

（1）通过 RMS 数据总线收集系统中相关的模块参数；

（2）通过 IIC 数据总线控制系统各模块工作；

（3）通过 RS232 连接本地电脑终端（PC）；

（4）通过数据总线与接口单元相连，远程电脑终端也可通过调制解调器与机柜中的 RMS 系统相连。

5．接口单元

接口单元是机柜与外设的连接端口，如图 7.103 所示。接口单元提供的接口包括数字信号接口、模拟信号接口和 RS232 串行数据端口等，可连接的设备包括遥控电脑终端、DME 测距机和温度传感器等。

6．转换单元

转换单元位于发射机外壳的顶部，同时连接发射机 TX1 和 TX2，如图 7.92 所示。转换单元从发射控制器接收控制命令，使任意一部发射机的 CSB 和 SBO 信号送至天线辐射或接至假负载。

7.7.3　NM 7000B 信标天线系统

NM7000B 天线系统的主要任务是将发射机产生的射频 CSB 信号和 SBO 信号，按照要获得的辐射场型，由天线阵辐射到空间中。如图 7.89 和图 7.90 所示，航向信标和下滑信标的天线系统都是由天线阵、天线分配网络、监控网络、近场监视天线等组成，设备工作原理基本相同。

1．天线阵

NM7000B 航向天线阵位于机场跑道中心线的延长线上，根据各地机场不同的地势条件，分为 6、12、24 单元，其中 6 单元天线系统是单频系统，12 单元天线系统可以是单频或双频系统（含余隙信号）两种类型，24 单元天线系统必须是双频系统。航向天线阵中每个天线单元为包含 7 个偶极子的对数周期天线（LPDA），其长度为 2.8m，宽 1.3m，重约为 35kg，天线增益为 9.5dBi，具有宽频带、波束窄、能量集中、良好的前后辐射比和相互干扰小的优点。每个天线有一个监控回路，采集分配给该天线信号的振幅和相位情况，并将采集到的信号回送给监控网络（MCU）。

LPDA 天线单元内部结构如图 7.104 所示。

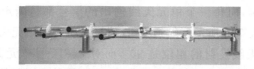

图 7.104　LPDA 天线单元

NM7000B 下滑天线阵位于机场跑道起始端 300m,距跑道中心线 120m 位置处。根据各地机场不同的地势条件,分为零基准天线、边带基准天线和 M 阵列天线,其中零基准天线由上、下两个天线组成,上天线辐射 SBO 信号,下天线辐射 CSB 信号,对地势条件较为敏感;M 阵列天线增加了第三个天线,分为上、中、下天线,可以克服因地势原因给辐射场造成的影响。鉴于 M 阵列天线的优点,故实际配置中以 M 阵列天线居多。天线阵中每一个天线单元为 Kathrein 天线,其实质是一个带反射器的多层偶极天线,外层有玻璃保护罩。

Kathrein 天线如图 7.105 所示。

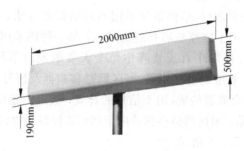

图 7.105　Kathrein 天线单元

2. 天线分配网络

在介绍航向天线阵和 M 阵列下滑信标的工作原理中,我们已经知道,为了满足空间辐射场要求,天线阵中的每个天线单元所需要的信号相位和幅度是不同的。航道信号(双频系统还应包含余隙信号)从发射机传输到天线分配网络(ADU),天线分配网络根据空间辐射场要求,将发射机的输出信号按 CSB 和 SBO 信号的不同幅度和相位要求分配到天线阵的各天线单元中。天线分配网络(ADU)主要包括微带电路板、可变移相器、电缆等,其中微带电路板主要由功分器和合成器构成,用于信号的合成;可变移相器用于调整航道线;电缆用于改变信号传输的电气长度从而改变信号的相位。

航向天线系统 ADU 结构框图及分配原理如图 7.106 所示,发射机输出的 CSB 和 SBO 信号通过功分器分成多路信号并调整幅度,而后通过信号在 ADU 中的电缆改变信号传输的电气长度,从而改变各路信号的相位,最后通过合成器合成后输送到对应的天线单元。

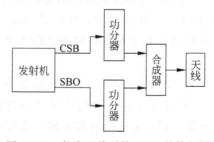

图 7.106　航向天线系统 ADU 结构框图

以航向天线系统为例,向每一个单元天线输出的信号都是确定的,包括输出信号的幅度、相位都是确定的,如表 7.5 所示。航道 CSB 信号对所有的单元天线都是同相发射,而航道 SBO 信号对 1~6 号天线发射的相位是 $90°$,而对 7~12 号单元天线发射的信号相位是 $-90°$,由前面的讨论知道,CSB 信号中 90Hz 和 150Hz 信号是同相的,幅度相等。SBO 信号中 90Hz 和 150Hz 信号是反相的,幅度也相等,且 SBO 信号中 90Hz 信号比 CSB 信号中的 90Hz 信号相位超前 $90°$,SBO 信号中的 150Hz 信号比 CSB 信号中 150Hz 信号滞后 $90°$。这样一来,我们可以得出结论,在 1~6 号天线一侧,CSB 信号中的 150Hz 信号和 SBO 信号中的 150Hz 信号是同相叠加,在 7~12 号天线一侧,CSB 信号中的 90Hz 信号和 SBO 信号中的 90Hz 信号是同相叠加。由于 LPDA 天线方向性好,面对天线阵方向,右侧 150Hz 信号幅度占优,左侧 90Hz 信号幅度占优。所以,通过比较 90Hz 和 150Hz 信号的幅度来确定航道是可行的。下滑天线系统 ADU 工作原理基本相同。

3. 监控网络和近场监控天线

为了确保信标系统正常运行,信标系统采用不同的监测方法,一种采用集成监控形式,也就是监控网络(MCU),用于监控航道和航道扇区;另一种则采用近场天线来完成监控。

(1) 监控网络(MCU)提取来自天线阵中每个天线单元的信号,通过处理形成监控信号,主要包括微带电路板、航道调整移相器、扇区调整移相器及信号连接电缆等,其中微带电路板内中主要由功分器和合成器构成,用于信号的合成;航道调整移相器用于调整监控器接收到的航道信号的 DDM 值;扇区调整移相器用于调整监控器接收到的扇区信号的 DDM 值。

MCU 结构框图如图 7.107 所示。

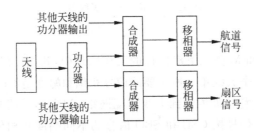

图 7.107 天线系统 MCU 结构框图

以航向天线系统为例,天线阵的每个单元内都有一个监控检测器,用来对发射信号进行取样,从每个天线单元采集到的信号经过功分器分成两路相同的信号,一路用于与其他天线的功分器输出信号共同合成航道信号,另一路用于与其他天线的功分器输出信号共同合成扇区信号。通过合成处理后,模拟生成飞机处于远场时得到航道信号(CL)、扇区信号(DS)和余隙信号(CLR)的监控信号,这些信号将送到航向信标机柜的监控器,解调后计算出对应的 DDM 和 SDM 参数值。系统正常工作情况下,MCU 检测信号得到的 DDM 和 SDM 参数值,与飞机处于远场时接收信号计算出的 DDM 和 SDM 参数值相等。下滑天线系统 MCU 工作原理基本相同。

(2) 近场监控信号(NF)。近场监控天线是一个带反射板的半波偶极天线,通常位于天线阵的正前方 50~200m 处,用来对天线阵辐射的信号进行监控。如图 7.89、图 7.90 和图 7.91 所示,近场监控信号也将送到信标机柜的监控器。系统正常工作情况下,近场监控信号的参数值也应和接收机处于远场时接收到的信号参数值相等。

7.7.4　其他系统

1. 远程维护监控系统

远程维护监控系统(RMM)是 NM7000B 提供的安装在电脑终端(PC)基于 Windows 操作系统的监控软件,通过 RMM 软件,操作者可以查看仪表着陆系统当前工作状态和参数,配置仪表着陆系统监控器和发射机的参数等。RMM 系统如图 7.108 所示。

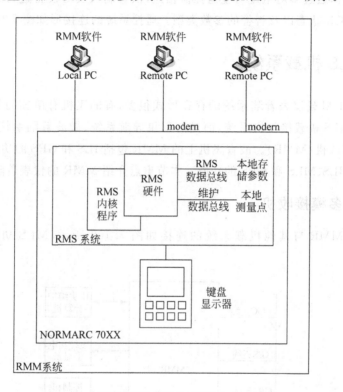

图 7.108　RMM 系统

RMM 系统由 RMS 系统、带 RMM 软件的本地和远端的 PC、本地显示/键盘等组成。用户可通过 PC 中安装的 RMM 软件,完成对机柜设备的相关操作。其主要功能包括:

(1) 在中央处理器 CPU 的控制下,控制整体设备的工作;

(2) 系统提供三个 RS232 接口可连接本地 PC 和设备间的远程 PC;

(3) RMM 系统可通过设定用户名和密码来控制用户访问的等级,用户可根据权限控制系统工作,如恢复历史数据、调整发射机参数等;

(4) RMS 可收集信标系统检测点的参数,并对告警、预警、中/长期数据和事件进行储存,便于用户维护时使用;

(5) RMS 可将检测点数据和系统内存储参数进行对比分析,自动进行故障诊断并产生预警信号;

(6) 在不连接电脑终端 PC 的情况下,用户可通过机柜前面板上的显示/键盘对信标系统进行控制。

2. 遥控系统

NM7000B 向设备控制机房和塔台提供远程控制接口,可通过电话线或 RS232 接口与信标系统机柜相连,用于对 ILS 机柜实施异地开关控制,并能在遥控器面板上监控 ILS 机柜的工作状态。包括主遥控器和副遥控器,其中主遥控器用于控制机房,对设备进行远程的开关换机,并显示设备的工作状态以及告警的参数类型和允许对 RMS 系统的远程访问;副遥控器用于塔台,通过多对电缆与主遥控器相连,供管制人员对设备进行远程的开关换机,并显示设备的工作状态以及告警的参数类型。遥控系统的连接形如图 7.90 所示。

7.8 ILS 机载系统

现代飞机上机载仪表着陆系统的存在形式很多,有的飞机有单独的 ILS 系统,有的没有专门独立的 ILS 机载接收机系统,而是与卫星导航系统、微波着陆系统等系统组合在一起,形成多模接收机(MMR)。波音飞机上的 MMR 包括 ILS 和 GPS 的功能,而空客飞机上的 MMR 包括 ILS、MLS 和 GPS 的功能。本节重点介绍 MMR 的仪表着陆系统功能。

7.8.1 多模接收机

飞机上的 MMR 与其他机载系统的连接如图 7.109 所示,MLS 功能为部分部件所拥有。

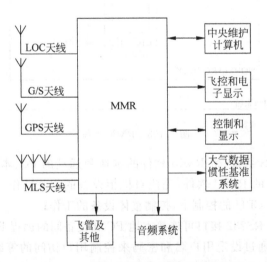

图 7.109　MMR 与其他机载系统的连接

MMR 的基本结构与功能如图 7.110 所示,共包括 ILS、GPS、MLS 三部分功能。这三种接收机都是供进近着陆使用的。每个机场的装备不同,有的机场上安装了 ILS,有的机场安装有 MLS,有的机场安装了差分 GPS 基准台,一架飞机到不同机场进近着陆时,为了适应当地机场的设备,所以安装了 MMR。MMR 有多种形式,并不是上列三种接收机都要选装,可以任选其中两种配合。由于欧洲的某些机场采用了 MLS,飞到欧洲的客机有必要选装 MLS,否则只需选装 ILS 和 DGPS。MMR 中的 DGPS 接收和解算部分称为 GPS 着陆单元(GLU);某些 MMR 中既可利用 GPS 作航路导航又可利用 DGPS 作进近着陆,此单元称为 GPS 导航和着陆单元(GNLU)。目前 MMR 产品主要有 Honeywell、Collins 和 Thales 三个厂商供应。

　　MMR 为主从处理器结构,它与地面和空中相关设备配合实现仪表着陆、微波着陆、卫星着陆和航路上的卫星导航。

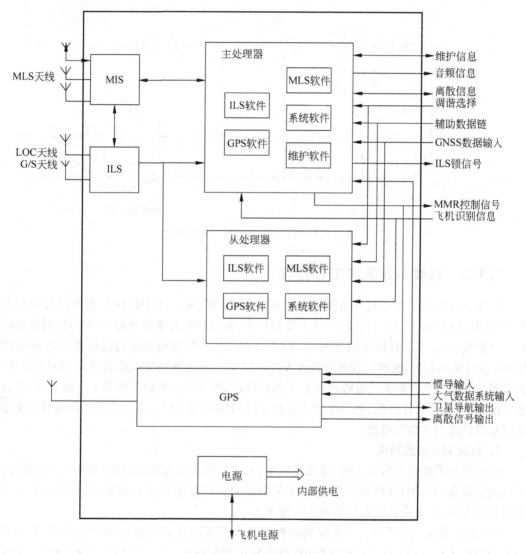

图 7.110　多模接收机系统图

　　主处理器探测和处理来自 ILS 和 MLS 射频模块的信号,也处理来自 GPS 接收单元的数字信号。在主处理器中有精密进近处理模块,将解算出的航道偏离信息输出给主飞行显示器和飞控系统,它也提供机载维护功能。

　　图 7.111 所示为 LOC 和 GS 接收机的工作简图,这两个接收机处理原理一样,不同之处为混频频率、滤波器等不同,而处理过程相同。

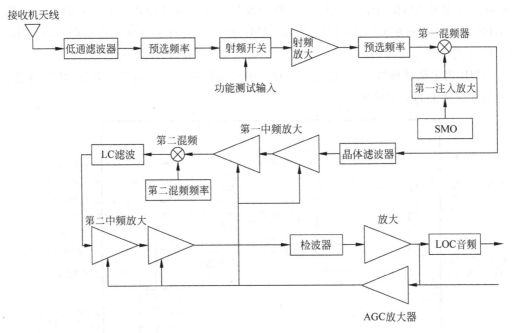

图 7.111　ILS 机载接收机工作简图

7.8.2　机载 ILS 系统工作过程

机载 ILS 有两个含有 ILS 功能的多模式接收机(MMR)。MMR 内的 ILS 接收机接收来自 VOR/LOC 天线、航向天线、下滑天线的输入,接收机获得来自导航(NAV)控制面板的人工调谐输入和飞管的自动调谐输入,VOR/LOC 天线和航向天线通过航道天线开关向 MMR 发送航向信号,航向天线开关选择 VOR/LOC 天线或航向天线作为供向 MMR 的 RF 输入源。下滑天线向多模式接收机发送下滑信号,多模式接收机向下列显示管理组件、遥控电子组件、近地警告计算机、飞行控制计算机、飞行数据采集组件、飞行管理计算机和备用姿态指示器发送 ILS 偏差数据。

1. 机载 ILS 系统组成

机载 ILS 系统主要包括天线、导航控制面板、多模接收机等部分组成,如图 7.112 所示。多模式接收机(MMR)在电子设备舱内,下滑和航向天线在前雷达天线罩内,下滑天线在气象雷达天线上方,航向天线在气象雷达天线下方。

(1) ILS 系统数字接口。导航控制面板向多模式接收机提供频率调谐输入,并同时在一条分离的数据总线上向 VOR 和 DME 系统发送调谐输入。每个 MMR 有两条输出数据总线,输出数据总线 1 通向 FCC,输出数据总线 2 通向许多其他部件。FDAU 接收 ILS 数据和 MMR 接收机状态,FDAU 为飞行数据记录器处理这些数据,备用姿态指示器将航向和下滑偏差用于指示 ILS 偏差,只有 MMR1 向备用姿态指示器发送 ILS 数据。

近地警告计算机 GPWC 从两侧 ILS 接收机获得下滑数据用于模式 5(低于下滑道)警告;FMC 从两个 MMR 接收 ILS 数据和接收机状态,FMC 将 ILS 数据用于位置更新计算;FCC 使用 ILS 数据为数字飞行控制系统(DFCS)自动驾驶仪和飞行指引模式计算飞机转弯指令。

DEU1 接收来自 MMR1 的两个输入和来自 MMR2 的两个输入,DEU2 也接收来自

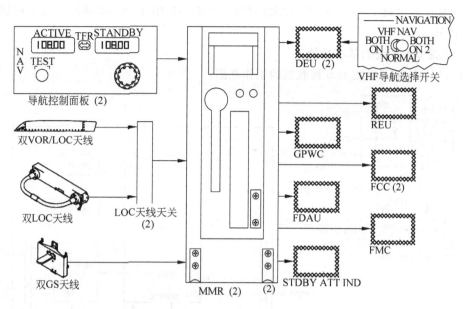

图 7.112 机载 ILS 系统组成

MMR1 的两个输入和来自 MMR2 的两个输入,公共显示系统 CDS 中的 EFIS 将 ILS 数据用于计算航向偏差和下滑偏差显示。

(2) ILS 的频率转换和仪表转换。在导航控制面板上的频率转换电门允许机组人员把频率从导航面板上的备用显示窗口转换到执行显示窗上,转换电门是一个瞬时作用电门,当按压该电门时,它将离散信号传送给 FCC,离散信号告诉 FCC 何时有 ILS 频率改变。

(3) ILS 系统天线接口及天线。多模式接收机(MMR)从垂直安定面上的 VOR/LOC 天线、前雷达天线罩内的航向天线、前雷达天线罩内的下滑天线获得 RF 输入,VOR/LOC 天线 RF 输入流经电源分配器然后到达航向(LOC)天线(ANT)电门。航向天线 RF 输入直接送到 LOC ANT 电门,该天线电门选择 VOR/LOC 天线或航向天线作为供向 MMR 的航向 RF 信号输入。下滑天线输入不经过天线,下滑天线 RF 输入直接送向 MMR。

航向天线有两个元件,一个元件向 ILS 接收机 1 提供 RF 输入,另一个元件向 ILS 接收机 2 提供 RF 输入,航向天线接收 108.1~111.95MHz 的频率,以频宽的十分之一的奇数位为间隔。下滑天线也有两个元件,一个元件向 MMR 1 提供 RF 信号输入,另一个元件向 MMR 2 提供 RF 信号输入,下滑天线接收 328.6~335.4MHz 的频率。

(4) ILS 系统模拟接口。当调谐导航控制面板上的 ILS 频率时,离散信号送到 DEU 以显示该频率是 ILS 频率或 VOR 频率;每个导航控制面板向 DEU1 和 DEU2 发送离散信号。

在进近模式工作过程中,FCC 向 MMR 的 ILS 功能发送 ILS 调谐禁止信号;在此模式过程中,ILS 接收机将不接受其他调谐频率。PSEU 向 MMR 发送空/地离散信号用于在内存中设定飞行阶段计数,并在空中禁止检测。MMR 向 REU 发送 ILS 地面站音频信号,REU 将此音频信号送到驾驶舱。

(5) ILS 接收机。多模式接收机内含有一个 ILS 接收机和一个全球定位系统(GPS)传感器组件(有的还有微波着陆系统组件),ILS 接收机的功能是向不同的飞机系统提供航向和下滑偏差,GPS 传感器组件向飞行管理计算机提供位置数据和时间。

（6）导航控制板。导航（NAV）控制面板向 DME、MMR 和 VOR 导航无线电提供控制和检测信号。

2. 机载 ILS 系统的基本功能

图 7.113 给出了机载 ILS 接收机的工作框图。

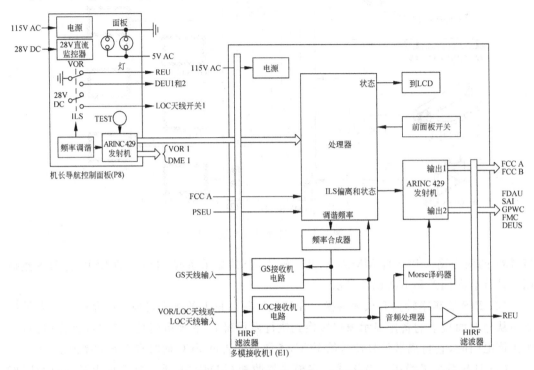

图 7.113　机载 ILS 接收机工作框图

导航控制面板使用 115V 交流电工作，它也使用 28V 直流电用于内部监控器；导航控制面板也使用来自主暗亮和检测系统的 5V 交流电用于面板灯光。来自导航控制面板的频率调谐输入和检测指令在一条 ARINC 429 总线上供向 MMR。当调谐 ILS 频率时，导航控制面板上的频率调谐电路工作电门发出打开离散信号到 REU、28V 直流电到 FCC 接、地离散信号到 DEU、28V 直流电到 LOC 天线开关等离散信号。

所有供向接收机的输入经过一个高强度辐射频率（HIRF）滤波器，该过滤器提供对内部电路的保护。来自导航控制面板的调谐输入送到主处理器，处理器将调谐频率送到频率合成器电路，频率合成器电路调谐航向接收机和下滑接收机。接收机电路将来自天线的 RF 信号输入送到主处理器，处理器计算航向偏差和下滑偏差。ILS 数据在两条 ARINC 429 数据总线上输出，输出 1 到达 FCCA 和 FCCB，输出 2 到达 FDAU、备用状态指示器、GPWC、FMC、DEU 等 LRU。

航向接收机将来自航向地面站的音频信号发送到音频处理器，音频处理器将 ILS 音频传送到 REU，音频信号同时经过一个检波器来解码地面站莫尔斯电码台站标识符。如果在台站音频信号中有台站标识符，检波器将数据经过 ARINC 发射机在输出数据总线上输出。当在数据总线上有标识符时，DEU 用四字台站标识符替换频率显示。

若要在机长和副驾驶显示器上显示 ILS 数据，将 EFIS 控制面板上的模式选择器置于 APP（进近）位。数字飞行控制系统（DFCS）模式控制面板（MCP）向显示电子组件（DEU）提供跑道航向数据用于 ILS 显示,使用 DFCS MCP 方向选择器为进近过程设定方向。

DEU 使用方向输入和 ILS 偏差计算飞机从跑道中心线的偏差,DEU 比较方向输入与飞机航迹,计算是否为反方向进近,如果方向输入与飞机航迹相差超过 90°,DEU 在 ILS 显示器上显示反方向。

使用 ACP 接收机电门选择想收听的 ILS 音频,NAV1 接收机电门选择 MMR1 音频,NAV2 接收机电门选择 MMR2 音频,滤波电门使机组人员在语言(V)位只收听语音音频。在范围(R)位只收听台站莫尔斯码标识符,当选择器在 B 位时,可同时收听语音音频和莫尔斯码台站标识符,如图 7.114 所示。

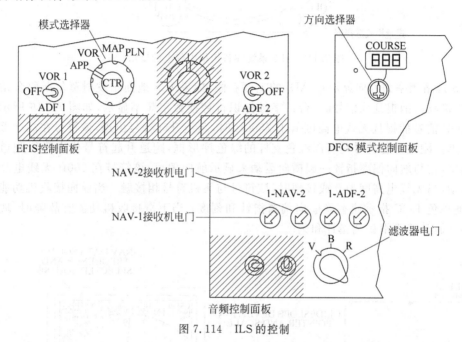

图 7.114 ILS 的控制

3. ILS 系统的显示

ILS 系统提供的显示信息会显示在备用姿态指引仪、主飞行显示器和导航显示器上。备用姿态指示器为机组提供备用姿态指示源,同时能显示 ILS 数据,该指示器上有一个进近选择器用于选择显示的 ILS 数据,进近选择器有以下位置:off——无 ILS 数据显示在指示器上,APP——ILS 航向和下滑数据显示,B/CRS——反向 ILS 航向数据显示,如图 7.115 所示。

为在 PFD 上显示 ILS 信息,必须在导航控制面板上调谐有效的 ILS 频率并选定到活动显示窗口内。航向偏离指针和刻度显示在姿态显示器的底部,刻度是标准的四点刻度,一点等于一度偏差,偏离指示给出到跑道中心线的左右偏离,航向刻度显示为白色,航向指针显示为深红色。航向刻度可显示标准显示或扩展刻度,一个两点的扩展刻度可替换四点刻度。对于扩展刻度,每点等于 0.5°偏差。当自动驾驶仪发出 ILS 偏离警告时,白色扩展刻度变为琥珀色并闪烁。LOC 偏离小于 5/8 点、进入 LOC 或 APP 模式、ILS 方向和飞机航迹的夹角在 5°以内、一个自动驾驶仪处于 CMD 状态时显示在扩展刻度。下滑偏离指针和刻度显示在姿态显示器右侧,该刻度是标准的四点刻度,每点等于 0.35°偏离,指针给出飞行指令来与下滑波束相交。下滑刻度显示为白色,下滑指针显示为深红色,下滑偏离没有扩展刻

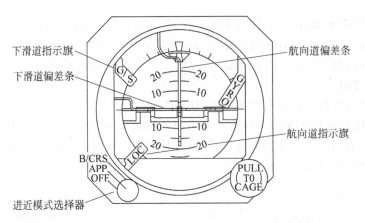

下滑道指示旗
下滑道偏差条
航向道偏差条
航向道指示旗
B/CRS APP OFF
PULL TO CAGE
进近模式选择器

图 7.115　ILS 系统在备用指引仪上的显示

度。ILS 台站频率和方向显示在 ADI 的上部右侧,如果 ILS 地面站发射莫尔斯码台站标识符,则当接收机捕捉到该信号时,台站字母标识符替换数字频率显示,如图 7.116 所示。当存在 LOC 信号捕捉且无线电高度低于 2500ft 时,跑道升起符号出现,该符号在高于 2500ft 时不可见。跑道升起符号是有深红色支杆的绿色梯形框,跑道升起符号代表高于跑道的无线电高度,它与航向偏离指针一起横向运动来显示航向偏离,该符号在 200ft 无线电高度时开始运动,当无线电高度为 0 或接地时,该符号与飞机符号相接触。当航向接收机功能有故障时,琥珀色 LOC 指示旗替换航向偏离指针和刻度;当下滑接收机功能有故障时,琥珀色 G/S 指示旗替换下滑偏离指针和刻度。

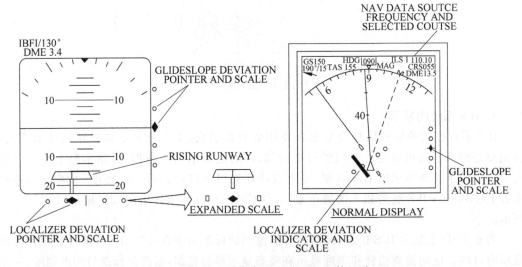

图 7.116　ILS 系统在 PFD 和 ND 上的显示

　　为在 ND 上显示 ILS 信息,将 EFIS 控制面板模式选择器设置到 APP 位,同时必须在导航控制面板上调谐有效的 ILS 频率。下滑偏离指针和刻度显示在导航显示器的右侧,下滑偏离指针为深红色,刻度为白色,下滑刻度是标准的四点刻度,每点等于 0.35° 偏差。下滑偏离指针给出飞行信号来与下滑波束相交,方向指针指向在 DFS MCP 上设定的数字。对于 ILS 使用 DFCS MCP 方向选择器输入 ILS 方向(机场跑道航向)。航向偏离指示和刻度显示在导航显示器的下部,航向刻度为白色,航向偏差指示器为深红色。

偏离刻度是标准的四点刻度，每点等于1°偏离，航向偏离指示器给出到跑道中心线的左右偏离。导航数据源以白色显示在显示器的右上角，它给出用于 ILS 显示器的数据来源。在导航数据源的右面是活动的 ILS 频率显示，ILS 频率显示给出活动的 ILS 频率和选定的方向。如果 ILS 地面站发射莫尔斯码台站标识符，则当接收机捕捉到该地面站信号时，字母标识符将替换数字频率。对于无效的 ILS 数据，当航向接收机故障时，CDS 使用琥珀色 LOC 指示旗替换航向偏差刻度和指示。当下滑接收机故障时，琥珀色 G/S 指示旗替换下滑偏差刻度和指针。

7.8.3　MMR 的自检

按压接收机前面板的任一检测电门可开始 MMR 检测，接收机可执行内部接收机工作和它的接口检测，检测结果显示在接收机前面板上。使用导航控制面板在驾驶舱内执行 ILS 检测，机长导航控制面板执行 MMR1 的检测，副驾驶导航控制面板执行 MM2 的检测。

为执行 ILS 检测，需要设定下列控制：在导航控制面板的活动频度显示窗内输入有效的 ILS 频率、在 DFCS 模式控制面板上设定与飞机航向夹角在90°以内的方向、按压导航控制面板上的检测电门。为在导航显示器上看到 ILS 检测，必须在 EFIS 控制面板模式选择器上选择进近（APP）模式。在 ILS 检测过程中，下列显示顺序显示在 CDS 上：前3s，航向道偏离左侧一点，下滑道偏离上方一点；接下3s，航向道偏离右侧一点，下滑道偏离下方一点；显示器返回正常指示状态，如图 7.117 所示。

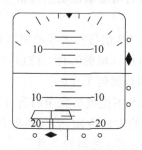
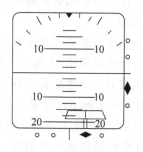

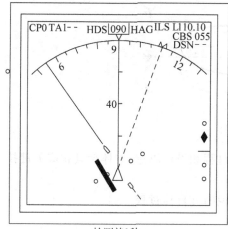
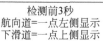

检测前3秒
航向道=一点左侧显示
下滑道=一点上侧显示

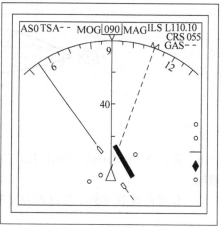

检测下3秒
航向道=一点右侧显示
下滑道=一点下侧显示

图 7.117　ILS 的自测试显示

练习题

7-1 ILS 系统由哪些子系统构成？各子系统的功能分别是什么？

7-2 ILS 系统在跑道上是如何安装布局的？

7-3 仪表进近程序包括哪些阶段？若最后进近航段由 VOR/DME 提供，则该仪表进近是精密进近还是非精密进近？为什么？

7-4 着陆类别的分类标准是什么？Ⅰ类(CAT Ⅰ)着陆系统是什么含义？

7-5 指点信标的安装位置、调制信号频率和载波频率、点划码和机载指示灯光颜色各如何？

7-6 写出航向信标产生 CSB 和 SBO 信号的表达式，并简要说明航向信标如何辐射 CSB 信号和 SBO 信号。

7-7 已知一反向馈电的二单元天线阵，辐射信号的频率为 118.35MHz，若想使该天线阵形成的方向性函数在 40°方向获得最大值，试计算二单元天线阵的间距。

7-8 已知一两单元间距为 0.7 波长的航向信标，安装在跑道末端 300m 处，已知跑道长度为 1700m，计算半航道扇区角和相对的 SBO 信号电平，并画出矢量图。

7-9 单频航向天线系统的方向性图是如何形成的？

7-10 为什么要采用双频航向信标？从天线辐射场的角度来说明航道信号和余隙信号辐射的基本思想。

7-11 零基准下滑天线系统如何辐射 SBO 信号和 CSB 信号？天线的架高如何选取？

7-12 为什么要采用 M 阵列下滑信标，M 阵列下滑信标辐射哪种余隙信号？

7-13 机载 ILS 下滑信标系统及航向信标系统分别是如何工作的？

7-14 ILS 的实际下滑线是如何确定的？为什么 ILS 不能提供完全的盲目着陆？

7-15 题图 7.15 是 ILS 航向信标的 $m90$ 和 $m150$ 的方向性图，若飞机处在 A、B、C 位置，画出 HSI 中航道偏离杆的偏离，并对应说明 $m90$ 与 $m150$ 之间的关系。

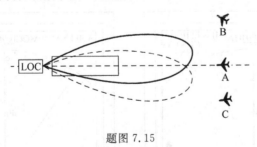

题图 7.15

7-16 分析 NORMARC 7000B ILS 的工作过程和设计思想，并体会其相应关键技术的解决措施。

7-17 分析机载 ILS 的工作过程和原理，并说明其自检过程。

区域导航

所谓区域导航(RNAV),简单而言就是能使飞机按所希望的任意飞行路线飞行的导航。区域导航主要经历了最开始的基于 VOR/DME 导航传感器的区域导航,到依据所需导航性能(RNP)的区域导航,一直发展到近期的基于性能的导航(PBN),其理论和运行一直都在发展和丰富之中。可以说,基于性能的导航为区域导航的发展指明了技术方向,今后区域导航的运行理念将沿着 PBN 规定的框架往前推进。

本章从区域导航的定义出发,论述了 RNAV 的发展历程和 RNAV 的特点,详细阐述了区域导航的基本导航计算方法,给出了基于 VOR/DME 和 DME/DME 实施区域导航的过程,最后阐述 PBN 基础,以及基于 VOR/DME 和 DME/DME 实施的 RNAV 所涉及的主要导航规范。

8.1　概述

8.1.1　区域导航定义

国际民航组织在国际民航公约"附件 11"——《空中交通服务》中对区域导航的定义是,区域导航(RNAV)是一种导航方法,允许飞机在台基导航系统的基准台覆盖范围内,或在自主导航系统能力限度内,或两者配合下,按任何希望的飞行路径飞行。这里的"台基导航系统"就是非自主式导航系统,包括传统的陆基导航系统(即 VOR 和 DME)和全球导航卫星系统(GNSS),而自主导航系统主要是指惯性导航系统(INS)。

图 8.1 示意了基于陆基导航系统的传统空中交通服务(ATS)航路和 RNAV 航路。对于传统的 ATS 航路,飞机按逐台飞行原则从导航台 1 飞到导航台 5;而对于 RNAV 航路,则可以在所定义的 RNAV 航路上设置若干航路点(WPT),飞机从导航台 1 飞向相应的航路点,到达导航台 5。当然,若采用非自主式导航系统实施 RNAV,这些航路点必须在相应导航台的覆盖范围之内。

由图 8.1 可以看出,RNAV 的实施方法与传统导航方法的根本区别在于航线结构和空域环境。传统导航的航线与导航台之间的连线重叠在一起,不能脱离这些导航台之间的连

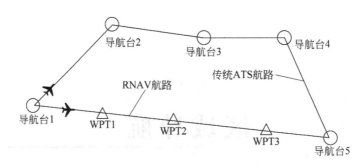

图 8.1 传统 ATS 航路和区域导航航路

线,只能实施逐台飞行。区域导航则允许在管制区内脱离导航台连线,在所需区域内自行定义航路点,实现逐点飞行、跳点飞行,甚至实现出发点和到达点之间的直飞。因此,RANV的这种航线编排易于建立临时绕飞、平行偏飞、等待航线等,可以缩短航程和提高航线编排的灵活性。由于 RNAV 航线的编排具有很大的随机性,故区域导航又称随机导航,而RNAV 正是随机导航的缩写。

RNAV 有四种应用航路,这就是固定航路、偶用航路、随机航路和终端区航路。固定航路是在某区域内公布的永久性 RNAV 航路,包括某些航路上由于缺乏陆基导航台信号作航迹制导,只能由具备 RNAV 能力的飞机作 RNAV 运行的航路,还包括某些高空航路。偶用航路是在某区域内公布的短期性的 RNAV 航路,只在遇到不寻常的、发生于短期(时、日、季节)通知的临时需要时所选用。例如某常规航路上某个关键无线电导航台不能服务时,允许具备 RNAV 能力的飞机通过相应的一段航路。随机航路是非公布航路,它是在指定的随机RNAV 区域内由飞行计划自行确定的航路。终端区航路包括 RNAV 标准到达程序、RNAV 进近程序、RNAV 标准离场程序、RNAV 等待程序等定义的航路。

8.1.2 区域导航的发展

我们知道,传统的 ATS 航路是按逐台飞跃的原则编排的,这样编排航路的主要原因是当时还没有机载计算机组件,无线电导航只能定出相对导航台的位置。显然,这种航路编排方法的主要缺陷就是使飞行完全受制于导航台,不论是飞行计划的制定还是飞行程序的设计显得很不灵活,航路划设和终端区飞行程序受地面导航台布局和设备种类的限制,保护区宽度范围与距导航台的距离有关。

随着飞机机载导航系统的日渐复杂和精确,导航性能越来越高,机载导航系统通过功能强大的计算机组合在一起,解决了利用无线电导航或其他导航定出飞机在 WGS-84 坐标系的位置和/或飞机相对于计划航线位置的问题,从根本上解决了不需飞向或飞跃导航台本身,因而航线可以由不设导航台的航路点之间的线段连接而成。在这种情况下,传统的ATS 航路就机载设备能力的应用和空域使用效率而言,就显得越来越缺乏灵活性、高效性和经济性。20 世纪 70 年代后期,随着流量逐步增长,延误和空域拥挤问题已成为航空界关注的焦点,ICAO 意识到提高空管系统容量已经是一个亟待解决的问题,而解决这一问题最好的方法之一就是应用 RNAV 技术。到 20 世纪 80 年代初期,航空电子技术不论从其性能还是功能已经发展到能够实现 RNAV 的程度,其中实施 RNAV 的机载系统就是飞行管理系统(FMS),而 FMS 是高级区域导航系统和性能管理系统的组合。

区域导航技术起始于20世纪60年代后期和70年代初期,它实际上是与FMS同步发展的,区域导航是FMS完成的主要功能之一。早期的高级区域导航系统装有一台数字计算机和一个专用的控制显示组件,可以提供横向和垂直导航。具有区域导航功能的FMS首次安装在1981年12月试飞的B767飞机上,其后的其他各型民航运输飞机也都安装了该系统。

区域导航的应用从20世纪80年代开始获得了快速发展。美国、欧洲、澳大利亚、加拿大等国家和地区在20世纪80年代后在局部空域已推行了RNAV,这些国家和地区临时制定了自己的RNAV程序、标准和批准手续。与此同时,ICAO也正在为制定全球统一的RNAV标准而努力,结果导致1994年正式颁布了《所需导航性能手册》(Doc9613)。

所需导航性能(RNP)是ICAO在20世纪80年代发展新航行系统(CNS/ATM)中提出的概念,它是对在一个定义空域中运行的飞机,其导航系统的精度、完好性、连续性和可用性必须满足规定要求的一种表述。ICAO提出RNP的概念,是为了避免对飞机配备何种导航设备作出规定。这是因为由于技术发展,越来越多的导航设备能够满足各区域的导航要求,如果每种设备都要由ICAO审核和批准,将不利于导航装备的发展。

《所需导航性能手册》定义了五种RNP类型,即RNP 1、RNP 4、RNP 10、RNP 12.6和RNP 20,利用RNP类型划分空域和航路类型,其中RNP后面的数字表示侧向和纵向定位精度(95%),单位为海里(NM)。因此,RNP类型是一种对空域和航路划分的级别,同时它是对进入该空域或航路飞行的飞机必须具备的导航性能的要求。在用RNP划分空域和航路类型时,对精度、完好性、连续性和可用性都有相应要求,但为了表述方便,仅用"精度"为代表来划分类型。

《所需导航性能手册》颁布之后,世界各国尤其是欧洲、美国、澳大利亚等国家或地区都分别提出了自己的区域导航规范和实施进程。欧洲提出了基本RNAV(B-RNV)和精密RNAV(P-RNAV),并于1998年以后率先实施了B-RNV。B-RNV的实施被认为是向所有航路飞行阶段实施区域导航运行的第一步过渡。美国也提出了A类RNAV(RNAV Type A)和B类RNAV(RNAV Type B)的概念和规划,并于2004年在美国墨西哥湾正式实施了被称为Q100的第一条RNAV航路。此后,类似这样的Q航路就在美国西部、南部以及加拿大和美国之间的大湖地区广泛实施起来,仅2005年就开辟了20条。美国目前共划设了近50条Q航路,均为RNAV高空航路,要求的飞行高度基本都在29 000ft以上,只有少部分航段降低至20 000ft。随着Q航路飞行流量的增加,美国又实施了18 000ft以下的区域导航航路——T航路。

美国和欧洲等航空发达国家和地区在RNAV应用上积累了丰富经验,但都基于本国本地区的实际情况,在《所需导航性能手册》指导下,制定了本国本地区相应的RNAV标准和运行要求,各国各地区所采用的RNAV命名规则、技术标准和运行要求千差万别。

为统一认识并指导各国各地区实施RNAV,ICAO于2007年3月颁布了《基于性能的导航手册》(Doc9613),以此来规范区域导航的命名、技术标准,从而停止非统一技术标准的扩散和使用,协调、统一RNAV系统的使用以确保互通,并促进区域导航的全球运用。

基于性能的导航(PBN)又称性能基导航,是指对于运行在ATS航路、仪表进近程序或指定空域的飞机基于性能要求的区域导航。PBN中的"性能"以精度、完好性、连续性、可用性和功能来表述。PBN包括满足PBN性能的区域导航和RNP区域导航,目前这两类区域导航的本质区别在于,RNP 导航必须具有机载性能监视与告警功能,而 RNAV 则不要求具备该功能。

ICAO 的《基于性能的导航手册》规定,《基于性能的导航手册》取代《所需导航性能手册》,并在包括《基于性能的导航手册》在内的 ICAO 材料中不再使用"所需导航性能类型"的表述。在《基于性能的导航手册》中,RNP x 表示的是一种 RNP 规范,不再表示 RNP 类型。

8.1.3　区域导航的特点和效益

区域导航在定位方法上必须定出飞机在 WGS-84 坐标系的位置;在导航计算方法上,RNAV 必须按飞行计划转换到航线坐标(以航线前方为纵轴向量)上,算出飞机的位置、航向、飞行时间及偏航距离(XTK,偏左或偏右)等,这种计算应该在大圆航线上进行。

RNAV 在充分利用现代计算机技术下,便于发挥多套组合及多种导航系统组合的优势。在定位计算中,采用余度技术、卡尔曼滤波技术后,定位精度和可靠性大大提高。现代大型飞机的飞行管理系统(FMS)都具有 RNAV 能力。

表 8.1 给出了区域导航和传统导航的对比。

表 8.1　传统导航与区域导航对比

项　目	传统导航	区域导航
航线结构	导航台—导航台构成逐台飞行,从一个台飞向下一个台	航路点—航路点构成逐点飞行,也可跳越中间航路点飞行
依赖的导航设施	NDB-ADF、VOR、DME、ILS、LRRA 等,INS	VOR/DME、DME/DME、INS、GNSS
机载设备组成	无线电导航系统,INS	导航传感器＋RNAV 计算机(包括导航数据库)
机载设备配置	单套或双套设备	双套或三套设备,提高精度,提高可靠性
定位计算	相对法,相对于导航台本地平面上计算	绝对法(WGS-84 坐标系),并转换到航线坐标大圆航线上计算

区域导航的主要效益体现在以下几个方面:

(1) 城市间可以建立更为快捷的直接航线,缩短飞行距离和飞行时间,节约燃油和飞行运行成本;

(2) 除公布的固定航路、偶用航路外,还可以采用非公布的随机航路,即在指定区域内由飞行计划自行确定的航路,增大了选择航路的灵活性;

(3) 允许建立平行或双线航路,提高空域利用率和交通流量;

(4) 结合提高导航性能和飞行自动化,可以缩减飞行中飞机间的纵向间隔和侧向间隔,提高航路上的飞机布占率、空域利用率和交通流量;

(5) 利用全球导航设备(INS、GNSS),可以在洋区和边远地区实施 RNAV 飞行,因而在这些地区可以建立更多的航线和随时增辟新航线;

(6) 利用全球导航设备(INS、GNSS)实施 RNAV,可以不需要地面导航台,从而节省大量设施投资和维护费用。

8.1.4 区域导航对机载设备的要求

区域导航对机载设备的要求主要是对计算机的要求。导航计算机可以和导航传感器的主体结合在一起,也可以是单独的计算机组件,目前的飞行管理计算机系统(FMCS)都具有区域导航所要求的功能。

正如 RNAV 的特点所决定的,RNAV 计算机至少具有以下功能:

(1) 能在飞行前根据引进的航路点选定或编排飞行计划,还可以在飞行中修改飞行计划;

(2) 计算大圆航线上的应飞航迹;

(3) 实现飞机在 WGS-84 坐标上的定位;

(4) 连续实时在本航段(飞离航路点和前方航路点之间的大圆线段)上实现航线坐标上的导航计算,输出主要导航参数及其导出参数,如已知或待飞距离、待飞时间或预计到达时间(ETA)、地速、航迹角、偏航距离(XTK)等。

目前的飞行管理计算机具有更多的功能,主要包括:

(1) 能在控制显示组件(CDU)上引进航路点和选定飞行计划,航路点可以从导航数据库中选取,也可以自行输入所定义的航路点;

(2) 对选定的或修改了的飞行计划和备用飞行计划,飞行员验证做出肯定的操作后才能生效,并在实时飞行中逐个航段执行;

(3) 在飞行中的任何阶段都可以查阅并修改飞行计划中任何部分的导航数据;

(4) 在飞行中,当查阅、修改或验证飞行计划时,不影响即时的生效计划,不影响制导输出;

(5) 允许对显示的位置数据进行验证或更新;

(6) 对于 PBN 中的 RNP 区域导航,当导航系统的性能超出规定门限时,能以规定概率检测出这种超限,并发出故障告警;

(7) 能向 CDU 和相应显示器(如导航显示器)提供计算输出,显示计划航线和实际航迹;

(8) 能向自动飞行控制系统提供偏航距离(XTK)和偏航角(TKE),控制飞机自动飞行;

(9) 在到达前方航路点之前的一定时间内,设有注意灯和其他目视或音响通知。自动飞行时,具有自动航段循环前进功能,即自动转换到下一航段,并有转弯提前量,圆滑过渡。但飞行员可以超控,用手动修改顺序,包括允许超越某个航路点、直飞某个航路点或返回原航路点等;

(10) 具有导航数据库;

(11) 在采用 VOR 和 DME 作导航源时,可以对机载 VOR 和 DME 系统自动调谐。

8.2 区域导航的基本导航计算

区域导航的导航计算是在飞行管理计算机(FMC)中实现的,我们已在第 1 章简介了FMS 的导航制导功能,下面对其导航计算过程再作进一步阐述(参见图 8.2),而 FMS 的工作框图见图 1.23。

不论何种导航方式,其解决的基本问题仍然是三个,亦即确定飞机的位置、飞机的航向以及飞行(或待飞)时间;另外,为了保证飞机在预定航线飞行,必须连续获得飞机的偏航距离(XTK)。

由于目前 ICAO《基于性能的导航手册》中所涉及的所有导航规范中,除"要求授权的 RNP 进近"规范(即 RNP AR APCH 规范)提供垂直引导外,其他导航规范只提供水平引导,因此,本章所述的 RNAV 除另有说明外,都是在平面内运行的。

8.2.1 位置、航向和飞行时间计算

民用航空运输飞机区域导航涉及的导航传感器主要有 GNSS、DME、VOR、ILS、LRRA、惯性基准系统(IRS)以及大气数据计算机(ADC),定位方式有基于 GNSS 的 ρ-ρ 定位;基于 DME/DME/IRS 的 ρ-ρ 定位,IRS 输出的位置信息用于消除 DME/DME 定位的双值性;基于 VOR/DME 的 ρ-θ 定位以及 IRS 定位。在进近着陆阶段,使用 ILS 航向和下滑偏离信息,使飞机保持在下滑线上,而 LRRA 为飞机进近着陆提供无线电高度。在四种定位方式的优先级中,基于 GNSS 的 ρ-ρ 定位的优先级最高,以下依次为陆基无线电导航的 ρ-ρ 定位和 ρ-θ 定位,在没有无线电导航情况下,则选择 IRS 输出的位置信息。

由于 DME 提供的是飞机到 DME 地面台的斜距 R,在利用 DME/DME 进行 ρ-ρ 定位时,必须利用飞机到 DME 信标的水平距离 R_0 进行,见图 5.1。水平距离 R_0 由式(8-1)计算得到,即

$$R_0 = \sqrt{R^2 - (H-h)^2} \tag{8-1}$$

式中,H 和 h 分别为飞机的飞行高度和 DME 台的标高,H 由大气数据计算机提供,h 可从导航数据库中调用。

在利用 DME/DME 进行 ρ-ρ 定位时,还应注意两个 DME 台的选择,满足 $30° < \alpha < 150°$ 的两个 DME 台才可被选作进行 ρ-ρ 定位,α 为两个 DME 台与飞机之间的夹角,其中 $90°$ 为最佳值。

民航运输飞机一般都装有三套 IRS,它们输出的位置数据经加权平均就作为 IRS 的位置信息输出。若一个 IRS 失效,或一个 IRS 输出的位置信息与加权平均值之差大于 30NM,则放弃使用加权平均值,改由使用正常工作的单一 IRS 的位置数据。

图 8.2 中,无线电位置和综合 IRS 位置送入位置滤波器,得到的位置误差信号用于对 IRS 的位置校正。

目前不论利用哪种导航传感器实施 RNAV,飞机的航向一般由 IRS 提供,也可由地速和大气数据计算机(ADC)提供的真空速计算出航向,如图 8.2 所示。

飞行时间 T 直接与飞机地速 V_{GS} 和已飞航迹线长度(飞行距离)ρ_t 有关,即 $T = \rho_t / V_{GS}$。由于飞机在 t 时刻的位置坐标 (x_t, y_t) 可通过某种定位方式获取,因此飞机与在飞航段的起始航路点 $A(x_a, y_a)$ 的距离 ρ_t 总是可以实时求得的(参见图 8.3),即

$$\rho_t = \sqrt{(x_t - x_a)^2 + (y_t - y_a)^2} \tag{8-2}$$

因此只要求得飞机地速,就可确定飞行时间。

区域导航地速的获取主要依赖无线电地速和 IRS 输出的地速。一旦通过无线电导航

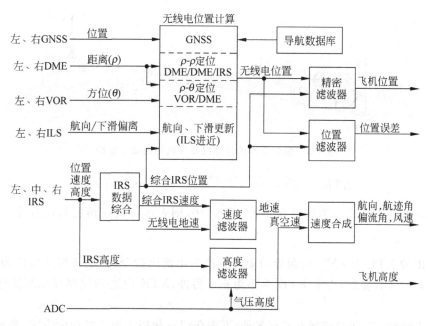

图 8.2　区域导航位置、航向、速度和高度的计算框图

实时获得飞机的位置,那么位置的变化率就是无线电地速。无线电地速精度很高,如采用 DME/DME 进行 ρ-ρ 定位和 VOR/DME 进行 ρ-θ 定位的地速精度分别可达 ±3NM/h (95%)和±6NM/h(95%),而 GPS 提供的地速精度则可高达±0.2NM/h(95%)。

每个 IRS 可提供南北和东西向地速,它们可合成为一个地速矢量。通常 FMC 使用从三个 IRS 输来的地速的算术平均值。若某一 IRS 失效,则与位置数据一样,使用单一的正常工作的 IRS 输出的地速。

无线电地速和综合 IRS 速度均加入速度滤波器,只有在没有无线电地速输入时才采用综合 IRS 速度作为飞机地速。大气数据计算机送来的真空速加到速度合成器,通过地速和真空速便可获得风速,由此还可得到飞机航向、航迹角、偏流角等导出参数。

对 IRS 垂直加速度计的飞机垂直加速度进行两次积分就作为基本的飞机高度数据。这个数据再由从大气数据计算机(ADC)输来的气压信号进行修正,得到的高度就作为飞机的飞行高度。未经气压修正的高度为原始高度(IRS 高度),经修正后的高度称为气压修正高度。

8.2.2　偏航距离计算

偏航距离(XTK)的计算参见图 8.3。

假定飞机正在飞行由 A、B 航路点决定的航段,航路点 A、B 的坐标是已知的,分别为 (x_a, y_a) 和 (x_b, y_b),且航段对应的真航线角 θ_A 已知,这些数据都存储在导航数据库中。为了保持飞机在预定航线飞行,飞机的应飞真航向 $\mathrm{TH}_{应} = \theta_A - \mathrm{DA}$,DA 为偏流角。

飞机在飞行过程中,由于导航系统的误差和空中风的变化等因素的影响,飞机偏离了预计航线。假设 t 时刻飞机处在位置 P,其坐标 (x_t, y_t) 通过某种定位方式可获得,则偏航距离 XTK 为

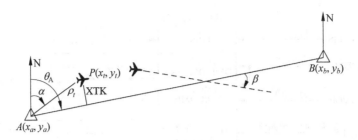

图 8.3 偏航距离的计算以及飞机切回预定航线

$$XTK = \sqrt{(x_t - x_a)^2 + (y_t - y_a)^2}\,\sin(\alpha - \theta_A) \qquad (8\text{-}3)$$

其中 $\alpha = \arctan\left(\dfrac{x_t - x_a}{y_t - y_a}\right)$，为航迹角。若 $XTK > 0$，则表示飞机在预定航线右侧，反之则在左侧。

计算出的 XTK 由 FMC 的制导功能部分产生出操纵指令，控制飞机舵面的偏转，操纵飞机改变横向飞行姿态，直至 XTK 为零为止。另外，XTK 也送到控制显示组件(CDU)进行显示。

飞机飞回预定航线的控制方式有多种，下面介绍一种切入预定航线的方法，参见图 8.3。当飞机偏离预定航线后，即当偏航距离 XTK 不为 0 时，则操纵飞机向偏出的反方向修正航向，使修正后的航向线与预定航线成一定夹角(称为切入角 β)，这个航向就叫切入航向(TH$_{切}$)，飞机保持这一航向切入预定航线。切入航向 TH$_{切}$为

$$TH_{切} = \theta_A \pm \beta \qquad (8\text{-}4)$$

其中右切取"+"，左切取"−"。

切入角 β 的大小一般在 30°~60°范围内取整数，飞机在切入预定航线过程中，如转弯半径较大，则应在快回到航线时，逐渐减小切入角，防止飞机改出时偏出预定航线。

一旦偏航距离 XTK 为 0，则表明飞机已飞回预定航线，这时飞机的应飞真航向要变回 TH$_{应}$，即 TH$_{应} = \theta_A - DA$。

8.3 基于 VOR 和 DME 的区域导航

目前利用 VOR 和 DME 实施的区域导航方式包括基于 VOR/DME 的区域导航和基于 DME/DME 的区域导航两种，基于 VOR/DME 区域导航的主要优点是成本较低，但导航性能不如利用 DME/DME 的 RNAV。在 ICAO 颁布的《基于性能的导航手册》中，VOR/DME 区域导航只用于 RNAV 5 规范，而 DME/DME 区域导航可用于 RNAV 5、RNAV 2、RNAV 1、Basic-RNP 1、RNP APCH 以及 RNP AR APCH 规范，其中在 RNP AR APCH 规范中，GNSS 是支持 RNP AR APCH 运行的主要导航系统，当 DME/DME 提供的区域导航满足要求的导航精度时，可以作为一种恢复性导航方式。DME/DME 能提供高性能的区域导航，但大范围内应用该区域导航方式需要设置较多的满足要求的 DME 地面台，建台成本较高。

8.3.1 基于 VOR/DME 的区域导航

1. VOR/DME 区域导航基本导航计算

利用 VOR/DME 实施区域导航的基本过程和导航计算可用图 8.4 来表示。图 8.4 中，VOR/DME 台的坐标为 (x_v, y_v)，可从导航数据库中调用。假设飞机的预定航路为航路点 A 和 B 之间的连线，其坐标分别为 (x_a, y_a) 和 (x_b, y_b)，也为存储在导航数据库中的已知量，这两个航路点均在 VOR/DME 台覆盖范围内，真航线角为 θ_H。飞机在 t 时刻的坐标为 (x_t, y_t)，可以通过相应的机载系统接收 VOR/DME 台的信号，由飞行管理计算机（FMC）按照 ρ-θ 定位方式获得，飞机的偏航距离（XTK）为 ρ。飞机接收 VOR 台信号可以得到其方位角 θ_1，接收 DME 台信号可以获得到该台的斜距，并通过大气数据计算机（ADC）提供的高度进行修正，得到飞机离 DME 台的水平距离 ρ_1。由于航路点 A 的位置精确已知，因此它离导航台的水平距离 ρ_2 以及相对导航台的方位 θ_2 为存储在导航数据库中的确定量。

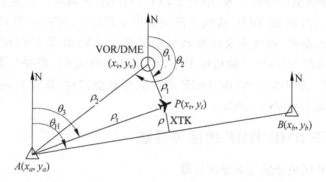

图 8.4　基于 VOR/DME 区域导航的导航计算

基于 VOR/DME 的 RNAV 通过 ρ-θ 定位方式确定飞机的位置，由惯性基准系统（IRS）获得飞机的航向。由于飞机离航路点 A 的距离 ρ_t 是时间的函数，求出 ρ_t 随时间的变化率，可获得飞机地速，即地速 $V_{GS} = d\rho_t/dt$，则飞机的飞行时间为 $T = \rho_t/V_{GS}$。

下面来说明偏航距离（XTK）ρ 的求解。

飞机到航路点 A 的距离 ρ_t 为

$$\rho_t = \sqrt{(x_t - x_a)^2 + (y_t - y_a)^2} \tag{8-5}$$

航迹角（TK）θ_3 为

$$\theta_3 = \arcsin\left(\frac{x_t - x_a}{\rho_t}\right) \tag{8-6}$$

则偏航距离 ρ 为

$$\rho = \rho_t \sin(\theta_3 - \theta_H) \tag{8-7}$$

如果 $\rho > 0$，则表示飞机在预定航线右侧，反之则在左侧。

偏航距离一方面由 FMC 产生出操纵指令加到自动飞行控制系统（AFCS），操纵改变飞机的横向飞行姿态，直至 XTK 为 0 使飞机返回到预定航线；另一方面 XTK 也送到控制显示组件（CDU），使驾驶员知道飞机偏离预定航线的情况，实行对飞行的监视。

可以将基于 VOR/DME 的区域导航系统的结构用图 8.5 表示，这种区域导航涉及的传感器包括 VOR、DME、IRS 和大气数据计算机（ADC）。当然，VOR/DME 区域导航只是

FMS 导航功能的一个组成部分。

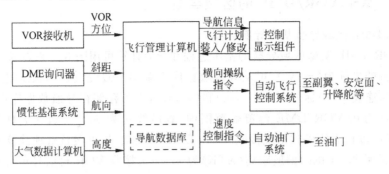

图 8.5 基于 VOR/DME 的区域导航系统

2. VOR/DME 区域导航范围

ICAO 在《基于性能的导航手册》中规定,VOR/DME 区域导航只支持 RNAV 5 规范,即仅就导航精度而言,VOR/DME 区域导航应提供不超过 ±5NM(95%)的导航精度(包括定位误差、飞行技术误差、航径定义误差和显示误差)。CVOR 和 DVOR 可分别在 60NM 和 75NM 范围内满足 RNAV 5 的精度要求,因此,ICAO 在《目视和仪表飞行程序设计》(Doc 8168)中规定,设计基于 VOR/DME 的区域导航航路时,航路离同址安装的 VOR/DME 台的最大距离不得超过 50NM。

8.3.2 基于 DME/DME 的区域导航

1. DME/DME 区域导航基本导航计算

DME/DME 区域导航的基本原理与 VOR/DME 的类似,如图 8.6 所示。

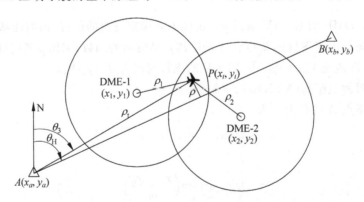

图 8.6 基于 DME/DME 区域导航的导航计算

假设 DME-1 台和 DME-2 台的坐标分别为 (x_1,y_1)、(x_2,y_2),它们的覆盖范围为半径相同的圆。飞机的预定航路为航路点 A 和 B 之间的连线,坐标分别为 (x_a,y_a) 和 (x_b,y_b),航线角为 θ_H。飞机在 t 时刻的坐标为 (x_t,y_t)。飞机接收 DME-1 台和 DME-2 台的信号,可以分别得到离这两个台的斜距,再通过大气数据计算机提供的高度进行修正,得到飞机离 DME-1 台和 DME-2 台的水平距离 ρ_1 和 ρ_2,通过 ρ-ρ 定位方式便可获得 (x_t,y_t)。由于通过两个 DME 台定位可以得到两个飞机位置,故利用 IRS 输出的位置信息消除 DME/DME 定位的双值性。飞机到航路点 A 的距离为 ρ_t，飞机的航迹角（TK）为 θ_3，偏航距离（XTK）为 ρ。

DME/DME RNAV 是采用如下方式解决导航的三个基本问题的：通过 ρ-ρ 定位方式结合 IRS 的位置输出确定飞机的位置；同样由 IRS 提供飞机航向；由 ρ_t 的变化率或 IRS 的地速获得飞机地速 V_{GS}，由此得到飞机的飞行时间为 $T=\rho_t/V_{GS}$。

偏航距离（XTK）ρ 的求解也与 VOR/DME RNAV 的类似，即

$$\rho = \rho_t \sin(\theta_3 - \theta_H) \tag{8-8}$$

其中 ρ_t 为

$$\rho_t = \sqrt{(x_t - x_a)^2 + (y_t - y_a)^2} \tag{8-9}$$

航线角 θ_H 可以从导航数据库中调用，而航迹角 θ_3 为

$$\theta_3 = \arcsin\left(\frac{x_t - x_a}{\rho_t}\right) \tag{8-10}$$

如果 $\rho>0$，则表示飞机在预定航线右侧，反之则在左侧。

获得 XTK 后，FMS 则操纵飞机的横向飞行姿态，直至 XTK 为 0，表示飞机已回到预定航线。

从上面的论述可以看出，DME/DME 区域导航涉及的传感器有 DME、IRS 和大气数据计算机（ADC）。DME/DME/IRS 定出的飞机位置只有在飞机处在两个 DME 台覆盖的公共区时才能得到更新，在其他地方则依靠 IRS 输出的位置信息。ICAO《基于性能的导航手册》在涉及使用 IRS 的区域导航规范中，对 IRS 规定了最长使用时间，如 RNV 5 规范规定，没有无线电位置更新的 IRS 其最长使用时间为 2 小时。

2. DME/DME 区域导航范围

DME/DME 能支持高标准的 PBN 规范，它支持的最高标准的 PBN 规范是 RNP AR APCH 规范，尽管在该规范中，DME/DME 只是作为一种恢复性导航方式。RNP AR APCH 规范对导航精度的要求是，侧向和纵向精度不能超出 $\pm 0.1 \sim \pm 0.3$NM（95%）（包括定位误差、飞行技术误差、航径定义误差和显示误差）。而我们知道，基于 DME/DME 的 ρ-ρ 定位导航系统，其定位精度不但与所测距离精度有关，还与飞机与两个 DME 台构成的几何形状有关，即

$$\sigma_{DME/DME} = \sigma_R \times PDOP \tag{8-11}$$

式中，$\sigma_{DME/DME}$ 和 σ_R 分别表示 DME/DME 定位误差的均方差和测距误差的均方差；PDOP 为位置精度因子，其大小只由飞机与两个 DME 台的相对位置关系确定，参见 2.6 节。

下面讨论为保证 DME/DME 导航所需的 PDOP 值的更新区。

由于使用 DME/DME 进行导航时，飞机需要获得离两个 DME 台的水平距离信息才可解算出飞机的精确位置，因此飞机需要处在两个 DME 台的公共覆盖范围内；另外，为了保证所要求的 PDOP 值，可以证明，两个 DME 台与飞机位置之间的夹角必须处在 30°到 150°之间。综合上面两个因素，飞机只有处在图 8.7 所示的阴影部分时，才能保证规定的 PDOP 值并获得位置更新，该阴影部分称为 DME/DME 导航的更新区。

图 8.7 中，A、B 为两个 DME 台，每个 DME 台的覆盖半径为 R_0（R_0 最大为 200NM）。以 A、B 为圆心，作半径为 1NM 的两个圆，表示两个 DME 台的顶空盲区，不能作为更新区。

假设 A、B 两个 DME 台相距 d，以 d 为半径、O_1 和 O_2 为圆心作两个圆，这两个圆均通过 A、B 两点，则当飞机位于弧 AM_1B 和弧 AM_4B 的任意一点时，飞机与两个 DME 台的夹角 α

为 30°；而当飞机位于弧 AM_2B 和弧 AM_3B 的任意一点时(不进入半径 1NM 的非更新区)，α 则为 150°。由于飞机又要位于两个 DME 台的公共覆盖区内，因此，图 8.7 的阴影部分便是 DME/DME 导航满足精度要求的导航范围，即更新区。

当飞机处在图 8.7 的更新区时，机载 DME 系统利用 DME/DME 定位时 95% 的位置估计误差为

$$2\sigma_{\text{DME/DME}} \leqslant \frac{2\sqrt{(\sigma_{1,\text{air}}^2 + \sigma_{1,\text{sis}}^2) + (\sigma_{2,\text{air}}^2 + \sigma_{2,\text{sis}}^2)}}{\sin\alpha} \tag{8-12}$$

式中，$\sigma_{\text{DME/DME}}$ 表示 DME/DME 定位误差的均方差；$\sigma_{1,\text{sis}}$、$\sigma_{2,\text{sis}}$ 分别为 DME 1 台和 DME 2 台应答器误差、应答器位置坐标误差、传播误差及随机脉冲干扰误差的均方差，且 $\sigma_{\text{sis}} = 0.05\text{NM}$；$\sigma_{1,\text{air}}$、$\sigma_{2,\text{air}}$ 分别为询问器接收 DME 1 台和 DME 2 台信号进行测距时误差的均方差，且 $\sigma_{\text{air}} = \max\{0.085\text{NM}, 0.125\% \times R\}$，其中 R 为所测距离；α 为飞机与两个 DME 台 (DME 1、DME 2) 的夹角，见图 8.7 中的 α，$\alpha \in [30°, 150°]$，以 90° 最佳。

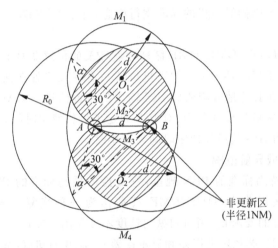

图 8.7 DME/DME 区域导航的更新区

8.4 PBN 基础

基于性能的导航(PBN)也称为性能基导航，是 ICAO 在整合世界各国区域导航 (RNAV) 和所需导航性能(RNP)运行实践和技术标准的基础上，提出的一种新型运行概念。从全球范围来看，现行区域导航的技术标准并不统一，航空发达的欧洲和美国对区域导航的具体技术要求也存在差异。为统一认识并指导各缔约国实施新技术，ICAO 于 2007 年发布了《基于性能的导航手册(第 1 版)》(Doc9613)。我国对区域导航技术也有较深的认识，并积极在终端区、航路运行阶段推广应用。

8.4.1 PBN 的定义与组成

1. PBN 的定义

基于性能的导航(PBN)是指对于运行在空中交通服务(ATS)航路、仪表进近程序或指定空域的航空器基于规定的导航性能要求的区域导航。

PBN 定义中涉及的"性能"包括 RNP 的四个指标外加一个"功能性",即精度、完好性、连续性、可用性和功能性,其中功能性是指为达到所需性能要求,机载导航系统必须具备的功能,主要包括在导航显示器(ND)上为机组连续显示航空器的航迹位置、显示相对激活航路点的距离和方位、显示到激活航路点的地速或时间、导航数据存储功能以及 RNAV 系统(包括导航传感器)故障的正确显示等。

2. PBN 涉及的三个要素

PBN 是空域概念的要素之一,另外三个要素分别为通信、监视和空中交通管理(ATM),如图 8.8 所示。

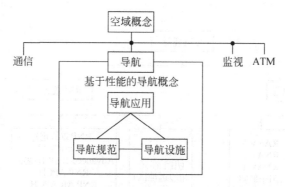

图 8.8　PBN 空域概念下的基于性能的导航概念

PBN 有两个核心要素,即导航规范和导航设施,在空域概念下将这两个要素应用到 ATS 航路和仪表飞行程序中又产生了另一个要素——导航应用。

1) 导航规范

导航规范是在指定空域内为保证 PBN 的运行,针对航空器和机组成员所制定的一整套要求。导航规范的内容主要包括:详细说明了区域导航系统在精度、完好性、连续性和可用性方面的性能;为了能够达到性能要求,区域导航系统必须具有的导航功能;为了获得所需的性能,必须将符合规定标准的导航传感器进行组合;为了获得飞机和区域导航系统的性能,对机组提出的要求。

《基于性能的导航手册》包含两类导航规范,即 RNAV 规范和 RNP 规范,这两类规范涉及的内容几乎相同,本质区别在于,RNP 规范要求具有完备的机载性能监视和告警(OPMA)要求,而 RNAV 规范则不要求此内容。

对洋区、偏远大陆、航路和终端区导航规范的命名规则为:

(1) RNP 规范被命名为 RNP x,如 RNP 4;RNAV 规范被命名为 RNAV x,如 RNAV 1。这里的 x 表示在该空域、航路或程序范围内,所有运行的飞机至少在 95% 的飞行时间内都可以达到的横向总系统误差(TSE)及纵向航迹误差(以 NM 为单位)。

(2) 如果两个导航规范共用同一个 x 值,则在 RNP、RNAV 前面加前缀进行区分,如 Advanced-RNP 1(高级 RNP 1)、Basic-RNP 1(基本 RNP 1)。

对进近导航规范的命名规则为,将导航规范作前缀,后随原用词作后缀,如 RNP APCH(RNP 进近),RNP AR APCH(RNP 授权进近)。

尤其要提出的是,虽然 RNP x 或 RNAV x 规范后面的 x 只表示精度,但作为 RNP x 或 RNAV x,它表示的是一种 RNP 或 RNAV 导航规范,包括一整套导航性能参数(精度、完好性、连续性、可用性及功能性)要求及其他要求。

目前的《基于性能的导航手册》定义了四个 RNAV 规范和四个 RNP 规范。四个
RNAV 规范分别是 RNAV 10 规范(用于洋区和边远地区),RNAV 5 规范、RNAV 2 规范
和 RNAV 1 规范(用于航路和终端区);四个 RNP 规范是 RNP 4 规范(用于洋区和边远地
区),Basic-RNP 1 规范(用于终端区),RNP APCH 规范以及 RNP AR APCH 规范(用于进
近),如图 8.9 所示,其中 RNP 2 规范、Advanced-RNP 1 规范以及有附加要求的 RNP 规范
(如 3D、4D 导航)则还没有给出具体内容。图 8.10 则给出了在 ATS 航路和仪表程序应用
RNAV 和 RNP 规范示例,对于任何特定的 PBN 运行,可能使用到一系列 RNAV 规范和
RNP 规范。

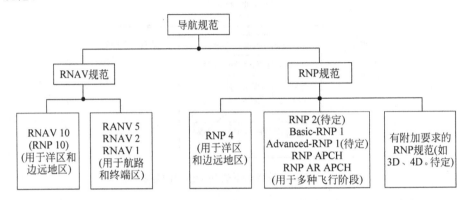

图 8.9　RNAV 和 RNP 规范

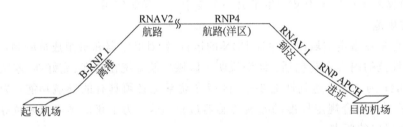

图 8.10　ATS 航路和仪表程序应用 RNAV 和 RNP 规范的示例

由于每种导航规范都定义了特定的性能要求,因此,即使是已经获得 RNP 规范批准的
航空器,也不能自动获得所有 RNAV 规范的批准;同理,对于已经被批准具有严格性能要
求的 RNP 或 RNAV 规范的航空器(如 RNP AR APCH),也不能自动获得弱一级性能要求
导航规范(如 RNP 4)的批准,例如,被批准基于 RNP 1 的航空器不能被自动获准具有 RNP
4 的资格。

值得一提的是,现行 RNP 10 规范与 PBN 的 RNP 规范要求是不一致的,目前的 RNP
10 规范没有包含对机载性能的监视与告警的要求,所以实际上是属于 PBN 规范中的
RNAV 10 规范。对于 RNP 10 规范,任何新的空域标识或飞机审批将继续使用 RNP 10,而
PBN 应用则标识为 RNAV 10。

在未来的空域概念中,RNP 规范可能要求在不改变导航性能要求的基础上,附加额
外的功能,例如,未来的导航规范可能会包括对垂直 RNP(3D)和基于时间(4D)能力的
要求。

2）导航设施

导航设施指陆基或星基导航系统。陆基导航系统主要包括 DME、VOR 和 INS(IRU)，星基导航系统则为 GNSS。实际上，ICAO 在向全球推广 PBN 概念时，随着导航技术的发展，PBN 最终将 GNSS 作为"单一导航系统"使用，但仍然需要 DME、VOR 和 INS 作为恢复性导航系统。

3）导航应用

导航应用是导航规范和导航设施在 ATS 航路、仪表进近程序或根据空域概念定义的某一空域范围内的应用。RNAV 规范支持 RNAV 应用，RNP 规范支持 RNP 应用。

不同国家在实施某一具体的 RNAV 规范或 RNP 规范时，对导航设施的要求可能是不同的。例如，GNSS、DME/DME/IRU、DME/DME 任意一种导航源都可满足 RNAV 1 规范的性能要求，但对特定的国家，对于需要满足 RNAV 1 规范的导航设备性能不仅仅依赖于航空器的机载能力，有限的 DME 设备或 GNSS 政策因素都可能导致该国对 RNAV 1 规范具有特定的导航设备要求。如 A 国的《航行资料汇编》(AIP) 可能规定把 GNSS 作为 RNAV 1 规范的一种要求（因为 A 国只有 GNSS 可以使用），B 国的 AIP 则可能把 DME/DME/IRU 作为其 RNAV 1 规范的要求（因为该国政策上不允许使用 GNSS）。由此可知，虽然对 A 国和 B 国而言都在具体应用 RNAV 1 规范，但因为使用的导航设施不同，只装备了 GNSS 的航空器只能在 A 国获得符合 RNAV 1 运行的批准，在 B 国却不行。

8.4.2　为什么需要 PBN

区域导航从 20 世纪 60 年代后期和 70 年代初期开始出现，到 80 年代开始已获得了快速发展。ICAO 为了给区域导航的发展提供统一的规范，于 1994 年颁布了《所需导航性能手册》。该手册在区域导航的发展史上具有里程碑式的意义，它不但正式提出了 RNP 的精度、完好性、连续性、可用性定义和应用，而且代表了从基于传感器的导航到基于所需导航性能的导航的转变。

《所需导航性能手册》颁布之后，世界各国和地区尤其是欧洲、美国、澳大利亚等都分别提出了自己的区域导航规范和实施进程。例如，美国 RNAV 类型分为 A 类和 B 类，欧洲 RNAV 类型则分为基本 RNAV(B-RNAV) 和精密 RNAV(P-RNAV)，而主要用于洋区的 RNP 10 运行不具有机载性能监视与告警功能。为了规范区域导航的命名和技术标准，并指导各国实施区域导航新技术，ICAO 认为必须重新审核和重新定义 RNAV、RNP 概念。为此，ICAO 的 RNP 特别运行需求研究组 (RNP SORSG) 对 RNP、RNAV 的定义和术语作了深入研究。2007 年 3 月，《基于性能的导航手册》出现在 ICAO 的网站上；2007 年 4 月 27 日，ICAO 向各缔约国发出了解释 PBN 概念和"PBN 手册"的信件，并要求各国实施 PBN；2008 年，ICAO 颁布《基于性能的导航手册（第 3 版）》，并要求各缔约国在 2009 年底前制定 PBN 实施规划，2016 年完成全部实施工作，全球一致地从基于传统地面导航台的飞行过渡到 PBN 运行。

相比于基于导航传感器设计的传统导航，PBN 具有以下主要优势：

(1) 减少了传统航路与程序所需的维护及相关费用。例如，VOR 台可能用于航路、进近或复飞等程序，迁移一个 VOR 地面设备可能会影响很多相关的飞行程序，需要很多费用来进行调整。

（2）避免频繁投资新导航源的运行方式。例如，卫星导航服务的发展有助于区域导航的实施，但由于 SBAS、GBAS 和 GRAS 应用的不断发展，对于传统导航而言，最初基本的 GNSS 设备就需要不断改进，需要不断投资。

（3）提供更有效的空域运行（航线安排、燃油率、噪声控制等方面）。

（4）明晰 RNAV 系统的使用。

（5）通过全球使用统一的区域导航规范，简化了运营人运行批准的过程。

8.4.3　RNAV 系统和 RNP 系统

在《基于性能的导航手册》中定义的 RNAV 系统和 RNP 系统就是满足规定性能（精度、完好性、连续性、可用性和功能性）要求的区域导航系统，这两种系统的基本结构和功能是相似的，本质区别就在于是否具有机载性能监视与告警（OPMA）功能：RNP 系统具有 OPMA 功能，而 RNAV 系统则没有该功能。

从 20 世纪 90 年代开始，大多数区域导航系统都提供 OPMA 功能，这导致了 RNP 系统的产生。RNP 系统提高了运行的完好性，使航路间距和保护区缩小，空域资源得到进一步优化。RNAV 和 RNP 运行将会共存多年，最后都逐渐转换为 RNP 运行。

1. RNP 系统

RNP 系统就是满足规定性能要求且具有机载性能监视与告警（OPMA）功能的区域导航系统。有关区域导航系统的工作原理与过程已在前面作了详细阐述。除满足区域导航系统的总体要求外，对于 RNP 系统，其典型的标志性功能主要是：

（1）具有以规定的可靠性、重复性和预测性使飞机沿计划航线（包括曲线航线）飞行的能力。

（2）通过垂直剖面实施垂直引导，使用仰角或高度限制确定所需垂直航径。

（3）根据 RNP 系统的安装、结构和布局不同，可以采用不同形式提供性能监视和告警功能，包括显示并指示所需导航性能和实际导航性能；监视系统性能，并在 RNP 性能不满足要求时向机组提供告警；与 RNP 成比例的侧向航迹偏离显示，并与导航完好性独立监视和告警相结合。

（4）RNP 系统通过利用导航传感器、系统结构和运行模式来满足 RNP 导航规范的要求，它可以对传感器和数据进行完好性和缜密性检查，可以剔除不符合要求的导航传感器。RNP 系统还可以限制那些导致 RNP 变低的飞行模式，例如，如果人工驾驶时，飞行技术误差变为影响 RNP 性能的重要因素，那么这种飞行模式则被禁止。

2. 机载性能监视与告警

为了深刻理解 RNP 系统，我们在这里集中阐述 RNP 系统所独有的机载性能监视与告警（OPMA）功能。为此，先说明区域导航系统的误差源。

1）导航误差源

（1）侧向误差。导航的侧向误差主要包括航线定义误差（PDE）、飞行技术误差（FTE）和导航系统误差（NSE），如图 8.11 所示。

航线定义误差（PDE）是导航数据库定义的航线（定义航线）与期望航线之间的垂直距离。PDE 由导航数据库的编码不准确或出现故障而造成，通常可以忽略不计。飞行技术误差（FTE）有时指航线操纵误差（PSE），包含人工驾驶时的飞行员操纵和判读误差，或自动飞

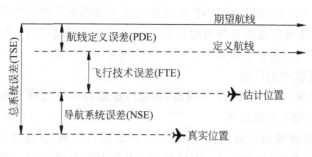

图 8.11 侧向导航误差

行控制系统的全回路误差,它与机组或自动驾驶仪沿期望航线运行的能力有关。处在不同飞行区间的 FTE 见表 8.2 所示。

表 8.2 不同飞行区间的飞行技术误差(FTE)

飞行区间	人工模式(NM)	飞行指引模式(NM)	自动驾驶(NM)
洋区	2.0	0.5	0.25
巡航	1.0	0.5	0.25
终端	1.0	0.5	0.25
进近	0.5	0.25	0.125

导航系统误差(NSE)有时指定位估计误差(PEE),它是导航系统输出的飞机估计位置与真实位置之间的距离。NSE 由地面或星载导航台误差、信号空间传播误差及机载导航系统的误差引起。

假设航线定义误差(PDE)、飞行技术误差(FTE)和导航系统误差(NSE)是相互独立的、零均值的高斯随机变量,它们的方差分别为 σ_{PDE}^2、σ_{FTE}^2 和 σ_{NSE}^2,则导航系统的侧向总系统误差(TSE)也是零均值的高斯随机变量,其均方差 σ_{TSE} 为

$$\sigma_{TSE} = \sqrt{\sigma_{PDE}^2 + \sigma_{FTE}^2 + \sigma_{NSE}^2} \tag{8-13}$$

对于 RNP x 规范,要求航空器在 95% 的飞行时间内,$\sigma_{TSE} < x$,如图 8.12 所示。

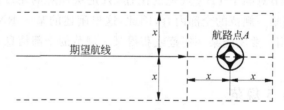

图 8.12 RNP x 规范定义的侧向和纵向导航精度(95%)

(2) 纵向误差。纵向导航误差指的是沿定义航路方向的导航误差,主要包括航线定义误差(PDE)和导航系统误差(NSE),而没有飞行技术误差(FTE)。通常 PDE 可以忽略,这样导航的纵向误差就只剩下 NSE。导航的纵向精度将影响位置报告(如离某个航路点还有多少距离)和程序设计(例如,航空器飞越某航路点后,飞机开始下降的航段最低高度)。

对于某一 RNP 规范,例如 RNP x 规范,对导航的纵向精度的要求是,在定义航线的航路点(如航路点 A)处,航空器在 95% 的飞行时间内,其偏离航路点 A 的距离不得超过 x,如图 8.12 所示。

必须说明的是,RNAV 规范和 RNP 规范的精度要求明确了侧向和纵向导航精度范围,RNP 规范中的机载性能监视和告警虽然只是对侧向误差进行监视,但导航系统误差(NSE)是径向误差,所以实际上对总系统误差(TSE)的监视是全方位的。

2) RNP 规范所监视的性能

对于某一 RNP 规范,比如 RNP x 规范,机载性能监视和告警所监视的性能包括精度、完好性、连续性和 GNSS 空间信号。

(1) 精度。在空域或指定航路按照 RNP x 规范运行期间,在至少 95% 的总飞行时间里,侧向总系统误差(TSE)必须在 $\pm x$ 海里之内;纵向误差至少在 95% 的总飞行时间里,也必须在 $\pm x$ 海里之内。

(2) 完好性。机载导航系统出现故障而没有给出告警的概率应该小于每飞行小时 10^{-5}。如果该概率超过 $10^{-5}/\text{h}$,则该导航系统故障被归类为严重故障。

(3) 连续性。导航系统失去功能被划归为主要故障状态。每一个 RNP 规范都规定了相应的导航系统配置,而每一个导航传感器都必须满足相应的标准。按照这些要求配置的导航系统,被认为满足所需的连续性。

(4) GNSS 空间信号。在使用 GNSS 作为导航源时,还必须监视 GNSS"空间信号"的质量。

8.5 RNAV 5/2/1 规范和 Basic-RNP 1 规范

《基于性能的导航手册》中包含的重要内容便是各种 RNAV 规范和 RNP 规范,目前手册中包含四个 RNAV 规范和四个 RNP 规范,本节将以 VOR/DME 支持的 RNAV 5 规范以及 DME/DME 支持的并在我国民航实施的 RNAV 1 规范、RNAV 2 规范以及 Basic-RNP 1 规范为例,阐述这四个规范的主要内容。每个 RNAV 规范和 RNP 规范都采用相同的格式论述,即引言、航行服务提供商(ANSP)的考虑事项以及导航规范,其中导航规范占据某一 RNAV 规范或 RNP 规范的大部分内容。

需要说明的是,本节对四个 PBN 规范的阐述,只是从理解的角度给出的,并且限于篇幅,叙述的内容并不是某一规范的全部内容,因此,这里阐述的某一 RNAV 或 RNP 规范并不能当作某一规范来用。要实施某一规范或获得某一规范的全部信息,必须查看《基于性能的导航手册》原始资料。

8.5.1 RNAV 5 规范

RNAV 5 规范来源于欧洲的基本区域导航(B-RNAV),只用于航路飞行阶段,属于 RNAV 和传统 ATS 航路的过渡和混合,在欧洲、日本和中东等国家和地区获得了应用。

1996 年 7 月欧洲联合航空局(JAA)首次出版了《临时指导宣传册第 2 号》,其中包括在欧洲指定空域实施 B-RNAV 运行时,对导航系统进行适航审批的咨询材料。随后 JAA 将该材料用 AMC 表示,并将职责交给欧洲航空安全局(EASA),这样,JAA 的《临时指导宣传册第 2 号》就以文件《AMC 20-4》重新发行。1998 年 1 月 29 日,欧洲率先实施了 B-RNAV,被认为是航路飞行阶段实施区域导航运行的第一步过渡。

1998 年 3 月美国联邦航空局(FAA)公布了类似材料《AC 90-96》,它与《AMC 20-4》所描述的区域导航系统的功能和运行要求等方面完全是等同的。

1. 航行服务提供商(ANSP)的考虑事项

1) 导航基础设施

RNAV 5 系统允许航空器在非自主式导航系统(包括星基和陆基导航系统)的覆盖范围内,或自主式导航系统的性能范围内,或两种导航系统的组合,沿任何希望的航路飞行。

支持 RNAV 5 运行的导航系统有 VOR/DME、DME/DME、INS/IRS 以及 GNSS。

航行服务提供商(ANSP)必须对导航基础设施进行评估,以证明该设施足以支持RNAV 5 运行(包括提供恢复为常规导航服务的能力)。允许存在导航信号的覆盖盲区而使飞机使用 INS/IRS 进行自主导航,但这时需要适当考虑在航路间隔和超障余度方面增加横向航迹保持误差。

2) 通信

RNAV 5 的通信方式为管制员-驾驶员话音直接通信。

3) 监视

RNAV 5 不要求雷达监视,但目前典型的应用环境为雷达监视环境,如欧洲的 B-RNAV。依赖 ATS 监视协助实施应急程序的地方,ATS 监视的性能应足以满足该要求。若 RNAV 5 航路处在 ATS 监视和通信覆盖之内,则可以利用监视雷达来监视飞机,以减小导航系统一旦出现大的误差而造成的风险。

4) RNAV 5 规定的航路间隔

实施 RNAV 5 规范的国家应参照 ICAO 相关文件,考虑 RNAV 5 航路之间或 RNAV 5与常规航路之间的航路间隔。RNAV 5 规范没有对航路间隔作出硬性规定,只是给出了已实施 RANV 5 的国家的使用值:在无 ATS 监视且高密度空域采用 30NM 的航路间隔;在有 ATS 监视空域,单向航路采用 16.5NM 航路间隔,双向航路采用 18NM 航路间隔。所有航路必须采用 WGS-84 坐标。

5) 管制员的培训

对管制员的培训包括区域导航系统的工作原理、飞行计划要求和 ATC 程序三个方面。区域导航系统的工作原理的培训内容主要包括功能能力和该导航规范的限制条件,精度、完好性、连续性和可用性,GPS 接收机、RAIM、故障检测排除(FDE)和完好性告警;ATC 程序主要包括 ATC 应急程序,最小间隔标准,混合装备环境,不同运行环境之间的过渡以及术语。

2. 导航规范

1) 审批程序

RANV 5 规范运行之前,必须完成以下任务:

(1) 必须确定机载设备的合格性,并备有证明文件,根据《AMC 20-4》或《AC 90-96》核准也可看作是完成了此项工作;

(2) 必须备有所用导航系统的运行程序;

(3) 必须备有依据运行程序对机组进行培训的证明文件;

(4) 上述材料必须得到国家管理当局的认可;

(5) 必须依照国家运行规定获得运行审批。

2) 对航空器的要求

(1) 对航空器导航系统的配置要求。支持 RNAV 5 运行的航空器,其 RNAV 系统可以利用下述的一个定位传感器或多个定位传感器输出的位置信息:VOR/DME、DME/DME、INS(或 IRS)、GNSS。

CVOR 和 DVOR 可分别在 60NM 和 75NM 范围内满足 RNAV 5 的精度要求。在 VOR 覆盖的某些区域可能由于多径干扰等会出现较大误差,因此在这些区域可以增大航路间隔。DME 的导航精度很高,在能够接收到 DME 信标信号的地方,DME 信号就足以满足 RNAV 5 的精度要求。不论是 VOR 还是 DME,它们都必须满足 ICAO"附件 10"的性能要求,否则就不能在航行资料汇编(AIP)中公布。

对于 INS(或 IRS),如果没有无线电位置对其更新,那么该 INS(或 IRS)最长使用时间为 2 小时;具有无线电位置更新的 INS/IRS,应该依照《AC 90-45A》、《AC 20-130A》或类似的文件予以审批。

使用 GNSS 支持 RNAV 5 运行时,GNSS 必须依据 ETSO-C129、ETSO-C145、ETSO-C146、FAA TSO-C145、TSO-C146 以及 TSO-C129 或类似文件获得审批,且必须使用 SBAS(或 RAIM)或类似手段来提供完好性要求。如果 RAIM 的可用性预报超过 5 分钟不满足要求,则必须修改飞行计划(推迟离港或制定一个不同的离港程序);驾驶员/ANSP 应该认识到 RAIM 或 GPS 可能会同时失去功能,此时需要转换至另一种替代导航方式(也就是传统导航方式)。

(2) 对航空器导航系统性能的要求。

① 精度。在空域或指定航路按照 RNAV 5 运行期间,在至少 95% 的总飞行时间里,侧向总系统误差(TSE)必须在 ±5NM 之内;纵向误差至少在 95% 的总飞行时间里,也必须在 ±5NM 之内,如图 8.13 所示。

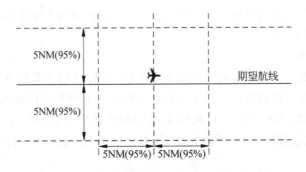

图 8.13　RNAV 5 规范对侧向和纵向精度的要求

② 完好性。机载导航系统出现故障而没有给出任何提醒的概率应该小于每飞行小时 10^{-5}。

③ 连续性。如果飞行员可以转换到另一个不同的导航系统飞往适当的机场,则导航系统失去功能被归类为不重要的故障。

在 RNAV 5 空域中,满足下述条件的系统通常可以满足 RNAV 5 对完好性和连续性的最低要求:一个或多个传感器、RNAV 计算机、控制显示组件和导航显示器(如 ND、HSI 或 CDI),并且该 RNAV 系统由机组进行监视,一旦该系统出现故障,飞机仍然具有依据陆基导航系统(如 VOR/DME 或 NDB)进行导航的能力。

④ 空间信号。在使用 GNSS 时,如果由于空间信号误差导致侧向位置误差大于 10NM 的概率超过 $10^{-7}/h$,则机载导航设备必须提供告警。

(3) 对航空器的功能要求。下述系统功能是对支持 RNAV 5 运行的最低要求:

① 在位于主驾驶员主视野的导航显示器(ND)上,连续显示飞机相对于期望航线的位置;

② 若机组至少为两个驾驶员,则通过导航显示器(ND)向副驾驶员连续显示飞机相对于期望航线的位置,且 ND 必须位于其主视野之内;

③ 显示相对下一个激活航路点的距离和方位;

④ 显示相对下一个激活航路点的地速或时间;

⑤ 存储的航路点最少为 4 个;

⑥ RNAV 系统的相应故障显示(包括传感器)。

3) 导航数据库

RNAV 5 并不要求配备导航数据库,但如果携带并使用导航数据库,则其必须是有效的,并适合计划运行地区,且必须包括该航路所需的导航设备和航路点。

4) 驾驶员知识与培训

RNAV 5 规范对驾驶员的培训项目较多,共包括以下 9 项:安装的 RNAV 系统的性能和限制,RNAV 系统运行的实施程序和空域,用于 RNAV 5 运行的导航系统在 RNAV 运行方面的限制,RNAV 故障应急程序,依据 Doc 4444 和 Doc 7030 的无线电/电话用语,RNAV 运行的飞行计划要求,图表描述和文字描述所确定的飞行计划要求,RNAV 系统专用信息,RNAV 设备的操作程序。

上述每一项的具体培训内容参阅《基于性能的导航手册》的相关内容。

8.5.2 RNAV 1 规范和 RNAV 2 规范

RNAV 1 规范来源于美国的 A 类 RNAV(RNAV Type A)和欧洲的精密 RNAV(P-RNAV),而 RNAV 2 来源于美国的 B 类 RNAV(RNAV Type B)。这两个规范适用于所有 ATS 航路,包括航路、标准仪表离场(SID)、标准进场航路(STAR),还适用于直至最后进近点的仪表进近程序。

RNAV 1 和 RNAV 2 规范必须在雷达环境下实施。RNAV 1 通常用于雷达监视环境的终端区,目前还没有基于陆上航路的 RNAV 1 的应用。北京、天津、广州等机场实施的 RNAV 进离场程序就属于 RNAV 1。

2000 年 11 月 1 日,JAA 通过 TGL-10 发布了对精密 RNAV(P-RNAV)进行适航和运行审批的材料,FAA 于 2005 年 1 月 7 日通过 AC90-100 公布了美国终端区和航路区域导航运行的指导材料。尽管这两个材料对 P-RNAV 和 RNAV Type A 的功能要求类似,但在技术要求等方面仍然存在差异。ICAO 力求通过 RNAV 1 规范将 P-RNAV 和 RNAV Type A 进行整合,在欧洲和美国的区域导航标准之间求得一致。

1. 航行服务提供商(ANSP)的考虑事项

1) 导航基础设施

支持 RNAV 1 和 RNAV 2 运行的导航基础设施有 GNSS 、DME/DME 和 DME/DME/IRU。多数现代 RNAV 系统会优先使用 GNSS 的定位信息,然后使用 DME/DME

的定位信息。在仅使用 DME 进行位置更新时,DME 信标的覆盖盲区会影响到位置的更新,如果将 DME 与 IRU 组合,则允许 DME 的覆盖盲区适当加大。

2)通信

RNAV 1 和 RNAV 2 的通信方式为管制员-驾驶员话音直接通信。

3)监视

RNAV 1 和 RNAV 2 运行必须在雷达环境下实施。在使用雷达协助实施应急程序时,雷达的覆盖、精度、连续性和有效性足以保证 RNAV 1 和 RNAV 2 ATS 航路的间隔,并且如果有几架航空器不能达到本导航规范规定的导航性能,那么雷达足以提供相应的应急措施。

4)RNAV 1 和 RNAV 2 规定的航路间隔

RNAV 1 的航路间隔目前尚在研究中,而 RNAV 2 的航路间隔至少为 8NM。所有航路必须采用 WGS-84 坐标。

5)管制员的培训

在实施 RNAV 1 和 RNAV 2 的空域中,提供 RNAV 终端和进近管制服务的管制员应该接受相应的培训,培训包括核心培训和针对本导航规范的专项培训。核心培训包括区域导航系统的工作原理、飞行计划要求和 ATC 程序,针对本导航规范的专项培训包括标准进场航路(STAR)和标准仪表离场(SID)、RNP 进近及相关程序、RNAV 1 和 RNAV 2 的相关术语以及在程序执行期间请求变更航路的影响。每一项培训都有详细要求,具体参见《基于性能的导航手册》。

2. 导航规范

1)审批程序

本 RNAV 1 和 RNAV 2 规范在欧洲的 P-RNAV 和美国的 RNAV 标准之间求得一致。被 RNAV 1 和 RNAV 2 审批通过的航空器,自动获得在美国或欧洲民航协会(ECAC)成员国空域运行的许可。

RNAN 1 和 RNAV 2 运行之前,必须完成以下步骤:

(1)必须确定航空器设备的合格性,并备有证明文件,根据《TGL-10》或《AC 90-100》核准也可看作是完成了此项工作;

(2)所要使用的导航系统运行程序和运营人的导航数据库程序必须形成文件;

(3)必须备有依据运行程序对机组进行培训的证明文件;

(4)上述材料必须得到国家管理当局的认可;

(5)必须依照国家运行规定获得运行审批。

对于未持有 RNAN 1 和 RNAV 2 批准书的运营人,需按照下述途径过渡至 RNAN 1 和 RNAV 2:

(1)首先根据《AC 90-100》或《TGL-100》获得飞机合格证,然后根据《AC 90-100》或《TGL-100》与 RNAV1/RNAV2 的差异,获得符合 RNAV 1/RNAV 2 的运行认证;

(2)依照 RNAV 1 和 RNAV 2 标准获得批准的运营人,有资格在美国的 RNAV Type A 和 Type B 及欧洲的 P-RNAV 航路上运行,无须再次获得批准;

(3)希望仅在指定为 P-RNAV 空域飞行的运营人,应该根据《TGL-100》获得 P-RNAV 批准;

（4）希望仅在美国的 RNAV Type A 和 Type B 航路飞行的运营人，应该根据《AC 90-100》获得运行批准。

对于持有 P-RNAV 批准书的运营人，需按照下述途径过渡到 RNAN 1 和/或 RNAV 2：

（1）可以在任何国家内根据《TGL-10》定义的航路上运行；

（2）为了在指定的 RNAV 1 和/或 RNAV 2 空域飞行，必须获得运行批准，证明在《TGL-10》基础上进一步符合 RNAV 1 和/或 RNAV 2 导航规范的要求。

对于持有 US-RNAV 批准书的运营人，需按照下述途径过渡至 RNAN 1 和 RNAV 2：

（1）可以在任何国家内根据《AC 90-100》定义的航路上运行；

（2）为了在指定的 RNAV 1 或 RNAV 2 空域飞行，必须获得运行批准，证明在《AC 90-100》基础上进一步符合 RNAV 1 和/或 RNAV 2 导航规范的要求。

2）对航空器的要求

（1）对航空器导航系统的配置要求。支持 RNAV 1 和 RNAV 2 运行需要相应的区域导航系统，可用的导航传感器为 GNSS、DME/DME 以及 DME/DME/IRU。

对于满足如下条件的 GNSS 区域导航系统，它能支持 RNAV 1 和 RNAV 2 运行所需要的精度：

① 配备 TSO-C129/C129a 传感器（B 类或 C 类）和 TSO-C115b FMS 的飞机，依据 FAA AC20-130A 用于仪表飞行规则（IFR）；

② 配备 TSO-C145 传感器和 TSO-C115b FMS 的飞机，依据 FAA AC20-130A 或 AC20-138A 用于仪表飞行规则（IFR）；

③ 配备 TSO-C129/C129a A1 类传感器的飞机，依据 FAA AC20-138 或 AC20-138A 用于仪表飞行规则（IFR）；

④ 配备 TSO-C146 传感器的飞机，依据 FAA AC20-138A 用于仪表飞行规则（IFR）。

为了支持 RNAV 1 和 RNAV 2 运行所需要的完好性，GNSS 必须加装 ABAS（或 RAIM）以增强完好性。若 RAIM 的可用性预报超过 5 分钟不满足要求，则必须修改飞行计划（推迟离港或制定一个不同的离港程序）。驾驶员/ANSP 应该认识到 RAIM 或 GPS 可能会同时失去功能，此时需要转换至另一种替代导航方式，如基于陆基导航系统的传统导航方式。

对于 DME/DME 区域导航系统，"PBN 手册"对其有详细的性能要求，限于篇幅，这里只列出如下重要的几条：

① DME/DME 系统必须满足 TSO-C66c 的精度要求；

② 在机载 DME 系统被调谐后 30s 之内必须给出位置更新；

③ 机载 DME 系统能自动调谐多个 DME 信标台；

④ 提供连续的 DME/DME 位置更新；

⑤ 两个 DME 信标与航空器连线所形成的夹角应在 30°～150°之间。

对于依靠 DME 的导航，应该通过航行通告（NOTAM）核实关键 DME 的工作状态。飞行时一旦关键 DME 出现故障，驾驶员应该对这种情况的导航能力进行评估（可能飞往备用目的地）。

对于 DME/DME/IRU 区域导航系统，除了满足上述 DME/DME 区域导航系统要求之

外,还需满足以下两条要求:

① IRU 的性能必须符合美国 14 CFR 第 121 部附录 G 的要求;

② 由于一般而言,在 GNSS 失效时,航空器的 FMC 系统对导航源的选择为 DME/DME、VOR/DME 和 IRU,所以一旦选择了 VOR/DME,那么为了保障所需的精度,FMC 应当将离飞机大于 40NM 的那些 VOR 台排除在导航定位之外。

(2) 对航空器导航系统性能的要求。

① 精度。在指定为 RNAV 1 的空域或航路运行期间,在至少 95% 的总飞行时间里,侧向总系统误差(TSE)必须在 ±1NM 之内;纵向误差至少在 95% 的总飞行时间里,也必须在 ±1NM 之内,如图 8.14 所示。

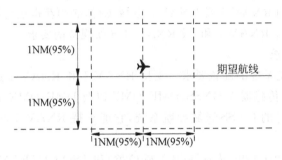

图 8.14　RNAV 1 规范对侧向和纵向精度的要求

在指定为 RNAV 2 的空域或航路运行期间,在至少 95% 的总飞行时间里,侧向总系统误差(TSE)必须在 ±2NM 之内;纵向误差至少在 95% 的总飞行时间里,也必须在 ±2NM 之内,如图 8.15 所示。

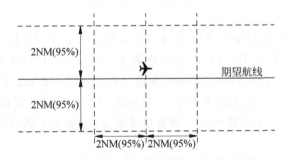

图 8.15　RNAV 2 规范对侧向和纵向精度的要求

② 完好性。机载导航系统出现故障而没有给出任何提醒的概率应该小于每飞行小时 10^{-5}。

③ 连续性。如果运营人可以转换到另一个不同的导航系统飞往适当的机场,则导航系统失去功能被归类为不重要的故障。

④ 空间信号。在指定为 RNAV 1 的空域或航路运行期间使用 GNSS,如果由于空间信号误差导致侧向位置误差大于 2NM 的概率超过 10^{-7}/h,则机载导航设备必须提供告警。

使用 GNSS 在指定为 RNAV 2 的空域或航路运行期间,如果由于空间信号误差导致侧向位置误差大于 4NM 的概率超过 10^{-7}/h,则机载导航设备必须提供告警。

(3) 对航空器的功能要求。RNAV 1 和 RNAV 2 规范详细列出了对航空器导航显示

和其他功能的要求,主要包括:

① 对显示器的要求;

② 对导航数据库的要求;

③ 从导航数据库提取 ATS 航路的能力;

④ 对飞机航径保持、航段过渡的能力;

⑤ RNAV 系统的相关故障显示(包括传感器);

⑥ 对于多传感器 RNAV 系统,若主用传感器发生故障,能够自动切换到替代的传感器(但并不排除人工选择导航源)。

对于上述内容,"PBN 手册"都有详细的要求。

3) 导航数据库

RNAV 1 和 RNAV 2 运行必须使用符合要求的导航数据库,应该从供应商那里获得符合 RTCA DO 200A/EUROCAE ED 76 要求的导航数据库,且该数据库应该与设备的预期功能相一致。航空器运营人必须对运行的数据库进行定期检查,以达到当前的质量系统要求。DME/DME RNAV 系统必须仅使用国家航行资料汇编(AIP)所确认的符合 RNAV 1/RNAV 2 的 DME,绝对禁止使用那些与 ILS/MLS 合装的 DME。

4) 驾驶员知识与培训

RNAV 1 和 RNAV 2 规范对驾驶员的培训项目共包括以下 10 项: RNAV 1/RNAV 2 规范的全部内容,机载导航设备的含义及正确使用,航图描述和文本描述所确定的程序特征,航路点类型、航径终端编码以及相关的飞机飞行航径,RNAV 航路/SID/STAR 运行所需的导航设备(DME/DME,DME/DME/IRU,GNSS),RNAV 系统的具体信息,RNAV 系统的运行程序,运营人为飞行阶段建议的自动化水平和工作负荷,RNAV/RNP 无线电通话用语,RNAV/RNP 失效应急程序。

上述每一项的详细培训内容请参阅《基于性能的导航手册》有关 RNAV 1 和 RNAV 2 规范的相关章节。

8.5.3 Basic-RNP 1 规范

Basic-RNP 1 规范用于无 ATS 监视或 ATS 监视有限的中等或较低密度空域,开发航路与终端区之间的连接线路,包括 Basic-RNP 1 进场程序、Basic-RNP 1 离场程序。

1. 航行服务提供商(ANSP)的考虑事项

1) 导航基础设施

GNSS 是支持 Basic-RNP 1 运行的主要导航系统。尽管 DME/DME RNAV 系统能够满足 Basic-RNP 1 的精度要求,但大范围内应用 DME/DME 成本较高,因此,本导航规范主要适用于 DME 信标无法支持 DME/DME RNAV 系统性能要求的环境。

航行服务提供商(ANSP)应该为装备了 GNSS(该 GNSS 含有 ABAS 功能,如具有 RAIM 功能)的飞机提供诸如 RAIM 可用性预测的方法。在 Basic-RNP 1 运行中,如果预测任何阶段连续失去 ABAS 的故障检测功能将超过 5 分钟,那么这时的 GNSS 应该被确定为不可用。

2) 通信

Basic-RNP 1 的通信方式主要为管制员-飞行员直接通信。

3）监视

Basic-RNP 1 的运行环境不要求具备 ATS 监视，或 ATS 监视十分有限。

4）Basic-RNP 1 规定的航路间隔

Basic-RNP 1 运行的最小航路间隔取决于航路结构、交通密度和介入能力。水平间隔标准参见 ICAO PANS-ATM(Doc 4444)。所有航路必须采用 WGS-84 坐标。

5）管制员的培训

在实施 Basic-RNP 1 运行的空域提供 RNP 终端和进近管制服务的管制员，应完成核心培训和针对本导航规范的培训。

核心培训内容包括区域导航系统是如何工作的(本导航规范的功能能力和限制，精度、完好性、连续性和可用性，机载性能监视与告警，GPS 接收机、RAIM、FDE 和完好性告警，旁切航路点和飞经航路点概念)，飞行计划要求和 ATC 程序(ATC 应急程序，最低间隔标准，混合装备环境，不同运行环境之间的过渡，术语)。

针对本导航规范的培训内容为 Basic-RNP 1 标准仪表进/离场及相关管制程序(雷达引导技术，打开和关闭标准仪表进场，高度限制，下降/爬升放行许可)，RNP 进近及相关程序，Basic-RNP 1 相关术语以及程序实施过程中，要求变更航路的影响。

2. 导航规范

1）审批程序

在 Basic-RNP 1 规范运行之前，必须完成以下任务：

(1) 飞机设备的合格性必须得到确认并形成文件；

(2) 所要使用的导航系统运行程序，以及运营人导航数据库处理程序必须形成文件；

(3) 根据运行程序所进行的机组培训必须形成文件；

(4) 上述文件必须得到国家管理当局的认可；

(5) 必须依照国家运行规定获得运行审批。

2）对航空器的要求

(1) 对航空器导航系统的配置要求。GNSS 是支持 Basic-RNP 1 运行的主要导航系统，这里的 GNSS 必须包括 ABAS 或 RAIM，且在 Basic-RNP 1 运行中，如果预测任何阶段连续失去 ABAS 的故障检测功能将超过 5 分钟，那么这时的 GNSS 应该被确定为不可用。

如果 RAIM 的可用性预报超过 5 分钟不满足要求，则必须修改飞行计划(推迟离港或制定一个不同的离港程序)。驾驶员/ANSP 应该认识到 RAIM 或 GPS 可能会同时失去功能，此时需要转换至另一种备用的导航方式。

DME/DME RNAV 系统能够满足 Basic-RNP 1 的精度要求，但应考虑到大范围内应用 DME/DME 成本较高。

下述系统满足 Basic-RNP 1 所需的精度、完好性和连续性要求：

① 配备 E/TSO-C129a 传感器(B 类或 C 类)、E/TSO-C145 和 E/TSO-C115b FMS 的飞机，依据 FAA AC20-130A 用于仪表飞行规则(IFR)；

② 配备 E/TSO-C129a A1 类，或 E/TSO-C146 传感器的飞机，依据 FAA AC20-138 或 AC20-138A 用于 IFR；

③ 得到具有 RNP 能力认证的飞机，或按照等同标准得到认证的飞机。

（2）对航空器导航系统性能的要求。

① 精度。在空域或指定航路按照 Basic-RNP 1 运行期间，在至少 95％的总飞行时间里，侧向总系统误差（TSE）必须在±1NM 之内；纵向误差至少在 95％的总飞行时间里，也必须在±1NM 之内。为了满足精度要求，FTE 不应超过 0.5NM（95％）。

Basic-RNP 1 规范对侧向和纵向精度的要求参见图 8.16。

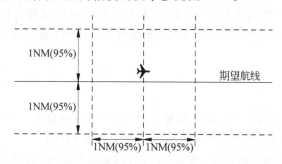

图 8.16 Basic-RNP 1 规范对侧向和纵向精度的要求

② 完好性。机载导航系统出现故障而没有给出任何告警的概率应该小于每飞行小时 10^{-5}。

③ 连续性。如果运营人能够转换到不同的导航系统，并且继续飞至合适机场，则机载导航系统失去功能被归类为轻度故障状态。

③ 性能监视与告警。如果未达到精度要求，或者侧向 TSE 超过 2NM 的概率大于 10^{-5}，则 RNP 系统或 RNP 系统和驾驶员必须提供告警。

④ 空间信号。在使用 GNSS 时，如果由于空间信号（SIS）误差导致侧向位置误差大于 2NM 的概率超过 $10^{-7}/\mathrm{h}$，则机载导航设备必须提供告警。

（3）对航空器的功能要求。《基于性能的导航手册》非常详细列出了对支持 Basic-RNP 1 运行的机载导航系统必须具备的显示和功能要求，具体内容参见该手册，这里只列出要求涉及的条目，包括：

① 对显示器及其显示内容、显示器安装的要求；

② 对导航数据库的要求；

③ 从导航数据库提取 ATS 航路的能力；

④ 对飞机航径保持、航段过渡的能力要求；

⑤ RNAV 系统的相关故障显示（包括传感器）；

⑥ 对于多传感器 RNAV 系统，若主用传感器发生故障，能够自动切换到替代的传感器（但并不排除人工选择导航源）。

3）导航数据库

Basic-RNP 1 运行必须使用符合要求的导航数据库，应该从符合 RTCA DO 200A/EUROCAE ED 76 的供应商那里获得导航数据库，且该数据库应该与设备的预期功能相一致。飞机运营人必须对运行的数据库进行定期检查，以达到当前的质量系统要求。对于使 SID 或 STAR 无效的误差，必须向数据库供应商报告，并且运营人必须通知机组严禁使用受影响的 SID 或 STAR。

4）驾驶员知识与培训

对于 Basic-RNP 1 运行，"PBN 手册"共列出了 10 条涉及驾驶员培训的条目，每个条目的具体内容参见该手册。这 10 个培训条目是：Basic-RNP 1 规范的全部内容；机载导航设备的含义及正确使用；航图描述和文本描述所确定的程序特征；航路点类型、航径终端编码以及相关的飞机飞行航径；按 Basic-RNP 1 SID/STAR 运行所需的导航设备；RNP 系统的具体信息；RNAV 系统的运行程序；运营人为飞行阶段建议的自动化水平和工作负荷，包括使侧向误差最小的方法；RNAV/RNP 无线电通话用语；RNAV/RNP 失效应急程序。

练习题

8-1　什么是区域导航？与传统导航相比，区域导航有何优点？

8-2　简述区域导航的发展历程。ICAO 为什么推出 PBN？

8-3　说明 RNAV 对飞机位置、航向、飞行时间和偏航距离的计算过程。

8-4　阐述基于 VOR/DME、DME/DME 区域导航的实施过程。

8-5　什么是 DME/DME 区域导航的更新区？对于图 8.7，两个 DME 台与飞机位置之间的夹角 α 必须处在 30°到 150°之间，证明图 8.7 的阴影部分能满足 α 的这种要求。

8-6　什么是 PBN？组成 PBN 的三个要素和它们的含义分别是什么？

8-7　PBN 中的"性能（P）"指的是什么？分别给出 PBN 涉及的各"性能"的含义。

8-8　在 PBN 概念中，什么是 RNAV 系统和 RNP 系统？它们之间有什么本质区别？

8-9　被批准为 RNAV 2 的航空器是否就自动获准具有 RNAV 5 的资格？为什么？是否被批准为 Basic-RNP 1 规范的航空器就自动获准具有 RNP 4 的资格？为什么？

8-10　请认真阅读 8.5 节的内容，看看你能理解多少，并从中体会现代无线电导航展示给我们的是一个多么丰富而复杂的世界。

参 考 文 献

[1] Annex 10, Aeronautical Telecommunications, Volume I Radio Navigation Aids. International Civil Aviation Organization, Sixth Edition, July 2006 (No. 87 Amendments and Corrigenda, November 15, 2012)

[2] 倪育德,王健,王颖.导航原理与系统.天津:中国民航大学,2012

[3] 郑连兴,倪育德.DVOR VRB-51D 多普勒全向信标.北京:中国民航出版社,1997

[4] 倪育德,杜文一.测距机.香港:香港慧文国际出版有限公司,1999

[5] 崔红跃,王健.仪表着陆系统.天津:中国民航大学,1998

[6] Doppler VOR VRB-52D, Interscan Navigation Systems Pty. Ltd, 2006

[7] 1kW DME Station LDB-102, Interscan Navigation Systems Pty. Ltd, 2006

[8] NORMARC-7000B ILS Training Manual. NORMARC, 2006

[9] LRA-900 Radio Altimeter and RAA-700 Radio Altimeter Antenna 34-47-95, Rockwell Collins, 2010

[10] Component Maintenance Manual: GLU-925 Global Landing Unit, Volume1. Rockwell Collins, 2010

[11] 波音 737-800 AMM 手册(中文版):34-31-00(仪表着陆系统).波音公司,2005

[12] Performance Based Navigation Manual. International Civil Aviation Organization, 2007

[13] 中国民航基于性能的导航实施路线图(1.0 版).北京:中国民用航空局,2009

[14] 洪伦跃.航空无线电导航原理.西安:空军通信学院,1985

[15] 魏光顺.无线电导航原理.南京:东南大学出版社,1989

[16] Ⅱ/Ⅲ类仪表着陆系统场地设置与保护指导材料.北京:中国民用航空局空管行业管理办公室,2013

[17] 中国民用航空仪表着陆系统Ⅱ类运行规定(CCAR,91FS-Ⅱ-1996):北京:中国民用航空总局,1991

[18] 王巍.DVOR 副载波上 60Hz 调幅现象及一种消弱方式的分析.天津:中国民航学院学报,1997,49

[19] 黄智刚.无线电导航原理与系统.北京:北京航空航天大学出版社,2007

[20] 李跃.导航与定位——信息化战争的北斗星(第 2 版).北京:国防工业出版社,2008

[21] 蔡成仁.航空无线电.北京:科学出版社,1992

[22] 张焕.空中领航学.成都:西南交通大学出版社,2003

[23] 钦庆生.飞行管理计算机系统.北京:国防工业出版社,1991

[24] 郑连兴,任仁良.涡轮发动机飞机结构与系统(下册).北京:兵器工业出版社,2006

[25] 戴福青.飞行程序设计.天津:天津科学技术出版社,2000

[26] 陈高平,邓勇.航空无线电导航原理.北京:国防工业出版社,2008

[27] 吴德伟.航空无线电导航原理.北京:电子工业出版社,2010

[28] 郑连兴,陆芝平.自动定向机.北京:国防工业出版社,1993

[29] 马士忠.测距机.北京:国防工业出版社,1994

[30] 支超有.机载数据总线技术及其应用.北京:国防工业出版社,2009

[31] 吴苗,朱涛,李方能,许江宁.无线电导航原理及应用.北京:国防工业出版社,2008

[32] 沈峰.无线电导航系统信号接收技术.北京:国防工业出版社,2010

[33] 王增和,卢春兰,钱祖平,等著.天线与电波传播.北京:机械工业出版社,2003

[34] 盛振华.电磁场、微波技术与天线.西安:西安电子科技大学出版社,2004

[35] 张肃文.高频电子线路(第五版).北京:高等教育出版社,2012